高等学校土木建筑专业应用型本科系列规划教材

钢结构原理

主　编　王若林

主　审　李　治

东南大学出版社

·南京·

内 容 提 要

本书的主要内容有：1.钢结构的优缺点及发展现状和趋势；2.结构钢的力学性能及影响因素、钢结构疲劳破坏、常用结构钢种类及规格；3.钢结构连接设计计算、焊接残余应力和变形及改善方法；4.受弯构件的强度、稳定性设计计算；5.轴心受压和压弯构件的设计计算；6.高强度钢及其在现代结构中的应用。

本书引入最新的钢材料工程理论，对钢结构工作的力学原理及结构工作原理深入讲述，并对最新的高强度钢材、不锈钢、铝合金钢在结构中的最新发展和应用进行了介绍，对传统的本科《钢结构原理》教材进行了补充讲述。

本书揭示结构钢材料本构组成对结构工作性能的影响，使本科相关专业学生对材料工程在钢结构中的性能和应用及未来发展有更为明晰的理解。

本书适合对象为土木工程、水利水电工程、力学专业本科生以及结构工程师。

图书在版编目（CIP）数据

钢结构原理 / 王若林主编. — 南京：东南大学出版社，2016.8

ISBN 978-7-5641-6716-5

Ⅰ.①钢… Ⅱ.①王… Ⅲ.①钢结构-理论

Ⅳ.①TU391

中国版本图书馆 CIP 数据核字（2016）第 213293 号

钢结构原理

出版发行：东南大学出版社
社　　址：南京市四牌楼 2 号　邮编：210096
出 版 人：江建中
责任编辑：史建农　戴坚敏
网　　址：http://www.seupress.com
电子邮箱：press@seupress.com
经　　销：全国各地新华书店
印　　刷：大丰市科星印刷有限责任公司
开　　本：787mm×1092mm　1/16
印　　张：19.75
字　　数：506 千字
版　　次：2016 年 8 月第 1 版
印　　次：2016 年 8 月第 1 次印刷
书　　号：ISBN 978-7-5641-6716-5
印　　数：1—3 000 册
定　　价：49.00 元

高等学校土木建筑专业应用型本科系列
规划教材编审委员会

总前言

国家颁布的《国家中长期教育改革和发展规划纲要(2010—2020年)》指出,要"适应国家和区域经济社会发展需要,不断优化高等教育结构,重点扩大应用型、复合型、技能型人才培养规模";"学生适应社会和就业创业能力不强,创新型、实用型、复合型人才紧缺"。为了更好地适应我国高等教育的改革和发展,满足高等学校对应用型人才的培养模式、培养目标、教学内容和课程体系等的要求,东南大学出版社携手国内部分高等院校组建土木建筑专业应用型本科系列规划教材编审委员会。大家认为,目前适用于应用型人才培养的优秀教材还较少,大部分国家级教材对于培养应用型人才的院校来说起点偏高、难度偏大、内容偏多,且结合工程实践的内容往往偏少。因此,组织一批学术水平较高、实践能力较强、培养应用型人才的教学经验丰富的教师,编写出一套适用于应用型人才培养的教材是十分必要的,这将有力地促进应用型本科教学质量的提高。

经编审委员会商讨,对教材的编写达成如下共识:

一、体例要新颖活泼。学习和借鉴优秀教材特别是国外精品教材的写作思路、写作方法以及章节安排,摒弃传统工科教材知识点设置按部就班、理论讲解枯燥乏味的弊端,以清新活泼的风格抓住学生的兴趣点,让教材为学生所用,使学生对教材不会产生畏难情绪。

二、人文知识与科技知识渗透。在教材编写中参考一些人文历史和科技知识,进行一些浅显易懂的类比,使教材更具可读性,改变工科教材艰深古板的面貌。

三、以学生为本。在教材编写过程中,"注重学思结合,注重知行统一,注重因材施教",充分考虑大学生人才就业市场的发展变化,努力站在学生的角度思考问题,考虑学生对教材的感受,考虑学生的学习动力,力求做到教材贴合学生实际,受教师和学生欢迎。同时,考虑到学生考取相关资格证书的需要,教材中还结合各类职业资格考试编写了相关习题。

四、**理论讲解要简明扼要，文例突出应用。**在编写过程中，紧扣"应用"两字创特色，紧紧围绕着应用型人才培养的主题，避免一些高深的理论及公式的推导，大力提倡白话文教材，文字表述清晰明了、一目了然，便于学生理解、接受，能激起学生的学习兴趣，提高学习效率。

五、**突出先进性、现实性、实用性、可操作性。**对于知识更新较快的学科，力求将最新最前沿的知识写进教材，并且对未来发展趋势用阅读材料的方式介绍给学生。同时，努力将教学改革最新成果体现在教材中，以学生就业所需的专业知识和操作技能为着眼点，在适度的基础知识与理论体系覆盖下，着重讲解应用型人才培养所需的知识点和关键点，突出实用性和可操作性。

六、**强化案例式教学。**在编写过程中，有机融入最新的实例资料以及操作性较强的案例素材，并对这些素材资料进行有效的案例分析，提高教材的可读性和实用性，为教师案例教学提供便利。

七、**重视实践环节。**编写中力求优化知识结构，丰富社会实践，强化能力培养，着力提高学生的学习能力、实践能力、创新能力，注重实践操作的训练，通过实际训练加深对理论知识的理解。在实用性和技巧性强的章节中，设计相关的实践操作案例和练习题。

在教材编写过程中，由于编写者的水平和知识局限，难免存在缺陷与不足，恳请各位读者给予批评斧正，以便教材编审委员会重新审定，再版时进一步提升教材的质量。本套教材以"应用型"定位为出发点，适用于高等院校土木建筑、工程管理等相关专业，高校独立学院、民办院校以及成人教育和网络教育均可使用，也可作为相关专业人士的参考资料。

高等学校土木建筑专业应用型
本科系列规划教材编审委员会

前　言

本书是作为土木工程专业面向教育部"卓越工程师教育培养计划"的本科阶段学习而编写的教材,主要介绍钢结构设计的基本原理,为后续专业实践基础课程"钢结构设计"打下基础。

结合近年来钢结构工程快速发展和钢材冶炼技术的提高及其在结构工程的实践,本书分为7章,内容涵盖了钢结构设计中的基本原理。第1章介绍了钢结构的特点,钢结构的设计计算方法,钢结构的应用实例和最新发展。第2章介绍了钢结构的材料力学特性及其影响因素,结合工程设计文件中对钢材交货状态要求,对形成钢材性能的冶炼和热处理技术进行了初步介绍,并对钢结构选材原则以及高层结构用钢进行了介绍。第3章主要介绍钢结构焊接连接和螺栓连接设计计算方法,对焊接残余应力的产生进行了宏、微观阐述。第4章对轴心受力构件的设计计算原理进行讲解,明确钢结构设计中需要分别解决强度问题与稳定问题。第5章和第6章分别介绍受弯构件和压弯构件的设计计算。第7章主要介绍近年来钢结构领域在高强度钢、不锈钢、铝合金、耐候钢等领域的探索。在第4章和第6章中针对钢结构节点的抗震设计要求做了介绍。

本书可作为土木工程专业本科生的有关建筑钢结构设计课程的教材,也可作为相关设计人员和施工技术人员的参考用书。

本书由武汉大学土木建筑工程学院王若林主编,由中信建筑设计研究总院有限公司总工程师李治主审。

在本书编写过程中得到了相关科研技术人员的大力支持与帮助,对此表示衷心的感谢。

限于编者的理论水平及实践经验,书中难免存在错误与不足,敬请读者批评指正。

编者

2016 年 5 月

目　录

1

钢结构概论

1.1 钢结构的定义和特点

结构是指满足人们进行各种生活和生产活动场所的建筑和构筑物的总称。结构由基本构件,如楼板-梁格体系(次梁-主梁)-柱-基础构成,基本构件之间通过适宜的连接构造成为安全稳固并且协同工作的上部整体结构,最终通过结构的基础将上部结构所承受的所有荷载(包括自重)传递到地基(地基土和基岩)。这是结构的基本组成,也是结构体系的荷载传递路径。构件可以由不同的材料制作而成(如钢筋混凝土、钢、钢-混凝土组合结构等),不同的材料具有不同的物理和力学特性,影响基本构件和整体结构的受力性能。

1.1.1 钢结构的定义

由钢板、热轧型钢或冷加工成型的薄壁型钢以及钢索为主材建造的工程结构,如房屋、桥梁等,称为钢结构。钢结构需要承受各种可能的自然和人为环境的作用,是具有足够可靠性和良好社会经济效益的工程结构物和构筑物。钢结构是土木工程的主要结构形式之一,它与钢筋混凝土结构、砌体结构等都属于按材料划分的工程结构的不同分支。

良好、丰富的建筑艺术表现力使钢结构受到建筑师们的普遍青睐,在工业厂房、高层和超高层以及大跨度结构的多年建设实践中,钢结构的突出优势与作用几乎无可替代。由于钢材可以回收冶炼而重复利用,钢结构更是作为一种节能环保型、可循环使用的建筑结构,符合经济持续健康发展的要求在土木工程建设中得到更为广泛的应用。此外,公路和铁路桥梁、输变电铁塔、火电主厂房和锅炉钢架、海洋石油平台、核电站、风力发电、水利建设等重大工程也广泛使用钢结构。

1.1.2 钢结构的特点

钢结构在工程中得到广泛应用和发展,是由于钢结构与其他结构相比有如下特点:

1) 钢材材料强度高、重量轻

钢与混凝土、木材相比,虽然质量密度较大,但屈服点较混凝土和木材要高得多,因此质量密度与屈服点的比值相对较低。在荷载相同的条件下,钢结构与钢筋混凝土结构、木结构相比,构件截面小,重量较轻。一般而言,当跨度和荷载相同时,钢屋架的重量只有钢筋混凝土屋架重量的 1/4~1/3,若采用薄壁型钢屋架或空间结构则更轻。由于重量较轻,便于运输和安装,因此钢结构特别适用于跨度大、高度高、荷载大的结构,也适用于可移动、有装拆要求的结构。

2) 钢材的塑性好、韧度高

钢材质地均匀,有良好的塑性和较好的韧性。由于钢材的塑性好,钢结构一般情况下不会因偶然超载或局部超载而突然断裂,只是变形增大,故易于被检测发现而得到及时修护。此外,由于钢材良好的弹塑性,静荷载作用下,构件中局部高峰应力可实现重分配,使应力变化趋于平缓,减小应力集中的不良效应。钢材的韧性好,使钢结构对动荷载的适应性较强,因此在地震多发区采用钢结构较为有利。钢材的这些性能为钢结构的安全性和可靠性提供了充分的保证。

3) 钢材更接近于各向同性,计算可靠

冶炼和轧制过程的科学控制,钢材内部材料组织比较均匀,接近各向同性,为理想的弹塑性体,因此,钢结构实际受力情况与力学假定更为接近,与工程力学计算结果较符合,结构的安全性能更为明确,适用于有特殊重要意义的建筑物。

4) 钢结构生产、安装工业化程度高,施工周期短

由于钢结构的制造必须采用机械和严格的工艺,具备成批生产和高精度的特点,是目前工业化程度最高的一种结构,具有生产效率高、速度快、质量高的特点。由于钢结构自重较轻,加工精度高,可以在现场直接采用焊接或螺栓将其连接起来,安装迅速,施工周期短,部件便于更换。

5) 钢结构密闭性能好

钢材本身组织致密,当采用焊接、铆钉或螺栓连接时,易做到紧密不渗漏。因此钢材是制造容器,特别是高压容器、大型油库、气柜、输油管道的良好材料。

6) 焊接性能良好

由于建筑用钢材的焊接性能好,使钢结构的连接大为简化,可满足制造各种复杂结构的需要。但焊接是在电弧高温下进行,且温度分布极不均匀,结构各部位的冷却速度也不同,因此在高温区(焊缝附近)材料性质有劣化的可能,构件内将产生焊接残余应力和变形,且残余应力状态较为复杂。

7) 钢结构易腐蚀

钢材在潮湿环境中,尤其处于有腐蚀性介质的环境中容易锈蚀,对钢结构必须注意防护,对薄壁构件更是如此。在设计中应避免结构受潮、雨淋,构造上应尽量避免存在难以检查、维修的死角。钢结构必须涂敷油漆或镀锌加以保护,而且在使用期间应定期维护。影响涂层质量的因素有底材处理的程度、涂装工艺和施工环境、涂层的厚度、涂料的选择等。钢结构表面的特点是:经常会被油污、水分、灰尘覆盖,存在高温轧制或热加工过程中产生的黑色氧化皮,存在钢铁在自然环境下产生的红色铁锈。

8) 钢结构的耐热性好,但防火性差

钢材耐热但不防火,随着温度的升高,强度降低。通常,温度在 250℃ 以内时,钢材的性质变化很小,可视为力学性能没有显著变化;温度达到 300℃,强度逐渐下降,达到 450~650℃时,强度降为零。因此,钢结构可用于温度不高于 250℃ 的场合。在自身有特殊防火要求的建筑中,钢结构必须用耐火材料(目前通常采用防火涂料)予以维护。当防火设计不当或者防火层处于破坏的状况下,有可能发生瞬间的连续性坍塌等灾难。

1.2　钢结构的分类和应用

　　钢结构的合理应用不仅取决于钢结构本身的特性,还取决于国民经济发展的具体情况。过去由于我国钢产量不能满足国民经济各部门的需要,钢结构的应用受到限制。随着我国钢产量的大幅提高,同时结构形式与设计手段逐年改进创新,钢结构在近年得到极大推广。按照不同的标准,对钢结构有不同的分类,下面按其应用领域进行分类说明。

1) 民用建筑钢结构

　　民用建筑钢结构以房屋钢结构为主要对象。按传统的耗钢量大小可分为普通钢结构、重型钢结构和轻型钢结构。重型钢结构指采用大截面和厚板的结构,如高层钢结构、重型厂房和某些公共建筑等;轻型钢结构指采用轻型屋面和墙面的门式刚架房屋、某些多层建筑、薄壁压型钢板、拱壳屋盖等,网架、网壳等空间结构也可属于轻型钢结构范畴。除上述钢结构主要类型外,还有索膜结构、玻璃幕墙支承结构、组合和复合结构等。

　　按照中国钢结构协会的分类标准,民用建筑结构分为高层钢结构(图 1-1)、大跨度空间钢结构(图 1-2)、钢-混凝土组合结构(图 1-3)、索膜钢结构(图 1-4)、钢结构住宅(图 1-5)、幕墙钢结构(图 1-6)等。

图 1-1　高层钢结构

图 1-2　大跨度空间钢结构

图 1-3　钢-混凝土组合结构

图 1-4　索膜钢结构

图 1-5　钢结构住宅

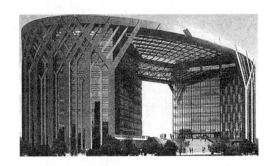

图 1-6　幕墙钢结构

2）一般工业建筑钢结构

一般工业建筑钢结构主要有单层厂房、双层厂房、多层厂房等,也包括用于重型车间的承重骨架,通常由檩条、天窗架、屋架、托架、柱、吊车梁(桁架)、各种支撑及墙架等构件组成。例如,冶金工厂的平炉车间,重型机械厂的铸钢车间,造船厂的船体车间,电厂的锅炉框架,飞机制造厂的装配车间,以及其他跨度较大的车间屋架、吊车梁等。我国鞍钢、武钢、包钢和上海宝钢等著名的冶金联合企业的许多车间都采用了各种规模的钢结构厂房,上海重型机械厂、上海江南造船厂中也都有高大的钢结构厂房。几个典型的工业钢结构厂房见图 1-7～图 1-10。

图 1-7　单层厂房

图 1-8　炼钢厂转炉

图 1-9　重型机械厂的铸造车间

图 1-10　飞机制造厂的装配车间

3）桥梁钢结构

钢桥建造简便、迅速,易于修复,因此钢结构广泛用于中等跨度和大跨度桥梁。桥梁钢结构的主要形式有:桁架式桥、箱型梁桥、拱形桥梁、斜拉桥和悬索桥。著名的杭州钱塘江大桥

(1934—1937年,茅以升设计)是我国最早自行设计的钢桥。此后的武汉长江大桥(1957年)、南京长江大桥(1968年)均为钢结构桥梁,其规模和难度都举世闻名,标志着我国钢结构桥梁事业步入世界先进行列。现在我国钢桥的建设,不管是铁路桥梁、公路桥梁还是市政桥梁,都取得了长足发展。我国新建和在建的钢桥,在建设跨度、规模、难度和施工水平都达到了一个新的高度,如杭州湾跨海大桥(图1-11)、珠海横琴二桥(图1-12)、青岛跨海大桥、港珠澳大桥等。国外著名的钢桥有美国的金门大桥(图1-13)、法国的米劳大桥(图1-14)和日本的明石海峡大桥等。

图1-11　杭州湾跨海大桥

图1-12　珠海横琴二桥

图1-13　美国金门大桥

图1-14　法国米劳大桥

4) 密闭压力容器钢结构

密闭压力容器钢结构主要用于要求能承受很大内力的密闭容器,如储液罐(图1-15)、煤气库(图1-16)等壳体;温度急剧变化的高炉结构、大直径高压输油管和煤气管道等均采用钢结构。上海在1958年就建成了容积为54 000 m^3 的湿式贮气柜。上海金山及吴泾等石油、化工基地有众多的容器结构。一些容器、管道、锅炉、油罐等的支架也都采用钢结构。

图1-15　储液罐

图1-16　煤气库

5）塔桅钢结构

塔桅钢结构是指高度较大、横断面相对较小的结构,它以水平荷载(特别是风荷载)为结构设计的主要依据,按照结构形式可分为自立式塔式结构和拉线式桅式结构。如无线电桅杆、微波塔、广播和电视发射塔架、高压输电线路塔架(图1-17)、化工排气塔、石油钻井架、大气监测塔、旅游瞭望塔、火箭发射塔(图1-18)等。

此外,广播电视塔桅结构工程技术也不断发展,如中央电视塔(高405 m,图1-19)、上海东方明珠电视塔(高468 m,图1-20)、广州新电视塔(高610 m)。这些结构除了自重轻,便于组装外,还因构件截面小而大大减小了风荷载,因此取得了很好的经济效益。

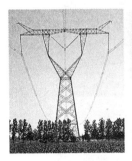   

图1-17　高压输电　　　图1-18　火箭发射塔　　　图1-19　中央电视塔　　　图1-20　上海东方明
　　　　　线路塔架　　　　　　　　　　　　　　　　　　　　　　　　　　　　　　　　珠电视塔

6）船舶海洋钢结构

船舶海洋钢结构基本上可分为舰船(图1-21)和海洋工程装置(图1-22)两大类。海洋钢结构主要用于资源勘测、采油作业、海上施工、海上运输、海上潜水作业、生活服务、海上抢险救助以及海洋调查等。近些年,我国研制了高技术、高附加值的大型与超大型新型船舶,具有先进技术的战斗舰船以及具有高风险、高投入、高回报、高科技、高附加值的海洋工程装置等。

图1-21　"渤海世纪"号船舶　　　　　　　图1-22　海上石油平台

7）水利钢结构

钢结构在水利工程中用于以下方面:①钢闸门(图1-23),用来关闭、开启或局部开启水工建筑物中过水孔口的活动结构;②拦污栅,主要包括拦污栅栅叶和栅槽两部分,栅叶结构是由栅面和支承框架组成;③升船机(图1-24),是不同于船闸的船舶通航设施;④压力管,是从水库、压力前池或调压室向水轮机输送水流的水管。

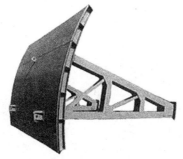

图 1-23　钢闸门

图 1-24　升船机

8）煤炭电力钢结构

发电厂中的钢结构主要用于以下方面：干煤棚（图 1-25）、运煤系统皮带机支架、火电厂主厂房（图 1-26）、管道、烟风道及其钢支架、烟气脱硫系统、粉煤灰料仓、输电塔；风力发电中的风力发电机、风叶支柱；垃圾发电厂中的焚烧炉；核电站中的压力容器、钢烟囱、水泵房、安全壳等。

图 1-25　干煤棚

图 1-26　火电厂主厂房

9）钎具和钎钢

钎具（图 1-27）也可称为钻具，由钎头、钎杆、连接套、钎尾组成。它是钻凿、采掘、开挖用的工具，有近千个品种规格，用于矿山、隧道、涵洞、采石、城建等工程中。钎钢（图 1-28）是制作钎具的原材料，也有近百个品种规格。钎具按照凿岩工作的方式又可分为冲击式钎具、旋转式钎具、刮削式钎具等。

图 1-27　钎具

图 1-28　钎钢

10）地下钢结构

地下钢结构主要用于桩基础、基坑支护等，如钢管桩（图1-29）、钢板桩（图1-30）等。

图 1-29　钢管桩　　　　　　　　　　　图 1-30　钢板桩

1.3　钢结构的设计方法

1.3.1　设计方法

结构计算的目的在于保证所设计的结构和结构构件在施工和运营过程中均能满足预期的安全性和适用性要求，也就是要保证结构的构件及其连接在施工荷载和使用荷载作用下能安全可靠地工作，并且科学处理结构的可靠性（安全、适用和耐久）和经济性两方面的要求。

结构设计准则：结构由各种荷载所产生的效应（内力和变形）不大于结构（包括连接）由材料性能和几何因素等所决定的抗力或规定限值。假如影响结构功能的各种因素，如荷载大小、材料强度的高低、截面尺寸、计算模式、施工质量等都是确定的，则按上述准则进行结构计算，应该说是非常容易的。但是，现实中上述影响结构功能的诸因素都具有不确定性，是随机变量，难以精确计算而保证结构百分之百的可靠，只能对其做出一定概率的可靠保证。在设计中如何处理上述问题就出现了不同的设计方法。

1）容许应力法和半概率法

如果将影响结构设计的诸因素取为定值，用一个依据工程经验的安全系数来考虑诸设计因素变异的影响，来衡量结构的安全度，这种方法称为定值法，包括容许应力法和最大荷载法。钢结构中对于变形、疲劳验算、水工钢结构等采用容许应力法，其设计式为：

$$\sigma \leqslant [\sigma] \tag{1-1}$$

式中：σ——由标准荷载（荷载规范所规定的荷载值）与构件截面公称尺寸（设计尺寸）所计算的应力；

　　　$[\sigma]$——容许应力，$[\sigma] = f_k/K$；

　　　f_k——材料的标准强度，钢材即为屈服点；

K——大于 1 的安全系数,用以考虑各种不确定性,依据工程经验取值。

容许应力法计算简单,但没有全面考虑结构各种随机变量的效应,不能准确定量地度量结构的可靠度,更不能使各类结构的安全度达到同一水准。一些设计人员往往从定值概念出发,将结构的安全度与安全系数等同起来。常常误认为采用了某一给定的安全系数,结构就能百分之百的可靠,或认为安全系数大结构安全度就高,没有考虑抗力及作用力的变异性。例如砖石结构的安全系数最大,但不能说明砖石结构比其他结构更安全。所以定值法对结构可靠度的研究是处于以经验为基础的定性分析阶段,有其局限性。

随着工程技术的发展,建筑结构的设计方法也开始由长期采用的定值法转向概率设计法。在概率设计法的研究过程中,首先考虑荷载和材料强度的不确定性,用概率方法确定它们的取值。根据工程经验确定分项安全系数的方法,仍然没有将结构可靠度与概率完全联系起来,故称为半概率法。我国 1974 年修订的《钢结构设计规范》(TJ 17—88)中的设计方法是半概率法。

材料强度和荷载的概率取值用下列公式计算:

$$f_k = \mu_f - \alpha_f \sigma_f \tag{1-2}$$

$$Q_K = \mu_Q + \alpha_Q \sigma_Q \tag{1-3}$$

式中:f_k、Q_K——材料强度和荷载的标准值;

　　　μ_f、μ_Q——材料强度和荷载的平均值;

　　　σ_f、σ_Q——材料强度和荷载的标准差;

　　　α_f、α_Q——材料强度和荷载取值的保证系数。如果材料强度与荷载服从正态分布条件,当保证率为 95% 时,$\alpha = 1.645$;当保证率为 97.7% 时,$\alpha = 2$;当保证率为 99.9% 时,$\alpha = 3$。

半概率法的设计表达式仍可采用容许应力法的设计式,我国《钢结构设计规范》(TJ 17—88)的设计式就是这样决定的,但安全系数是由多系数分析决定的,如下式所示:

$$\sigma \leqslant \frac{f_{yk}}{K_1 K_2 K_3} = \frac{f_{yk}}{K} = [\sigma] \tag{1-4}$$

式中:f_{yk}——钢材屈服点的标准值;

　　　K_1——荷载系数;

　　　K_2——材料系数;

　　　K_3——调整系数。

2) 近似概率极限状态设计方法

基于概率统计理论,将结构诸因素视为随机变量的结构设计研究在 20 世纪 60 年代末期有了重大突破,使概率设计法应用于规范成为可能。这个重大突破就是提出了一次二阶矩法,该法既有确定的极限状态,又给出不超过该极限状态的概率(可靠度),是一种较为完善的概率极限状态设计方法,把结构可靠度的研究由以经验为基础的定性分析阶段推进到以概率论和数理统计为基础的定量分析阶段。

一次二阶矩法虽然已经是一种概率设计法,但由于在分析中忽略或简化了基本变量随时间变化的关系,在确定基本变量的分布时有一定的近似性,且为了简化计算而将一些复杂关系进行了线性化,所以还只能算是一种近似的概率设计法。完全的、真正的全概率法仍有待今后继续深入和完善,还将经历一个较长的发展过程。因此目前规范采用的设计方法严格地说是近似的概率极限状态设计法。

按照我国 GB 50068—2001,结构可靠度的定义为:"结构在规定的时间内,在规定的条件下,完成预定功能的概率。"其中"规定的时间"是指结构的"设计基准使用期",我国一般结构取为 50 年。"预定的功能"是指下列 4 项基本功能:

(1) 能承受在正常施工和正常使用时可能出现的各种作用,包括荷载和温度变化、基础不均匀沉降以及地震作用等。

(2) 在正常使用时具有良好的工作性能。

(3) 在正常维护下具有足够的耐久性能。

(4) 在偶然事件发生时及发生后仍能保持必需的整体稳定性。

根据所要求的功能,规定出具体的极限状态,作为设计的依据。

结构的极限状态定义为:结构或结构的一部分超过某一特定状态就不能满足某一规定功能的要求,此特定状态称为该功能的极限状态。结构的极限状态分为两类:

(1) 承载能力极限状态。结构及其构件和连接达到最大承载能力,包括倾覆、强度、疲劳和稳定等,或出现不适于继续承载的过大的塑性变形。

(2) 正常使用极限状态。结构及其构件或连接达到正常使用或耐久性能的某项规定限制,包括出现影响正常使用的变形、振动及裂缝等。

以 R 表示结构的构件或连接的抗力,S 表示荷载对结构构件或连接的综合效应(简称荷载效应),结构的功能 Z 可用如下功能函数表达:

$$Z = R - S \tag{1-5}$$

当 $Z>0$ 时,结构处于可靠状态;当 $Z<0$ 时,结构进入失效状态;当 $Z=0$ 时,结构达到极限状态。

因 R 和 S 是受多种因素影响的随机变量,故功能函数 Z 也是随机变量。从概率论的观点来看,结构是否达到极限状态并非确定事实。这就是说,按通常途径设计建造的结构,仍不能认为它就绝对安全可靠了,它仍然存在着抗力 R 小于荷载效应 S 的可能性。但只要这种可能性(抗力小于荷载效应的概率)足够小,即认为此结构是安全可靠的。

由此可见,传统的定值计算方法用单一安全系数或多系数作为衡量结构安全的尺度并非十分恰当。特别是那种认为只要在设计中采用了规定的安全系数,结构就能保证绝对可靠的概念是不正确的。正确的途径是采用概率分析,定量地衡量结构的可靠度。

以 $P_s = P(Z \geqslant 0)$ 表示结构的可靠度,$P_f = P(Z<0)$ 表示结构的失效概率。因完成预定功能($Z \geqslant 0$)和失效($Z<0$)这两个事件是完全对立的,故 $P_s = 1 - P_f$。

这样,结构可靠度 P_s 的计算可以转化为失效概率 P_f 的计算。只要结构的失效概率 P_f 小于预定的可以接受的程度,就认为此结构是安全可靠的。

设抗力 R 和荷载效应 S 两个随机变量相互独立且都服从正态分布,则功能函数 Z 也服从正态分布,其概率密度曲线如图 1-31(a)所示。图中的阴影面积 $\int_{-\infty}^{0} f(Z)\mathrm{d}Z = P(Z<0) = P_f$ 就是 $Z<0$ 的失效概率 P_f。由于目前尚难给出 R 及 S 的理论概率分布,很难用积分直接求得结构的失效概率。因此,还需采用另一个称为可靠指标 β 的系数作为衡量结构可靠度的统一尺度。

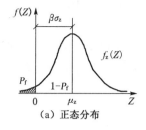
（a）正态分布

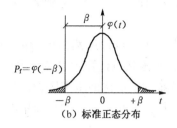
（b）标准正态分布

图 1-31 P_f 与 β 的对应关系

以 μ 表示随机变量的平均值，σ 表示标准差（均方差），并令 $\beta = \mu_Z/\sigma_Z$；由平均值和标准差的性质可知：

$$\mu_Z = \mu_R - \mu_S \qquad \sigma_Z = \sqrt{\sigma_R^2 + \sigma_S^2} \tag{1-6}$$

可靠指标

$$\beta = \frac{\mu_Z}{\sigma_Z} = \frac{\mu_R - \mu_S}{\sqrt{\sigma_R^2 + \sigma_S^2}} \tag{1-7}$$

由于标准差 σ 都取正值，故失效概率可改写如下：

$$P_f = P(Z < 0) = P\left(\frac{Z}{\sigma_Z} < 0\right) = P\left(\frac{Z - \mu_Z}{\sigma_Z} < -\frac{\mu_Z}{\sigma_Z}\right) \tag{1-8}$$

由图 1-31(a)可看出 β 与 P_f 的对应关系：当 β 变小即平均值 $\mu_Z = \beta\sigma_Z$ 变小时，阴影图形向右移，则阴影面积 P_f 增大；反之，当 β 变大时，P_f 减小。所以 β 同 P_f 一样，完全可以作为衡量结构可靠度的一个数量指标。

为了求得可靠指标 β 与失效概率 P_f 的对应数值，可将 Z 进行标准化正态分布的变换。令 $t = \dfrac{Z - \mu_Z}{\sigma_Z}$，则

$$P_f = P(t < -\beta) = \varphi(-\beta) \tag{1-9}$$

式中：$\varphi(-\beta)$——标准正态分布函数。

变换后的概率密度曲线的平均值等于 0，标准差等于 1，如图 1-31(b)所示。失效概率 P_f 点的位置正好落在 $-\beta$ 处，即 $P_f = \varphi(-\beta)$。因此，β 与 P_f 的对应数值可由标准正态分布函数表中查得。例如当 $\beta = 3.2$ 时，$P_f = 6.9 \times 10^{-4}$；$\beta = 3.7$ 时，$P_f = 1.1 \times 10^{-4}$；$\beta = 4.2$ 时，$P_f = 1.3 \times 10^{-5}$；等等。

由于 R 和 S 的实际分布规律相当复杂，我们采用了典型的正态分布，因而算得的 β 和 P_f 值是近似的，故称为近似概率极限状态设计法。在推导 β 公式时，只采用了 R 和 S 的二阶中心矩，同时还做了线性化的近似处理，故此设计法又称"一次二阶矩法"。

为了对各种建筑结构的设计取相同的可靠度，应该制定结构设计统一的可靠指标。在规范或标准内规定的 β 值称为目标可靠指标，即通过对原规范进行反演算，找出隐含在现有工程结构中相应的可靠指标；经过综合分析后，确定设计规范中各类构件和连接相应的目标可靠指标 β 值。对钢结构各类主要构件校准的结果，β 一般在 3.16～3.62 之间，故钢结构构件 β 一般

取为 3.2。钢结构连接经常发生脆性破坏,其可靠指标应比塑性破坏的构件高,一般推荐用 4.5。

用 β 值直接进行设计虽然是可行的,但不符合人们长期以来的习惯。为此,GB 50068—2001 仍采用按极限状态计算的多系数表达式,但在各个分项系数中,隐含了可靠指标 β,这就是概率法与传统的定值法的基本区别。

结构构件按极限状态设计的最简单的表达式如下:

$$\frac{R_K}{\gamma_R} \geqslant \gamma_G S_{GK} + \gamma_Q S_{QK} \tag{1-10}$$

式中:S_{GK}、S_{QK}——分别按永久荷载 G 和可变荷载 Q 标准值 G_k 和 Q_k 计算的荷载效应;

γ_R——构件抗力分项系数;

γ_G、γ_Q——永久荷载分项系数和可变荷载分项系数。

上列三个分项系数都与目标可靠指标 β 值有关,现推证如下:

将式(1-7)变换,并写成设计式如下:

$$\mu_R \geqslant \mu_S + \beta \sqrt{\sigma_R^2 + \sigma_S^2} \tag{1-11}$$

经代数运算,上式可改写为

$$(1 - \beta\alpha_R V_R)\mu_R \geqslant (1 + \beta\alpha_S V_S)\mu_S \tag{1-12}$$

$$\alpha_R = \frac{\sigma_R}{\sqrt{\sigma_R^2 + \sigma_S^2}} \qquad \alpha_S = \frac{\sigma_S}{\sqrt{\sigma_R^2 + \sigma_S^2}} \tag{1-13}$$

$$V_R = \frac{\sigma_R}{\mu_R} \qquad V_S = \frac{\sigma_S}{\mu_S} \tag{1-14}$$

式中:α_R、α_S——分离系数;

V_R、V_S——变异系数。

在工程设计中,抗力和荷载效应都不采用平均值而采用标准值 R_K 和 S_K:

$$R_K = \mu_R - k_R\sigma_R \qquad S_K = \mu_S + k_S\sigma_S \tag{1-15}$$

式中:k_R、k_S——确定标准值 R_K 和 S_K 时所采用的保证率系数。

对于正态分布,取 $k_R = k_S = 1.645$,其含义为实际出现抗力 R 小于 R_K 或荷载效应 S 大于 S_K 的概率仅为 5%。由式(1-15)可得

$$\mu_R = \frac{R_K}{1 - k_R V_R} \qquad \mu_S = \frac{S_K}{1 + k_S V_S} \tag{1-16}$$

将上列两式代入式(1-12)得

$$R_K \frac{1 - \alpha_R\beta V_R}{1 - k_R V_R} \geqslant S_K \frac{1 + \alpha_S\beta V_S}{1 + k_S V_S} \tag{1-17}$$

令 $\gamma_R = \dfrac{1 - k_R V_R}{1 - \alpha_R\beta V_R}$,称为抗力分项系数;$\gamma_S = \dfrac{1 + \alpha_S\beta V_S}{1 + k_S V_S}$,称为荷载分项系数。则得验算式如下:

$$\frac{R_K}{\gamma_R} \geqslant \gamma_S S_K \tag{1-18}$$

由 γ_R 和 γ_S 的表达式,分项系数中隐含了可靠指标 β 值,也就是隐含了失效概率 P_f。若其他参数不变,加大 β 值,则 γ_R 和 γ_S 都随之增大,表示所设计的安全度提高。不仅如此,当可变荷载 Q_K 和永久荷载 G_K 的比值变化时,分项系数的取值也随同改变,考虑这个因素,式(1-18)就由式(1-10)代替。由此可见,概率法和定值法的基本区别就在于两者的分项系数并不相同。

3）设计表达式

《钢结构设计规范》(GB 50017—2003)是采用以概率理论为基础的极限状态设计方法(疲劳强度除外),用分项系数的应力表达式进行计算。各种承重结构均应按承载能力极限状态和正常使用极限状态设计。

（1）承载能力极限状态

荷载效应 S 的计算按照《建筑结构荷载规范》(GB 50009—2012)进行。由可变荷载控制的效应设计值,应按下式进行计算:

$$S = \gamma_0 \left(\sum_{j=1}^{m_0} \gamma_{Gj} S_{Gjk} + \gamma_{Q1} \gamma_{L1} S_{Q1k} + \sum_{i=2}^{n_0} \gamma_{Qi} \gamma_{Li} \varphi_{ci} S_{Qik} \right) \tag{1-19}$$

由永久荷载控制的效应设计值,应按下式进行计算:

$$S = \gamma_0 \left(\sum_{j=1}^{m_0} \gamma_{Gj} S_{Gjk} + \sum_{i=1}^{n_0} \gamma_{Qi} \gamma_{Li} \varphi_{ci} S_{Qik} \right) \tag{1-20}$$

式中：γ_0——结构重要性系数,把结构分为一、二、三 3 个安全等级,分别采用 1.1、1.0 和 0.9;

γ_{Gj}——第 j 个永久荷载的分项系数,当永久荷载效应对结构不利时,对由可变荷载效应控制的组合应取 1.2,对由永久荷载效应控制的组合效应应取 1.35;当永久荷载效应对结构有利时,不应大于 1.0。

γ_{Qi}——第 i 个可变荷载的分项系数,其中 γ_{Q1} 为主导可变荷载 Q_1 的分项系数,对标准值大于 $4\ kN/m^2$ 的工业房屋楼面结构的活荷载,应取 1.3;其他情况,应取 1.4。

γ_{Li}——第 i 个可变荷载考虑设计使用年限的调整系数,其中 γ_{L1} 为主导可变荷载 Q_1 考虑设计使用年限的调整系数;当结构设计使用年限为 5 年、50 年和 100 年时,楼面和屋面活荷载考虑设计使用年限的调整系数分别取 0.9、1.0 和 1.1。

S_{Gjk}——按第 j 个永久荷载标准值 G_{jk} 计算的荷载效应值;

S_{Qik}——按第 i 个可变荷载标准值 Q_{ik} 计算的荷载效应值,其中 S_{Q1k} 为诸可变荷载效应中起控制作用者;

φ_{ci}——第 i 个可变荷载 Q_i 的组合值系数;

m_0——参与组合的永久荷载数;

n_0——参与组合的可变荷载数。

构件本身的承载能力(抗力)只是材料性能和构件几何特性等因素的函数,即

$$R = f_k A / \gamma_R = f_d A \tag{1-21}$$

式中：γ_R——抗力分项系数，Q235 钢和 Q345 钢取 1.087，Q390 钢取 1.111；

f_k——材料强度的标准值，Q235 钢第一组为 235 MPa，Q345 钢第一组为 345 MPa，Q390 钢第一组为 390 MPa；

f_d——结构所用材料和连接的设计强度；

A——构件或连接的几何特性（如截面面积和截面抵抗矩等）。

考虑到一些结构构件和连接工作的特殊条件，构件承载力有时还应乘以调整系数。例如施工条件较差的高空安装焊缝和铆钉连接，应乘 0.9；单面连接的单个角钢按轴心受力计算强度和连接时，应乘 0.85 等。

分别将式(1-19)、式(1-20)及式(1-21)代入式(1-5)，可得

$$\gamma_0 \left(\sum_{j=1}^{m_0} \gamma_{Gj} S_{Gjk} + \gamma_{Q1} \gamma_{L1} S_{Q1k} + \sum_{i=2}^{n_0} \gamma_{Qi} \gamma_{Li} \varphi_{ci} S_{Qik} \right) \leqslant f_d A \tag{1-22}$$

和

$$\gamma_0 \left(\sum_{j=1}^{m_0} \gamma_{Gj} S_{Gjk} + \sum_{i=1}^{n_0} \gamma_{Qi} \gamma_{Li} \varphi_{ci} S_{Qik} \right) \leqslant f_d A \tag{1-23}$$

为了照顾设计工作者的习惯，将以上公式改写为应力表达式

$$\gamma_0 \left(\sum_{j=1}^{m_0} \sigma_{Gjd} + \sigma_{Q1d} + \sum_{i=2}^{n_0} \varphi_{ci} \sigma_{Qid} \right) \leqslant f_d \tag{1-24}$$

和

$$\gamma_0 \left(\sum_{j=1}^{m_0} \sigma_{Gjd} + \sum_{i=1}^{n_0} \varphi_{ci} \sigma_{Qid} \right) \leqslant f_d \tag{1-25}$$

式中：σ_{Gjd}——第 j 个永久荷载设计值 G_{jd} 在结构构件的截面或连接中产生的应力，$G_{jd} = \gamma_{Gj} S_{Gjk}$；

σ_{Q1d}——第 1 个可变荷载的设计值（$Q_{1d} = \gamma_{Q1} \gamma_{L1} S_{Q1k}$）在结构构件的截面或连接中产生的应力（该应力大于其他任意第 i 个可变荷载设计值产生的应力）；

σ_{Qid}——第 i 个可变荷载的设计值（$Q_{id} = \gamma_{Qi} \gamma_{Li} S_{Qik}$）在结构构件的截面或连接中产生的应力；

其余符号同前。

各分项系数值是经过校准法确定的。所谓校准法，是使按式(1-22)计算的结果基本符合按式(1-7)要求的可靠指标 β。不过当荷载组合不同时，应采用不同的各分项系数，才能符合 β 值的要求，这给设计带来了困难。因此用优选法对各分项系数采用定值，从而使各不同荷载组合计算结果的 β 值相差为最小。

当考虑地震荷载的偶然荷载组合时，应按《建筑抗震设计规范》(GB 50011—2010)（以下简称"抗震规范"）的规定进行。

需要注意的是，对于结构构件或连接的疲劳强度计算，水工钢结构设计计算，变形验算等相应的极限状态更为复杂，概念不够确切，目前还不能采用上述的极限状态设计法，仍然沿用容许应力设计法。

式(1-24)和式(1-25)虽然是用应力计算式表达的,但和过去的容许应力设计方法根本不同,是比较先进的一种设计方法。不过由于有些随机因素尚缺乏统计数据,暂时只能根据以往设计经验来确定,还有待于继续研究和积累有关的统计资料,才能进一步采用更为科学的全概率极限状态设计法。

(2)正常使用极限状态

结构构件的第二种极限状态是正常使用极限状态。钢结构设计中主要是控制变形和挠度,仅考虑短期效应组合,采用荷载标准值,不考虑荷载分项系数。

$$v = v_{GK} + v_{Q1K} + \sum_{i=2}^{n_0} \varphi_{ci} v_{Qik} \leqslant [v] \tag{1-26}$$

式中:v_{GK}——永久荷载标准值在结构或构件中产生的变形值;

$\quad v_{Q1K}$——第 1 个可变荷载的标准值在结构或构件中产生的变形值(该值大于其他任意第 i 个可变荷载标准值产生的变形值);

$\quad v_{Qik}$——第 i 个可变荷载的标准值在结构或构件中产生的变形值;

$\quad [v]$——结构或构件的容许变形值,按钢结构设计规范的规定采用。

当只需要保证结构或构件在可变荷载作用下产生的变形能够满足正常使用的要求时,式(1-26)中的 v_{GK} 可不计入。

1.3.2 设计思想和技术措施

1) 设计思想

钢结构的设计应该重视贯彻钢结构的设计思想,做到技术先进、经济合理、安全适用、确保质量,因此钢结构设计应在以下设计思想的基础上进行:

(1)钢结构在运输、安装和使用过程中必须有足够的强度、刚度和稳定性,保证结构安全可靠。

(2)应该从工程实际情况出发,合理选用材料、结构方案和构造措施,符合建筑物的使用要求,并具有良好的耐久性。

(3)尽可能节约钢材,减轻钢结构重量。

(4)尽可能缩短制造、安装时间,节约劳动工日。

(5)可能条件下,尽量注意美观,特别是外露结构,要有一定建筑美学要求。

2) 技术措施

为了体现钢结构的设计思想,可以采取以下技术措施:

(1)在规划结构时,使尺寸模数化、构件标准化、构造简洁化,以便于钢结构的制造、运输和安装。

(2)采用新的结构体系,例如用空间结构体系代替平面结构体系,使结构形式简化、明确、合理。

(3)采用新的计算理论和设计方法,推广适当的线性和非线性有限元方法,研究薄壁结构理论和结构稳定理论。

(4)采用焊接和高强螺栓连接,研究和推广新型钢结构连接方式。

（5）采用具有较好经济指标的优质钢材、合金钢或其他轻金属，使用薄壁型钢。

（6）采用复合结构和组合结构，例如钢与钢筋混凝土组合梁、钢管混凝土构件及由索组成的复合结构等。

钢结构设计应因地制宜、量材而用，切忌生搬硬套。上述措施不是在任何场合都行得通的，应结合具体条件进行方案比较，采用技术、经济指标都好的方案。此外，还要总结、创造和推广先进的制造工艺和安装技术，任何脱离施工的设计都不是成功的设计，设计技术与施工技术越来越紧密地结合是现代结构工程的特征和发展趋势。

1.4 钢结构设计的发展方向

1）高效能钢材的研究和应用

高效能钢材的含义是：采用各种可能的技术措施，使钢材的承载力效能提高。我国 H 型钢的应用已有了长足的发展，现正在赶超世界水平。压型钢板在我国的应用也趋于成熟。冷弯薄壁型钢的经济性是人们熟知的，但目前产量还不够多，有待进一步提高产量，供生产设计中采用。近来冷弯方形和矩形管的应用发展较快。

由于 Q345 钢强度高，可节约大量钢材，我国目前已较普遍采用 Q345 钢。现在更高强度的 Q390 钢材已开始应用，2008 年北京奥运会国家体育场"鸟巢"工程中使用了 Q460 钢材。其他高强度钢，如 30 硅钛钢（屈服强度≥400 MPa）、15 锰钒氮钢（屈服强度为 450 MPa）也有应用，但未列入钢结构设计规范。国外高强度钢发展很快，1969 年美国规范列入屈服强度为 685 MPa 的钢材，1975 年前苏联规范列入屈服强度为 735 MPa 的钢材。今后，随着冶金工业的发展，研究强度更高的钢材及其合理使用将是重要的课题。

耐候钢，即耐大气腐蚀钢，是介于普通钢和不锈钢之间的低合金钢系列，耐候钢由普碳钢添加少量铜、镍等耐腐蚀元素而成，具有优质钢的强韧、塑延、成型、焊割、磨蚀、高温、抗疲劳等特性。2008 年出版了国家标准《耐候结构钢》（GB／T4171—2008）。在该标准中，钢材的强度级别包括 Q235、Q265、Q295、Q310、Q355、Q415、Q460、Q500、Q550 共 9 个级别；按耐候性能分为耐候（NH）和高耐候（GNH）两种。2010 年，上海世博会中的卢森堡大公国国家馆和澳大利亚馆的主体建筑采用了耐候钢。

2）钢结构设计方法的改进

采用考虑分布类型的二阶矩概率法计算结构可靠度，从而制定了以概率理论为基础的极限状态设计法（简称概率极限状态设计法）。这种方法的特点主要表现在不是用依据工程经验的安全系数，而是采用考虑各种不确定性分析的失效概率（或可靠指标）去度量结构可靠性，并使所计算的结构构件的可靠度达到预期的一致性和可比性。但是这种方法还有待发展，目前该方法计算的可靠度还只是构件或某一截面的可靠度，而不是整个结构体系的可靠度。

3）结构形式的革新

新的结构形式有薄壁型钢结构、悬索结构、膜结构、树状结构（图 1-32）、开合结构

（图 1-33）、折叠结构、悬挂结构等。这些结构形式适用于轻型、大跨屋盖结构、高层建筑和高耸结构等，对减少耗钢量有重要意义。我国应用新结构的数量逐年增长，特别是空间网格结构发展更快，空间结构经济效益很好。

图 1-32 树状结构

图 1-33 开合结构

4）预应力钢结构的应用

在钢结构中增加一些高强度钢构件，并对结构施加预应力，这是预应力钢结构中采用的最普遍的形式之一。它的实质是以高强度钢材代替部分普通钢材，达到节约钢材、提高结构性能和经济效益的目的。但是，两种强度不相同的钢材用于同一构件中共同受力，必须采取施加预应力的方法才能使高强度钢材充分发挥作用。我国从 20 世纪 50 年代开始对预应力钢结构进行了理论和试验研究，并在一些实际工程中采用。20 世纪 90 年代预应力结构又有一个飞跃，弦支穹顶（图 1-34）、张弦梁（图 1-35）等复合结构，开始应用于很多大型体育场馆和会展中心等工程中，预应力桁架、预应力网架也在很多工程中得到了广泛应用。

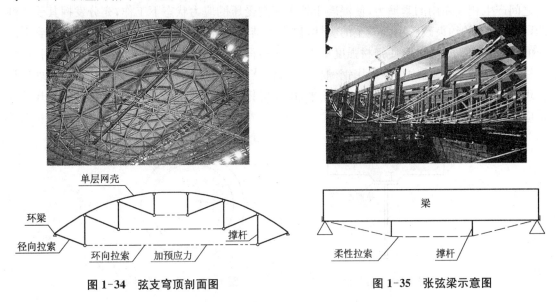

图 1-34 弦支穹顶剖面图

图 1-35 张弦梁示意图

5）空间结构的发展

本世纪以来，土建结构领域的一个重大进展是空间结构的迅猛发展。所谓"空间结构"是相对"平面结构"而言的，我们日常所采用的梁、桁架、拱……都属平面结构，一般说来，它所承受的荷载以及由此产生的内力和变形都被考虑为二维,即在一个平面内;而空间结构的荷载与内力、变形则考虑为三维的,它的结构分析要考虑空间三维效应,结构的力学假定和分析计算更符合实际,结果更为准确。因此,空间结构可以做到高效、经济、美观。目前空间结构的构件大部分都采用钢材。

空间钢结构通常包括空间网格结构和张拉结构两大类。以空间体系的空间网格结构代替平面结构可以节约钢材,尤其是当结构跨度较大时,经济效果更为显著。空间网格结构对各种平面形式的建筑物的适应性很强,近年来在我国发展很快,特别是采用了商业化的空间结构分析程序后,已建成诸如国家大剧院、国家游泳中心"水立方"、上海文化广场以及遍布全国各地的体育馆和展览馆、航站楼和高铁车站等。以悬索结构为代表的张拉结构最大限度地利用了高强度钢材,因而节省了用钢量。同样,它对各种平面形式建筑物的适应性很强,极易满足各种建筑平面和立面的要求。但由于施工较复杂,应用受到一定的限制。今后应进一步研究各种形式的悬索结构的计算和推广应用。

6) 钢-混凝土组合结构的应用

钢材的强度高,更宜承受拉力。承受压力时往往由于稳定问题而不能充分发挥它的强度潜力,而混凝土则最宜承受压力,将二者组合在一起,可以发挥各自的长处,取得最大的经济效益,是一种合理的结构形式。钢梁和钢筋混凝土板组成的组合梁(图1-36),混凝土位于受压区,钢梁则位于受拉区,钢筋混凝土板作为受压翼缘与钢梁组合而成,可节约钢材。但梁板之间必须设置抗剪连接件,以保证二者的共同工作。这种结构已经较多地用于桥梁结构、荷载较大的平台结构和房屋楼层结构中,专用规范也已出台。

图1-37是在钢管中填充素混凝土的钢管混凝土结构。这种结构最宜用作轴心受压构件,对于大偏心受压构件则可采用格构式组合柱。这种构件的特点是:在压力作用下,钢管和混凝土之间产生相互作用的紧箍力,使混凝土处于三向受压的应力状态下工作,充分发挥其受压性能,同时钢管的约束改善了混凝土的脆性,提高了结构的抗震性能;而对于薄钢管,因得到混凝土的支持,提高了稳定性,使钢材强度得以充分发挥。这一结构已在国内得到广泛应用,在厂房柱、高层建筑框架柱中很多采用钢-混凝土组合结构,应进一步研究它的工作性能、合理的计算理论及构造和施工技术等问题。近年来,由住宅钢结构带动的方钢管混凝土结构也开始大量应用。

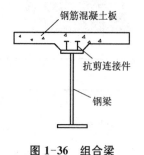

图1-36 组合梁

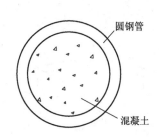

图1-37 钢管混凝土柱

7) 高层钢结构的研究和应用

为了节约用地,减少城市公共设施的投资,我国近年来相继修建了一些高层和超高层建筑物,标志着我国高层钢结构的技术水平已有了长足的进步。广州新电视塔(图1-38)塔身主体

454 m,天线桅杆150 m,总高度600 m,它的外框筒采用钢结构,由24根钢管混凝土斜柱和46组环梁、钢管斜撑组成,用钢量4万多吨。上海中心大厦(图1-39)高632 m,采用了巨型框架＋核心筒＋伸臂桁架的抗侧力结构体系,为钢与混凝土混合结构。

图1-38　广州新电视塔　　　　　图1-39　上海中心大厦

8) 优化原理的应用

结构优化设计包括确定优化的结构形式和截面尺寸。由于电子计算机和结构分析计算软件的普及,使结构优化设计得到相应的发展。我国编制的钢吊车梁标准图集,就是把耗钢量最小的条件作为目标函数,把强度、稳定性、刚度等一系列设计要求作为约束条件,用计算机求解得到优化的截面尺寸,比过去的标准设计节省钢材5%～10%。目前优化设计已逐步推广到塔桅结构、空间结构设计等各个方面。

9) 新型节点及隔震支座节点的应用

除框架结构的梁柱焊接节点和螺栓节点,网架结构中的螺栓球节点、焊接球节点等常用节点外,近年在一些建设项目中也推广应用铸钢节点、树状结构节点(图1-40)及相贯节点(图1-41)等新型节点。新型成品支座节点以及隔震支座节点的广泛应用,例如目前设计采用较多的双向滑动摩擦摆隔震支座(图1-42)等。

图1-40　树状结构节点　　　图1-41　相贯节点　　　图1-42　滑动摩擦摆隔震支座

10) 新材料的发展和应用

(1) 不锈钢材料在建筑结构中的发展和应用

由于不锈钢结构的造型美观、耐腐蚀性好、易于维护和全寿命周期成本低等优点,20世纪初,不锈钢开始在建筑结构中采用,初期主要应用在装饰工程中,少量应用于建筑物的围护结构和屋盖结构。目前,主要有不锈钢建筑物墙面、玻璃幕墙不锈钢支承体系、不锈钢屋盖结构(图1-43)、不锈钢桥梁(图1-44)和不锈钢钢筋混凝土。广州亚运会综合体育馆中采用了一种

B44R 不锈钢。

图 1-43　不锈钢屋盖结构

图 1-44　不锈钢桥梁

（2）铝合金材料在建筑结构中的发展和应用

铝合金相对于钢材和混凝土来说是更为新型的建筑材料,它具有自重轻、比强度高、可模性好、防腐性能好、便于回收利用等优点,是可以大规模应用于建筑结构的理想材料。通常为人们所熟悉的是它作为建筑装饰材料的应用,如铝合金门窗外框、玻璃幕墙支撑体系、建筑物的铝合金外包层等。在建筑承重结构中,欧美一些国家从上世纪 50 年代开始研究使用铝合金结构,目前已经形成了自己的产业;我国在这方面起步较晚,但近些年来发展迅速,建造了很多铝合金结构的建筑(图 1-45)。铝合金结构常见的形式有铝合金桥梁、大跨度铝合金屋盖、铝合金网壳及网架(图 1-46)和玻璃幕墙铝合金支撑体系。

图 1-45　铝合金房屋

图 1-46　铝合金网壳

（3）多孔金属材料在建筑结构中的发展和应用

多孔金属(图 1-47)由金属骨架及孔隙所组成,具有金属材料的可焊性等基本的金属属性。相对于致密金属材料,多孔金属的显著特征是其内部具有大量的孔隙(图 1-48)。大量的内部孔隙使多孔金属材料具有诸多优异的特性,如比重小、比表面大、能量吸收性好、导热率低、换热散热能力高、吸声性好、渗透性优、电磁波吸收性好、阻焰、耐热耐火、抗热震、气敏(一些多孔金属对某些气体十分敏感)、能再生、加工性好,等等。多孔金属既可作为许多场合的功能材料,也可作为一些场合的结构材料,通常它兼有功能和结构双重作用,是一种性能优异的多用工程材料,如火车车厢、飞机机舱外壳等采用多孔金属材料可有效降低整体结构负载,提升机体运行速度,提高发动机运行效率。多孔金属材料是非常有发展前途的一种新型金属材料,受到广大科研和工程人员的关注。

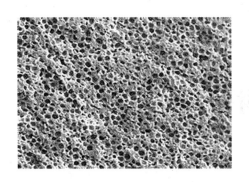

图 1-47　多孔金属材料

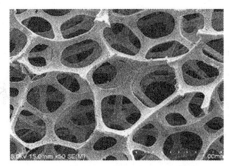

图 1-48　泡沫镍的微观结构

习　题

1-1　简述钢结构的定义。

1-2　钢结构与其他结构相比具有哪些显著的优缺点？

1-3　简述结构设计的目的和准则。结构的可靠度、承载能力极限状态和正常使用极限状态的定义。

1-4　阐述在结构设计中，失效概率 P_f 与可靠指标 β 的关系。

1-5　简述我国现行规范采用的钢结构设计计算方法，并写出两种极限状态相应的设计表达式以及公式中各系数的含义。

1-6　简述荷载标准值与荷载设计值的关系。简述强度标准值与强度设计值的关系。

1-7　钢材密度大，为什么钢结构自重与钢筋混凝土结构、砖石结构相比还较轻？为什么钢结构这一优点比较适合应用于大跨度结构和高耸结构？

1-8　论述钢结构的发展前景。

2 钢结构的材料

2.1 钢结构对材料的要求

钢材种类繁多,性能差别很大,为实现钢结构的性能,适用于土木工程的结构钢需要满足以下几方面要求:

(1)强度要求。即对材料屈服强度与抗拉强度的要求。屈服强度是衡量结构承载能力的指标,屈服强度高可减轻结构自重,节约钢材和降低造价。抗拉强度是衡量钢材经过较大变形后的抗拉能力,它反映钢材内部组织的优劣,抗拉强度高可以增加结构的安全保障。

(2)塑性和韧性要求。即要求钢材具有良好的适应变形与抗冲击能力。塑性和韧性好,结构分别在静荷载和动荷载作用下有足够的变形能力,既可减轻结构脆性破坏的倾向,又能通过较大的塑性变形调整局部应力,同时具有较好的抵抗重复荷载作用的能力。

(3)耐疲劳性能及适应环境能力要求。即要求材料本身具有良好的抗动力荷载性能,较强的适应低温和高温等环境变化的能力。

(4)冷、热加工性能及焊接性能要求。即要求结构钢材易加工成各种形式的结构,而且不致因加工过程中焊接、冲切等冷热加工操作而对结构的强度、塑性、韧性等造成较大的不利影响。

(5)耐久性能要求。主要指材料的耐锈蚀性能要求,以及钢材在外界环境作用下仍能维持其原有力学和物理性能基本不变的能力。

(6)生产与价格方面的要求。即要求钢材易于施工、价格合理。

按以上要求,钢结构设计规范具体规定:承重结构采用的钢材应具有抗拉强度、伸长率、屈服强度和硫、磷含量的合格保证,对焊接结构尚应具有碳含量的合格保证。焊接承重结构以及重要的非焊接承重结构采用的钢材还应具有冷弯试验的合格保证。对需要验算疲劳强度的结构用钢材,根据具体情况应当具有常温或负温冲击韧性的合格保证。

2.2 钢材的破坏形式

钢材有两种破坏形式:塑性破坏与脆性破坏。

　　塑性破坏是在外力作用下,构件的截面应力达到材料的屈服点,产生过大变形,超过材料或构件的应变能力,最终应力达到钢材的抗拉强度而破坏。破坏前构件产生较大的塑性变形,断裂后的断口呈纤维状,色泽发暗,有时能看到滑移的痕迹。塑性破坏前,由于有较大的塑性变形发生,且变形持续时间较长,容易及时发现而采取补救措施,不致引起严重后果。另外,静载作用下构件塑性变形后其内力重分布,使构件中应力趋于均匀,提高了结构承受静力荷载的能力。

　　脆性破坏是在外力作用下,构件破坏前变形很小,甚至没有塑性变形,截面应力甚至小于材料的屈服强度,构件从应力集中处突然发生断裂而破坏。破坏前没有任何预兆,破坏是突然发生的,断口平直并呈光泽的晶粒状。冶金和机械加工过程中产生的缺陷,特别是缺口和裂纹,常是断裂的发源地。寒冷低温、反复荷载作用下的疲劳问题、动力荷载、焊接残余应力等常常引起脆性破坏。由于脆性破坏往往是低应力破坏,没有明显屈服变形征兆,难以及时发现并采取补救措施,而且个别构件的断裂常引起整个结构的连续坍塌,后果严重。在设计、施工和使用钢结构时,要特别注意防止出现脆性破坏。

2.3　钢材的主要性能

　　钢材的主要性能包括钢材的力学性能、焊接性能与耐久性能。钢材的力学性能包括拉伸性能、冷弯性能和冲击性能,各由相应试验测定,各由相应标准试验测定,试验用试件和试验方法均需执行相应的国家试验规范。

2.3.1　钢材的力学性能

1) 常温静载单向一次拉伸时的工作性能

　　钢材的力学性能通过采用标准试件(图 2-1(a))在常温(10~35℃)、静载(满足静力加载的加载速度)下进行一次单向均匀拉伸标准试验所得到的钢材应力-应变关系曲线(图 2-1(b))来表述。该试验的试件及方法需按标准试验执行。常温下施加荷载前的标准试样横截

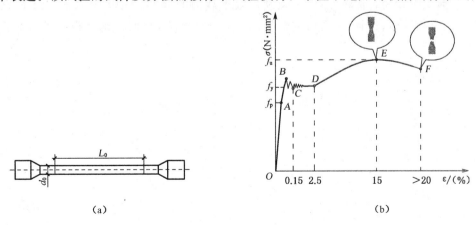

图 2-1　单向静力拉伸试验的标准试件及低碳钢应力-应变曲线

面直径为d_0,试样标距(原始标距)L_0取值为$5d_0$或$10d_0$。试验结果应力-应变关系曲线上具有代表性的强度指标描述了钢材的力学性能,包括材料的比例极限f_p（A点应力）、弹性极限f_e（B点应力）、屈服点f_y（C点应力）、与抗拉强度f_u（E点应力）。

图 2-1(b)所示为低碳钢单向均匀静载拉伸试验的应力-应变曲线。该图描述了钢材各个受力阶段(弹性、弹塑性、塑性、强化及颈缩破坏五阶段)及相应的强度性能指标。

各受力阶段的特征叙述如下:

(1) 弹性阶段(OAB段)

当钢材应力在比例极限f_p以内时,应力与应变呈直线比例关系,直线斜率$E = \mathrm{d}\sigma/\mathrm{d}\varepsilon$称为钢材的弹性模量,$E = 2.06 \times 10^5$ N/mm^2,完全符合胡克定律,该阶段钢结构的计算完全适用迭加原理。钢材的弹性极限f_e与比例极限f_p很接近,在弹性极限f_e以内的线段(即OAB段)近似视为弹性阶段,卸载后变形可完全恢复。

(2) 弹塑性阶段(BC段)

应力超过比例极限f_p后,$\sigma-\varepsilon$曲线不再保持直线关系,各点的应力与应变比值为变量,应变发展加快,由弹性阶段进入弹塑性阶段。该阶段很短,表现出钢材的非弹性性质。B点为屈服上限,C点为屈服下限(屈服点)。普通低碳钢和低合金钢,应力达到屈服点f_y后,应力不再增加,而应变却急剧增长,形成水平线段即屈服台阶(流幅),称为塑性流动阶段。应力超过弹性极限后,试件除弹性变形外还有塑性变形,后者在卸载后留存,称为残余变形或永久变形。对低碳钢和低合金钢f_y对应的应变ε约为0.15%,对于高碳钢(即没有明显屈服台阶的钢材)可取卸荷后残余应变$\varepsilon = 0.2\%$所对应的应力作为其屈服点f_y(如图 2-2所示,称为名义屈服点)。在钢结构设计时,一般将f_y作为承载能力极限状态计算的限值,即钢材强度的标准值f_k,并依此确定钢材的强度设计值f。

(3) 塑性阶段(CD段,也称屈服阶段)

当应力σ达到屈服点f_y后,钢材暂时不能承受更大的荷载,且伴随产生很大的变形(塑性流动),通常残余应变ε达到0.15%～2.5%时钢材屈服。该段σ基本保持不变(水平),ε急剧增大,称为屈服台阶或流幅,此时变形模量$E=0$。流幅越大,说明钢材的塑性越好。屈服点和流幅是钢材很重要的两个力学指标,前者是表示钢材强度的指标,而后者则表示钢材塑性变形的能力。

因此,钢结构设计时常将f_y作为强度极限承载力的标准。并将应力σ达到f_y之前的材料视为完全弹性体,达到f_y之后的材料视为完全塑性体,从而将钢材视为理想的弹塑性体(图 2-3)。

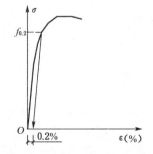

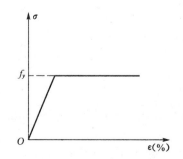

图 2-2　无明显屈服台阶钢材的应力-应变关系曲线　　图 2-3　理想弹塑性材料的应力-应变关系曲线

（4）强化阶段（DE 段）

随着塑性持续发展，钢材内部组织得到调整，强度逐渐提高，应变值 ε 达到 20% 甚至更大，所对应的应力达到最大值，即钢材的抗拉强度 f_u。

（5）颈缩破坏阶段（EF 段）

应力一旦达到抗拉强度 f_u，试件局部开始出现横向收缩，即颈缩，随后变形剧增，荷载下降，直至断裂。f_u 是钢材破坏前能够承受的最大应力，但此时钢材的塑性变形非常大，设计时仅作为钢材的强度储备考虑，常用 f_y/f_u（屈强比）表征钢材强度储备大小，屈强比越大越可靠，通常需要屈强比 f_y/f_u 不小于 0.6，抗震设计时要求屈强比 f_y/f_u 达到 0.85。

综上所述，屈服点 f_y 与抗拉强度 f_u 是反映钢材的两个重要强度指标。

钢材在单向受压（粗而短的试件）时，受力性能基本上与单向受拉时相同。受剪时的情况也类似，但屈服点 τ_y 及抗剪强度 τ_u 均较受拉时低，剪切应变模量 G 也低于弹性模量 E。钢材和钢铸件的弹性模量 E、剪切应变模量 G、线膨胀系数 α 和质量密度 ρ 见表 2-1。

表 2-1　钢材和钢铸件的物理性能指标

弹性模量 E(N/mm^2)	剪变模量 G(N/mm^2)	线膨胀系数 α(以每℃计)	质量密度 ρ(kg/m^3)
2.06×10^5	7.9×10^4	1.2×10^{-5}	7.85×10^3

2）塑性性能

塑性是指钢材破坏前产生塑性变形的能力，由标准拉伸试验得到的力学性能指标伸长率 δ 与截面收缩率 ψ 来衡量。δ 是标准试件被拉断时的绝对变形值与试件原标距之比的百分数。当试件标距长度与试件直径 d（圆形试件）之比为 10 时，以 δ_{10} 表示；当该比值为 5 时，以 δ_5 表示。同一试件的 δ_5 比 δ_{10} 要偏大一些。通常采用 δ_5 的情况较普遍。ψ 是颈缩断口处截面积的缩减值与原截面积之比值，以百分数表示。δ 或 ψ 值越大，表明钢材塑性越好。ψ 值还可反映钢材的颈缩部分在三向拉应力情况下的最大塑性变形能力，这对于需考虑厚度方向抵抗层状撕裂能力的 Z 向钢板更为重要。

δ 与 ψ 的计算公式如下：

（1）伸长率 δ

$$\delta = \frac{L_1 - L_0}{L_0} \times 100\% \tag{2-1}$$

式中：L_0——试件原标距长度（见图 2-1）；

L_1——试件拉断后标距的长度。

（2）截面收缩率 ψ

$$\psi = \frac{A_0 - A_1}{A_0} \times 100\% \tag{2-2}$$

式中：A_0——试件原横截面面积；

A_1——试件颈缩时断口处横截面面积。

3）冷弯性能

冷弯性能通过冷弯试验测试，如图 2-4 所示。试验时，需将试件弯成180°，若试件外表面不出现裂纹或分层,即为合格。冷弯试验不仅能直接检验钢材的弯曲变形能力或塑性性能,还能暴露钢材内部的冶金缺陷,如硫、磷偏析,硫化物与氧化物的掺杂情况等,这些缺陷都将降低钢材的冷弯性能。因此,冷弯性能是鉴定钢材弯曲状态的塑性性能和钢材质量的综合指标。

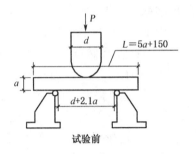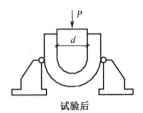

图 2-4 冷弯性能试验

4) 冲击韧性

拉伸试验所表现的钢材性能,如强度和塑性,是静力性能,而韧性试验反映钢材的动力性能。钢材的韧性是钢材抵抗冲击荷载的能力,用冲击试验测试,并用冲击功(即击断试样所需的功 A_{kv})表示,单位为 J(焦耳)。如图 2-5 所示,试验时采用截面 10 mm×10 mm、长 55 mm 且中间开有 V 形缺口的长方体试件,放在冲击试验机上用摆锤击断,击断时所需的冲击功 A_{kv} 越大,表明钢材的韧性越好。试验时,计算刚好击断试件缺口时的摆锤的重量与其垂直下落高度之乘积即为所消耗的冲击功。

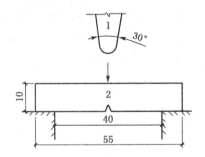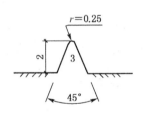

图 2-5 冲击韧性试验及试件缺口形式
1—摆锤;2—试件;3—V 形缺口

以上采用 V 形缺口的方法称为夏比试验(Charpy V-notch test)法,目前国内外通用。我国过去多数规范也推荐采用梅氏试验(Mesnager test)法,采用 U 形缺口试件,并用缺口断裂截面上单位面积所消耗的冲击功,即单位冲击功,用 a_k 表示,单位为 J/cm^2。

钢材的冲击韧性与温度有关,低温时冲击韧性将显著下降。处于寒冷地区承受动载的结构不但要求钢材具有常温冲击韧性指标,还要求具有负温−20℃或−40℃的冲击韧性指标,并保证 $A_{kv} \geq 27$ J,以确保结构的安全。

2.3.2 钢材的焊接性能与耐久性能

1）焊接性能

钢材的焊接性能（又称可焊性）是指在给定的构造形式和焊接工艺条件下能否获得符合质量要求的焊缝连接的性能。焊接性能差的钢材在焊接的热影响区容易发生脆性裂缝（如热裂缝或冷裂缝），不易保证焊接质量，除非采用特定的复杂焊接工艺，才能保证其质量。

焊接结构的失事，往往是由于钢材的焊接性能不良，在低温或受动载时发生脆性断裂。故对于重要的承受动力荷载的焊接结构，应对所用钢材进行焊接性能鉴定。一般可用带试验焊缝的试件进行测试，以鉴定焊缝及其热影响区钢材的抗裂性能、塑性和冲击韧性等。焊接性能除了与钢材的含碳量等化学成分密切相关外，还与钢材的塑性及冲击韧性有密切关系。因此，钢的焊接性能还可间接地用钢材的冲击韧性 A_{kv} 来鉴定。冲击韧性合格的钢材，其焊接质量也容易保证。

2）耐久性

钢材的耐久性主要是指其耐腐蚀性能。对于长期暴露于空气中或经常处于干湿交替环境中的钢结构，更易产生锈蚀破坏。腐蚀不仅削弱钢材的有效截面，而且由此产生的局部锈坑会导致应力集中，降低钢结构承载能力，促使钢结构发生脆断。故对钢材的防锈蚀问题及防腐措施应特别引起重视。

2.4 影响钢材主要性能的各种因素

2.4.1 化学成分的影响

钢铁本质上是铁碳合金，根据含碳量的不同，区分为铁和钢。钢的化学成分直接影响钢的组织构造，与钢材的机械性能有密切关系。普通碳素钢的化学成分主要是铁（以 Fe 和 Fe_3C 的形式存在于晶体结构中），占比达到 99%，碳（C）是除铁以外的最主要元素，含碳量低于 0.25% 的钢属于低碳钢。随着含碳量的增多，钢材的屈服强度和抗拉强度逐渐提高，而塑性和韧性，特别是低温冲击韧性下降；同时，钢材的焊接性能、疲劳强度和抗锈蚀性能也都明显下降，低温脆断的危险性增加。故结构钢要求含碳量不超过 0.22%，在焊接结构中则限制碳含量不高于 0.20%。

此外还含有锰（Mn）、硅（Si）等元素，以及在冶炼中不易除尽的微量有害元素硫（S）、磷（P）、氧（O）、氮（N）等。碳、锰、硅和杂质元素尽管总含量不多，但对钢材的机械性能有极大的影响，在选用钢材时要注意钢的化学成分。

1）有益微量元素

锰是一种弱脱氧剂，含适量锰可使强度提高，并可降低有害元素硫、氧的热脆影响，改善钢材的热加工性能及热脆倾向。对其他性能如塑性及冲击韧度只有轻微降低,故一般限定含量为:碳素钢0.3%~0.8%,低合金高强度结构钢1.0%~1.6%。

硅是一种强的脱氧剂,含适量硅可使钢的强度大为提高,对其他性能影响不大,但过量(达1%左右)也会导致其塑性、韧度、焊接性能下降,冷弯性能及耐锈蚀性能也将恶化,故一般限定含量:碳素钢0.07%~0.3%,低合金高强度结构钢不超过0.55%。

另外,一些合金元素也可明显提高钢的综合性能,如钒、钛、铌可提高钢的韧度;稀土有利于脱氧脱硫;镍、钼、铬可提高钢的低温韧性;铜可提高钢的耐腐蚀性能,但会降低钢材的焊接性能。

2) 有害微量元素

硫一般以硫化亚铁(FeS)的形式存在,高温时会熔化而导致钢材变脆(如焊接或热加工时就有可能引起热裂纹),即热脆。故一般严格控制含量:碳素钢不超过0.035%~0.05%;低合金高强度结构钢不超过0.025%~0.045%。

氧的作用和硫类似,使钢热脆,因此,在冶炼时需添加各种脱氧剂,使氧易于从铁液中逸出。一般含量控制在0.05%以下。

磷虽能提高钢材的强度及耐锈蚀性能,但会导致钢材的塑性、冲击韧度、焊接性能及冷弯性能严重降低,特别是在低温时使钢材变脆,即冷脆。故一般含量严格控制:碳素钢不超过0.035%~0.045%;低合金高强度结构钢不超过0.025%~0.045%。

氮的作用和磷类似,使钢冷脆,故一般含量控制在0.008%以下。

2.4.2 冶炼与轧制的影响

钢铁的冶炼和轧制工艺(图2-6)主要包括:炼铁、炼钢、轧钢等流程。具体来说,经采矿(获得铁矿石),选矿(将铁矿石破碎、磁选成铁精粉),烧结(将铁精粉烧结成具有一定强度、粒度的烧结矿),冶炼(即炼铁,将烧结矿运送至高炉,在热风、焦炭作用下使烧结矿还原成铁水,并脱硫),炼钢(在转炉内进行,高压氧气将铁水脱磷、去除夹杂,变成钢水),精炼(用平炉或电炉进一步脱磷、去除夹杂,提高纯净度),连铸(热状态下将钢水铸成具有一定形状的连铸坯)和轧钢(将连铸坯轧制成用户要求的各种型号的钢材,如板材、线材、管材、型材等)等工序。

1) 冶炼过程的影响

(1) 冶炼轧制工艺的实质

钢材冶炼浇注及轧制工艺,决定了钢材的化学成分及其含量、钢材的微观结构以及冶金缺陷等因素,这些因素在很大程度上决定了钢材质量,并最终影响钢材物理力学性能的宏观表现。钢材的后期热处理(将工件放在一定的介质中加热到适宜的温度,并在此温度中保持一定时间后,又以不同速度冷却的一种工艺方法)是进一步改变钢材的微观组成和结构,并最终改变钢材的力学性能。钢铁材料是由铁基体+碳化物组成,铁基体即纯铁,极软,是钢铁材料塑性性能的来源,而碳的强度、硬度极高,决定钢材的强度、硬度,但是严重缺乏塑性和韧性。因此,钢铁冶炼和轧制工艺实际就是使二者合理结合,形成铁碳合金,使钢材既具备足够的强度,又具有良好的塑性韧性及其他良好性能的过程。铁基体与碳的结合方式是碳溶解在铁基体内部并形成一定的晶格结构,铁基体自身在不同的温度呈现不同的晶格类型,由此,碳在其中的

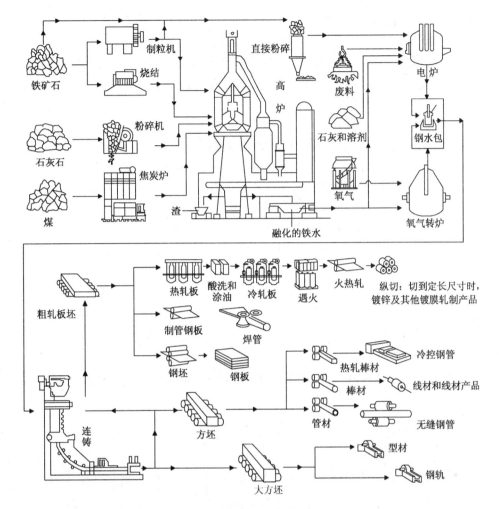

图 2-6　钢铁的冶炼与轧制

溶解程度及与铁形成的新的晶格结构也不同,这是钢铁材料种类繁多的根本原因,也是要得到更高质量、更多种类钢铁材料,冶炼和轧制工艺面临的挑战。热处理过程是通过改变铁基体晶粒的大小和结构以及碳化物的数量、大小、分布、形态来控制钢铁材料的性能。比如球化退火,就是使碳化物由片状成为球状,从而降低硬度,便于进行机械加工,虽然总的化学成分不变,但是在微观局部化学成分还是不同的,因此,性能也就不相同。温度、受力状态的改变(如低温、三向同号受拉、应变硬化等),都可能使碳从铁碳合金的固溶体中析出,使钢材性能改变,如材料由良好的塑性韧性转为脆性材料。

(2) 钢材的微观组织结构形成及对钢材性能的影响

铁碳合金的形成是碳溶解在铁基体内部并形成一定的晶格结构,铁基体自身在不同的温度呈现不同的晶格类型。

一般有三种铁基体晶格类型,即 α-Fe,γ-Fe 和 δ-Fe。它们都是纯铁,只是晶格类型不同,这种现象称为同素异构。随着温度增加,纯铁可由一种结构转变为另一种结构,这种现象称为同素异构转变。α-Fe 是温度在 912℃以下的纯铁,晶格类型是体心立方结构;将纯铁加热,当温度到达 912℃时,由 α-Fe 转变为 γ-Fe,而 γ-Fe 是面心立方结构。由于面心比体心排列紧密,所以由前者转化为后者时,体积要膨胀。继续升高温度,到达 1 390℃时,γ-Fe 转变为 δ-Fe,它的结构与 α-Fe 一样,是体心立方结构。

碳溶解在不同的铁基体内,与铁结合形成铁碳合金固溶体,通常以三个基本相的微观结构存在:铁素体、渗碳体和奥氏体。但奥氏体一般仅存在于高温下,所以室温下铁碳合金平衡组织中一般只有两个相,即铁素体和渗碳体。

铁素体:碳在 α-Fe 中的固溶体(固溶体是指一定晶构造位置上离子的互相置换,而不改变整个晶体的结构及对称性等,通常有替代式、间隙式和缺位式三种固溶体形式)称铁素体,用 F 或 α 表示,是体心立方间隙固溶体,见图 2-7(a)。铁素体的溶碳能力很低,在 727℃时最大为 0.021 8%,室温下仅为 0.000 8%,因此铁素体性能与纯铁相似。

渗碳体:即 Fe_3C,是铁碳合金亚稳定平衡系统凝固和冷却转变时析出的,含碳高达 6.69%。Fe_3C 硬度高、强度低、脆性大,塑性几乎为零。具有相对复杂的斜方晶格结构,见图 2-7(c)。根据其从不同状态的铁碳合金中析出分别有一次渗碳体,二次渗碳体(从奥氏体中析出),三次渗碳体。而 Fe_3C 自身也是一个亚稳相,在一定条件下可发生分解:$Fe_3C \rightarrow 3Fe+C$(石墨),该反应对铸铁有重要意义。由于碳在 α-Fe 中的溶解度很小,因而常温下碳在铁碳合金中主要以 Fe_3C 或石墨的形式存在。

奥氏体:奥氏体是碳在面心立方结构的铁(γ-Fe)中形成的间隙固溶体,以 γ(或 A)表示。奥氏体的组织形态与原始组织、加热速度、加热转变的程度有关。X 射线衍射证明,奥氏体中碳原子位于 γ-Fe 的八面体间隙中,即面心立方点阵晶胞的中心或棱边的中心,见图 2-7(b)。

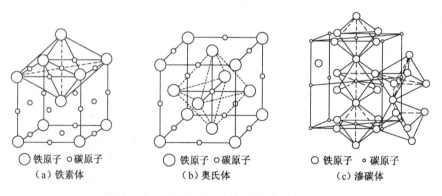

◯铁原子 ○碳原子	◯铁原子 ○碳原子	○铁原子 ○碳原子
(a) 铁素体	(b) 奥氏体	(c) 渗碳体

图 2-7　铁碳合金三个基本相的晶体结构

奥氏体的面心立方结构使其具有高的塑性和低的屈服强度,容易进行塑性变形操作而加工成形,所以钢常常在奥氏体稳定存在的高温区域进行加工。一般奥氏体的形成过程是在高温下进行的,可分为 4 个阶段,即:奥氏体形核,奥氏体晶核长大,剩余渗碳体溶解,奥氏体成分相对均匀化。最后形成的稳定的奥氏体的微观组织形态见图 2-8(a)。在奥氏体中加入镍、锰等元素,也可以得到室温下具有奥氏体组织的奥氏体钢(图 2-8(b)),可见,加入合金元素后奥氏体的晶粒变细了,这是因为碳化物、氧化物和氮化物弥散分布在晶界上,能阻碍晶核长大。奥氏体通常在 727~1 500℃高温下才能稳定,热处理过程中,奥氏体的作用可以理解为溶剂的作用:通过加热使碳及合金元素溶入奥氏体,然后通过控制冷却速度和回火温度来控制组织和化合物(一般都是碳化物)的大小、数量、分布状态等因素,从而控制钢铁材料的性能,以适合不同的用途,而这些都需要通过加热到奥氏体状态,然后通过控制碳化物的析出来实现。不同温度下铁的结构不一样,碳在铁里面的溶解度不一样,温度低了,碳溶解得少了就要析出,成为渗碳体或铁素体,温度升高,渗碳体或铁素体又可转化为奥氏体。

此外碳钢的微观结构还有珠光体和莱氏体。它们不同于单相的铁素体、渗碳体和奥氏体,是两相或者多相混合物。

珠光体:显微组织为由铁素体与渗碳体片层相间的两相混合物(图 2-8(c)、(d))。其综合力学性能比单独的铁素体或渗碳体都好,强度较高,硬度适中,塑性和韧性较好。

莱氏体:高温莱氏体是 A 与 Fe_3C 两相混合物(图 2-8(e)),室温莱氏体是珠光体与 Fe_3C 的两相混合物(图 2-8(f))。力学性能与渗碳体相似,硬度很高,塑性极差,几乎为零。

对于这些微观结构的介绍,是为了让大家对钢材的冶金工艺对钢材性能影响的本质有初步概念。更深刻的知识可查阅相关专业文献。

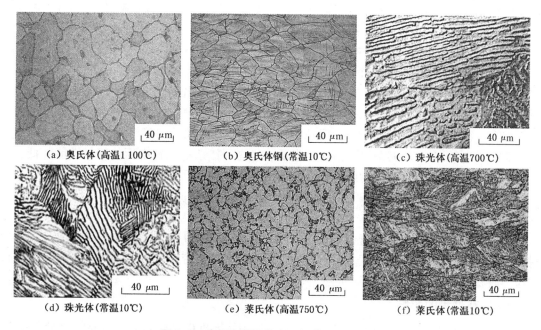

（a）奥氏体(高温1 100℃)　　　（b）奥氏体钢(常温10℃)　　　（c）珠光体(高温700℃)

（d）珠光体(常温10℃)　　　（e）莱氏体(高温750℃)　　　（f）莱氏体(常温10℃)

图 2-8　高温和常温状态下钢的组织形态图

(3)脱氧程度对钢材性能的影响

冶炼后钢水要浇注成锭并同时进行脱氧处理。注锭过程中因脱氧程度不同而形成沸腾钢、镇静钢和特殊镇静钢。它们的符号依次用 F、Z 和 TZ 表示。沸腾钢、镇静钢和特殊镇静钢的脱氧程度依次增大。合金钢由于脱氧程度高,故均为镇静钢。

对于沸腾钢和各类镇静钢详述于下:

沸腾钢(F)是在出钢时,向钢液内投入锰作脱氧剂,由于锰的脱氧能力较弱,脱氧不完全。在浇注过程中,钢液继续在锭模内产生激烈的碳氧反应(钢中的 C 和 FeO 起反应),不断有 CO 气泡产生,呈沸腾状态,故称为沸腾钢。沸腾钢铸锭时冷却快,氧、氮等气体来不及逸出,硫、磷有害杂质偏析较大,组织构造和晶粒粗细不均匀。所以,沸腾钢的塑性、韧性和焊接性能均较差,容易发生时效硬化和变脆。但是,沸腾钢由于冶炼时间短,脱氧剂消耗少,钢锭头部缩孔小,切头率小,故价格便宜。对承受静荷载的非主要结构构件仍可采用平炉沸腾钢。

镇静钢(Z)除采用锰作脱氧剂外,增加适量脱氧能力较强的硅,对有特殊要求的钢材还应用铝或钛补充脱氧。以锰为标准,则硅的脱氧能力是锰的 5 倍,而铝则是锰的 90 倍。由于铝的价格高,通常总是用硅来脱氧,只是对承受动荷载的重要焊接结构才用铝补充脱氧。镇静钢中强脱氧剂能置换钢液中的氧,经充分化合反应形成较轻的炉渣而浮出液面,其中硅还能与大部分的氮化合成稳定的氮化物。由于脱氧还原过程中产生很多热量,钢液冷却较慢,气体易逸出,浇注钢锭时钢液在钢模内平静冷却,故称镇静钢。它的优点是氧、氮含量及气孔极少,组织紧密均匀,屈服强度、抗拉强度和冲击韧性比炼钢工艺条件相同的沸腾钢高,冷脆性小,焊接性能和抗腐蚀性都较好。但镇静钢钢锭头部在最后冷却凝缩后有较深的缩孔,轧钢时需将锭头切除,损耗较大(切头率约 20%),所用脱氧剂较多,故价格较贵,适宜用于低温并承受动荷载的焊接结构和重要结构中。

特殊镇静钢(TZ)其脱氧要求比镇静钢更高,应采用使钢形成细晶粒结构的脱氧剂,通常是采用硅脱氧后,再用更强的脱氧剂铝进行补充脱氧。这种钢材的冲击韧性较高,我国碳素钢中的 Q235-D 就属于特殊镇静钢。

(4)冶金缺陷对钢材性能的影响

常见的冶金缺陷有偏析、非金属夹杂、裂纹和分层等。冶金缺陷对钢材性能的影响,不仅在结构或构件受力时表现出来,在加工制作过程中也可表现出不良性能。

偏析:钢中化学成分不均匀称为偏析,偏析易造成钢材塑性、韧度,冷弯性能及焊接性能变差。如沸腾钢在冶炼过程中由于脱氧脱氮不彻底,其偏析现象比镇静钢要严重得多。

非金属夹杂:非金属夹杂主要指硫化物及氧化物等掺杂在钢材中而使钢材性能降低。如硫化物易导致钢材热脆,氧化物则严重降低钢材力学性能及工艺性能。

裂纹:冶炼过程中,一旦出现裂纹,则将严重影响钢材的冲击韧度、冷弯性能及抗疲劳性能。

分层:钢材在厚度方向不密合,呈现多个层次的现象叫分层。分层将从多方面严重影响钢材性能,如降低钢材的冲击韧度、冷弯性能、抗脆断能力及疲劳强度,尤其是在承受垂直于板面的拉力时易产生层状撕裂。

2)轧制过程的影响

钢的轧制是把钢锭再加热至 1 200～1 300℃,用轧钢机将其轧制成所需要的形状和尺寸,这种钢材称为热轧型钢。轧钢机的压力可使钢锭中的小气泡和裂纹以及质地较疏松的部分锻焊密实,消除铸造时的缺陷并使钢的晶粒细化。

(1)压缩比与轧制方向将影响其性能

压缩比大的小型钢材如薄板、小型钢等的强度、塑性、冲击韧度等性能优于压缩比小的大型钢材。故规范中钢材的力学性能标准根据其性能进行划分,经过多次轧制形成的薄钢板比轧制次数少的厚钢板强度高。因此垂直于板平面方向(通常称为"Z 向")尽量避免受到拉力作用,否则应当要求钢材具备足够的 Z 向性能,尤其采用焊接连接的钢结构中,当钢板厚度大于 40 mm 且承受沿板厚度方向的拉力时,为避免焊接时产生层状撕裂,需采用抗层状撕裂的钢材(简称为"Z 向钢")时要做 Z 向性能测试。另外,钢材的性能还与轧制方向有关,顺着轧制方向的力学性能优于垂直于轧制方向的力学性能。

(2)轧制后热处理对钢材性能的影响

室温下含碳量相同的钢材,通过不同的热处理工艺,可使钢材得到不同的内部组织结构(如成分分布更均匀等),从而改善其性能,充分发挥钢材潜力。

钢的热处理工艺通常分为退火、正火、淬火、回火(俗称金属热处理的"四把火",次序不能更改)以及化学热处理和形变热处理等,一般经历加热、保温和冷却三个阶段,在调整钢的化学成分的基础上,通过控制加热温度、轧制温度、变形制度等工艺参数,控制奥氏体组织的变化规律和相变产物的组织形态,达到细化钢材内部组织、提高强度和韧性的目的。图2-9为金属热处理工艺的示意图。

退火(Annealing),将工件加热到预定温度,保温一定的时间后缓慢冷却的金属热处理工艺。退火的目的在于:①改善或消除钢铁在铸造、锻压、轧制和焊接过程中所造成的各种组织缺陷以及残余应力,防止工件变形、开裂。②软化工件以便进行切削加工。③细化晶粒,改善组织以提高工件的机械性能。④为最终热处理(淬火、回火)做好组织准备。

正火(Normalizing),是将工件加热,保温一段时间后,从炉中取出在空气中或喷水、喷雾或吹风冷却的金属热处理工艺。正火工艺的应用:①用于低碳钢,正火后硬度略高于

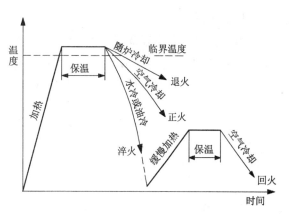

图 2-9　金属热处理工艺示意图

退火,韧性也较好,可作为切削加工的预处理。②用于铸钢件,可以细化铸态组织,改善切削加工性能。③用于大型锻件,可作为最后热处理,从而避免淬火时较大的开裂倾向。④用于球墨铸铁,使硬度、强度、耐磨性得到提高,如用于制造汽车、拖拉机、柴油机的曲轴、连杆等重要零件。

淬火(Quenching),将钢加热到临界温度以上某一温度,保温一段时间,使之全部或部分奥氏体化,然后以大于临界冷却速度快冷进行马氏体(或贝氏体)转变的热处理工艺。淬火的目的是使过冷奥氏体进行马氏体或贝氏体转变,得到马氏体或贝氏体组织,然后配合以不同温度的回火,以大幅提高钢的强度、硬度、耐磨性、疲劳强度以及韧性等,从而满足各种机械零件和工具的不同使用要求。也可以通过淬火满足某些特种钢材的铁磁性、耐蚀性等特殊的物理、化学性能。淬火能使钢强化的根本原因是相变,即奥氏体组织通过相变而成为马氏体组织(或贝氏体组织)。

回火(Tempering),将经过淬火的工件重新加热到低于下临界温度的适当温度,保温一段时间后在空气或水、油等介质中冷却的金属热处理。或将淬火后的合金工件加热到适当温度,保温若干时间,然后缓慢或快速冷却。一般用以减低或消除淬火钢件中的内应力,或降低其硬度和强度,以提高其延性或韧性。根据不同的要求可采用低温回火、中温回火或高温回火。通常随着回火温度的升高,硬度和强度降低,延性或韧性逐渐增高。回火的作用在于:①提高组织稳定性,使工件在使用过程中不再发生组织转变,从而使工件几何尺寸和性能保持稳定。②消除内应力,以便改善工件的使用性能并稳定工件几何尺寸。③调整钢铁的力学性能以满足使用要求。

调质处理(Quenching and Tempering),将淬火加高温回火相结合的热处理称为调质处理。调质处理广泛应用于各种重要的结构零件,特别是那些在交变负荷下工作的连杆、螺栓、齿轮及轴类等。调质工艺处理,不仅可消除残余应力,还可显著地提高钢材强度和硬度。它的硬度取决于高温回火温度并与钢的回火稳定性和工件截面尺寸有关。

2.4.3 温度的影响

钢材性能随温度变化而改变。总的趋势是:温度升高,钢材强度降低,应变增大;反之,温度降低,钢材强度会略有增加,塑性和韧性却会降低而变脆。

1)升温影响

当钢材温度在正温范围内由 0℃ 上升至 100℃ 时,钢材的强度微降,塑性微增,性能有小幅波动,但变化不大。但当温度继续上升至 250℃ 左右时,钢材抗拉强度增大,塑性和韧度却下降,材料有转脆的倾向,钢材表面氧化膜呈现蓝色,称为蓝脆现象。钢材应避免在蓝脆温度范围内进行热加工。当温度在 260~320℃ 之间时,钢材的强度和弹性模量开始快速下降,而伸长率显著增大,在应力持续不变的情况下,钢材以很缓慢的速度继续变形,此种现象称为徐变现象。当温度升至 400℃ 时,钢材的强度和弹性模量陡降;当温度升至 600℃ 时,强度和弹性模量接近零。因此,当结构长期受辐射热达 150℃ 以上,或可能受灼热熔化金属侵害时,应考虑对钢结构设置隔热保护层。

2)降温影响

当材料由常温降到负温时,钢材强度略有提高,但塑性和韧性降低,材料逐渐变脆,随着温度继续降低到某一负温区间时,其冲击韧性陡降,破坏特征明显地由塑性破坏转变为脆性破坏,出现低温冷脆破坏。如图 2-10 表示钢材冲击韧性与温度的关系曲线,由图可见,随着温度的降低,A_{kv} 值迅速下降,材料将由塑性破坏转变为脆性破坏,同时可见这一转变是在一个温度区间 T_1T_2 内完成的,此温度区间 T_1T_2 称为钢材的脆性转变温度区,在此区间内曲线的反弯点(最陡点)所对应的温度 T_0 称为脆性转变温度。设计中选用钢材时,应使其脆性转变温度区的下限温度 T_1 低于结构所处的工作环境温度,才可保证钢结构低温工作的安全。故在低温工作的结构,往往要有负温(如 0℃、-20℃ 或 -40℃)冲击韧度的合格保证,以防止发生低温脆断。

从微观的角度来看,金属本质上是由原子组成,原子之间存在着相互吸引和排斥的作用。原子之间最大的结合力即为理想晶体脆性断裂的理论断裂强度。温度的改变将对

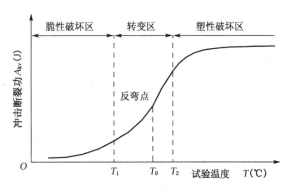

图 2-10 A_{kv} 值随温度变化情况

微观结构产生影响,从而在宏观上表现出不同的力学性能,如低温冷脆。不同的金属具有不同的微观结构,对温度变化的敏感程度不同,表现出不同的低温性能。微观结构中如果可用滑移系统足够多或者阻碍滑移的因素不因温度降低而加剧,材料将保持足够的变形能力而不表现出脆性断裂,否则可能由于晶体缺陷等相互作用的强度增加,阻碍位错运动,封锁滑移的作用加剧,使得对变形的适应能力减弱,即表现出脆性。例如实验观察到的不同温度下 Q235 钢的微观结构(图 2-11),随着温度的降低,金属微观结构变化较大,表现出低温脆性;图 2-12 为不同温度下铬镍钢的微观结构,随着温度的降低,其微观结构变化不大,低温性能较稳定。

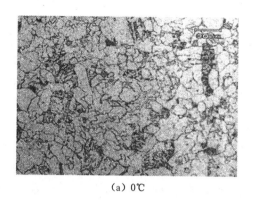

(a) 0℃　　　　　　　　　　　　　(b) −80℃

图 2-11　不同温度下 Q235 钢的微观结构

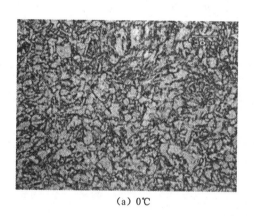
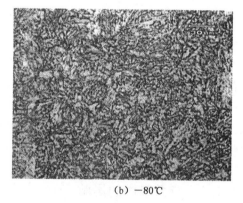

(a) 0℃　　　　　　　　　　　　　(b) −80℃

图 2-12　不同温度下铬镍钢的微观结构

2.4.4　钢材硬化的影响

1）冷作硬化（又称应变硬化）

钢在弹性范围内重复加载和卸载,其性能一般不会改变(疲劳问题除外)。但当荷载超过弹性范围,即超过比例极限后,进行卸载,则出现残余变形,经一定间歇后再次加载,其比例极限将会提高,接近前次卸载的应力值,并且屈服点和抗拉强度也会提高,而伸长率却显著减小(图 2-13),这种现象称为硬化。钢结构制造时在常温冷加工过程如剪、冲、钻、刨、弯、锟等,将产生很大塑性变形而引起钢的硬化现象,通常称为冷作硬化。

冷作硬化会改变钢材的力学性能,即强度(比例极限、屈服点和抗拉强度等)提高,但是显著降低了钢材的塑性和冲击韧性,增加出现脆性破坏的可能性,对钢结构是有害的。因此,钢结构一般不利用冷作硬化来提高强度;反之,对重要结构用材还要采取刨边措施来消除冷作硬化的影响。

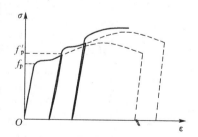

图 2-13　间歇性重复荷载下的拉伸试验曲线

2）时效硬化

钢的性质随时间的增长逐渐变硬变脆的现象称为时效硬化。其特征为钢材的屈服强度和抗拉强度提高，但伸长率减小，特别是冲击韧性急剧降低。时效硬化的本质原因是铁素体内常有极少量的碳和氮等固溶物，随着时间的增长，碳、氮逐渐从纯铁体中析出，并形成自由的渗碳体和氮化物，散布在晶粒的滑动面上，起着阻碍滑移的强化作用，约束纯铁体发展塑性变形，使钢变硬变脆。由于脆性增加，不能利用因为时效而提高的强度。

发生时效的过程可以从几天到几十年，在交变荷载（振动荷载）、重复荷载和温度变化等情况下容易引起时效硬化。时效使钢材强度（屈服点和抗拉强度）提高，塑性降低，特别是冲击韧性大大降低，钢材变脆。同时，钢材的时效硬化与冶炼工艺亦有密切关系。杂质多、晶粒粗而不均的沸腾钢对时效最敏感，镇静钢次之，用铝或钛补充脱氧的桥梁钢最不敏感。

为了测定时效后的冲击韧性，常采用人工快速时效的方法。就是先使钢材产生 10% 左右塑性变形，再加热至 250℃，并保温 1 小时后，在空气中冷却，做成试件测定其应变时效后的冲击韧性，其值不得小于常温冲击韧性值的 40%～50%。

3）人工时效

若在钢材产生 10% 的塑性变形后，再加热到 200～300℃，然后冷却到室温，可使时效硬化加速发展，只需几小时即可完成，此过程称为人工时效。在一般钢结构中，不利用硬化所提高的强度，有些重要结构要求对钢材进行人工时效后检验其冲击韧性，以保证结构具有足够的抗脆性破坏能力。

2.4.5 应力集中的影响

钢材的工作性能和力学性能指标都是以轴心受拉杆件中应力沿截面均匀分布的情况作为基础的。实际上在钢结构的构件中常存在着孔洞、槽口、凹角、截面突然改变以及钢材内部缺陷等。此时，构件中的应力分布将不再保持均匀，而是在某些区域产生局部高峰应力，在另外一些区域则应力降低，形成所谓应力集中现象（图 2-14）。高峰区的最大应力与净截面的平均应力之比称为应力集中系数。研究表明，在应力高峰区域总是存在着同号的双向或三向应力，这是因为除产生纵向应力 σ_x 外，由高峰拉应力引起的截面横向收缩受到附近低应力区的阻碍

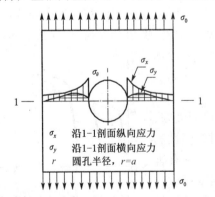
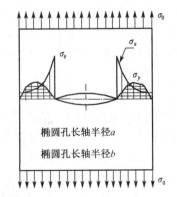

图 2-14 孔边应力集中现象

而引起垂直于内力方向的拉应力 σ_y,在较厚的构件里还产生 σ_z,使材料处于复杂受力状态,由能量强度理论得知,这种同号的平面或立体应力场有使钢材变脆的趋势。应力集中系数愈大,变脆的倾向亦愈严重。但静力荷载作用下,由于建筑钢材塑性好,虽然局部高峰应力达到屈服点 f_y,一定程度上能促使应力重分配,使截面应力分布严重不均的现象趋于平缓。故承受静荷载作用的构件在常温下工作时,计算中可不考虑应力集中的影响。但在负温环境或承受动力荷载的结构,应力集中的不利影响十分突出,往往是引起脆性破坏的根源,故在设计中应采取措施避免或减小应力集中,并选用质量优良的钢材。

2.4.6 其他因素的影响

其他因素如残余应力或重复荷载也将对钢材的性能产生影响。钢材在热轧、氧割、焊接时的加热与冷却过程中,构件内部易产生自相平衡的残余应力。残余应力虽对构件的静荷载强度无显著影响,但对构件的变形(刚度)、疲劳以及稳定承载力将产生不利影响。

重复荷载作用将导致钢材疲劳而发生脆性断裂,这种影响将在 2.6 节作进一步阐述。

2.5 复杂应力作用下钢材的屈服条件

讨论复杂应力对于钢材脆断的影响之前,需先讲清钢材由弹性阶段进入塑性阶段的条件,即其塑性变形得以发展的塑性条件。钢在单向应力 σ 作用下,其塑性得以发展的条件为 $\sigma \geqslant f_y$,其中 f_y 为屈服强度。塑性变形的发展主要是由于铁素体沿晶面发生剪切滑移。

钢材在双向平面应力或三向立体应力等复杂应力(图 2-15)作用下的强度条件必须由强度理论来确定。其中能量强度理论(第四强度理论)最符合钢材为弹塑性材料的实际情况。按照能量强度理论,钢的塑性条件需用折算应力来衡量。

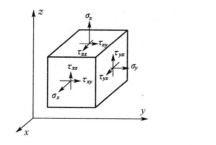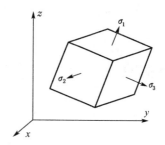

图 2-15 复杂应力状态

以应力分量表示的复杂应力作用下钢材的屈服条件:

$$\sigma_{eq} = \sqrt{\sigma_x^2 + \sigma_y^2 + \sigma_z^2 - (\sigma_x\sigma_y + \sigma_y\sigma_z + \sigma_z\sigma_x) + 3(\tau_{xy}^2 + \tau_{yz}^2 + \tau_{zx}^2)} = f_y \tag{2-3}$$

以主应力表示的复杂应力作用下钢材的屈服条件:

$$\sigma_{eq} = \sqrt{\sigma_1^2 + \sigma_2^2 + \sigma_3^2 - (\sigma_1\sigma_2 + \sigma_2\sigma_3 + \sigma_1\sigma_3)} = f_y$$

$$\sigma_{eq} = \sqrt{\frac{1}{2}\left[(\sigma_1 - \sigma_2)^2 + (\sigma_2 - \sigma_3)^2 + (\sigma_1 - \sigma_3)^2\right]} = f_y \qquad (2-4)$$

式中：σ_1、σ_2、σ_3——钢材在验算点上的三向主应力。

当 $\sigma_{eq} < f_y$ 时，钢处于弹性阶段工作；当 $\sigma_{eq} \geqslant f_y$ 时，钢进入塑性阶段工作。

钢材在同号平面主应力 σ_1 与 σ_2 作用下，折算应力 $\sigma_{eq} = \sqrt{\sigma_1^2 + \sigma_2^2 - \sigma_1\sigma_2}$ 显然小于最大主应力 σ_1。当 σ_1 达到 f_y 时，σ_{eq} 尚小于 f_y，钢仍处于弹性阶段。由此可见，在同号平面应力状态下，钢的弹性阶段和极限强度都比单向受拉时有所提高，同时钢材转向硬化和变脆。同理，在同号三向应力作用下，钢材更加脆化，更容易发生脆性断裂，故在构造设计上应尽量避免同号三向应力状态，减少发生脆断的危险。

钢材在异号平面应力作用下，情况正好相反。折算应力 $\sigma_{eq} > \sigma_1$，钢的弹性阶段和强度都将随异号主应力 σ_2 的增大而降低，塑性变形则随之增大。异号三向应力则使钢材强度降低更多。

当三向应力中有一向应力很小（如厚度较小，厚度方向的应力可忽略不计），即式(2-3)、式(2-4)中可以分别取 $\sigma_3 = 0$ 及 $\sigma_z = 0$，$\tau_{xz} = \tau_{yz} = 0$，则分别得到下列两式

$$\sigma_{eq} = \sqrt{\sigma_1^2 + \sigma_2^2 - \sigma_1\sigma_2} \qquad (2-5)$$

$$\sigma_{eq} = \sqrt{\sigma_x^2 + \sigma_y^2 - \sigma_x\sigma_y + 3\tau_{xy}^2} \qquad (2-6)$$

对于普通梁，一般只考虑单向正应力 σ 与剪应力 τ，即

$$\sigma_{eq} = \sqrt{\sigma^2 + 3\tau^2} \qquad (2-7)$$

对于纯剪状态（即 $\sigma = 0$），有

$$\sigma_{eq} = \sqrt{3}\tau \qquad (2-8)$$

若令 $\sigma_{eq} = f_y$，即得 $\tau = 0.58f_y$。钢结构设计规范中一般将钢材的抗剪强度设计值取为 f_y 的 0.58 倍，就是基于这一推导。

2.6 钢材的疲劳

2.6.1 疲劳破坏的定义及性质

钢结构中，很多构件不仅承受静荷载，还长期承受连续的重复荷载作用，如船闸门叶拉杆等。当重复荷载的循环次数 n 达到某定值时，钢材中的应力虽然低于抗拉强度，甚至低于屈服强度，也会发生突然的脆性断裂。破坏时塑性变形极小，这种现象称为钢材的疲劳破坏。

对于钢结构，在钢材生产和构件加工、安装过程中，不可避免地在结构的某些部位存在局

部微小缺陷,如夹渣、微裂纹、冷加工造成的孔洞、刻槽、焊接处截面的突然改变或焊缝熔合部位存在气孔等,这些缺陷类似于初始微裂纹。在重复荷载作用下,这些部位的截面上产生应力集中现象,在高峰应力处将首先出现微观裂纹而形成疲劳源。同样,截面几何形状突然改变处存在高峰应力,经过多次反复荷载作用,即使该处不存在初始的冶金或加工缺陷,也会产生微观裂纹而形成疲劳源。这些微裂纹往往在材料内部,不易及时检测发现,成为钢结构容易发生疲劳破坏的缘由。

一般地说,疲劳破坏经历三个阶段:初始微裂纹(疲劳源)的形成;微裂纹的缓慢扩展;裂纹处截面的迅速断裂。钢构件在反复荷载作用下,钢材内部质量薄弱处出现应力集中,局部达到屈服强度首先出现塑性变形,并硬化而逐渐形成一些微观裂纹,在往复荷载作用下,裂纹的数量不断增加并相互连接发展成宏观裂纹,随后截面的有效截面面积减小,应力集中现象越来越严重,裂纹不断扩展,最后当钢材截面削弱到不足以抵抗外荷载时,钢材突然断裂。因此,疲劳破坏总是发生在局部高峰应力的截面,而不是在具有最大应力的截面;破坏时全截面的最大应力值远低于静荷载时材料的强度极限,甚至低于屈服极限;疲劳破坏前,塑性变形极小,没有明显的破坏预兆,疲劳破坏的性质是脆性破坏。

疲劳破坏的断口一般可分为光滑区和粗糙区两部分,见图 2-16。光滑区的形成是因为疲劳源周边的材料在循环应力作用下,时而分开,时而压紧,因而靠近疲劳源周边的扩展表面相互研磨而呈现光滑区。突然断裂的截面,则类似于拉伸试件的断口,比较粗糙。

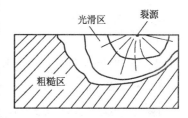

图 2-16　疲劳断面的分区

疲劳破坏时,构件没有明显的塑性变形,即使是塑性材料,也呈脆性断裂性质,没有明显预兆的情况下突然发生,易带来巨大的损失和伤亡,因此,规范规定承受动力荷载、重复荷载作用的钢结构构件及其连接,当 $n \geqslant 5 \times 10^4$ 次时,应进行疲劳计算。

2.6.2　常幅疲劳验算

应力幅 $\Delta\sigma$ 为应力谱(如图 2-17 中的实线所示)中最大应力与最小应力之差,即 $\Delta\sigma = \sigma_{max} - \sigma_{min}$, σ_{max} 为每次应力循环中的最大拉应力(取正值),σ_{min} 为每次应力循环中的最小拉应力(取正值)或压应力(取负值)。如果反复作用的荷载数值不随时间变化,则在应力循环内的应力幅将保持常量,这谓之常幅疲劳。

在连续重复荷载作用下,应力循环的各种形式见图 2-17。应力循环特性常用应力比值 $\rho = \sigma_{min}/\sigma_{max}$ 来表示。当 $\rho = -1$ 时称为完全对称循环(图 2-17(a));$\rho = 0$ 时称为脉冲循环(图 2-17(b))。应力循环中的最大拉应力 σ_{max} 和最小拉应力或压应力 σ_{min} 之差称为应力幅:$\Delta\sigma = \sigma_{max} - \sigma_{min}$,应力幅总为正值。

钢材的疲劳破坏除了与钢材的质量、构件的几何尺寸和缺陷等因素有关外,主要取决于应力循环特征和循环次数。

通过大量全尺寸梁试件的疲劳试验证明:影响焊接结构疲劳强度的重要因素是应力幅 $\Delta\sigma$ 和接头细部构造类型,而不是最大应力和应力比。这是因为钢材在轧制和结构在制造过程中,构件内部往往产生残余应力。残余拉应力的峰值常可接近或达到钢材的屈服强度 f_y,在结构

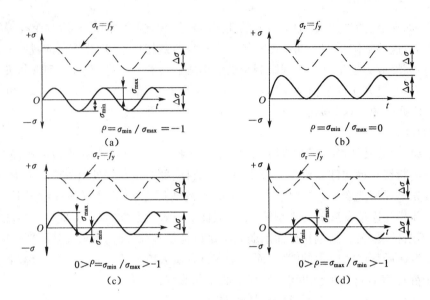

图 2-17　重复荷载的应力循环形式

承受外加荷载时,其外加应力从 σ_{min} 增大到 σ_{max} 的过程中,由于钢材在残余拉应力处材料已经进入塑性,该处应力值保持 f_y 并不增大。当外加应力由 σ_{max} 减小到 σ_{min} 时,该处的应力将由 f_y 减小到 $f_y - \Delta\sigma$,实际的应力比为 $\rho = (f_y - \Delta\sigma)/f_y$。这说明对于不同的荷载循环特征,由于 f_y 为常数,无论名义应力 σ_{max}、σ_{min} 和名义应力比 $\rho = \sigma_{min}/\sigma_{max}$ 为何值,其实际应力比仅与 $\Delta\sigma$ 有关,名义最大应力和名义应力比已无实际意义,因而规范规定疲劳计算方法采用容许应力幅法。

应力幅有常幅和变幅两种,当所有应力循环内的应力幅保持常量时称为常幅,见图 2-17(a)~(d);当应力循环内的应力幅随机变化时称为变幅。

试验表明,在一定的循环次数下,发生疲劳破坏时的应力幅度大小,主要取决于构件和连接类别。《钢结构设计规范》(GB 50017—2003)依照残余应力和应力集中的严重程度,将构件和连接分为 8 类,见附表 6-1。根据试验数据对于一定的连接类别,可绘制 $\Delta\sigma - n$ 曲线,见图 2-18(a)。对应一定的致损循环次数 n_1,在曲线上就有一个与其相应的疲劳强度为 $\Delta\sigma_1$,也就是说在应力幅 $\Delta\sigma_1$ 的连续作用下,它的使用寿命是 n_1 次,故致损循环次数 n_1 又称为疲劳寿命。为了便于工作,目前国内外都常用双对数坐标轴的方法使 $\Delta\sigma - n$ 曲线转换为斜直线,见图 2-18(b)。

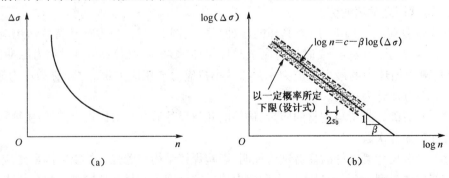

图 2-18　$\Delta\sigma - n$ 曲线

直线上每一个点的竖轴坐标是应力幅 $\log\Delta\sigma$,横轴坐标是致损循环次数 $\log n$,直线对纵坐标的斜率(绝对值)为 β,这样疲劳方程可写为

$$\log n = c - \beta\log\Delta\sigma \tag{2-9}$$

式中:β——直线对纵坐标的斜率(绝对值);

　　　c——直线与横坐标轴的截距。

$\Delta\sigma - n$ 曲线(图 2-18(b)中的实线)是根据试验点(疲劳破坏点)经数理统计而得到的回归方程。有 50% 的试验点处于实线的下方,即构件不发生疲劳破坏的保证率只有 50%。为了安全,要求保证率达到 97.7%,将回归方程向左平移 $2s_0$,其中 s_0 为标准差,即图 2-18(b)中下方的虚斜线,该线方程为

$$\log n = c - \beta\log\Delta\sigma - 2s_0 \tag{2-10}$$

式中:s_0——标准差,根据试验数据由数理统计公式求得,它表示 $\log n$ 的离散程度。

由该方程求得的应力幅因为有足够的安全保证率,所以称为常幅疲劳的容许应力幅。

$$[\Delta\sigma] = \left(\frac{10^{c-2s_0}}{n}\right)^{1/\beta} \tag{2-11}$$

令 $10^{c-2s_0} = C$,则常幅疲劳按下式进行验算:

$$\Delta\sigma \leqslant [\Delta\sigma] = \left(\frac{C}{n}\right)^{1/\beta} \tag{2-12}$$

式中:$\Delta\sigma$——对焊接部位为应力幅 $\Delta\sigma = \sigma_{\max} - \sigma_{\min}$,对非焊接部位为折算应力幅 $\Delta\sigma = \sigma_{\max} - 0.7\sigma_{\min}$;

　　　$\sigma_{\max}$——计算部位每次应力循环中最大拉应力(取正值);

　　　$\sigma_{\min}$——计算部位每次应力循环中最小拉应力或压应力(拉应力取正值,压应力取负值);

　　　$[\Delta\sigma]$——常幅疲劳容许应力幅,N/mm²;

　　　n——应力循环次数;

　　　C、β——系数,随构件和连接的细部构造引起的应力集中程度和焊接残余应力的大小而异,可根据不同形式的构件或连接由附表 6-1 查出相应类别后,按表 2-2 选用。

表 2-2　参数 C、β 值

构件和连接类别	1	2	3	4	5	6	7	8
$C(\times 10^{12})$	1940	861	3.26	2.18	1.47	0.964	0.646	0.406
β	4	4	3	3	3	3	3	3

2.6.3　变幅疲劳验算

上面的分析皆属常幅疲劳的情况。实际上,结构(如厂房吊车梁)所受荷载,其值常小于计算荷载,即性质为变幅的,或称随机荷载。变幅疲劳的应力谱如图 2-19 所示。

这种情况如按其中最大应力幅,仍依照常幅疲劳公式计算显然不合理。正确的方法是结合结构实际变幅荷载进行疲劳计算。《钢结构设计规范》(GB 50017—2003)根据线性累积损伤法则,把变幅疲劳折合成常幅疲劳进行计算。

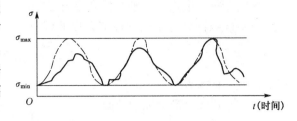

图 2-19　变幅疲劳的应力谱

从设计应力谱可知应力幅水平 $\Delta\sigma_1$, $\Delta\sigma_2$, $\cdots$, $\Delta\sigma_i$, $\cdots$ 和对应的循环次数 n_1, n_2, $\cdots$, n_i, $\cdots$。假设 $\Delta\sigma_1$, $\Delta\sigma_2$, $\cdots$, $\Delta\sigma_i$, $\cdots$ 为常幅时,相对应的疲劳寿命是 N_1, N_2, $\cdots$, N_i, $\cdots$。N_i 表示在常幅疲劳中 $\Delta\sigma_i$ 循环作用 N_i 次后,构件或连接即产生破损。则在应力幅 $\Delta\sigma_1$ 作用下的一次循环所引起的损伤为 $1/N_1$, n_1 次循环为 n_1/N_1。按累积损伤法则,将总的损伤按线性叠加计算,得到发生疲劳破坏的条件为

$$\frac{n_1}{N_1} + \frac{n_2}{N_2} + \cdots + \frac{n_i}{N_i} + \cdots = \sum \frac{n_i}{N_i} = 1 \tag{2-13}$$

现设想另有一常幅疲劳,应力幅为 $\Delta\sigma_e$,应力循环达 $\sum n_i$ 次后使同一结构也产生疲劳破坏。由式(2-12)可知,对应每一级应力幅有

$$N_i\,(\Delta\sigma_i)^\beta = C \tag{2-14}$$

将随机变化的应力幅折算为等效应力幅 $\Delta\sigma_e$,经过 $\sum n_i$ 次循环,同样有关系式:

$$\sum n_i\,(\Delta\sigma_e)^\beta = C \tag{2-15}$$

将式(2-14)代入式(2-13)整理后,可得

$$C = \sum \left[n_i\,(\Delta\sigma_i)^\beta \right] \tag{2-16}$$

将式(2-16)代入式(2-15)可得变幅疲劳转换为等效常幅疲劳计算式

$$\Delta\sigma_e = \left[\frac{\sum n_i\,(\Delta\sigma_i)^\beta}{\sum n_i} \right]^{1/\beta} \leqslant [\Delta\sigma] \tag{2-17}$$

式中:$\Delta\sigma_e$——变幅疲劳的等效常应力幅;

$\sum n_i$——以应力循环次数表示的结构预期使用寿命;

n_i——预期寿命内应力幅水平达到 $\Delta\sigma_i$ 的应力循环次数;

β——系数,按表 2-2 采用;

$[\Delta\sigma]$——常幅疲劳容许应力幅,见式(2-12)。

吊车梁和吊车桁架都是承受变幅循环荷载的构件,若按式(2-17)进行疲劳强度计算显然相当麻烦。为此,根据一些工厂吊车梁实测得到的应力谱,用式(2-17)算出等效常应力幅 $\Delta\sigma_e$,将 $\Delta\sigma_e$ 与应力谱中最大一级的应力幅 $\Delta\sigma$ 相比,并取 $\alpha_1 = \Delta\sigma_e/\Delta\sigma$ 称为欠载效应系数,这样就把变幅疲劳转换成常幅疲劳计算,由式(2-17)有

$$\Delta\sigma_e = \alpha_1 \Delta\sigma \leqslant [\Delta\sigma]_n \tag{2-18}$$

由于不同车间吊车梁在设计基准期 50 年内的应力循环总次数 n 各不相同,为了便于计算和比较,规范统一取 $n = 2 \times 10^6$ 次为基准数,把上式中 $[\Delta\sigma]_n = \left(\dfrac{C}{n}\right)^{1/\beta}$ 换算为

$$[\Delta\sigma]_n = [C/(2 \times 10^6)]^{1/\beta} \times (2 \times 10^6/n)^{1/\beta} = [\Delta\sigma]_{2\times10^6} \times (2 \times 10^6/n)^{1/\beta} \quad (2\text{-}19)$$

令 $\alpha_{f0} = \alpha_1 [n/(2 \times 10^6)]^{1/\beta}$ 称为欠载效应的等效系数。这样就把式(2-18)转换成

$$\alpha_{f0}\Delta\sigma \leqslant [\Delta\sigma]_{2\times10^6} \quad (2\text{-}20)$$

式中:$\Delta\sigma$——按一台吊车荷载标准值计算,$\Delta\sigma = \sigma_{max} - \sigma_{min}$;

$\quad\quad \alpha_{f0}$——欠载效应的等效系数,对重级工作制硬钩吊车 $\alpha_{f0} = 1.0$;重级工作制软钩吊车 $\alpha_{f0} = 0.8$;中级工作制吊车 $\alpha_{f0} = 0.5$;

$\quad\quad [\Delta\sigma]_{2\times10^6}$——循环次数 $n = 2 \times 10^6$ 次的容许应力幅,按表 2-3 取用。

根据规范规定,对重级工作制的吊车梁和重级、中级工作制的吊车梁和吊车桁架可按式(2-20)进行疲劳计算。

表 2-3　循环次数 σ_{min} 次的容许应力幅(N/mm²)

杆件和连接类别	1	2	3	4	5	6	7	8
$[\Delta\sigma]_{2\times10^6}$	176	144	118	103	90	78	69	59

2.6.4　疲劳计算应注意的问题

(1)直接承受动力荷载重复作用的钢结构构件和连接,当应力循环次数 $n \geqslant 5 \times 10^4$ 时,应进行疲劳计算,应力幅按弹性工作计算。

(2)疲劳计算时,作用于结构的荷载取标准值,不乘以荷载分项系数,也不乘以动力系数,这是因为在以试验为基础的疲劳计算公式和参数中已包含了此影响。

(3)在全压应力(不出现拉应力)循环中,裂缝不会扩展,故可不作疲劳验算。

(4)试验证明,钢材静力强度的不同,对大多数焊接类别的疲劳强度无明显影响,为简化表达式,认为所有类别的容许应力幅均与钢材静力强度无关。故由疲劳破坏所控制的构件,采用高强钢材是不经济的。

2.7　钢材的种类和规格及钢材交货状态

结构设计任务之一是选择适宜的结构材料,设计文件中要明确说明选用钢材的种类、规格、加工要求,还要根据结构的工作特性和工作环境,明确钢材的各项力学特性和交货状态。否则设计文件缺项,钢结构加工企业未能明确钢材质量保证,将给工程带来隐患。碳素结构钢的交货状态要求按照国家标准规范执行。

2.7.1 钢材的分类

钢按用途可分为结构钢、工具钢和特殊钢(如不锈钢等)。结构钢又分建筑用钢和机械用钢。按冶炼方法,钢可分为转炉钢和平炉钢。按脱氧方法,钢又分为沸腾钢(代号为 F)、镇静钢(代号为 Z)和特殊镇静钢(代号为 TZ),镇静钢和特殊镇静钢的代号可以省去。镇静钢脱氧充分,沸腾钢脱氧较差。一般钢结构都是采用镇静钢,尤其是轧制钢材的钢坯推广采用连续铸锭法生产,钢材必然为镇静钢。若采用沸腾钢,不但质量差,价格并不便宜,而且供货困难。按成型方法分类,钢又分为轧制钢(热轧、冷轧)、锻钢和铸钢。国家标准《钢分类》(GB/T 13304.1—2008)规定,钢材按化学成分,可分为非合金钢、低合金钢与合金钢三类。若按主要性能及使用特性划分,非合金钢还可进一步分为以规定最低强度(碳素结构钢属于此类)或以限制含碳量为主的各种类别,低合金钢又可进一步划分为低合金高强度结构钢与低合金耐候钢等类别。

钢结构中常用的结构钢,只是碳素结构钢和低合金高强度结构钢中的几个牌号,以及性能较优的几类专用结构钢(如桥梁用钢、耐候钢及高层建筑结构用钢等)。对用于紧固件的螺栓及焊接材料类用钢,还需有其他工艺要求。

2.7.2 钢材的牌号

钢材的牌号简称为钢号。下面分别对碳素结构钢、低合金高强度结构钢及某些专用结构钢的钢号表示方法及其代表含义简述如下。

1) 碳素结构钢

碳素结构钢钢号由四个部分按顺序组成,它们分别是:

(1) 代表屈服点的字母 Q。

(2) 屈服强度 f_y 的数值(单位是N/mm^2)。

(3) 质量等级符号 A、B、C、D,表示钢材质量等级,其质量从前至后依次提高;在力学性能方面,A 级只保证 f_y、f_u 与 δ_5,对冲击韧度不作要求,冷弯试验按需方要求而定;而对 B、C、D 三级,六项指标 f_y、f_u、δ_5、ψ、180°冷弯性能指标及常温或负温(B 级+20℃,C 级 0℃,D 级 −20℃)冲击韧度 A_{kv} 均需保证。

(4) 脱氧方法符号 F、Z 和 TZ,分别表示沸腾钢、镇静钢和特殊镇静钢,其中 Z 和 TZ 在钢号中可省略不写。

例如,Q235-BF,表示屈服强度为 235 N/mm^2 的 B 级沸腾钢,Q235-C 表示屈服强度为 235 N/mm^2 的 C 级镇静钢。钢材的质量等级中,A、B 级按脱氧方法分为沸腾钢或镇静钢,C 级只有镇静钢,D 级只有特殊镇静钢。A、B、C、D 各级的化学成分及力学性能均有所不同,Q235 钢系列的主要力学性能见表 2-4,其他更详细情况可参见《碳素结构钢》(GB/T 700—2006)。普通钢结构常用四种牌号的低碳碳素结构钢:Q195、Q215、Q235 及 Q275。其中 Q235 是《碳素结构钢》(GB/T 700—2006)推荐采用的钢材。

表 2-4　Q235 钢的力学性能

钢材厚度或直径 (mm)	拉伸试验			180°冷弯试验 (b=2a)		冲击韧度		
	f_y(N/mm²) ≥	f_u (N/mm²)	δ_5(%) ≥	纵向	横向	质量等级	温度 (℃)	A_{kv}(J) (纵向)≥
≤16	235		26			A	—	—
>16~40	225	375 ~ 460	25	$d=a$	$d=1.5a$			
>40~60	215		24			B	+20	
>60~100	205		23	$d=2a$	$d=2.5a$	C	0	27
>100~150	195		22	$d=2.5a$	$d=3a$	D	—20	
>150	185		21					

2）低合金高强度结构钢

低合金结构钢是在冶炼碳素结构钢时加入一种或几种适量的合金元素而成的。其钢材牌号的表示方法与碳素结构钢相似,但质量等级分为 A、B、C、D、E 五级,且无脱氧方法符号,例如 Q345 - B、Q390 - D、Q420 - E 等。

按《低合金高强度结构钢》(GB/T 1591—2008)的划分,低合金高强度钢有 Q345、Q390、Q420、Q460、Q500、Q550、Q620 和 Q690 八种。其中 Q345、Q390、Q420 三种被重点推荐使用,此三种牌号主要力学性能见表 2-5,其他更详细情况可参见《低合金高强度结构钢》(GB/T 1591—2008)。在力学性能方面,Q345、Q390、Q420 三种钢均为镇静钢和特殊镇静钢,其中 A 级需保证 f_y、f_u 与 δ_5,不要求保证冲击韧度,冷弯试验按需方要求保证,而对 B、C、D、E 四级需保证六项指标,即 f_y、f_u、δ_5、ψ、180°冷弯性能指标及常温或负温(B 级+20℃,C 级 0℃,D 级—20℃)冲击韧度 A_{kv} 均需保证。

3）专用结构钢

（1）特殊用途的钢结构常采用专用结构钢

专用结构钢的钢号是在相应钢号后再加上专业用途代号,如压力容器、桥梁、船舶和锅炉及高层建筑用钢材的专业用途代号分别为 R、q、c、g 及 GJ。

（2）耐候钢

在钢材冶炼时加入少量的合金元素如 Cu、Cr、Ni、Mo、Nb、Ti、Zr 和 V 等,可提高钢材的耐腐蚀性能,也称为耐大气腐蚀钢,详见《耐候结构钢》(GB/T 4171—2008)。钢的牌号由"屈服强度""高耐候"或"耐候"的汉语拼音首位字母"Q""GNH"或"NH"、屈服强度的下限值以及质量等级(A、B、C、D、E)组成。例如:Q355GNHC 中 Q 表示屈服强度中"屈"字汉语拼音的首位字母;355 表示钢的下屈服强度的下限值,单位为N/mm²;GNH 表示分别为"高""耐"和"候"字汉语拼音的首位字母;C 表示质量等级。

表 2-5　Q345、Q390、Q420 钢的力学性能

钢号	质量等级	拉伸试验						180°冷弯试验		冲击韧度	
		f_y(N/mm^2)				f_u(N/mm^2)	δ_5(%)	钢材厚度(直径)(mm)		温度(℃)	A_{kv}(J)(纵向)
		钢材厚度(直径、边长)(mm)									
		≤16	>16~35	>35~50	>50~100			≤16	>16~100		
		≥					≥				≥
Q345	A	345	325	295	275	470~630	21	$d=2a$	$d=3a$	—	—
	B						21			+20	
	C						22			0	34
	D						22			−20	
	E						22			−40	27
Q390	A	390	370	350	330	490~650	19	$d=2a$	$d=3a$	—	—
	B						19			+20	
	C						20			0	34
	D						20			−20	
	E						20			−40	27
Q420	A	420	400	380	360	520~680	18	$d=2a$	$d=3a$	—	—
	B						18			+20	
	C						19			0	34
	D						19			−20	
	E						19			−40	27

（3）连接用钢

钢结构连接中的铆钉、高强度螺栓、焊条用钢丝等,也需采用满足各自连接件要求的专用钢。详细情况可参阅钢结构连接有关章节。

4）高层建筑结构用钢板

高层建筑结构用钢板为适于制造高层建筑结构和其他重要建筑结构用厚度为 6～100 mm 的钢板。在《高层建筑结构用钢板》(YB 4104—2000)中,钢板的牌号由代表屈服点的汉语拼音字母(Q)、屈服点数值、代表高层建筑的汉语拼音字母(GJ)、质量等级符号(C、D、E)组成,如 Q345GJC。对于厚度方向性能钢板,在质量等级前加上厚度方向性能级别(Z15、Z25、Z35)。高层建筑结构用钢板的力学性能见表 2-6。表 2-6 中各厚度方向性能级别的截面收缩率应符合表 2-7 的相关规定。

表 2-6 高层建筑结构用钢板的力学性能

钢号	质量等级	拉伸试验						180°冷弯试验		冲击韧度	
		f_y(N/mm²)				f_u(N/mm²)	δ_5(%) ≥	钢材厚度(直径)(mm)		温度(℃)	A_{kv}(J)(纵向)
		钢材厚度(直径、边长)(mm)									
		≤16	>16~35	>35~50	>50~100			≤16	>16~100		
		≥									≥
Q235GJ	C D E	235	235~345	225~335	215~325	400~510	23	2a	3a	0 −20 −40	34
Q345GJ	C D E	345	345~455	335~445	325~435	490~610	22	2a	3a	0 −20 −40	34
Q235GJZ	C D E	—	235~345	225~335	215~325	400~510	23	2a	3a	0 −20 −40	34
Q345GJZ	C D E	—	345~455	335~445	325~435	490~610	22	2a	3a	0 −20 −40	34

注:Z 为厚度方向性能级别 Z15,Z25,Z35 的缩写,具体在牌号中注明。

表 2-7 高层建筑结构用钢板的厚度方向性能级别

厚度方向性能级别	断面收缩率(%)	
	三个试样平均值	单个试样值
Z15	≥15	≥10
Z25	≥25	≥15
Z35	≥35	≥25

2.7.3 钢材的种类与规格

钢结构所用钢材种类按市场供应主要有热轧成型的钢板与型钢,以及冷弯(或冷压)成型的薄壁型钢与压型钢板等。

(1) 热轧成型的钢板

热轧钢板有:薄钢板(厚度 0.35~4 mm);厚钢板(厚度 4.5~60 mm);特厚板(板厚大于 60 mm);扁钢(厚度 4~60 mm,宽度 12~200 mm)。钢板的表示方法为"—(截面代号)宽度×

厚度×长度",单位为 mm,亦可用"—宽度×厚度"或"—厚度"来表示。如钢板"—360×12×3600",可表示为"—360×12"或直接用符号"—12"表示。

(2) 热轧型钢

钢结构常用的型钢有角钢、槽钢、工字钢、H 型钢、T 型钢、钢管等(图 2-20)。除 H 型钢和钢管有热轧和焊接成形外,其余型钢均为热轧成型。现分叙如下:

① 角钢:分为等边和不等边角钢两种。角钢标注符号是"∟边宽×厚度"(等边角钢)或"∟长边宽×短边宽×厚度"(不等边角钢),单位为 mm。如"∟100×8"和"∟100×80×8"。

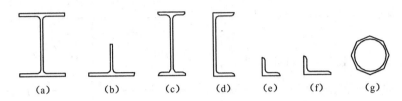

图 2-20　热轧型钢

② 槽钢:槽钢有热轧普通槽钢和轻型槽钢两种。槽钢规格用槽钢符号(普通槽钢和轻型槽钢的符号分别为"["与"Q[")和截面高度(单位为 cm)表示。当腹板厚度不同时,还要标注出腹板厚度类别符号 a、b、c,例如[10、[20a、Q[20a。与普通槽钢截面高度相同的轻型槽钢,其翼缘和腹板均较薄,截面面积小但回转半径大。

③ 工字钢:工字钢分为普通工字钢和轻型工字钢两种。标注方法与槽钢相同,但槽钢符号"["改为"I",例如 I18、I50a、QI50。

④ H 型钢与 T 型钢:H 型钢比工字钢的翼缘宽度大,并为等厚度,质量较小而截面抵抗矩较大,便于与其他构件连接。热轧 H 型钢分为宽、中、窄翼缘型,它们的代号分别为 HW、HM 和 HN。标注方法与槽钢相同,但代号"["改为"H",例如 HW260a、HM360、HN300b。T 型钢是由 H 型钢对半分割而成的。

⑤ 钢管:钢结构中常用热轧无缝钢管和焊接钢管。用"φ 外径×壁厚"表示,单位为 mm,例如"φ360×6"。

(3) 冷弯型钢与压型钢板

① 冷弯薄壁型钢:冷弯薄壁型钢(图 2-21)是采用薄钢板冷轧制成。与相同横截面积的热轧型钢相比,其截面抵抗矩大,而钢材用量可显著减少。其截面形式和尺寸可按工程要求合

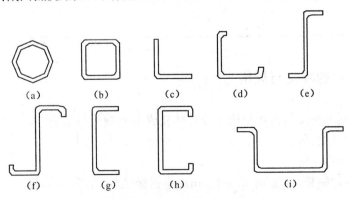

图 2-21　冷弯薄壁型钢

理设计,壁厚一般为 1.5～5 mm,但因板壁较薄,对锈蚀影响较为敏感,故对承重结构受力构件的壁厚不宜小于 2 mm。

常用冷弯薄壁型钢截面形式有等边角钢、卷边等边角钢、Z 型钢、卷边 Z 型钢、槽钢、卷边槽钢(C 型钢)、钢管等。

② 冷弯厚壁型钢:即用厚钢板(大于 6 mm)冷弯成的方管、矩形管、圆管等。

③ 压型钢板:压型钢板为冷弯型钢的另一种形式,它是用厚度为 0.32～2 mm 的镀锌或镀铝锌钢板、彩色涂层钢板经冷轧(压)成的各种类型的波形板。冷弯型钢和压型钢板分别适用于轻钢结构的承重构件和屋面、墙面构件。

(4) 其他钢材的使用

当上述钢材不能满足要求时,还可选用优质碳素结构钢或其他低合金钢。在有腐蚀介质环境中的钢结构可采用耐候钢。具体可参考《钢结构材料手册》。

2.7.4　钢材的选用原则及交货状态

1) 选用钢材需考虑的因素

钢材选用的基本原则是:安全、可靠、经济、合理。钢材的选择既要确定所用钢材的钢号,又要提出应有的力学性能和化学成分保证项目,这是钢结构设计的首要环节。

选用钢材时,不顾钢材的受力特性或过分注重于强度与质量等级都是不合适的,前者容易使钢材发生脆性破坏,后者会导致钢材价格过高,造成浪费。因此应根据结构的特点来选择适宜的钢材。通常应综合考虑以下因素。

(1) 结构的重要性

根据《建筑结构可靠度设计统一标准》(GB 50068—2001)中结构破坏后的严重性,首先应判明建筑物及其构件的分类(重要、一般还是次要)及安全等级(一级、二级还是三级)。对重型工业建筑结构、大跨度结构、高层或超高层的民用建筑结构或构筑物等重要结构,应考虑选用质量好的钢材,对一般工业与民用建筑结构,可按工作性质分别选用普通质量的钢材。

(2) 荷载的性质

荷载可分为静态荷载和动态荷载两种。直接承受动态荷载的结构和强烈地震区的结构,应选用综合性能好的钢材;一般承受静态荷载的结构则可选用价格较低的 Q235 钢。

(3) 连接方法

钢结构的连接方法有焊接和非焊接两种。由于在焊接过程中,往往产生焊接变形、焊接应力以及其他焊接缺陷,如咬边、气孔、裂纹、夹渣等,有导致结构产生裂缝或脆性断裂的危险。因此,焊接结构对材质的要求应严格一些。例如,在化学成分方面,焊接结构必须严格控制碳、硫、磷的极限含量。而非焊接结构对含碳量可降低要求。

(4) 结构所处的温度和环境

钢材处于低温时容易冷脆,因此在低温环境工作的结构,尤其是焊接结构,应选用具有良好抗低温脆断性能的镇静钢。此外,露天结构的钢材容易产生时效,有害介质作用的钢材容易腐蚀、疲劳和断裂,也应加以区别地选择不同材质。

(5) 钢材的厚度

薄钢材辊轧次数多,轧制的压缩比大;厚度大的钢材压缩比小。所以厚度大的钢材不但强度较小，而且塑性、冲击韧性和焊接性能也较差。厚度大的焊接结构应采用材质较好的钢材，且满足对厚度方向性能要求即 Z 向性能要求，如表 2-7。

2）钢结构设计规范的相关规定

按照上述原则，钢结构设计规范结合我国多年来的工程实践和钢材生产情况，对承重结构的钢材推荐采用 Q235、Q345、Q390、Q420 钢。

沸腾钢质量虽然较差，但在常温、静力荷载下的力学性能和焊接性能与镇静钢差异并不明显，故仍可用于一般承重结构。然而，钢结构设计规范对下列情况中的焊接承重结构和构件，仍然规定不应采用 Q235 沸腾钢。

（1）直接承受动力荷载或振动荷载，且需验算疲劳强度的结构。

（2）工作环境温度低于 -20℃ 时的直接承受动力荷载或振动荷载但可不验算疲劳强度的结构，以及承受静荷载的受弯及受拉的重要承重结构。

（3）工作温度等于或低于 -30℃ 的所有承重结构。

对用于承重结构的钢材，应具有抗拉强度、屈服点、伸长率和硫、磷含量的合格保证，对焊接结构还应具有冷弯试验和碳含量的合格保证。这是钢结构设计规范的强制性条文，是焊接承重结构钢材应具有的强度和塑性性能的基本保证，也是焊接性能保证的要求。对于承受静力荷载或间接承受动力荷载的结构，如一般的屋架、托架、梁、柱、天窗架、操作平台或者类似结构的钢材等，可按此要求选用。如对 Q235 钢，可选用 Q235 - BF 或 Q235 - B。

钢结构设计规范进一步规定：对于需要验算疲劳强度的焊接结构和起重量大于等于 50 t 的中级工作制吊车梁，以及承受静力荷载的重要的受拉及受弯焊接结构的钢材，还应具有常温（+20℃）冲击韧度的合格保证，即应选用各钢号的 B 级钢材。当结构工作温度低于 0℃ 但不低于 -20℃ 时，Q235、Q345 钢应具有 0℃ 冲击韧度的合格保证，即应选用 Q235 - C 和 Q345 - C 钢；对 Q390、Q420 钢应具有 -20℃ 冲击韧度的合格保证，即应选用 Q390 - D 和 Q420 - D 钢。当结构工作温度低于 -20℃ 时，对 Q235，Q345 钢应具有 -20℃ 冲击韧度的合格保证，即应选用 Q235 - D 和 Q345 - D 钢；对 Q390、Q420 钢应具有 -40℃ 冲击韧度的合格保证，即应选用 Q390 - E 和 Q420 - E 钢。

3）钢材的交货状态

由于钢材加工过程对其性能影响较大，设计文件中需要特别说明选用钢材的交货状态以明确保障钢材的力学和加工性能，尤其是宽厚板材。交货状态分别有：热机械控轧 TMCP（Thermo Mechanical Control Process）；热轧 AR（As Rolling）；正火 N（Normalizing）；退火 A（Annealing）；淬火 Q（Quenching Tempering）；回火 T（Tempering）。进一步，正火轧制 NR（Normalized Rolling）；淬火＋回火（调质）QT（Quenching and Tempering）；正火＋回火 NT（Normalizing and Tempering）。

此外有所谓新一代 NG-TMCP（New Generation-Thermo Mechanical Control Process 热机械控制工艺），是在热轧过程中，在控制加热温度、轧制温度和压下量的控制轧制（Control Rolling，CR）的基础上，再实施空冷或控制冷却（加速冷却/ACC：Accelerated Cooling）的技术总称。有别于传统的 TMCP 技术，NG-TMCP 工艺中，首先在奥氏体区间，趁热打铁，在适于变形的温度区间完成连续大变形和应变积累，得到硬化的奥氏体；然后在轧制后立即进行超快冷，使轧件迅速通过奥氏体相区，保持轧件奥氏体硬化状态；此后在奥氏体向铁素体相变的动态相变点终止冷却;后续依照材料组织和性能的需要进行冷却路径的控制。生产中尽量少的添加合金元素或微合金化元素,以达到生产高性能钢材的目的。高强度、高塑性及高吸能潜力的先进高强度钢(AHSS-Advanced High Strength Steel)在工业中已得到广泛应用。

由于 NG—TMCP 技术仍然坚持传统 TMCP 的两条原则,即奥氏体硬化的控制和硬化奥氏体相变过程的控制,所以 NG—TMCP 可以实现材料晶粒细化,发挥细晶强化的作用。同时在超快速冷却后材料的相变过程可以依据需要进行冷却路径控制,所以相变组织可以得到控制,从而实现相变强化,材料的强度、塑性、韧性、卷边成形性等综合性能可以大为改善(如兼有高强度、高延伸、良好的卷边性能、低屈强比等)。

NG-TMCP 技术最初主要用于生产高强度造船钢板和长距离输送石油、天然气用管线钢板,以及其他用途的高强度焊接结构钢板。近年来,又开发出了应用于 LPG 储罐和运输船用钢板、高层建筑用厚壁钢板、海洋构造物等重要用途的钢板。以造船板、管线用钢板、焊接结构钢板等产品为主的厚钢板,在钢铁发达国家采用新一代 TMCP 技术生产的约占 30～50%。

随着国民经济的快速发展及可持续发展战略思想的不断深入,制造业领域提出了 4R 原则,即减量化、再循环、再利用和再制造。钢铁生产单位必将坚持减量化的原则,即采用节约型的成分设计和减量化的生产方法,获得高附加值、可循环的钢铁产品。NG－TMCP 技术成为生产宽厚板不可或缺的技术。钢结构设计中需要关注钢材生产技术的提升,充分发挥优质钢材的性能,设计出更完美先进的结构。

习 题

2-1 反映钢材主要力学性能的指标有哪几项? 并谈谈各项指标所能反映的性能。

2-2 为什么通常都取屈服强度 f_y 作为钢材强度的标准值,而不取抗拉强度 f_u?

2-3 钢材的力学性能为何要按厚度或直径进行划分取用?

2-4 硫(S)、磷(P)、氧(O)、氮(N)对钢材的力学性能有哪些不良影响?

2-5 Q235 钢中 A,B,C,D 四个质量等级的钢材在脱氧方法与力学性能保证方面有何区别?

2-6 复杂应力作用是否一定会导致钢材发生脆性破坏? 为什么?

2-7 应力集中对钢材的力学性能有何影响? 为什么?

2-8 常幅循环应力与变幅循环应力如何区分?

2-9 何谓钢材疲劳? 其影响因素有哪些?

2-10 验算疲劳时,焊接结构为何应按应力幅计算? 容许应力幅的值是如何得到的?

2-11 一双轴对称焊接工字形截面梁,几何尺寸如图 2-22 所示,板件均经刨边处理,翼板与腹板用手工焊缝连接,且符合 Ⅱ 级焊缝外观质量标准;承受交变弯矩 $-42\,kN \cdot m \leqslant M \leqslant 128\,kN \cdot m$ 作用,预期寿命 $n = 2 \times 10^6$ 次。试对该构件作基本疲劳校核。

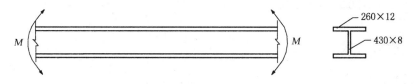

图 2-22 双轴对称焊接工字形截面梁

3

钢结构的连接

3.1 钢结构的连接方法

钢结构是由若干构件组装而成的。连接的作用是通过一定的手段将板材或型钢组装成构件,或将若干构件组装成整体结构,以保证其共同工作。因此,连接方式及其质量优劣直接影响钢结构的可靠性和经济性。钢结构的连接必须符合安全可靠、传力明确、构造简单、制造方便和节约钢材的原则。连接接头应有足够的强度;要有适于连接施工操作的足够空间。钢结构的连接方法可分为焊缝连接、铆钉连接和螺栓连接三种(图 3-1)。

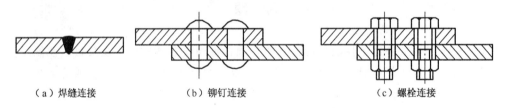

（a）焊缝连接　　　　　　（b）铆钉连接　　　　　　（c）螺栓连接

图 3-1　钢结构的连接方法

3.1.1　焊缝连接

焊缝连接是现代钢结构最主要的连接方法之一。其优点是:构造简单,任何形式的构件都可直接相连;用料经济,不削弱截面;制作加工方便,可实现自动化操作;连接的密闭性好,结构刚度大。其缺点是:在焊缝附近的热影响区内,钢材的金相组织发生改变,导致局部材质变脆,材质不均匀,应力集中;焊接残余应力和残余变形使受压构件承载力和动力荷载作用下的承载性能降低;焊接结构对裂纹很敏感,局部裂纹一旦发生,就容易扩展到整体,低温冷脆问题和反复荷载作用下的疲劳问题较为突出。

3.1.2　铆钉连接

铆钉连接由于构造复杂,费钢费工,现已很少采用。但是铆钉连接的塑性好,韧度高,传力可靠,质量易于检查,在一些重型和直接承受动力荷载的结构中,有时仍然采用。

3.1.3 螺栓连接

螺栓连接先在连接件上钻孔,然后装入预制的螺栓,拧紧螺母即可。螺栓连接安装操作简单,又便于拆卸,故广泛用于结构的安装连接、需经常装拆的结构及临时固定连接中。螺栓又分为普通螺栓和高强螺栓。高强螺栓连接紧密,耐疲劳,承受动载可靠,成本也不太高,目前在一些重要的永久性结构的安装连接中,它已成为替代铆钉连接的优良连接方法。

以下着重讲述在钢结构中,常用的焊接方法、构造和计算问题,以及常遇到的普通螺栓连接和高强螺栓连接的构造和设计方法。

3.1.4 连接设计的任务

焊缝或螺栓的作用就是可靠地传递被连接构件之间的力,钢构件通过连接焊缝或螺栓共同形成连接体系,进而拼装成为整体结构。连接设计的任务就是首先正确分析整个连接体系的受力状况,进行合理的构造设计;进而得到作为连接枢纽的焊缝或螺栓的内力状态;依此进一步计算确定所需焊缝的尺寸(焊缝的长度和焊脚高度)或所需螺栓的数目及合理布置;确定连接体系所需拼接板尺寸;最后绘制规范的施工图。

3.2 焊接方法和焊缝连接形式

3.2.1 钢结构常用焊接方法

焊接方法很多,根据工艺特点不同,可分为熔化焊和电阻焊两大类。

熔化焊:将主体金属(母材)在连接处局部加热至熔融状态,并附加熔化的填充金属使金属晶体互相结合而成为整体(形成接头)。熔化焊有电弧焊、气焊(用氧和乙炔火焰加热)等。

电阻焊:将金属通电后由接触面上的发热电阻将接头加热到塑性状态或局部熔融状态,并施加压力而形成接头。

钢结构中主要用电弧焊。薄钢板($t \leqslant 3 \, \text{mm}$)的连接可以采用电阻焊或气焊。模压及冷弯型钢结构常用电阻点焊。

电弧焊就是采用低电压(一般为 $50 \sim 70 \, \text{V}$)、大电流(几十到几百安培)引燃电弧,使焊条和焊件之间产生很大热量和强烈的弧光,利用电弧热来熔化焊件的接头和焊条进行焊接。电弧焊又分为手工焊、自动焊和半自动焊等。

1) 手工电弧焊

手工电弧焊是最常用的一种焊接方法(图 3-2)。通电后,在涂有药皮的焊条与焊件之间产生电弧,电弧的温度可高达 $3\,000\,℃$。在高温作用下,电弧周围的金属变成液体,形成熔池。同时,焊条中的焊丝很快熔化,滴落入熔池中,与焊件的熔融金属相互结合,冷却后即形成焊

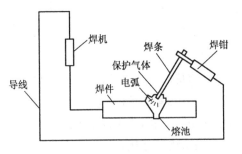

图 3-2 手工电弧焊

缝。焊条药皮则在焊接过程中产生气体,保护电弧和熔化金属,并形成熔渣覆盖焊缝,防止空气中的氧、氮等有害气体与熔化金属接触而形成易脆的化合物。

手工电弧焊的设备简单,操作灵活方便,适于任意空间位置的焊接,特别适于焊接短焊缝。但其生产效率低,劳动强度大,焊接质量与焊工的技术水平和精神状态有很大关系。

手工电弧焊所用焊条应与焊件钢材(即主体金属)相适应,一般要求是:对 Q235 钢采用 E43 型焊条(E4300~E4328);对 Q345 钢采用 E50 型焊条(E5000~E5048);对 Q390 钢和 Q420 钢采用 E55 型焊条(E5500~E5518)。焊条型号中,字母 E 表示焊条(electrode),前两位数字为熔融金属的最小抗拉强度的 1/10(单位是 MPa),第三、四位数字表示适用的焊接位置、电流以及药皮类型等。不同钢种的钢材进行焊接时(例如 Q235 钢与 Q345 钢相焊接),宜采用低组配方案,即宜采用与低强度钢材相适应的焊条。

2）埋弧焊（自动或半自动）

埋弧焊是电弧在焊剂层下燃烧的一种电弧焊方法。焊丝送进和电弧焊接方向的移动有专门机械控制完成的焊接称"埋弧自动电弧焊"(图 3-3);焊丝送进有专门机构,而电弧按焊接方向的移动靠手工操作完成的称"埋弧半自动电弧焊"。埋弧焊的焊丝不涂药皮,但施焊端为焊剂所覆盖,能对较细的焊丝采用大电流。电弧热量集中,熔深大,适于厚板的焊接,具有较高的生产率。由于采用了自动化或半自动化操作,焊接时的工艺条件稳定,焊缝的化学成分均匀,故形成的焊缝质量好,焊件变形小。同时,高焊速也减小了热影响区的范围。但埋弧对焊件边缘的装配精度(如间隙)要求比手工焊高。

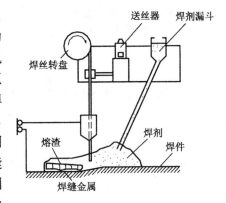

图 3-3 埋弧自动电弧焊

埋弧焊所用焊丝和焊剂应与主体金属强度相适应,即要求焊缝与主体金属等强度。

3）气体保护焊

气体保护焊是利用二氧化碳气体或其他惰性气体作为保护介质的一种电弧熔焊方法。它直接依靠保护气体在电弧周围形成局部保护层,以防止有害气体侵入并保证焊接过程中的稳定性。

气体保护焊的焊缝熔化区没有熔渣,焊工能够清楚地看到焊缝成形的过程。由于保护气体是喷射的,有助于熔滴的过渡,又由于热量集中,焊接速度快,焊件熔深大,故形成的焊缝强度比手工电弧焊高,塑性和耐腐蚀性好,适用于全位置的焊接。但不适用于在风较大的环境中施焊。

3.2.2 焊缝连接形式及焊缝形式

1）焊缝连接形式

按被连接钢构件的相互位置可分为对接、搭接、T 形连接和角部连接四种(见图 3-4)。这些连接所采用的焊缝主要有对接焊缝、角焊缝以及对接与角接组合焊缝。

对接连接主要用于厚度相同或接近相同的两构件的相互连接。如图 3-4(a)所示为采用对接焊缝的对接连接,由于相互连接的两种构件在同一平面内,因而传力均匀平缓,没有明显的应力集中,且用料经济,但是焊件边缘需要加工,被连接两板的间隙和坡口尺寸有严格的要求。

图 3-4(b)所示为用双层盖板和角焊缝的对接连接,这种连接传力不均匀、费料,但施工简便,所连接两板的间隙大小无需严格控制。

图 3-4(c)所示为用角焊缝的搭接连接,特别适用于不同厚度构件的连接。传力不均匀、材料较费,但构造简单、施工方便,目前仍广泛应用。

T 形连接省工省料,常用于制作组合截面。采用角焊缝连接时(图 3-4(d)),焊件间存在缝隙,截面突变,应力集中现象严重,疲劳强度较低,因此可用于不直接承受动力荷载的结构连接中。对于直接承受动力荷载的结构,如重级工作制吊车梁,其上翼缘与腹板的连接,应采用焊透的对接与角接组合焊缝(腹板边缘须加工成 K 形坡口)进行连接(图 3-4(e))。

角部连接(图 3-4(f)、(g))主要用于制作箱形截面。

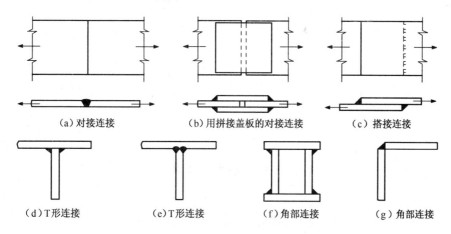

(a)对接连接　　　(b)用拼接盖板的对接连接　　　(c)搭接连接

(d)T 形连接　　　(e)T 形连接　　　(f)角部连接　　　(g)角部连接

图 3-4　焊缝连接的形式

2) 焊缝形式

对接焊缝按受力方向分为正对接焊缝(图 3-5(a))和斜对接焊缝(图 3-5(b))。图 3-5(c)所示的角焊缝可分为正面角焊缝、侧面角焊缝和斜焊缝。

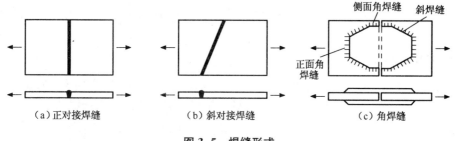

(a)正对接焊缝　　　(b)斜对接焊缝　　　(c)角焊缝

图 3-5　焊缝形式

焊缝沿长度方向的布置形式分为连续角焊缝和间断角焊缝两种(图 3-6)。连续角焊缝的受力性能较好,为主要的角焊缝形式。间断角焊缝的起、落弧处容易引起应力集中,重要结构应避免采用,只能用于一些次要构件的连接或受力很小的连接中。间断角焊缝焊段的长度不得小于 $10h_f$(h_f 为角焊缝的焊脚尺寸)或 50 mm,其间断距离 L 不宜过长,以免连接不紧密,使得潮气侵入引起构件锈蚀。一般在受压构件中应满足 $L\leqslant15t$,在受拉构件中 $L\leqslant30t$,t 为较薄焊件的厚度。

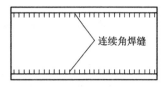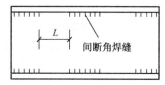

图 3-6 连续角焊缝和间断角焊缝

焊缝按施焊位置分为平焊、横焊、立焊及仰焊(图 3-7)。平焊(又称俯焊)施焊方便。立焊和横焊要求焊工的操作水平比平焊的高一些。仰焊的操作条件最差,焊缝质量不易保证,应尽量避免采用。

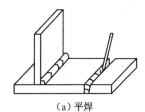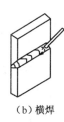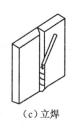

(a)平焊　　　　　　(b)横焊　　　　　(c)立焊　　　　　(d)仰焊

图 3-7 焊缝施焊位置

3.2.3 焊缝缺陷及焊缝质量检验

1)焊缝缺陷

焊缝缺陷指焊接过程中产生于焊缝金属或附近热影响区钢材表面或内部的缺陷。常见的缺陷有裂纹、焊瘤、烧穿、弧坑、气孔、夹渣、咬边、未熔合、未焊透等(图 3-8),以及焊缝尺寸不符合要求、焊缝成形不良等。其中裂纹是焊缝连接中最危险的缺陷。产生裂纹的原因很多,如钢材的化学成分不当、焊接工艺条件(如电流、电压、焊速、施焊次序等)选择不合适、焊件表面油污未清除干净等。

2)焊缝质量检验

焊缝质量检验根据结构类型和重要性,遵照国家标准《钢结构工程施工质量验收规范》(GB 50205—2001)规定分为三级,其中三级只要求做外观检验,即检验焊缝实际尺寸是否符合要求和有无肉眼可见的裂纹、咬边、气孔等缺陷。对于重要结构或要求焊缝与母材金属等强度的对接焊缝,必须进行一级或二级检验,即在外观检验的基础上再做精确方法检验。二级要求做超声波检验;一级要求做超声波及 X 射线检验。关于焊缝缺陷的控制及检验质量标准详

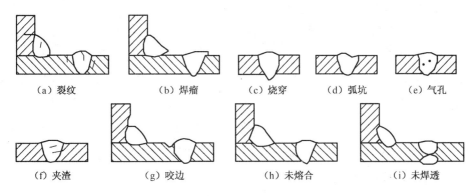

图 3-8 焊缝缺陷

见规范中的有关规定。

3）焊缝质量等级的选用

《钢结构设计规范》(GB 50017—2003)中,对焊缝质量等级的选用有如下规定:

(1) 需要进行疲劳计算的构件中,凡对接焊缝均应焊透。其中垂直于作用力方向的横向对接焊缝或 T 形对接与角接组合焊缝受拉时应为一级,受压时应为二级;作用力平行于焊缝长度方向的纵向对接焊缝应为二级。

(2) 在不需要进行疲劳计算的构件中,凡要求与母材等强度的对接焊缝应予焊透。由于三级对接焊缝的抗拉强度有较大变异性,其强度设计值为主体钢材的 85% 左右,所以,凡要求与母材等强度的受拉对接焊缝应不低于二级;受压时难免在其他因素影响下使焊缝中有拉应力存在,故宜为二级。

(3) 重级工作制和起重量 $Q \geqslant 500\ \text{kN}$ 的中级工作制吊车梁的腹板与上翼缘板之间,以及吊车桁架上弦杆与节点板之间的 T 形接头均要求焊透,焊缝形式一般为对接与角接组合焊缝,其质量等级不应低于二级。

(4) 不要求焊透的 T 形接头采用的角焊缝或部分焊透的对接与角接组合焊缝,以及搭接连接采用的角焊缝,一般仅要求外观质量检查,具体规定如下:除了对直接承受动力荷载且需要验算疲劳的结构和起重量 $Q \geqslant 500\ \text{kN}$ 的中级工作制吊车梁才规定角焊缝的外观质量标准应符合二级外,其他结构焊缝外观质量标准可为三级。

3.2.4 焊缝符号、螺栓及其孔眼图例

《焊缝符号表示法》(GB/T 324—2008)规定:焊缝符号一般由基本符号和指引线组成,必要时还可以加上补充符号、尺寸符号和数据等。基本符号表示焊缝的横截面形状,如用"△"表示角焊缝,用"V"表示 V 形坡口的对接焊缝;补充符号则补充说明焊缝的某些特征,如用"▶"表示现场安装焊缝,用"["表示焊件三面有焊缝;指引线一般由横线和带箭头的斜线组成。箭头指向图形相应焊缝处,横线上方和下方用来标注基本符号和焊缝尺寸等。当指引线的箭头指向焊缝所在的一面时,应将基本符号和焊缝尺寸等标注在水平横线的上方;当箭头指向对应焊缝所在的另一面时,则应将基本符号和焊缝尺寸标注在水平横线的下方。表 3-1 列出了一

些常用焊缝符号,可供设计时参考。

当焊缝分布比较复杂或用上述标注方法不能表达清楚时,在标注焊缝代号的同时,可在图形上加栅线表示(见图 3-9)。

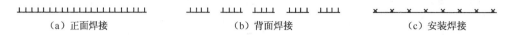

| (a) 正面焊接 | (b) 背面焊接 | (c) 安装焊接 |

图 3-9　用栅线表示焊缝

螺栓及其孔眼图例见表 3-2,在钢结构施工图上需要将螺栓及其孔眼的施工要求用图形表示清楚,以免引起混淆。

表 3-1　常用焊缝

	角焊缝				对接焊缝	塞焊缝	三面围焊
	单面焊缝	双面焊缝	安装焊缝	相同焊缝			
形式	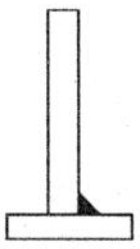	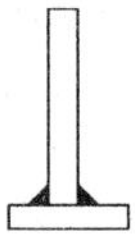			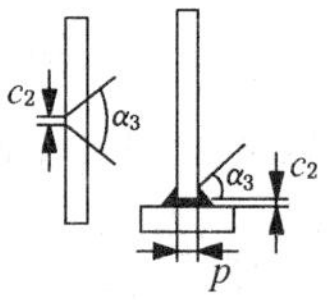	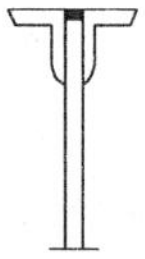	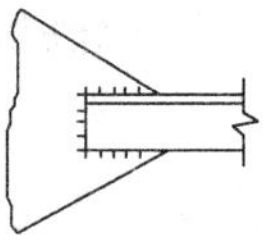
标注方法	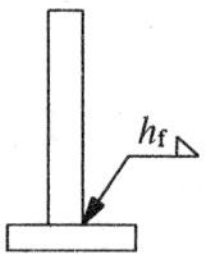	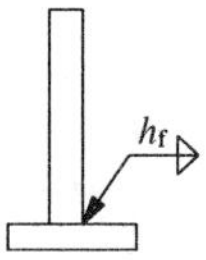	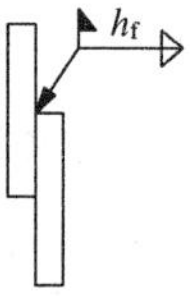	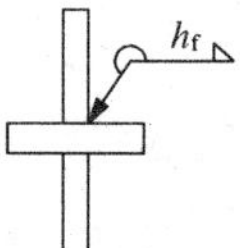	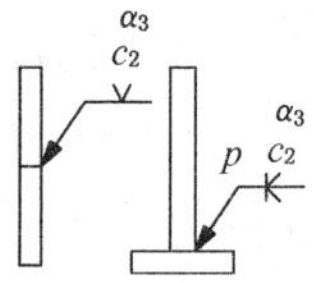	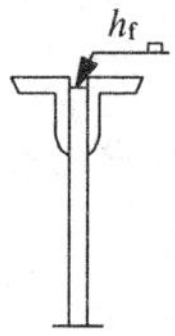	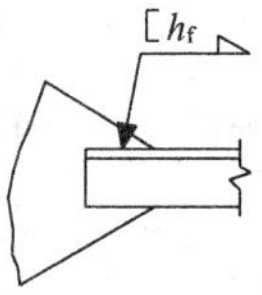

注:"c_2"表示焊件之间的间隙;"p"表示焊件的端部宽度;"α_3"表示对接焊缝的坡口角度;"h_f"表示角焊缝的焊脚尺寸。

表 3-2　螺栓及其孔眼图例

名称	永久螺栓	高强度螺栓	安装螺栓	圆形螺栓孔	长圆形螺栓孔
图例					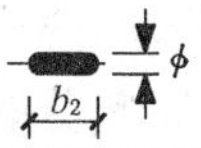

注:"ϕ"表示螺栓孔的直径;"b_2"表示长圆形螺栓孔的宽度。

3.3　对接焊缝的构造与计算

3.3.1　对接焊缝的构造

对接焊缝的焊件常需做成坡口形式,故又称为坡口焊缝。坡口形式与焊件厚度有关。当焊件厚度很小(手工焊小于 6 mm,埋弧焊小于 10 mm)时,可用直边缝。对于一般厚度的焊件可采用具有坡口角度的单边 V 形或 V 形焊缝。焊缝坡口和根部间隙 c 共同组成一个焊条能够运转的施焊空间,使焊缝易于焊透;且钝边 p 有托住熔化金属的作用。对于较厚的焊件($t >$ 20 mm),则常采用 U 形、K 形和 X 形坡口(图 3-10)。对于 V 形缝和 U 形缝需对焊缝根部进行补焊。对接焊缝坡口形式的选用,应根据板厚和施工条件按现行标准《手工电弧焊焊接接头的基本形式与尺寸》和《埋弧焊焊接接头的基本形式与尺寸》的要求进行。

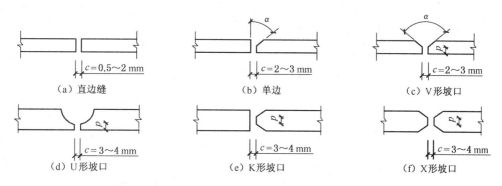

图 3-10　对接焊缝的坡口形式

在对接焊缝的拼接处,当焊件的宽度不同或厚度相差 4 mm 以上时,应分别在宽度方向或厚度方向从一侧或两侧做成坡度不大于 1:2.5 的斜角(图 3-11),使截面过渡和缓,减小应力集中。对于直接承受动力荷载或需要进行疲劳计算的结构,斜角要求更加平缓。《钢结构设计规范》规定斜角坡度不应大于 1:4。

在焊缝的起落弧处,常会出现弧坑等缺陷,这些缺陷对承载力影响极大,故焊接时一般应设置引弧板和引出板(图 3-12),焊接完成后将它割除。对承受静力荷载的结构设置引(出)弧板有困难时,允许不设置引(出)弧板,此时,可令焊缝计算长度等于实际长度减 $2t$(此处 t 为较薄焊件厚度)。

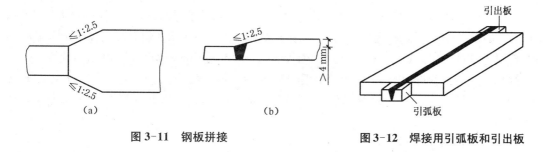

图 3-11　钢板拼接　　　图 3-12　焊接用引弧板和引出板

3.3.2　对接焊缝的计算

对接焊缝分焊透和部分焊透两种类型。

1）焊透的对接焊缝的计算

对接焊缝的强度与所用钢材的牌号、焊条型号及焊缝质量的检验标准等因素有关。

如果焊缝中不存在任何缺陷,焊缝金属的强度是高于母材的。但由于焊接技术问题,焊缝中可能有气孔、夹渣、咬边、未焊透等缺陷。实验证明,焊接缺陷对受压、受剪的对接焊缝影响不大,故可认为受压、受剪的对接焊缝与母材强度相等,但受拉的对接焊缝对缺陷甚为敏感。当缺陷面积与焊件截面积之比超过5%时,对接焊缝的抗拉强度将明显下降。由于三级检验的焊缝允许存在的缺陷较多,故其抗拉强度为母材强度的85%,而一、二级检验的焊缝的抗拉强度可认为与母材强度相等。

由于对接焊缝是焊件截面的组成部分,焊缝中的应力分布情况基本上与焊件母材的情况相同,故计算方法与构件的强度计算一样。

(1) 轴心受力的对接焊缝

轴心受力的对接焊缝(图3-13),可按下式计算

$$\sigma = \frac{N}{l_w t} \leqslant f_t^w \quad (\text{或 } f_c^w) \tag{3-1}$$

式中:N——轴心拉力或压力设计值;

　　　l_w——焊缝的计算长度,当未采用引弧板时,取实际长度减去 $2t$;

　　　t——对接接头中连接件的较小厚度;在 T 形接头中为腹板厚度;

　　　f_t^w、f_c^w——对接焊缝的抗拉、抗压强度设计值。

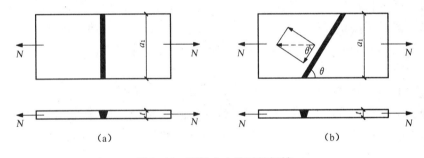

图 3-13　受轴心力的对接焊缝

由于一、二级检验的焊缝与母材强度相等,故只有三级检验的焊缝才需按式(3-1)进行抗拉强度验算。如果用直缝不能满足强度要求时,可采用如图3-13(b)所示的斜对接焊缝。计算证明,焊缝与作用力间的夹角 θ 满足 $\tan\theta \leqslant 1.5$ 时,斜焊缝的强度不低于母材强度,可不再进行验算。

【例 3-1】　试验算如图 3-13 所示钢板的对接焊缝的强度。图中 $a_1 = 540\,\text{mm}$,$t = 22\,\text{mm}$,轴心力的设计值为 $N = 2\,150\,\text{kN}$。钢材为 Q235 - B,手工焊,焊条为 E43 型,三级检验标准的焊缝,施焊时加引弧板。

【解】　由附表 1-2 可知,$f_t^w = 175\ \text{N/mm}^2$,$f_v^w = 120\ \text{N/mm}^2$。

采用引弧板,故直缝连接计算长度 $l_w = 54\,\text{cm}$。焊缝正应力为

$$\sigma = \frac{N}{l_w t} = \frac{2\,150 \times 10^3}{540 \times 22} = 181\ \text{N/mm}^2 > f_t^w = 175\ \text{N/mm}^2$$

不满足要求,改用斜对接焊缝,取截割斜度为 1.5:1,即 $\theta = 56°$,焊缝长度

$$l_w = \frac{a}{\sin\theta} = \frac{54}{\sin 56°}\ \text{cm} = 65\ \text{cm}$$

故此时焊缝的正应力为

$$\sigma = \frac{N\sin\theta}{l_{\mathrm{w}}t} = \frac{2\,150 \times 10^3 \times \sin 56°}{650 \times 22} = 125 \ \mathrm{N/mm^2} < f_{\mathrm{t}}^{\mathrm{w}} = 175 \ \mathrm{N/mm^2}$$

剪应力为

$$\tau = \frac{N\cos\theta}{l_{\mathrm{w}}t} = \frac{2\,150 \times 10^3 \times \cos 56°}{650 \times 22} = 84 \ \mathrm{N/mm^2} < f_{\mathrm{v}}^{\mathrm{w}} = 120 \ \mathrm{N/mm^2}$$

说明当 $\tan\theta \leqslant 1.5$ 时,焊缝强度能够保证,可不必计算。

（2）承受弯矩和剪力共同作用的对接焊缝

图 3-14(a)所示对接接头受到弯矩和剪力的共同作用,由于焊缝截面是矩形,正应力与剪应力分布分别为三角形与抛物线形,其最大值应分别满足下列强度条件

$$\sigma_{\max} = \frac{M}{W_{\mathrm{w}}} = \frac{6M}{l_{\mathrm{w}}^2 t} \leqslant f_{\mathrm{t}}^{\mathrm{w}} \tag{3-2}$$

$$\tau_{\max} = \frac{VS_{\mathrm{w}}}{I_{\mathrm{w}}t} = \frac{3}{2} \cdot \frac{V}{l_{\mathrm{w}}t} \leqslant f_{\mathrm{v}}^{\mathrm{w}} \tag{3-3}$$

式中：W_{w}——焊缝计算截面的截面模量；

S_{w}——计算剪应力处以上焊缝计算截面对其中和轴的面积矩；

I_{w}——焊缝计算截面对其中和轴的惯性矩。

如图 3-14(b)所示是工字形截面梁的接头,采用对接焊缝,除应分别验算最大正应力和剪应力外,对于同时受有较大正应力和较大剪应力处,例如腹板与翼缘的交点"1"处,还应按下式验算折算应力

$$\sqrt{\sigma_1^2 + 3\tau_1^2} \leqslant 1.1 f_{\mathrm{t}}^{\mathrm{w}} \tag{3-4}$$

式中：σ_1、τ_1——验算点"1"处的焊缝正应力和剪应力；

1.1——考虑到最大折算应力只在构件局部出现,将强度设计值适当提高的系数。

（3）承受轴心力、弯矩和剪力共同作用的对接焊缝

当轴心力与弯矩、剪力共同作用时,焊缝的最大正应力为轴心力和弯矩引起的应力之和,剪应力按式(3-3)验算,折算应力仍按式(3-4)验算。

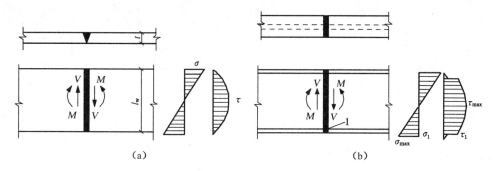

图 3-14　对接焊缝受弯矩和剪力联合作用

【例 3-2】　计算工字形截面牛腿与钢柱连接的对接焊缝强度(图 3-15)。$F = 550 \ \mathrm{kN}$(设计值),偏心距 $e = 300 \ \mathrm{mm}$。钢材为 Q235-B,焊条为 E43 型,手工焊。焊缝为三级检验标准。

上、下翼缘加引弧板施焊。

【解】 该连接中对接焊缝的计算截面与牛腿的横截面相同,因而

$$I_x = \left(\frac{1}{12} \times 1.2 \times 38^3 + 2 \times 1.6 \times 26 \times 19.8^2\right) = 38\ 100\ \text{cm}^4$$

$$S_{x1} = 26 \times 1.6 \times 19.8 = 824\ \text{cm}^3$$

$$V = F = 550\ \text{kN}, M = 550 \times 0.30 = 165\ \text{kN} \cdot \text{m}$$

最大正应力

$$\sigma_{\max} = \frac{M}{I_x} \cdot \frac{h}{2} = \frac{165 \times 10^6 \times 206}{38\ 100 \times 10^4} = 89.2\ \text{N/mm}^2 < f_t^w = 185\ \text{N/mm}^2$$

最大剪应力

$$\tau_{\max} = \frac{VS_x}{I_x t} = \frac{550 \times 10^3}{38\ 100 \times 10^4 \times 12} \times \left(260 \times 16 \times 198 + 190 \times 12 \times \frac{190}{2}\right)$$

$$= 125.1\ \text{N/mm}^2 \approx f_v^w = 125\ \text{N/mm}^2$$

上翼缘和腹板交接处"1"点的正应力

$$\sigma_1 = \sigma_{\max} \cdot \frac{190}{206} = 82.3\ \text{N/mm}^2$$

剪应力

$$\tau_1 = \frac{VS_{x1}}{I_x t} = \frac{550 \times 10^3 \times 824 \times 10^3}{38\ 100 \times 10^4 \times 12} = 99.1\ \text{N/mm}^2$$

由于"1"点同时受有较大的正应力和剪应力,故应按式(3-4)验算折算应力

$$\sqrt{82.3^2 + 3 \times 99.1^2} = 190.4\ \text{N/mm}^2 < 1.1 \times 185 = 203.5\ \text{N/mm}^2$$

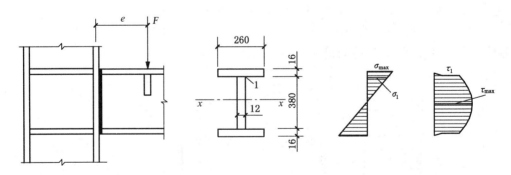

图 3-15 例 3-2 图

2) 部分焊透的对接焊缝

当受力很小,焊缝主要起联系作用,或焊缝受力虽然较大,但采用焊透的对接焊缝将使强度不能充分发挥时,可采用部分焊透的对接焊缝。比如用四块较厚的板焊成箱形截面的轴心受压构件,显然用图 3-16(a)所示的焊透对接焊缝是不必要的;如采用角焊缝(图 3-16(b)),外形不平整;采用部分焊透的对接焊缝(图 3-16(c)),可以省工省料,且美观大方。

图 3-16 箱形截面轴心压杆的焊缝连接

部分焊透的对接焊缝以及 T 形对接与角接组合焊缝必须在设计图上注明坡口的形式和尺寸。坡口形式分 V 形(图 3-17(a))、单边 V 形(图 3-17(b))、U 形(图 3-17(c))、J 形(图 3-17(d))和 K 形(图 3-17(e))。由图可见,部分焊透的对接焊缝实际上可视为在坡口内焊接的角焊缝,故其强度计算方法与前述直角角焊缝相同,在垂直于焊缝长度方向的压力作用下,取 $\beta_f = 1.22$,其他受力情况取 $\beta_f = 1.0$。对 U 形、J 形和坡口角 $\alpha \geqslant 60°$ 的 V 形坡口,取焊缝有效厚度 h_e 等于焊缝根部至焊缝表面(不考虑余高)的最短距离 s,即

$$h_e = s$$

但对于 $\alpha < 60°$ 的 V 形坡口焊缝,考虑到焊缝根部处不易实现满焊,并且在熔合线上强度较低,因而将 h_e 降低,取 $h_e = 0.75s$。

对 K 形和单边 V 形坡口焊缝($\alpha = 45° \pm 5°$),则取 $h_e = (s-3)\mathrm{mm}$。

当熔合线处焊缝截面边长等于或接近于最短距离 s 时(图 3-17(b)、(d)、(e)),应验算焊缝在熔合线上的抗剪强度,其抗剪强度设计值取 0.9 倍角焊缝的强度设计值。

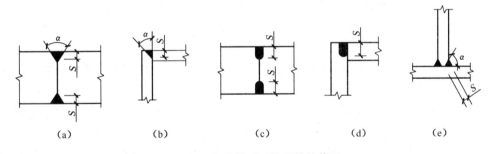

图 3-17 部分焊透对接焊缝的截面

部分焊透对接焊缝的最小有效厚度为 $1.5\sqrt{t}$,t 为坡口所在焊件的较大厚度(单位取 mm)。在直接承受动力荷载的结构中,垂直于受力方向的焊缝不宜采用部分焊透的对接焊缝。

3.4 角焊缝的构造与计算

3.4.1 角焊缝的形式和强度

角焊缝是最常用的焊缝。角焊缝按其与作用力的关系可分为:焊缝长度方向与作用力垂直

的正面角焊缝、焊缝长度方向与作用力平行的侧面角焊缝以及斜焊缝。按其截面形式可分为直角角焊缝(图 3-18) 和斜角角焊缝(图 3-19)。

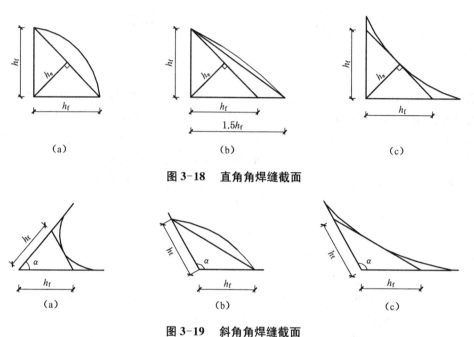

图 3-18　直角角焊缝截面

图 3-19　斜角角焊缝截面

直角角焊缝通常焊成表面微凸的等腰三角形截面,如图 3-18(a) 所示。在直接承受动力荷载的结构中,为了减少应力集中,提高构件的抗疲劳强度,正面角焊缝的截面采用如图 3-18(b) 所示的形式,而侧面角焊缝的截面则焊成如图 3-18(c) 所示的凹面式。

两焊脚边的夹角 $\alpha>90°$ 或 $\alpha<90°$ 的焊缝称为斜角角焊缝(图 3-19)。斜角角焊缝常用于钢漏斗和钢管结构中。对于夹角 $\alpha>135°$ 或 $\alpha<60°$ 的斜角角焊缝,除钢管结构外,不宜用作受力焊缝。

大量试验结果表明,侧面角焊缝(图 3-20) 主要承受剪应力,其塑性较好,弹性模量($E=7\times10^4 \sim 10^5 \ N/mm^2$)低,强度也较低。传力通过侧面角焊缝时产生弯折,因而应力沿焊缝长度方向的分布不均匀,呈两端大而中间小的状态,焊缝越长,应力分布不均匀性越显著。静力作用时,接近塑性工作阶段时由于应力重分布,可使应力分布的不均匀现象渐趋缓和。

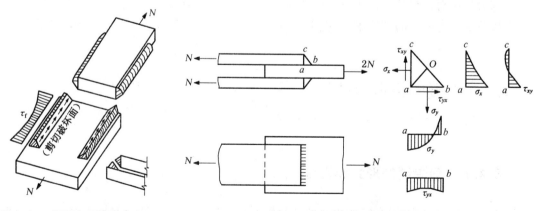

图 3-20　侧面角焊缝的应力状态　　图 3-21　正面角焊缝的应力状态

正面角焊缝(图 3-21)受力复杂,截面中各处均存在正应力和剪应力,焊根处存在严重的应力集中。这一方面是由焊力线弯折引起的,另一方面是由于焊根处正好是两焊件接触面的端部,相当于裂缝的尖端,因此产生应力集中。正面角焊缝的破坏强度高于侧面角焊缝,但塑性变形要差些。而斜焊缝的受力性能和强度值则介于正面角焊缝和侧面角焊缝之间。

3.4.2 角焊缝的构造要求

角焊缝的主要尺寸是焊脚尺寸 h_f 和焊缝计算长度 l_w,这也是设计计算所要确定的尺寸。它们应该满足下列构造要求:

(1) 考虑起弧和落弧的弧坑影响,每条焊缝的计算长度 l_w 取其实际长度减去 $2h_f$。

(2) 最大焊脚尺寸 $h_f \leqslant 1.2t_{min}$,其中 t_{min} 为较薄焊件厚度(mm),见图 3-22。对板件厚度为 t_1 的板边焊缝,当 $t_1 \leqslant 6\,mm$ 时,$h_f \leqslant t_1$;当 $t_1 > 6\,mm$ 时,$h_f \leqslant t_1 - (1 \sim 2)\,mm$。这一规定的原因是:若焊缝 h_f 过大,易使母材形成"过烧"现象,同时也会产生过大的焊接应力,使焊件翘曲变形。

(3) 最小焊脚尺寸 $h_f \geqslant 1.5\sqrt{t_{max}}$,其中 t_{max} 为较厚焊件厚度(mm),见图 3-22。对自动焊 h_f 可减去 $1\,mm$;对 T 形连接单面焊 h_f 应增加 $1\,mm$;当 $t_{max} \leqslant 4\,mm$ 时,用 $h_f = t_{max}$。这一规定的原因是:若焊缝 h_f 过小,而焊件过厚时,则焊缝冷却过快,焊缝金属易产生淬硬组织,降低塑性。

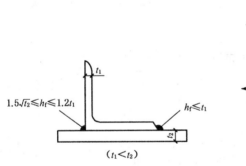

图 3-22 角焊缝厚度的规定

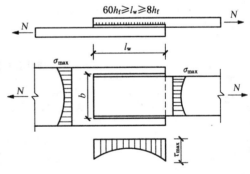

图 3-23 沿焊缝长度的应力分布

(4) 最小焊缝计算长度 $l_w \geqslant 40\,mm$ 及 $8h_f$。这一规定是为了避免起落弧的弧坑相距太近而造成应力集中过大。当板边仅有两条侧焊缝时(图 3-23),则每条侧焊缝长度 l_w 不小于侧缝间距 b(b 为板宽)。同时要求:当 $t_{min} > 12\,mm$ 时,$b \leqslant 16t_{min}$;当 $t_{min} \leqslant 12\,mm$ 时,$b \leqslant 190\,mm$。t_{min} 为搭接板较薄的厚度。这是为了避免焊缝横向收缩时,引起板件拱曲太大。

(5) 最大侧焊缝计算长度 $l_w \leqslant 60h_f$。这一规定的原因是:由外力在侧焊缝内引起的剪应力,在弹性阶段时,沿侧焊缝长度方向的分布不均匀,两端大而中部小,如图 3-23 所示,焊缝愈长,两端与中部的应力差值愈大。为避免端部首先破坏,对焊缝长度应加以限制,若 l_w 超出上述规定,超长部分计算时不予考虑。但是,当作用力沿侧焊缝全长均布作用时,则计算长度不受此限制。

(6) 在端焊缝的搭接连接中,搭接长度不小于 $5t_{min}$ 及 $25\,mm$(图 3-24),这是为了减少收缩应力以及因传力偏心在板件中产生的次应力。

(7) 在次要构件或次要焊缝中，由于焊缝受力很小，若采用连续焊缝，其计算厚度小于最小容许厚度时，可改为采用间断焊缝。各段间的净距 $L \leqslant 15t_{min}$（受压板件）或 $L \leqslant 30t_{min}$（受拉板件），以避免局部凸曲面对受力不利和潮气侵入引起锈蚀。

以上关于角焊缝的构造要求的总结见表3-3和表3-4。

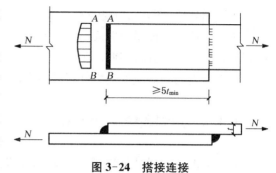

图 3-24　搭接连接

表 3-3　焊脚尺寸的构造要求

焊缝形式	最大焊脚尺寸(mm)	最小焊脚尺寸(mm)
	$h_f \leqslant 1.2t_1$（或 $1.2t_2, t_2 < t_1$）	$h_f \geqslant 1.5\sqrt{t_1}$（或 $1.5\sqrt{t_2}, t_2 > t_1$）
	①$t > 6$ mm, $h_f \leqslant t - (1 \sim 2)$ mm $t \leqslant 6$ mm, $h_f \leqslant t$ ②$h_f \leqslant 1.2t'$ $(t' < t)$	$h_f \geqslant 1.5\sqrt{t}$（或 $1.5\sqrt{t'}, t' > t$）

注：在最小焊脚尺寸计算当中，若是自动焊，h_f 的取值可减少 1 mm；对 T 形连接的单面角焊缝，h_f 的取值应增加 1 mm；焊件厚度小于 4 mm 时，则 h_f 的取值与焊件厚度相同。t_1 和 t_2 分别为垂直连接的两个构件的厚度；t 和 t' 分别为搭接连接的两个构件的厚度。

表 3-4　焊缝计算长度的构造要求(mm)

焊缝类别	侧面角焊缝的最大计算长度	角焊缝的最小计算长度	仅用两条侧面角焊缝的搭接连接	仅用正面角焊缝的搭接连接
构造要求	$l_w \leqslant 60h_f$	$l_w(l_w') \geqslant 8h_f$ 或 40 mm	$b/l_w \leqslant 1$ $b \leqslant 16t_3 (t_3 > 12$ mm$)$ 或 190 mm$(t_3 \leqslant 12$ mm$)$	$l_w' \geqslant 5t_3$ （或 25 mm, $5t_3 < 25$ mm）

注：l_w 为侧面角焊缝的计算长度，l_w' 为正面角焊缝的计算长度，t_3 为较薄焊件的厚度。

3.4.3　直角角焊缝强度计算的基本公式

图 3-25 所示为直角角焊缝的截面。直角边边长 h_f 称为角焊缝的焊脚尺寸。试验表明，直角角焊缝的破坏常发生在喉部，即直角角焊缝的45°方向截面为其破坏截面，故长期以来对角焊缝的研究均着重于这一部位，破坏截面的 $h_e = 0.7h_f$ 称为直角角焊缝的有效焊脚尺寸。通常认为直角角焊缝是以45°方向的最小截面（即有效厚度与焊缝计算长度的乘积）作为有效截面或称计算截面。作用于焊缝有效截面上的应力如图3-26所示，这些应力包括：垂直于焊缝有效截面的正应力 $\sigma_\perp$，垂直于焊缝长度方向的剪应力 $\tau_\perp$，以及沿焊缝长度方向的剪应力 $\tau_{//}$。

我国现行钢结构设计规范在简化计算时,假定焊缝在有效截面处破坏,各应力分量满足折算应力公式:

$$\sqrt{\sigma_\perp^2 + 3(\tau_\perp^2 + \tau_{//}^2)} = f_u^w \tag{3-5}$$

式中:f_u^w——焊缝金属的抗拉强度。

由于钢结构设计规范规定的角焊缝强度设计值 f_f^w 是根据抗剪条件确定的,而 $\sqrt{3}f_f^w$ 相当于角焊缝的抗拉强度设计值,则式(3-5)变为

$$\sqrt{\sigma_\perp^2 + 3(\tau_\perp^2 + \tau_{//}^2)} = \sqrt{3}f_f^w \tag{3-6}$$

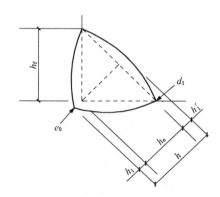

图 3-25　直角角焊缝的截面

h—焊缝厚度;h_f—焊脚尺寸;h_e—焊缝有效厚度(焊喉部位);
h_1—熔深;h_1'—凸度;d_1—焊趾;e_0—焊根

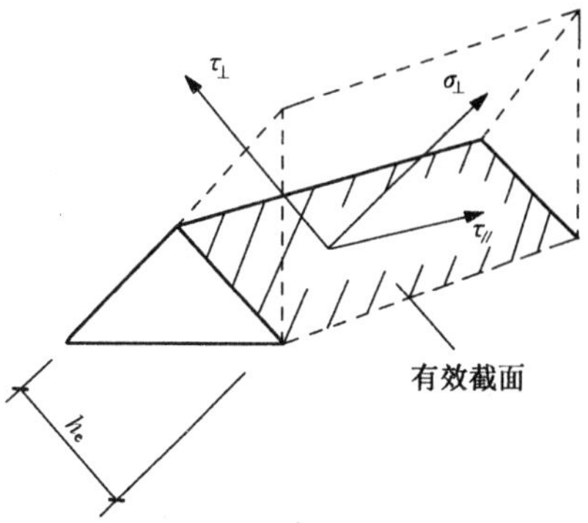

图 3-26　角焊缝有效截面上的应力

以图 3-27 所示受任意方向轴心力 N(互相垂直的分力为 N_y 和 N_x)作用的直角角焊缝为例,说明角焊缝基本公式的推导。N_y 在焊缝有效截面上产生垂直于焊缝一个直角边的应力 σ_f,该应力对有效截面既不是正应力,也不是剪应力,而是 $\sigma_\perp$ 和 $\tau_\perp$ 的合应力。

$$\sigma_f = \frac{N_y}{h_e l_w} \tag{3-7}$$

式中:N_y——垂直于焊缝长度方向的轴心力;

　　　h_e——直角角焊缝的有效厚度,$h_e = h_f \cos 45° \approx 0.7h_f$;

　　　l_w——焊缝的计算长度,考虑起灭弧缺陷,按各条焊缝的实际长度每端减去 h_f 计算。

由图 3-27(b)知,对直角角焊缝有:

$$\sigma_\perp = \tau_\perp = \sigma_f / \sqrt{2} \tag{3-8}$$

沿焊缝长度方向的分力 N_x 在焊缝有效截面上引起平行于焊缝长度方向的剪应力:

$$\tau_f = \tau_{//} = \frac{N_x}{h_e l_w} \tag{3-9}$$

这样,直角角焊缝在各种应力综合作用下,即 σ_f 和 τ_f 共同作用的计算表达式为

$$\sqrt{4\left(\frac{\sigma_f}{\sqrt{2}}\right)^2 + 3\tau_f^2} \leqslant \sqrt{3}f_f^w$$

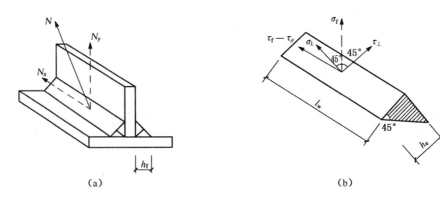

图 3-27 直角角焊缝的计算

即

$$\sqrt{\left(\frac{\sigma_f}{\beta_f}\right)^2 + \tau_f^2} \leqslant f_f^w \tag{3-10}$$

式中：β_f——正面角焊缝的强度增大系数。对于承受静力荷载和间接承受动力荷载的结构，取

$\beta_f = \sqrt{\dfrac{3}{2}} = 1.22$；对于直接承受动力荷载结构中的角焊缝，取 $\beta_f = 1.0$。

对于直接承受动力荷载结构中的焊缝，虽然正面角焊缝的强度试验值比侧面角焊缝高，但判别结构或连接的工作性能，除考虑是否具有较高的强度指标外，还需检验其延性指标（即塑性变形能力）。由于正面角焊缝的刚度高，韧度低，将其强度降低使用，故对于直接承受动力荷载结构中的角焊缝，公式中取 $\beta_f = 1.0$。

式(3-10)为角焊缝的基本计算公式。只要将焊缝应力分解为垂直于长度方向的应力 σ_f 和平行于焊缝长度方向的应力 τ_f，上述基本公式就可适用于任何受力状态。如：

对正面角焊缝，此时 $\tau_f = 0$，则上式即

$$\sigma_f = \frac{N}{h_e l_w} \leqslant \beta_f f_f^w \tag{3-11}$$

对侧面角焊缝，此时 $\sigma_f = 0$，则上式即

$$\tau_f = \frac{N}{h_e l_w} \leqslant f_f^w \tag{3-12}$$

3.4.4 各种受力状态下直角角焊缝连接的计算

1）承受轴心力作用时角焊缝连接的计算

（1）用盖板的对接连接承受轴心力（拉力、压力）作用时

当焊件受到通过连接焊缝中心的轴心力作用时，可认为焊缝应力是均匀分布的。如图3-28所示的连接中，当只有侧面角焊缝时，按式(3-12)计算；当只有正面角焊缝时，按式(3-11)计算；当采用三面围焊时，对矩形拼接板，可先按式(3-11)计算正面角焊缝所承担的内力：

$$N' = \beta_f f_f^w \sum h_e l_w \tag{3-13}$$

式中：$\sum l_w$——连接一侧正面角焊缝计算长度的总和。

再由力$(N-N')$计算侧面角焊缝的强度：

$$\tau_f = \frac{N - N'}{\sum h_e l_w} \leqslant f_f^w \tag{3-14}$$

式中：$\sum l_w$——连接一侧的侧面角焊缝计算长度的总和。

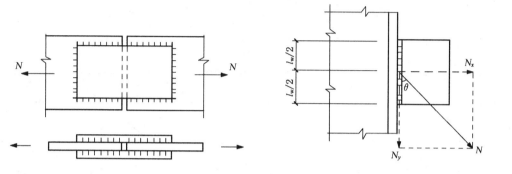

图 3-28　受轴心力的盖板连接　　　图 3-29　受斜向轴心力的角焊缝连接计算

（2）承受斜向轴心力的角焊缝连接计算

如图 3-29 所示为受斜向轴心力的角焊缝连接计算，有两种方法。

① 分力法。将 N 力分解为垂直于焊缝长度方向的分力 $N_x = N\sin\theta$，和平行于焊缝长度方向的分力 $N_y = N\cos\theta$，则有

$$\sigma_f = \frac{N\sin\theta}{\sum h_e l_w} \tag{3-15}$$

$$\tau_f = \frac{N\cos\theta}{\sum h_e l_w} \tag{3-16}$$

代入式（3-10）验算角焊缝的强度。

② 直接法。不将 N 力分解，直接将式（3-15）和式（3-16）的 σ_f 和 τ_f 代入式（3-10）中：

$$\sqrt{\left(\frac{N\sin\theta}{\beta_f \sum h_e l_w}\right)^2 + \left(\frac{N\cos\theta}{\sum h_e l_w}\right)^2} \leqslant f_f^w$$

取 $\beta_f^2 = 1.22^2 \approx 1.5$，得

$$\frac{N}{\sum h_e l_w} \sqrt{\frac{\sin^2\theta}{1.5} + \cos^2\theta} = \frac{N}{\sum h_e l_w} \sqrt{1 - \sin^2\theta/3} \leqslant f_f^w$$

令 $\beta_{f\theta} = \dfrac{1}{\sqrt{1 - \sin^2\theta/3}}$，则斜焊缝的计算式为

$$\frac{N}{\sum h_e l_w} \leqslant \beta_{f\theta} f_f^w \qquad (3-17)$$

式中：$\beta_{f\theta}$——斜焊缝的强度增大系数，其值介于 $1.0 \sim 1.22$ 之间；对直接承受动力荷载结构中的焊缝，取 $\beta_{f\theta} = 1.0$；

θ——作用力与焊缝长度方向的夹角。

（3）承受轴心力的角钢角焊缝计算

在钢桁架中，角钢腹杆与节点板的连接焊缝一般采用两面侧焊，也可采用三面围焊，特殊情况也允许采用 L 形围焊（图 3-30(c)）。腹杆受轴心力作用时，为了避免焊缝偏心受力，焊缝所传递的合力的作用线应与角钢杆件的轴线重合。

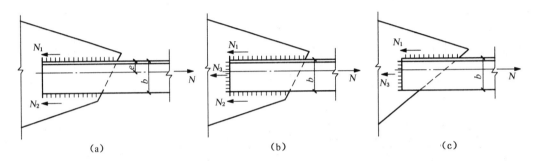

图 3-30　桁架腹杆与节点板的连接

对于三面围焊（图 3-30(b)），可先假定正面角焊缝的焊脚尺寸 h_{f3}，求出正面角焊缝所分担的轴心力 N_3。当腹杆为双角钢组成的 T 形截面，且肢宽为 b 时

$$N_3 = 2 \times 0.7 h_{f3} b \beta_f f_f^w \qquad (3-18)$$

由平衡条件（$\sum M = 0$）可得

$$N_1 = \frac{N(b-e)}{b} - \frac{N_3}{2} = \alpha_1 N - \frac{N_3}{2} \qquad (3-19)$$

$$N_2 = \frac{Ne}{b} - \frac{N_3}{2} = \alpha_2 N - \frac{N_3}{2} \qquad (3-20)$$

式中：N_1、N_2——角钢肢背和肢尖上的侧面角焊缝所分担的轴力；

e——角钢的形心距；

α_1、α_2——角钢肢背和肢尖焊缝的内力分配系数，设计时可近似取 $\alpha_1 = \dfrac{2}{3}$，$\alpha_2 = \dfrac{1}{3}$。等肢角钢：$\alpha_1 = 0.7$，$\alpha_2 = 0.3$；不等肢角钢短肢相并：$\alpha_1 = 0.75$，$\alpha_2 = 0.25$，不等肢角钢长肢相并：$\alpha_1 = 0.65$，$\alpha_2 = 0.35$。

对于两面侧焊，图 3-30(a)，因 $N_3 = 0$，得

$$N_1 = \alpha_1 N \qquad (3-21)$$

$$N_2 = \alpha_2 N \qquad (3-22)$$

求得各条焊缝所受的内力后，按构造要求（角焊缝的尺寸限制）设定肢背和肢尖焊缝的焊

脚尺寸后,即可求出焊缝的计算长度。例如,对双角钢截面:

$$l_{w1} = \frac{N_1}{2 \times 0.7 h_{f1} f_f^w} \tag{3-23}$$

$$l_{w2} = \frac{N_2}{2 \times 0.7 h_{f2} f_f^w} \tag{3-24}$$

式中:h_{f1}、l_{w1}——一个角钢肢背上的侧面角焊缝的焊脚尺寸及计算长度;

h_{f2}、l_{w2}——一个角钢肢尖上的侧面角焊缝的焊脚尺寸及计算长度。

考虑到每条焊缝两端的起落弧缺陷,实际焊缝长度为计算长度加 $2h_f$;但对于三面围焊,由于在杆件端部转角处必须连续施焊,每条侧面焊缝只有一端是起落弧,故焊缝实际长度为计算长度加 h_f;对于采用绕角焊缝的侧面角焊缝实际长度则等于计算长度(绕角焊缝长度 $2h_f$ 不进入计算)。

当杆件受力很小时,可采用 L 形围焊(图 3-30(c))。由于只有正面角焊缝和角钢肢背上的侧面角焊缝,令式(3-20)中的 $N_2 = 0$,得

$$N_3 = 2\alpha_2 N \tag{3-25}$$

$$N_1 = N - N_3 \tag{3-26}$$

角钢肢背上的角焊缝计算长度可按式(3-23)计算,角钢端部的正面角焊缝的长度已知,则可按下式确定其焊脚尺寸:

$$h_{f3} = \frac{N_3}{2 \times 0.7 \times l_{w3} \beta_f f_f^w} \tag{3-27}$$

式中:$l_{w3} = b - h_{f3}$。

【例 3-3】 试验算图 3-29 所示直角焊缝的强度。已知焊缝承受的静态斜向力 $N = 280$ kN(设计值),$\theta = 60°$,角焊缝焊脚尺寸 $h_f = 8$ mm,实际长度 $l_w' = 155$ mm,钢材为 Q235 - B,手工焊,焊条为 E43 型。

【解】 现用两种方法计算受斜向轴心力的角焊缝。

(1) 分力法

将 N 力分解为垂直于焊缝长度方向和平行于焊缝长度方向的分力,即

$$N_x = N\sin\theta = N\sin 60° = 280 \times \frac{\sqrt{3}}{2} = 242.5 \text{ kN}$$

$$N_y = N\cos\theta = N\cos 60° = 280 \times \frac{1}{2} = 140 \text{ kN}$$

$$\sigma_f = \frac{N_x}{2h_e l_w} = \frac{242.5 \times 10^3}{2 \times 0.7 \times 8 \times (155 - 16)} = 155.8 \text{ N/mm}^2$$

$$\tau_f = \frac{N_y}{2h_e l_w} = \frac{140 \times 10^3}{2 \times 0.7 \times 8 \times (155 - 16)} = 89.9 \text{ N/mm}^2$$

焊缝同时承受 σ_f 和 τ_f 作用,代入式(3-10)验算:

$$\sqrt{\left(\frac{\sigma_f}{\beta_f}\right)^2 + \tau_f^2} = \sqrt{\left(\frac{155.8}{1.22}\right)^2 + 89.9^2} = 156.2 \text{ N/mm}^2 < f_f^w = 160 \text{ N/mm}^2$$

（2）直接法

也就是直接用式（3-17）进行计算。已知 $\theta = 60°$，则斜焊缝强度增大系数

$$\beta_{f\theta} = \frac{1}{\sqrt{1 - \sin^2 60°/3}} = 1.15$$

则

$$\frac{N}{2h_e l_w \beta_{f\theta}} = \frac{280 \times 10^3}{2 \times 0.7 \times 8 \times (155 - 16) \times 1.15} = 156.4 \text{ N/mm}^2 < f_f^w = 160 \text{ N/mm}^2$$

用分力法计算概念明确，用直接法计算则较为简练。

【例 3-4】 试设计用拼接盖板的对接连接（图 3-31）。已知钢板宽 $B = 270$ mm，厚度 $t_1 = 28$ mm，拼接盖板厚度 $t_2 = 16$ mm。该连接承受的静态轴心力 $N = 1\,400$ kN（设计值），钢材为 Q235-B，手工焊，焊条为 E43 型。

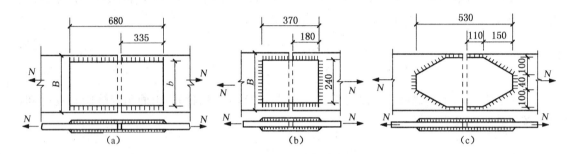

图 3-31 拼接盖板的对接连接

【解】 设计拼接盖板的对接连接有两种方法。一种方法是首先设定焊脚尺寸，然后求焊缝长度，再由焊缝长度确定拼接板的尺寸；另一种方法是先设定焊脚尺寸和拼接盖板的尺寸，然后验算焊缝的承载力。如果设定的焊缝尺寸不能满足承载力要求时，则应调整焊脚尺寸，再进行检查，直到满足承载力要求为止。

角焊缝的焊脚尺寸 h_f 应根据板件厚度，根据构造要求设定。由于此处的焊缝在板件边缘施焊，且拼接盖板厚度 $t_2 = 16$ mm > 6 mm，$t_2 < t_1$，则

$$h_{fmax} = t_2 - (1 \sim 2) \text{ mm} = [16 - (1 \sim 2)] \text{ mm} = 15 \text{ 或 } 14 \text{ mm}$$

$$h_{fmin} = 1.5\sqrt{t_1} = 1.5\sqrt{28} = 7.9 \text{ mm}$$

取 $h_f = 10$ mm，查附表 1-2 得角焊缝强度设计值 $f_f^w = 160$ N/mm²。

（1）采用两面侧焊时

如图 3-31(a)所示，连接一侧所需焊缝的总长度可按式（3-12）计算

$$\sum l_w = \frac{N}{h_e f_f^w} = \frac{1\,400 \times 10^3}{0.7 \times 10 \times 160} = 1\,250 \text{ mm}$$

此对接连接采用了上下两块拼接盖板，共有四条侧焊缝，故一条侧焊缝的实际长度为

$$l_w' = \frac{\sum l_w}{4} + 2h_f = \frac{1\,250}{4} + 20$$

$$= 333 \text{ mm} < 60h_\text{f} = (60 \times 10) \text{ mm} = 600 \text{ mm}$$

所需拼接盖板长度

$$L = 2l'_\text{w} + 10 = 2 \times 333 + 10 = 676 \text{ mm},取 680 \text{ mm}$$

式中:10 mm 为两块被连接钢板间的间隙。

拼接盖板的宽度 b 就是两条侧面角焊缝之间的距离,应根据强度条件和构造要求确定。根据强度条件,在钢材种类相同的情况下,拼接盖板的截面积 A' 应等于或大于被连接钢板的截面积。

选定拼接盖板宽度 $b = 240 \text{ mm}$,则

$$A' = 240 \times 2 \times 16 = 7\ 680 \text{ mm}^2 > A = 270 \times 28 = 7\ 560 \text{ mm}^2$$

满足强度要求。

根据构造要求,应满足

$$b = 240 \text{ mm} < l_\text{w} = 315 \text{ mm}$$

且

$$b < 16t = 16 \times 16 = 256 \text{ mm}$$

满足要求,故选定拼接盖板尺寸为 680 mm × 240 mm × 16 mm。

(2) 采用三面围焊时

如图 3-31(b)所示,采用三面围焊可以减小两侧侧面角焊缝的长度,从而减少拼接盖板的尺寸。设拼接盖板的宽度和厚度与采用两面侧焊时相同,仅需求盖板长度。已知正面角焊缝的长度 $l'_\text{w} = b = 240 \text{ mm}$,则正面角焊缝所能承受的内力

$$N' = 2h_\text{e}l'_\text{w}\beta_\text{f}f^\text{w}_\text{f} = 2 \times 0.7 \times 10 \times 240 \times 1.22 \times 160 = 655\ 872 \text{ N}$$

所需连接一侧侧面角焊缝的总长度为

$$\sum l_\text{w} = \frac{N - N'}{h_\text{e}f^\text{w}_\text{f}} = \frac{1\ 400\ 000 - 655\ 872}{0.7 \times 10 \times 160} = 664 \text{ mm}$$

连接一侧共有四条侧面角焊缝,则一条侧面角焊缝的长度为

$$l'_\text{w} = \frac{\sum l_\text{w}}{4} + h_\text{f} = \frac{664}{4} + 10 = 176 \text{ mm},采用 180 \text{ mm}$$

拼接盖板的长度为

$$L = 2l'_\text{w} + 10 = 2 \times 180 + 10 = 370 \text{ mm}$$

(3) 采用菱形拼接盖板时

如图 3-31(c)所示,当拼接板宽度较大时,采用菱形拼接盖板可减小角部的应力集中,从而使连接的工作性能得以改善。菱形拼接盖板的连接焊缝由正面角焊缝、侧面角焊缝和斜焊缝等组成。设计时,一般先假定拼接盖板的尺寸再进行验算。拼接盖板尺寸如图 3-31(c)所示,则各部分焊缝的承载力分别为

正面角焊缝

$$N_1 = 2h_e l_{w1} \beta_f f_f^w = 2 \times 0.7 \times 10 \times 40 \times 1.22 \times 160 = 109.3 \text{ kN}$$

侧面角焊缝

$$N_2 = 4h_e l_{w2} f_f^w = 4 \times 0.7 \times 10 \times (110 - 10) \times 160 = 448.0 \text{ kN}$$

斜焊缝:此焊缝与作用力夹角 $\theta = \arctan\left(\dfrac{100}{150}\right) = 33.7°$,可得

$$\beta_{f\theta} = 1/\sqrt{1 - \sin^2 33.7/3} = 1.06 \quad 故有$$

$$N_3 = 4h_e l_{w3} \beta_{f\theta} f_f^w = 4 \times 0.7 \times 10 \times 180 \times 1.06 \times 160 = 854.8 \text{ kN}$$

连接一侧焊缝所能承受的内力为

$$N' = N_1 + N_2 + N_3 = 109.3 + 448.0 + 854.8 = 1\,412.1 \text{ kN} > N = 1\,400 \text{ kN}$$

满足要求。

【例 3-5】 试确定图 3-32 所示承受静态轴心力的三面围焊连接的承载力及肢尖焊缝的长度。已知角钢为 2∟125×10,与厚度为 8 mm 的节点板连接,其搭接长度为 300 mm,焊脚尺寸 $h_f = 8$ mm,钢材为 Q235 - B,手工焊,焊条为 E43 型。

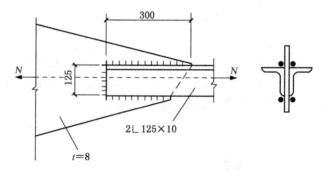

图 3-32 承受静态轴心力的三面围焊连接

【解】 角焊缝强度设计值 $f_f^w = 160 \text{ N/mm}^2$。焊缝内力分配系数为 $\alpha_1 = 0.67, \alpha_2 = 0.33$。正面角焊缝的长度等于相连角钢肢尖的宽度,即 $l_{w3} = b = 125$ mm。则正面角焊缝所能承受的内力 N_3 为

$$N_3 = 2h_e l_{w3} \beta_f f_f^w = 2 \times 0.7 \times 8 \times 125 \times 1.22 \times 160 = 273.3 \text{ kN}$$

肢背角焊缝所能承受的内力 N_1 为

$$N_1 = 2h_e l_w f_f^w = 2 \times 0.7 \times 8 \times (300 - 8) \times 160 = 523.3 \text{ kN}$$

而

$$N_1 = \alpha_1 N - \frac{N_3}{2} = 0.67N - \frac{273.3}{2} = 523.3 \text{ kN}$$

则

$$N = \frac{523.3 + 136.6}{0.67} = 985 \text{ kN}$$

计算肢尖焊缝承受的内力 N_2 为

$$N_2 = \alpha_2 N - \frac{N_3}{2} = 0.33 \times 985 - 136.6 = 188 \text{ kN}$$

由此可算出肢尖焊缝的长度为

$$l'_{w2} = \frac{N_2}{2h_e f_f^w} + 8 = \frac{188 \times 10^3}{2 \times 0.7 \times 8 \times 160} + 8 = 113 \text{ mm}$$

2) 承受弯矩、轴心力或剪力联合作用的角焊缝连接计算

图 3-33 所示的双面角焊缝连接承受偏心斜拉力 N 作用,可将作用力 N 分解为 N_x 和 N_y 两个分力。则角焊缝可视为同时承受轴心力 N_x、剪力 N_y 和弯矩 $M = N_x e$ 的共同作用。焊缝计算截面上的应力分布如图 3-33(b)所示,图中 A 点应力最大,且为控制设计点。此处垂直于焊缝长度方向的应力由两部分组成,即由轴心拉力 N_x 产生的应力

$$\sigma_N = \frac{N_x}{A_e} = \frac{N_x}{2h_e l_w} \tag{3-28}$$

由弯矩 M 产生的应力

$$\sigma_M = \frac{M}{W_e} = \frac{6M}{2h_e l_w^2} \tag{3-29}$$

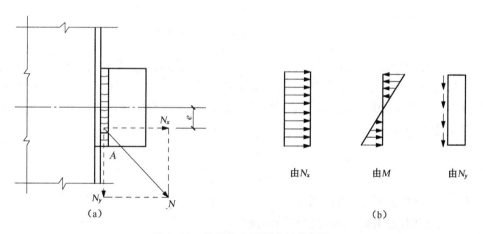

图 3-33 承受偏心斜拉力的角焊缝

这两部分应力由于在 A 点处的方向相同,可直接叠加,故 A 点垂直于焊缝长度方向的应力为

$$\sigma_f = \frac{N_x}{2h_e l_w} + \frac{6M}{2h_e l_w^2}$$

剪力 N_y 在 A 点处产生平行于焊缝长度方向的应力

$$\tau_y = \frac{N_y}{A_e} = \frac{N_y}{2h_e l_w}$$

式中:l_w——焊缝的计算长度,为实际长度减 $2h_f$。

则焊缝的强度计算式为

$$\sqrt{\left(\frac{\sigma_{\mathrm{f}}}{\beta_{\mathrm{f}}}\right)^2 + \tau_{\mathrm{f}}^2} \leqslant f_{\mathrm{f}}^{\mathrm{w}}$$

当连接直接承受动力荷载作用时,取 $\beta_{\mathrm{f}} = 1.0$。

对于工字梁(或牛腿)与钢柱翼缘的角焊缝连接(见图 3-34),通常承受弯矩 M 和剪力 V 的联合作用。由于翼缘的竖向刚度较差,在剪力作用下,如果没有腹板焊缝存在,翼缘将发生明显挠曲。这就说明,翼缘板的抗剪能力极差。因此,计算时通常假设腹板焊缝承受全部剪力,而弯矩则由全部焊缝承受。

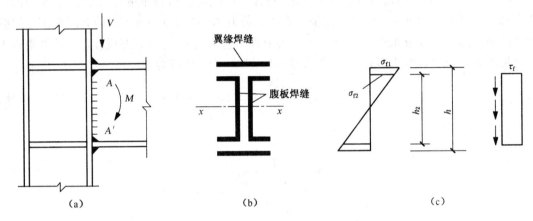

图 3-34 工字梁(或牛腿)的角焊缝连接

为了使焊缝分布更加合理,宜在每个翼缘的上下两侧均匀布置角焊缝,由于翼缘焊缝只承受垂直于焊缝长度方向的弯曲应力,此弯曲应力沿梁高度呈三角形分布(图 3-34(c))最大应力发生在翼缘焊缝最外纤维处,为了保证焊缝的正常工作,应使翼缘焊缝最外纤维处的应力满足角焊缝的强度条件,即

$$\sigma_{\mathrm{f1}} = \frac{M}{I_{\mathrm{w}}} \cdot \frac{h}{2} \leqslant \beta_{\mathrm{f}} f_{\mathrm{f}}^{\mathrm{w}} \tag{3-30}$$

式中:M——全部焊缝所承受的弯矩;

I_{w}——全部焊缝有效截面对中和轴的惯性矩;

h——上下翼缘焊缝有效截面最外纤维之间的距离。

腹板焊缝承受两种应力的联合作用,即垂直于焊缝长度方向且沿梁高度呈三角形分布的弯曲应力和平行于焊缝长度方向且沿焊缝截面均匀分布的剪应力的作用,设计控制点为翼缘焊缝与腹板焊缝的交点处 A,此处的弯曲应力和剪应力分别按下式计算:

$$\sigma_{\mathrm{f2}} = \frac{M}{I_{\mathrm{w}}} \cdot \frac{h_2}{2}$$

$$\tau_{\mathrm{f}} = \frac{V}{\sum (h_{\mathrm{e2}} l_{\mathrm{w2}})}$$

式中:$\sum (h_{\mathrm{e2}} l_{\mathrm{w2}})$——腹板焊缝有效截面积之和;

h_2——腹板焊缝的实际长度。

腹板焊缝在 A 点的强度验算式为

$$\sqrt{\left(\frac{\sigma_{f2}}{\beta_f}\right)^2 + \tau_f^2} \leqslant f_f^w$$

工字梁(或牛腿)与钢柱翼缘焊缝连接的另一种计算方法是使焊缝传递应力与母材所承受应力相协调,即假设腹板焊缝只承受剪力;翼缘焊缝承担全部弯矩,并将弯矩 M 化为一对水平力 $H = M/h$,则翼缘焊缝的强度计算式为

$$\sigma_f = \frac{H}{h_{e1} l_{w1}} \leqslant \beta_f f_f^w$$

腹板焊缝的强度计算式为

$$\tau_f = \frac{V}{2h_{e2} l_{w2}} \leqslant f_f^w$$

式中:$h_{e1} l_{w1}$——一个翼缘角焊缝的有效截面积;

$2h_{e2} l_{w2}$——两条腹板焊缝的有效截面积。

【例 3-6】 试验算图 3-35 所示牛腿与钢柱连接角焊缝的强度。钢材为 Q235,焊条为 E43 型,手工焊。荷载设计值 $N = 365$ kN,偏心距 $e = 350$ mm,焊脚尺寸 $h_{f1} = 8$ mm,$h_{f2} = 6$ mm。图 3-35(b)为焊缝有效截面。

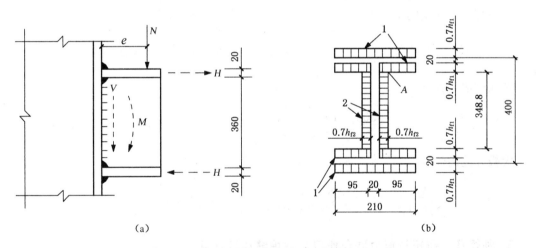

(a)   (b)

图 3-35 牛腿与钢柱连接角焊缝

【解】 力 N 在角焊缝形心处引起剪力 $V = N = 365$ kN 和弯矩

$$M = Ne = 365 \times 0.35 = 127.8 \text{ kN} \cdot \text{m}$$

(1)考虑腹板焊缝参加传递弯矩的计算方法

全部焊缝有效截面对中和轴的惯性矩为

$$I_w = 2 \times \frac{0.42 \times 34.88^3}{12} + 2 \times 21 \times 0.56 \times 20.28^2 + 4 \times 9.5 \times 0.56 \times 17.72^2$$

$$= 19\,326 \text{ cm}^4$$

翼缘焊缝的最大应力

$$\sigma_{f1} = \frac{M}{I_w} \cdot \frac{h}{2} = \frac{127.8 \times 10^6}{18\,779 \times 10^4} \times 205.6 = 140 \text{ N/mm}^2 < \beta_f f_f^w$$
$$= 1.22 \times 160 = 195.2 \text{ N/mm}^2$$

腹板焊缝中由于弯矩 M 引起的最大应力

$$\sigma_{f2} = 140 \times \frac{170}{205.6} = 115.8 \text{ N/mm}^2$$

由于剪力 V 在腹板焊缝中产生的平均剪应力

$$\tau_f = \frac{V}{\sum (h_{e2} l_{w2})} = \frac{365 \times 10^3}{2 \times 0.7 \times 6 \times 348.8} = 124.6 \text{ N/mm}^2$$

则腹板焊缝的强度(A 点为设计控制点)为

$$\sqrt{\left(\frac{\sigma_{f2}}{\beta_f}\right)^2 + \tau_f^2} = \sqrt{\left(\frac{115.8}{1.22}\right)^2 + 124.6^2}$$
$$= 156.7 \text{ N/mm}^2 < f_f^w = 160 \text{ N/mm}^2$$

(2) 按不考虑腹板焊缝传递弯矩的计算方法

翼缘焊缝所承受的水平力

$$H = \frac{M}{h} = \frac{127.8 \times 10^6}{380} = 336 \text{ kN}(h \text{ 的近似值取为翼缘中线间距离})$$

翼缘焊缝的强度

$$\sigma_f = \frac{H}{h_{e1} l_{w1}} = \frac{336 \times 10^3}{0.7 \times 8 \times (210 + 2 + 95)} = 150 \text{ N/mm}^2 < \beta_f f_f^w = 195.2 \text{ N/mm}^2$$

腹板焊缝的强度

$$\tau_f = \frac{V}{\sum h_{e2} l_{w2}} = \frac{365 \times 10^3}{2 \times 0.7 \times 6 \times 348.8} = 124.6 \text{ N/mm}^2 < 160 \text{ N/mm}^2$$

3) 围焊承受扭矩与剪力联合作用的角焊缝连接计算

图 3-36 所示为三面围焊搭接连接。该连接角焊缝承受竖向剪力 $V = F$ 和扭矩 $T = F(e_1 + e_2)$ 作用。计算角焊缝在扭矩 T 作用下产生的应力时,采取了如下假定:

① 被连接件是绝对刚性的,它有绕焊缝形心 O 旋转的趋势,而角焊缝本身是弹性的。

② 角焊缝群上任一点的应力方向垂直于该点与形心的连接,且应力大小与连接长度 r 成正比。

在图 3-36 中,A 点与 A' 点距形心 O 点最远,故 A 点和 A' 点由扭矩 T 引起的剪应力 τ_T 最大,焊缝群其他各处由扭矩 T 引起的剪应力 τ_T 均小于 A 点和 A' 点的剪应力,故 A 点和 A' 点为设计控制点。

在扭矩 T 作用下,A 点(或 A' 点)的应力为

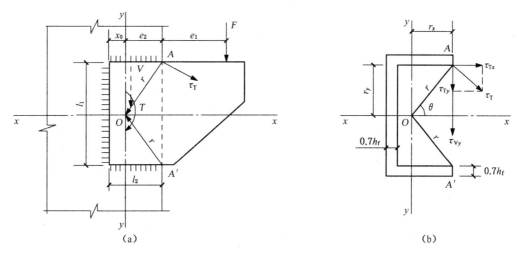

图 3-36　受剪力和扭矩作用的角焊缝

$$\tau_{\mathrm{T}} = \frac{Tr}{I_{\mathrm{p}}} = \frac{Tr}{I_x + I_y} \tag{3-31}$$

式中：I_{p}——焊缝有效截面的极惯性矩，$I_{\mathrm{p}} = I_x + I_y$。

将 τ_{T} 沿 x 轴和 y 轴分解为两分力

$$\tau_{\mathrm{T}x} = \tau_{\mathrm{T}}\sin\theta = \frac{Tr}{I_{\mathrm{p}}} \cdot \frac{r_y}{r} = \frac{Tr_y}{I_{\mathrm{p}}} \tag{3-32}$$

$$\tau_{\mathrm{T}y} = \tau_{\mathrm{T}}\cos\theta = \frac{Tr}{I_{\mathrm{p}}} \cdot \frac{r_x}{r} = \frac{Tr_x}{I_{\mathrm{p}}} \tag{3-33}$$

假设由剪力 V 在焊缝群引起的剪应力 τ_{V} 均匀分布，则在 A 点(或 A' 点)引起的应力 $\tau_{\mathrm{V}y}$ 为

$$\tau_{\mathrm{V}y} = \frac{V}{\sum h_{\mathrm{e}} I_{\mathrm{w}}}$$

则 A 点受到垂直于焊缝长度方向的应力为

$$\sigma_{\mathrm{f}} = \tau_{\mathrm{T}y}\tau_{\mathrm{V}y}$$

沿焊缝长度方向的应力为 $\tau_{\mathrm{T}x}$，则 A 点的合应力满足的强度条件为

$$\sqrt{\left(\frac{\tau_{\mathrm{T}y} + \tau_{\mathrm{V}y}}{\beta_{\mathrm{f}}}\right)^2 + \tau_{\mathrm{T}x}^2} \leqslant f_{\mathrm{f}}^{\mathrm{w}} \tag{3-34}$$

当连接直接承受动态荷载时，取 $\beta_{\mathrm{f}} = 1.0$。

【例 3-7】　如图 3-36 所示，钢板长度 $l_1 = 400\,\mathrm{mm}$，搭接长度 $l_2 = 300\,\mathrm{mm}$，荷载设计值 $F = 217\,\mathrm{kN}$，偏心距 $e_1 = 300\,\mathrm{mm}$(至柱边缘的距离)，钢材为 Q235，手工焊，焊条 E43 型，试确定该焊缝的焊脚尺寸并验算该焊缝的强度。

【解】　图 3-36 中的所有焊缝组成的围焊共同承受剪力 V 和扭矩 $T = F(e_1 + e_2)$ 的作用，首先设焊缝的焊脚尺寸均为 $h_{\mathrm{f}} = 8\,\mathrm{mm}$，则焊缝计算截面的重心位置为

$$x_0 = \frac{2l_2 \times (l_2/2)}{2l_2 + l_1} = \left(\frac{30^2}{60 + 40}\right) \text{cm} = 9 \text{ cm}$$

计算中，由于焊缝的实际长度稍大于 l_1 和 l_2，故焊缝的计算长度可直接采用 l_1 和 l_2，不再扣除水平焊缝的端部缺陷。

焊缝截面的极惯性矩

$$I_x = \frac{1}{12} \times 0.7 \times 0.8 \times 40^3 + 2 \times 0.7 \times 0.8 \times 30 \times 20^2 = 16\,427 \text{ cm}^4$$

$$I_y = \frac{1}{12} \times 2 \times 0.7 \times 0.8 \times 30^3 + 2 \times 0.7 \times 0.8 \times 30 \times (15 - 9)^2 + 0.7 \times 0.8 \times 40 \times 9^2$$
$$= 5\,544 \text{ cm}^4$$

$$I_p = I_x + I_y = 16\,427 + 5\,544 = 21\,971 \text{ cm}^4$$

由于 $e_2 = l_2 - x_0 = 30 - 9 = 21$ cm

$$r_x = 21 \text{ cm} \qquad r_y = 20 \text{ cm}$$

故扭矩 $\quad T = F(e_1 + e_2) = 217 \times (30 + 21) \times 10^{-2} = 110.7 \text{ kN} \cdot \text{m}$

$$\tau_{Tx} = \frac{Tr_y}{I_p} = \frac{110.7 \times 10^6 \times 200}{21\,971 \times 10^4} = 100.8 \text{ N/mm}^2$$

$$\tau_{Ty} = \frac{Tr_x}{I_p} = \frac{110.7 \times 10^6 \times 210}{21\,971 \times 10^4} = 105.8 \text{ N/mm}^2$$

剪力 V 在 A 点产生的应力为

$$\tau_{Vy} = \frac{V}{\sum h_e l_w} = \frac{217 \times 10^3}{0.7 \times 8 \times (2 \times 300 + 400)} = 38.8 \text{ N/mm}^2$$

由图 3-36(b)可见，τ_{Ty} 与 τ_{Vy} 在 A 点的作用方向相同，且垂直于焊缝长度方向，可用 σ_f 表示

$$\sigma_f = \tau_{Ty} + \tau_{Vy} = 105.8 + 38.8 = 144.6 \text{ N/mm}^2$$

τ_{Tx} 平行于焊缝长度方向，$\tau_f = \tau_{Tx}$，则

$$\sqrt{\left(\frac{\sigma_f}{\beta_f}\right)^2 + \tau_f^2} = \sqrt{\left(\frac{144.6}{1.22}\right)^2 + 100.8^2} = 155.6 \text{ N/mm}^2 < f_f^w = 160 \text{ N/mm}^2$$

说明取 $h_f = 8$ mm 是合适的。

3.5 焊接应力和焊接变形

焊接构件在未受荷载时，由于施焊的电弧高温作用而引起的应力和变形称为焊接应力和焊接变形。它会直接影响到焊接结构的制造质量、正常使用和安全可靠。设计和制造焊接钢结构，特别是承受动载或低温环境工作的焊接结构，对此问题必须充分重视。

3.5.1 焊接应力和焊接变形产生的原因

焊接应力有暂时应力与残余应力之分。暂时应力只在焊接过程中,一定的温度情况下才存在。当焊件冷却至常温时,暂时应力自行消失,对结构性能没有影响。而焊接残余应力是施焊结束金属冷缩后残留在焊件内的应力,又称为收缩应力,对结构工作性能有较大影响。

如图 3-37(a),一端固定约束而另一端自由的钢构件,受热膨胀而增长 Δl,冷却后构件将恢复原尺寸,结构体系的热胀冷缩能够自由发展,构件内部不会产生附加应力,因此也不会发生变形;但若热胀冷缩的自由发展受到约束则结构内会产生显著的内力。如图 3-37(b)所示两端固定约束的构件,受热时构件的膨胀由于约束而在构件内部产生较大内力,使构件产生较大变形,这一点完全不同于图 3-37(a)所示热胀冷缩能自由发展的构件。若将构件加热到 600℃以上而达到塑性状态(此时 $f_y = 0$),则加热过程中的伸长(受热膨胀)因受到约束而不能自由发展,内部则产生压缩的塑性变形,由于 600℃时钢材弹性模量接近于零,所以无压缩应力。但是待冷却至常温时,此杆件的冷缩不能自由发展,同样受到约束而在构件内产生较大的拉应力,约束内则产生压应力来平衡构件内的拉应力,结构体系中应力自相平衡。

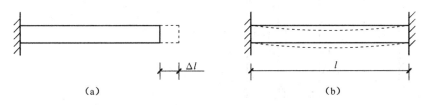

(a)   (b)

图 3-37 钢杆加热后的残余变形

与此类似,焊接过程是一个不均匀加热和冷却的过程,先施焊的焊缝则先冷却凝固,后施焊则后冷却的焊缝相对于先施焊部位成为高温区。该高温区金属材料的冷却收缩将受到先冷却部位的低温凝固金属材料的约束,因而该相对高温区金属材料内将产生拉应力。整个过程是一个无任何外荷载参与的纯粹由于温度变化而产生的系统应力变化,是一个自相平衡的结构系统应力,因此,既然高温区存在拉应力,相应地,低温区必然存在压应力与之平衡。这是焊接残余应力产生的原因。焊接残余应力是焊接体系自相平衡的内力。

具体来说,焊接构件的残余内力可分为:纵向残余应力、横向残余应力、厚度方向的残余应力。图 3-38(a)所示为两块钢板对接焊接后的残余应力分布情况。

1)纵向焊接残余应力

施焊时电弧对钢板不均匀加热,焊缝及其附近热影响区金属达到热塑性状态,其冷却过程中由于远离焊缝的金属约束该高温区的自由收缩,因而焊缝区发生了很大的纵向(沿焊缝长度方向)残余拉应力。在低碳钢和低合金钢中这种纵向焊件残余拉应力甚至达到钢材的屈服点,相应地,由于体系内力的自相平衡,低温区金属受到纵向残余压应力,见图 3-38(b)。

2)横向焊接残余应力

产生纵向残余应力的同时,在垂直于焊缝方向产生横向残余应力,其原因是:

(1)当焊缝纵向收缩时,有使两块钢板向外弯成弓形的趋势,见图 3-38(a),但这种趋势被焊缝金属所阻止,因而产生焊缝中部受拉、两端受压的横向应力,见图 3-38(c)。

(2) 由于焊缝是依次施焊的,后焊部分的收缩因受到已经冷缩的先焊部分的约束,后焊部分产生横向拉应力,并使邻近的先焊部分产生横向压应力,见图 3-38(d)。焊缝的横向残余应力是上述两种原因产生的应力的合成,见图 3-38(e),横向残余应力值一般不高(100 N/mm² 数量级内)。纵向和横向残余应力在焊件中部焊缝中形成了同号双向拉应力场,见图 3-38 (a),这就是焊接结构易发生脆性破坏的原因之一。

3) 沿焊缝厚度方向的焊接残余应力

在厚钢板的连接中焊缝需要多层施焊,因此,除有纵向和横向焊接残余应力(σ_x、σ_y)外,沿厚度方向还存在着焊接残余应力(σ_z),见图 3-39。这三种应力形成较严重的同号三向应力场,使焊缝的工作更为不利。

以上分析是焊件在无外加约束情况下的焊接残余应力。在实际结构中,同时受到其他约束作用,焊接变形和焊接残余应力的分布更为复杂,对焊缝的工作不利。因此,设计连接构造及焊缝的施焊次序时,要尽可能使焊件能够自由伸缩,以便减少约束应力。

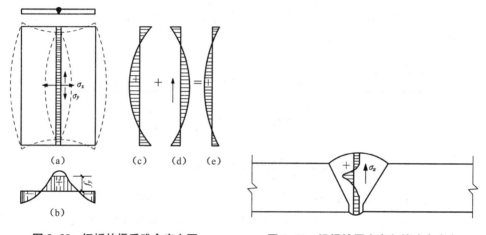

图 3-38　钢板的焊后残余应力图　　　　图 3-39　沿焊缝厚度方向的残余应力

4) 焊件冷缩后还会发生残余变形

如缩短(纵向和横向的收缩变形)、角度改变、弯曲变形等,如图 3-40(a)、(b)、(c)所示,另外还有扭曲及波浪形变形等。

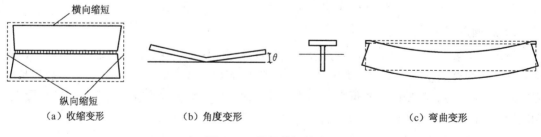

(a) 收缩变形　　　　　(b) 角度变形　　　　　(c) 弯曲变形

图 3-40　焊件的焊接变形

3.5.2 焊接应力和焊接变形产生的微观金相变化

焊接残余应力和残余变形是焊接过程材料随温度变化的宏观表现,其实质是焊接过程是不均匀的热输入过程,焊缝处的急剧温升和温降,使焊缝及近缝区母材金属内部金相组织改变所带来的剧烈变化。图 3-41 为焊缝中不同位置金属结晶形态示意图。

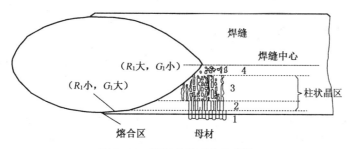

图 3-41 焊缝结晶形态的变化

R_1—晶体长大速度;G_1—液相中的温度梯度;1—平面晶;2—胞状晶;3—枝状晶;4—等轴晶

焊缝融合区的结晶形态比较复杂,该区域由于熔滴的过渡或电弧吹力作用不均匀而使温度很不均匀,母材晶粒相对最有利的导热方向取向有差异,从而造成该区域不均匀的熔化现象,见图 3-42。该区域存在局部熔化和局部不熔化的固、液两相共存区域,表现出显著的化学不均匀性。同时,焊缝及周边热影响区和母材金属的金相组织微观结构(图 3-43)将发生变化,从而导致组织的分布不均匀,最终在宏观表现为焊接处的变形。

因此,实际的变形是各种因素综合作用的结果。

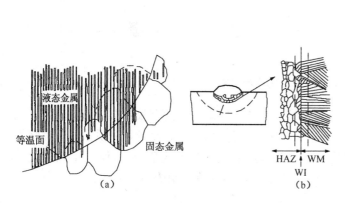

图 3-42 熔合区晶粒熔化的情况

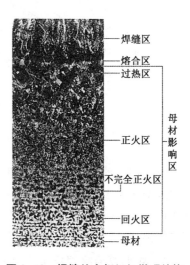

图 3-43 焊缝处金相组织微观结构

HAZ—纯热影响区;WI—焊接界面区;WM—焊缝

3.5.3 焊接残余应力和变形的危害性及解决措施

常温下承受静载的焊接结构,当没有严重的应力集中时,焊接残余应力并不显著影响结构的静力强度。当残余应力与外加荷载引起的应力同号相加以后,该处材料将提前进入屈服阶段,局部形成塑性区,若继续加荷,则变形加快,这说明残余应力的存在会降低结构的刚度,增大变形,降低稳定性。同时由于残余应力一般为三向同号应力状态,材料在这种应力状态下易转向脆性,疲劳强度降低。尤其在低温动载作用下,容易产生裂纹,有时会导致低温脆性断裂。

焊接残余变形会使结构的安装发生困难,对于使用质量有很大影响,过大的变形将显著地降低结构的承载能力,甚至使结构不能使用。因此,在设计和制造时必须采取适当措施来减轻焊接应力和变形的影响。

1)减小或消除焊接残余应力的措施

① 在构造设计方面应着重避免能引起三向拉应力的情况。当几个构件相交时,应避免焊缝过分集中于一点。在正常情况下,当不采用特殊措施时,设计焊缝厚度和板厚均不宜过大(规范规定低碳钢厚度不宜大于 50 mm,低合金钢厚度不宜大于 36 mm),以减小焊接应力和变形。

② 在制造方面应选用适当的焊接方法、合理的装配及施焊程序,尽量使各焊件能自由收缩。当焊缝较厚时应采用分层焊,当焊缝较长时可采用分段逆焊法来减小残余应力(图 3-44)。

按照现行的设计规范,一般钢结构在强度计算中并不计算残余应力,因为此应力是集中在焊缝区的局部应力,当它与外载产生的应力叠加时只是引起应力分布不均,如同应力集中一样。但是采用高强度钢($f_u > 490\ \text{N/mm}^2$)、厚板的重型焊接结构的重要节点部位必须采取措施减少或消除残余应力,以符合某些专门设计规范的容许限度。

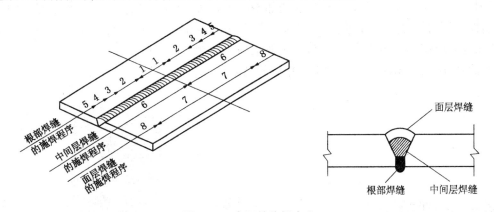

图 3-44 合理的施焊次序

焊件焊前预热和焊后热处理是防止焊接裂缝和减少残余应力的有效方法。焊前预热可减少焊缝金属和主体金属的温差,从而减少残余应力,减轻局部硬化和改善焊缝质量。焊后将焊件作退火处理(加热至 600℃左右,然后缓缓冷却),虽能消除焊接残余应力,但因工艺和设备都较复杂,除特别重要的构件和尺寸不大的重要零部件外,一般采用较少。

2)减小或消除焊接变形的措施

① 反变形法,即在施焊前预留适当的收缩量或根据制造经验预先造成适当大小的相反方向的变形,来抵消焊后变形,如图 3-45(a)、(b)所示。这种方法如掌握适当,效果甚好,一般适用于较薄板件。

② 采用合理的装配和焊接顺序控制变形也十分有效。

③ 焊接变形的矫正方法,以机械矫正和局部火焰加热矫正较为常用。对于低合金钢不宜

使用锤击方法进行矫正。

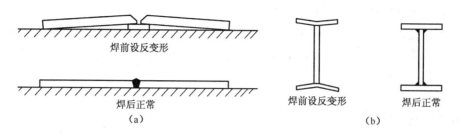

图 3-45 焊件反变形措施

3.6 螺栓连接

螺栓连接分普通螺栓连接和高强度螺栓连接两种。

1）普通螺栓连接

普通螺栓分为 A、B、C 三级。A 级与 B 级为精制螺栓，C 级为粗制螺栓。C 级螺栓材料性能等级为 4.6 级或 4.8 级：小数点前的数字表示螺栓成品的抗拉强度不小于 400 N/mm^2，小数点及小数点以后数字表示其屈强比（屈服点与抗拉强度之比）为 0.6 或 0.8。A 级和 B 级螺栓性能等级则为 8.8 级，其抗拉强度不小于 800 N/mm^2，屈强比为 0.8。

C 级螺栓由未经加工的圆钢轧制而成。由于螺栓表面粗糙，一般采用在单个零件上一次冲成或采用钻模钻成设计孔径的孔（Ⅱ类孔）。螺栓孔的直径比螺栓杆的直径大 1.5～3 mm（详见表 3-5）。C 级螺栓连接，由于螺栓杆与螺栓孔之间有较大的间隙，受剪力作用时，将会产生较大的剪切滑移，因此连接的变形大。但 C 级螺栓安装方便，且能有效地传递拉力，故一般可用于沿螺栓杆轴受拉的连接中，以及次要结构的抗剪连接或安装时的临时固定。

表 3-5 C 级螺栓孔径

螺栓公称直径(mm)	12	16	20	22	24	27	30
螺栓孔公称直径(mm)	13.5	17.5	22	24	26	30	33

A、B 级精制螺栓是由毛坯在车床上经过切削加工精制而成。其表面光滑，尺寸准确，螺杆直径与螺栓孔径相同，对成孔质量要求高。由于它有较高的精度，因而受剪性能好，但制作和安装复杂，价格较高，已很少在钢结构中采用。

2）高强度螺栓连接

高强度螺栓连接有两种类型：一种是只依靠摩擦阻力传力，并以剪力不超过接触面摩擦力作为设计准则，称为摩擦型连接；另一种是允许接触面滑移，以连接达到破坏的极限承载力作为设计准则，称为承压型连接。

高强度螺栓一般采用 45 钢、40B 钢和 20MnTiB 钢加工而成，经热处理后，螺栓抗拉强度应分别不低于 800 N/mm^2 和 1 000 N/mm^2，即前者的性能等级为 8.8 级，后者的性能等级为

10.9级。摩擦型连接高强度螺栓的孔径比螺栓公称直径 d 大 $1.5\sim2.0$ mm,承压型连接高强度螺栓的孔径比螺栓公称直径 d 大 $1.0\sim1.5$ mm。

摩擦型连接螺栓的剪切变形小、弹性性能好、施工较简单、可拆卸、耐疲劳,特别用于承受动力荷载的结构。承压型连接的承载力高于摩擦型的,连接紧凑,但剪切变形大,故不得用于承受动力荷载的结构中。

3.6.1 螺栓的排列

螺栓在构件上的排列应简单统一、整齐而紧凑,通常分为并列和错列两种形式(见图 3-46)。并列排列简单整齐,所用连接尺寸小,但由于螺栓孔的存在,对构件截面的削弱较大,错列可以减小螺栓孔对截面的削弱,但螺栓孔排列不如并列紧凑,连接板尺寸较大。螺栓在构件上的排列应考虑以下要求。

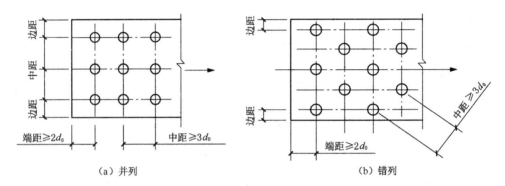

图 3-46　钢板的螺栓(铆钉)排列

1)受力要求

在垂直于受力方向:对于受拉构件,各排螺栓的中距及边距不能过小,以免使螺栓周围产生的应力集中发生相互影响,且使钢板的截面削弱过多,降低其承载能力。在顺力作用方向:端距应按被连接件材料的抗压及抗剪切等强度条件确定,使钢板在端部不致被螺栓撕裂,钢结构设计规范规定端距不应小于 $2d_0$;受压构件上的中距不宜过大,否则在被连接板件间容易发生鼓曲现象。

2)构造要求

螺栓的中距、边距不宜过大,否则钢板之间不能紧密贴合,潮气侵入缝隙使钢材锈蚀。

3)施工要求

要保证有一定空间,便于用扳手拧紧螺帽。根据扳手尺寸和工人的施工经验,规定最小中距为 $3d_0$。

根据以上要求,钢结构设计规范规定的钢板上螺栓的容许距离详见图 3-46 及表 3-6。螺栓沿型钢长度方向上排列的间距,除应满足表 3-6 的最大、最小距离外,尚应充分考虑拧紧螺栓时的净空要求。在角钢、普通工字钢、槽钢规格截面上排列螺栓的线距应满足图 3-47 及表 3-7、表 3-8 和表 3-9 的要求。在 H 型钢截面上排列螺栓的线距如图 3-47(c),腹板上的 c 值可参照普通工字钢;翼缘上的 e 值或 e_1、e_2 值可根据其外伸宽度参照角钢。

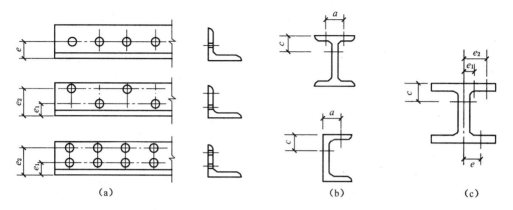

图 3-47 型钢的螺栓(铆钉)排列

表 3-6 螺栓或铆钉的最大、最小容许距离(mm)

名称	位置和方向				最大容许距离 (取两者的较小值)	最小容 许距离
中心 间距	外排(垂直内力方向或顺内力方向)				$8d_0$ 或 $12t$	$3d_0$
	中间排	垂直内力方向			$16d_0$ 或 $24t$	
		顺内力方向		压力	$12d_0$ 或 $18t$	
				拉力	$16d_0$ 或 $24t$	
	沿对角线方向				—	
中心至 构件边 缘距离	垂直内 力方向	顺内力方向			$4d_0$ 或 $8t$	$2d_0$
		剪切边或手工气割边				$1.5d_0$
		轧制边自动精密气割 或锯割边	高强度螺栓			$1.2d_0$
			其他螺栓或铆钉			

注:(1) d_0 为螺栓孔或铆钉孔直径, t 为外层较薄板件的厚度。
　　(2) 钢板边缘与刚性构件(如角钢、槽钢等)相连的螺栓或铆钉的最大间距,可按中间排的数值采用。

表 3-7 角钢上螺栓或铆钉线距表(mm)

单行 排列	角钢肢宽	40	45	50	56	63	70	75	80	90	100	110	125
	线距 e	25	25	30	30	35	40	40	45	50	55	60	70
	钉孔最 大直径	11.5	13.5	13.5	15.5	17.5	20	22	22	24	24	26	26
双行 错排	角钢 肢宽	125	140	160	180	200	双行 并列	角钢肢宽			160	180	200
	e_1	55	60	70	70	70		e_1			60	70	80
	e_2	90	100	120	140	160		e_2			130	140	160
	钉孔 大直径	24	24	26	26	26		钉孔最大直径			24	24	26

表 3-8　工字钢和槽钢腹板上的螺栓线距表（mm）

工字钢型号	12	14	16	18	20	22	25	28	32	36	40	45	50	56	63
线距 c_{min}	40	45	45	45	50	50	55	60	60	65	70	75	75	75	75
槽钢型号	12	14	16	18	20	22	25	28	32	36	40	—	—	—	—
线距 c_{min}	40	45	50	50	55	55	55	60	60	70	75	—	—	—	—

表 3-9　工字钢和槽钢翼缘上的螺栓线距表（mm）

工字钢型号	12	14	16	18	20	22	25	28	32	36	40	45	50	56	63
线距 a_{min}	40	40	50	55	60	65	65	70	75	80	80	85	90	95	95
槽钢型号	12	14	16	18	20	22	25	28	32	36	40	—	—	—	—
线距 a_{min}	30	35	35	40	40	45	45	45	50	56	60	—	—	—	—

3.6.2　螺栓连接的构造要求

螺栓连接除了满足上述螺栓排列的容许距离外，根据不同情况尚应满足下列构造要求。

① 为了使连接可靠，每一杆件在节点上以及拼接接头的一端，永久性螺栓数不宜少于两个。但根据实践经验，对于组合构件的缀条，其端部连接可采用一个螺栓。

② 对直接承受动力荷载的普通螺栓连接，应采用双螺帽或其他防止螺帽松动的有效措施。例如采用弹簧垫圈，或将螺帽和螺杆焊死等方法。

③ 由于 C 级螺栓与孔壁有较大间隙，只宜用于沿其杆轴方向受拉的连接。承受静力荷载结构的次要连接、可拆卸结构的连接和临时固定构件用的安装连接中，也可用 C 级螺栓承受剪力。但在重要的连接中，例如：制动梁或吊车梁上翼缘与柱的连接，由于传递制动梁的水平支承反力，同时受到反复动力荷载作用，因此不得采用 C 级螺栓。柱间支撑与柱的连接，以及在柱间支撑处吊车梁下翼缘的连接，承受着反复的水平制动力和卡轨力，应优先采用高强度螺栓。

④ 当型钢构件的拼接采用高强度螺栓连接时，由于型钢的抗弯刚度较大，不能保证摩擦面紧密贴合，故不能用型钢作为拼接件，而应采用钢板。

⑤ 在高强度螺栓连接范围内，构件接触面的处理方法应在施工图中说明。

3.6.3　螺栓连接的设计工作

螺栓连接的设计计算，就是要根据连接体系，分析作为连接枢纽的螺栓传力路径，明确螺栓自身的工作性能，从而首先确定单个螺栓的极限承载能力，据此确定连接体系所需螺栓个数并进行排列。在此基础上，确定拼接板的尺寸，检验母材构件是否满足强度要求。按规范绘制施工图。

3.7　普通螺栓连接的工作性能和计算

普通螺栓连接按受力情况可分为三类：①螺栓只承受剪力；②螺栓只承受拉力；③螺栓承

受拉力和剪力的共同作用。下面将分别论述这三类连接的工作性能和计算方法。

3.7.1 普通螺栓的抗剪连接

1）抗剪连接的工作性能

抗剪连接是最常见的螺栓连接。如果以图 3-48(a)所示的螺栓连接试件做抗剪试验,则可得出试件上 a、b 两点之间的相对位移 δ 与作用力 N 的关系曲线(图 3-48(b))。由此关系曲线可见,试件由零载一直加载至连接破坏的全过程,经历了以下四个阶段。

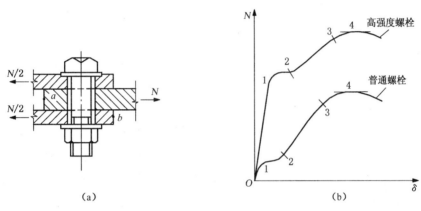

图 3-48　单个螺栓抗剪试验结果

（1）摩擦传力的弹性阶段

在施加荷载之初,荷载较小,连接中的剪力也较小,荷载靠构件间接触面的摩擦力传递,螺栓杆与孔壁之间的间隙保持不变,连接工作处于弹性阶段,在 $N-\delta$ 图上呈现出 O1 斜直线段。但由于板件间摩擦力的大小取决于拧紧螺帽时在螺杆中的初始拉力,一般说来,普通螺栓的初拉力很小,故此阶段很短可略去不计。

（2）滑移阶段

当荷载增大,连接中的剪力达到构件间摩擦力的最大值,板件间突然产生相对滑移,其最大滑移量为螺栓杆与孔壁之间的间隙,直至螺栓杆与孔壁接触,即 $N-\delta$ 图中"12"水平段。

（3）栓杆直接传力的弹性阶段

如荷载再增加,连接所承受的外力就主要是靠螺栓与孔壁接触传递。螺栓杆除主要受剪力外,还有弯矩和轴向拉力,而孔壁则受到挤压。由于接头材料的弹性性质,也由于螺栓杆的伸长受到螺帽的约束,增大了板件间的压紧力,使板件间的摩擦力也随之增大。所以 $N-\delta$ 曲线呈上升状态,达到"3"点时,表明螺栓或连接板达到弹性极限,此阶段结束。

（4）弹塑性阶段

荷载继续增加,在此阶段即使给荷载很小的增量,连接和剪切变形也迅速加大,直到连接的最后破坏。$N-\delta$ 图上曲线的最高点"4"所对应的荷载即为普通螺栓连接的极限荷载。

抗剪螺栓连接达到极限承载力时,可能的破坏形式有:

① 当栓杆直径较小,板件较厚时,栓杆可能先被剪断(图 3-49(a))。

② 当栓杆直径较大,板件较薄时,板件可能先被挤坏(图 3-49(b)),由于栓杆和板件的挤

压是相对的,故也可把这种破坏叫做螺栓承压破坏。

③ 板件可能因螺栓孔削弱太多而被拉断(图 3-49(c))。

④ 端距太小,端距范围内的板件有可能被栓杆冲剪破坏(图 3-49(d))。

⑤ 当螺栓杆较长(被连接钢材总厚度较大)较细时,可能发生螺栓杆弯曲破坏(图 3-49(e))。

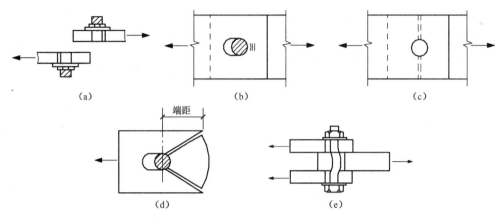

图 3-49　抗剪螺栓连接的破坏形式

上述第③种破坏形式属于构件的强度计算;第④种破坏形式由螺栓端距大于 $2d_0$ 来保证;第⑤种破坏形式由板叠厚度 $t \leqslant 5d$(d 为螺栓杆直径)来保证。因此,抗剪螺栓连接的计算只考虑第①、②种破坏形式。

2) 单个普通螺栓的抗剪承载力

普通螺栓连接的抗剪承载力,应考虑螺栓杆受剪和孔壁承压两种情况。假定螺栓受剪面上的剪应力是均匀分布的,则单个抗剪螺栓的抗剪承载力设计值为

$$N_v^b = n_v \frac{\pi d^2}{4} f_v^b \qquad (3-35)$$

式中:n_v——受剪面数目,单剪 $n_v=1$,双剪 $n_v=2$,四剪 $n_v=4$;

$\quad\quad d$——螺栓杆直径;

$\quad\quad f_v^b$——螺栓抗剪强度设计值。

由于螺栓的实际承压应力分布情况难以确定,为简化计算,假定螺栓承压应力分布于螺栓直径平面上(见图 3-50),而且假定该承压面上的应力为均匀分布,则单个抗剪螺栓的承压承载力设计值为

$$N_c^b = d \sum t \cdot f_c^b \qquad (3-36)$$

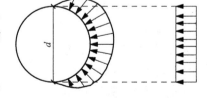

图 3-50　螺栓承压的计算承压面积

式中:$\sum t$——在同一受力方向的承压构件的较小总厚度;

$\quad\quad f_c^b$——螺栓承压强度设计值。

3) 普通螺栓群抗剪连接计算

(1) 普通螺栓群轴心受剪

试验证明,螺栓群的抗剪连接承受轴心力时,在长度方向上螺栓群中各螺栓受力不均匀

（见图 3-51），两端受力大，而中间受力小。当连接长度 $l_1 \leqslant 15d_0$（d_0 为螺栓孔直径）时，由于连接工作进入弹塑性阶段后，内力发生重分布。螺栓群中各螺栓受力逐渐接近，故可认为轴心力 N 由每个螺栓平均分担，即螺栓数 n 为

$$n = \frac{N}{N_{min}^b} \tag{3-37}$$

式中：N_{min}^b——一个螺栓抗剪承载力设计值与承压承载力设计值中的较小值。

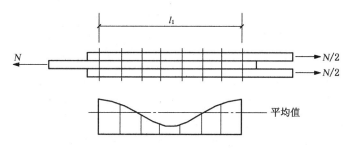

图 3-51 长接头螺栓的内力分布

当 $l_1 > 15d_0$ 时，连接工作进入弹塑性阶段后，各螺杆所受内力也不易均匀。端部螺栓首先达到极限强度而破坏，随后由外向里依次破坏（即所谓解纽扣现象）。当 $l_1/d_0 > 15$ 时，连接强度明显下降，开始下降较快，以后逐渐缓和，并趋于常值。实线为我国现行钢结构设计规范所采用的曲线（图 3-52）。由此曲线可知折减系数为

$$\eta = 1.1 - \frac{l_1}{150d_0} \geqslant 0.7 \tag{3-38}$$

则对长连接，所需抗剪螺栓数为

$$n = \frac{N}{\eta N_{min}^b} \tag{3-39}$$

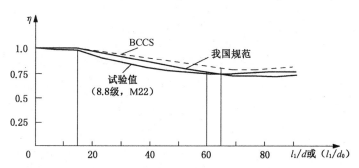

图 3-52 长连接抗剪螺栓的强度折减系数

此外，还应验算被螺栓孔削弱的构件净截面的强度：

母板的净截面强度验算：

$$\frac{N}{A_{n1}} \leqslant f$$

拼接板的净截面强度验算：

$$\frac{0.5N}{A_{n2}} \leqslant f$$

式中：A_{n1}——母板的净截面面积；

A_{n2}——拼接板的净截面面积。

当螺栓为并列排列时，见图 3-53(a)，母板的危险截面为截面 1—1，拼接板的危险截面为截面 2—2。

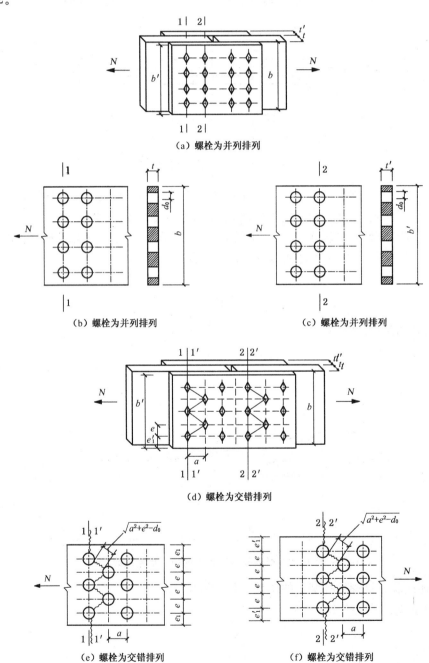

（a）螺栓为并列排列

（b）螺栓为并列排列   （c）螺栓为并列排列

（d）螺栓为交错排列

（e）螺栓为交错排列   （f）螺栓为交错排列

图 3-53 构件净截面面积计算

由图 3-53(b)可得,母板的净截面面积为

$$A_{n1} = bt - n_1 d_0 t$$

由图 3-53(c)可得,拼接板的净截面面积为

$$A_{n2} = b't' - n_1 d_0 t'$$

式中:n_1——危险截面上的螺栓数;

t——母板的厚度;

t'——拼接板的厚度;

b——母板的宽度;

b'——拼接板的宽度。

当螺栓为交错排列时,见图 3-53(d),母板的危险截面为截面 1—1 和 1′—1′,拼接板的危险截面为截面 2—2 和 2′—2′。

当母板沿着截面 1—1 或拼接板沿着截面 2—2 破坏时,A_{n1} 和 A_{n2} 的计算方法与上式相同。

当母板沿着齿状截面 1′—1′破坏时,由图 3-53(e)可得,母板的净截面面积为

$$A'_{n1} = \left[2c_1 + (n-1)\sqrt{a^2 + e^2} - nd_0\right]t$$

当拼接板沿着齿状截面 2′—2′破坏时,由图 3-53(f)可得,拼接板的净截面面积为

$$A'_{n2} = \left[2e'_1 + (n-1)\sqrt{a^2 + c^2} - nd_0\right]t'$$

式中:A'_{n1}——母板的净截面面积;

A'_{n2}——拼接板的净截面面积;

n——齿状截面上的螺栓数;

a——在长度方向上,两个螺栓孔形心间的距离;

e——在宽度方向上,两个螺栓孔形心间的距离;

e_1——在母板宽度方向上,最外行螺栓的形心至主板边缘的距离;

e'_1——在拼接板宽度方向上,最外行螺栓的形心至拼接板边缘的距离。

(2)普通螺栓群偏心受剪

图 3-54 所示即为螺栓群承受偏心剪力的情形,剪力 F 的作用线至螺栓群中心线的距离为 e,故螺栓群同时受到轴心力 F 和扭矩 $T = Fe$ 的联合作用。

在轴心力作用下可认为每个螺栓平均受力,则

$$N_{1F} = \frac{F}{n} \tag{3-40}$$

螺栓群在扭矩 $T = Fe$ 作用下,每个螺栓均受剪,连接按弹性设计法的计算基于下列假设:

① 连接板件为绝对刚性,螺栓为弹性体。

② 连接板件绕螺栓群形心旋转,各螺栓所受剪力大小与该螺栓至形心距离 r_i 成正比,其方向则与连线 r_i 垂直(图 3-54(c))。

螺栓 1 距形心 O 最远,其所受剪力 N_{1T} 最大

$$N_{1T} = A_1\tau_{1T} = A_1\frac{Tr_1}{I_p} = A_1\frac{Tr_1}{A_1\sum r_i^2} = \frac{Tr_1}{\sum r_i^2} \tag{3-41}$$

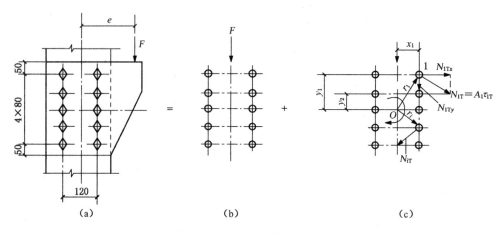

图 3-54　螺栓群偏心受剪

式中：A_1——一个螺栓的截面积；

　　　τ_{1T}——螺栓 1 的剪应力；

　　　I_p——螺栓群截面对形心 O 的极惯性矩；

　　　r_i——任一螺栓至形心的距离。

将 N_{1T} 分解为水平分力 N_{1Tx} 和垂直分力 N_{1Ty}：

$$N_{1Tx} = N_{1T}\frac{y_1}{r_1} = \frac{Ty_1}{\sum r_i^2} = \frac{Ty_1}{\sum x_i^2 + \sum y_i^2} \tag{3-42}$$

$$N_{1Ty} = N_{1T}\frac{x_1}{r_1} = \frac{Tx_1}{\sum r_i^2} = \frac{Tx_1}{\sum x_i^2 + \sum y_i^2} \tag{3-43}$$

由此可得，螺栓群偏心受剪时，受力最大的螺栓 1 所受合力为

$$\sqrt{N_{1Tx}^2 + (N_{1Ty} + N_{1F})^2} \leqslant \sqrt{\left(\frac{Ty_1}{\sum x_i^2 + \sum y_i^2}\right)^2 + \left(\frac{Tx_1}{\sum x_i^2 + \sum y_i^2} + \frac{F}{n}\right)^2} \leqslant N_{\min}^b$$
$$\tag{3-44}$$

当螺栓群布置在一个狭长带，例如 $y_1 > 3x_1$ 时，可取 $x_i = 0$ 以简化计算，则上式为

$$\sqrt{\left(\frac{Ty_1}{\sum y_i^2}\right)^2 + \left(\frac{F}{n}\right)^2} \leqslant N_{\min}^b \tag{3-45}$$

设计中，通常是先按构造要求排好螺栓，再用式(3-45)验算受力最大的螺栓。可想而知，由于计算是由受力最大的螺栓的承载力控制，而此时其他螺栓受力较小，不能充分发挥作用。因此这是一种偏安全的弹性设计法。

【例 3-8】　设计两块钢板用普通螺栓的盖板拼接。已知轴心拉力的设计值 $N = 325$ kN，钢材为 Q235 - A，螺栓直径 $d = 20$ mm（粗制螺栓）。

【解】　一个螺栓的承载力设计值计算如下：

抗剪承载力设计值

$$N_v^b = n_v \frac{\pi d^2}{4} f_v^b = 2 \times \frac{3.14 \times 20^2}{4} \times 140 = 87\,900\text{ N} = 87.9\text{ kN}$$

图 3-55 两块钢板用普通螺栓的盖板拼接。

承压承载力设计值

$$N_c^b = d \sum t f_c^b = 20 \times 8 \times 305 = 48\,800\text{ N} = 48.8\text{ kN}$$

连接一侧所需螺栓数 $n = \dfrac{325}{48.8} = 6.7$ 个,取 8 个(见图 3-55)。

螺栓为交错排列,故母板的危险截面为截面 1—1 和 $1'—1'$,拼接板的危险截面为截面 2—2 和 $2'—2'$。由于拼接板的宽度与母板相同,并且两层拼接板的厚度之和大于母板的厚度,故只需验算母板的净截面强度。

当母板沿着截面 1—1 破坏时,母板的净截面面积为

$$A_{n1} = 360 \times 8 - 2 \times 20 \times 8 = 2\,560\text{ mm}^2$$

当母板沿着截面 $1'—1'$ 破坏时,母板的齿状净截面面积为

$$A_{n1}' = \left[2 \times 80 + (3-1) \times \sqrt{100^2 + 80^2} - 3 \times 20 \right] \times 8 = 2\,849\text{ mm}^2$$

由于 $A_{n1} < A_{n1}'$,故只需验算母板沿着截面 1—1 破坏时的净截面强度。

$\dfrac{N}{A_{n1}} = \dfrac{325 \times 10^3}{2\,560} = 127\text{ N/mm}^2 < f = 215\text{ N/mm}^2$,满足要求。

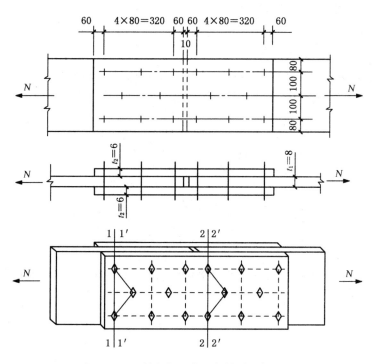

图 3-55 两块钢板用普通螺栓的盖板拼接

【例 3-9】 设计图 3-54(a)所示的普通螺栓连接。柱翼缘厚度为 10 mm,连接板厚度为

8 mm,钢材为 Q235 - B,荷载设计值 $F = 150$ kN,偏心距 $e = 250$ mm,粗制螺栓 M22。

【解】 $\sum x_i^2 + \sum y_i^2 = 10 \times 6^2 + (4 \times 8^2 + 4 \times 16^2) = 1\ 640\ \text{cm}^2$

$T = Fe = 150 \times 25 \times 10^{-2} = 37.5\ \text{kN} \cdot \text{m}$

$N_{1Tx} = \dfrac{Ty_1}{\sum x_i^2 + \sum y_i^2} = \dfrac{37.5 \times 16 \times 10^2}{1\ 640} = 36.6\ \text{kN}$

$N_{1Ty} = \dfrac{Tx_1}{\sum x_i^2 + \sum y_i^2} = \dfrac{37.5 \times 6 \times 10^2}{1\ 640} = 13.7\ \text{kN}$

$N_{1F} = \dfrac{F}{n} = \dfrac{150}{10} = 15\ \text{kN}$

$N_1 = \sqrt{N_{1Tx}^2 + (N_{1Ty} + N_{1F})^2} = \sqrt{36.6^2 + (13.7 + 15)^2} = 46.5\ \text{kN}$

螺栓直径 $d = 22$ mm,一个螺栓的设计承载力如下:

螺栓抗剪

$$N_v^b = n_v \frac{\pi d^2}{4} f_v^b = 1 \times \frac{3.14 \times 22^2}{4} \times 140 = 53.2\ \text{kN} > 46.5\ \text{kN}$$

构件承压

$$N_c^b = d \sum t \cdot f_c^b = 22 \times 8 \times 305 = 53\ 700\ \text{N} = 53.7\ \text{kN} > 46.5\ \text{kN}$$

3.7.2 普通螺栓的抗拉连接

1) 单个普通螺栓的抗拉承载力

抗拉螺栓连接在外力作用下,构件的接触面有脱开趋势。此时螺栓受到沿杆轴方向的拉力作用,故抗拉螺栓连接的破坏形式为栓杆被拉断。

单个抗拉螺栓的承载力设计值为

$$N_t^b = A_e f_t^b = \frac{\pi d_e^2}{4} f_t^b \tag{3-46}$$

式中:d_e——螺栓的有效直径;

$\quad\quad f_t^b$——螺栓抗拉强度设计值。

下面要特别说明两个问题。

(1)螺栓的有效截面积

由于螺纹是斜方向的,所以螺栓抗拉时采用的直径,不是净直径 d_n,而是有效直径 d_e(图 3-56)。根据现行国家标准,取

$$d_e = d - 0.938\ 2a_1 \tag{3-47}$$

式中:a_1——螺距。

由螺栓杆的有效直径 d_e 算得的有效面积 A_e 值见附表 8-1。

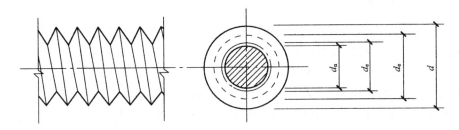

图 3-56　螺栓螺纹处的直径

（2）螺栓垂直连接件的刚度对螺栓抗拉承载力的影响

螺栓受拉时，通常不可能使拉力正好作用在螺栓轴线上，而是通过与螺杆垂直的板件传递。如图 3-57 所示的 T 形连接，如果连接件的刚度较小，受力后与螺栓垂直的连接件总会有变形，因而形成杠杆作用，螺栓有被撬开的趋势，使螺杆中的拉力增加并产生弯曲现象。

考虑杠杆作用时，螺杆的轴心力为

$$N_1 = N + Q$$

式中：Q——由于杠杆作用对螺栓产生的撬力。

撬力的大小与连接件的刚度有关，连接件的刚度越小，撬力越大；同时撬力也与螺栓直径和螺栓所在位置等因素有关。由于确定撬力比较复杂，我国现行钢结构设计规范为了简化，规定普通螺栓抗拉强度设计值 f_t^b 取为螺栓钢材抗拉强度设计值 f 的 0.8 倍（即 $f_t^b = 0.8f$），以考虑撬力的影响。此外，在构造上也可采取一些措施加强连接件的刚度，如设置加劲肋（图 3-58），可以减小甚至消除撬力的影响。

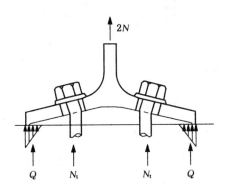

图 3-57　受拉螺栓的撬力

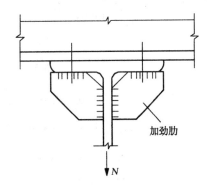

图 3-58　带加劲肋的 T 形连接

2）普通螺栓群轴心受拉

如图 3-59 所示螺栓群在轴心力作用下的抗拉连接，通常假定每个螺栓平均受力，则连接所需螺栓数为

$$n = \frac{N}{N_t^b} \tag{3-48}$$

式中：N_t^b——一个螺栓的抗拉承载力设计值，按式（3-46）计算。

3）普通螺栓群弯矩受拉

图 3-60 所示为螺栓群在弯矩作用下的抗拉连接（图中的剪力 V 通过承托板传递）。按弹性设计法，在弯矩作用下，离中和轴越远的螺栓所受拉力越大，而压应力则由弯矩指向一侧的部分端板承受，设中和轴至端板受压边缘的距离为 c_1（图 3-60(c)）。这种连接的受力有如下特点：受拉螺栓截面只是孤立的几个螺栓点，而端板受压区则是宽度较大的实体矩形截面（图 3-60(b)、(c)）。当计算其形心位置作为中和轴时，所求得的端板受压区高度 c_1 总是很小，中和轴通常在弯矩指向一侧最外排螺栓附近的某个位置。因此，实际计算时可近似地取中和轴位于最下排螺栓 O 处（弯矩作用方向如图 3-60(a) 所示时），即认为连接变形为绕 O 处水平轴转动，螺栓拉力与 O 点算起的纵坐标 y 成正比。仿式(3-41)推导

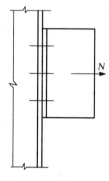

图 3-59 螺栓群承受轴心拉力

时的基本假设，并在 O 处水平轴列弯矩平衡方程时，偏安全地忽略力臂很小的端板受压区部分的力矩，而只考虑受拉螺栓部分，则得（各 y 均自 O 点算起）

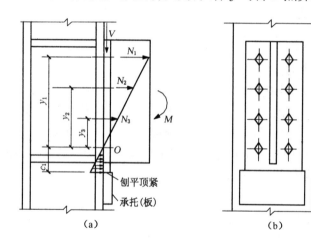

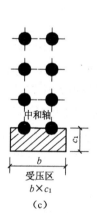

图 3-60 普通螺栓弯矩受拉

$$N_1/y_1 = N_2/y_2 = \cdots = N_i/y_i = \cdots = N_n/y_n$$

$$\begin{aligned}
M &= N_1 y_1 + N_2 y_2 + \cdots + N_i y_i + \cdots + N_n y_n \\
&= (N_1/y_1)y_1^2 + (N_2/y_2)y_2^2 + \cdots + (N_i/y_i)y_i^2 + \cdots + (N_n/y_n)y_n^2 \\
&= (N_i/y_i)\sum y_i^2
\end{aligned}$$

故得螺栓 i 的拉力为

$$N_i = M y_i / \sum y_i^2 \tag{3-49}$$

设计时要求受力最大的最外排螺栓 1 的拉力不超过一个螺栓的抗拉承载力设计值

$$N_1 = M y_1 / \sum y_i^2 \leqslant N_t^b \tag{3-50}$$

【例 3-10】 牛腿与柱用 C 级普通螺栓和承托连接，如图 3-61 所示，承受竖向荷载（设计

值）$F = 220$ kN，偏心距 $e = 200$ mm。试设计其螺栓连接。已知构件和螺栓均用 Q235 钢材，螺栓为 M20，孔径 21.5 mm。

【解】　牛腿的剪力 $V = F = 220$ kN 由端板刨平顶紧于承托传递；弯矩 $M = Fe = 220 \times 200 = 44 \times 10^3$ kN·mm，由螺栓连接传递，使螺栓受拉。初步假定螺栓布置如图 3-61。对最下排螺栓 O 轴取矩，最大受力螺栓（最上排 1）的拉力为

$$N_1 = My_1/\sum y_i^2 = (44 \times 10^3 \times 320)/[2 \times (80^2 + 160^2 + 240^2 + 320^2)]$$
$$= 36.67 \text{ kN}$$

一个螺栓的抗拉承载力设计值为

$$N_t^b = A_e f_t^b = 244.8 \times 170 = 41\,620 \text{ N} = 41.62 \text{ kN} > N_1 = 36.67 \text{ kN}$$

所假定螺栓连接满足设计要求，确定采用。

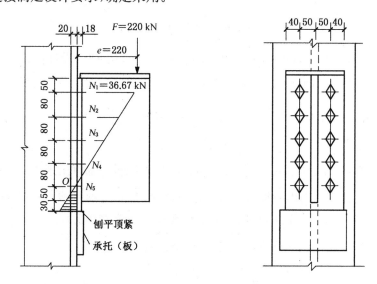

图 3-61　牛腿与柱用普通螺栓和承托连接

4）普通螺栓群偏心受拉

由图 3-62(a)可知，螺栓群偏心受拉相当于连接轴心受拉力 N 和弯矩 $M = Ne$ 的联合作用。按弹性设计法，根据偏心距的大小可能出现小偏心受拉和大偏心受拉两种情况。

（1）小偏心受拉

如图 3-62(a)所示的小偏心情况，所有螺栓均承受拉力作用，端板与柱翼缘有分离趋势，故在计算时轴心拉力 N 由各螺栓均匀承受；而弯矩 M 则引起以螺栓群形心 O 处水平轴为中和轴的三角形应力分布，如图 3-62(c)所示，使上部螺栓受拉，下部螺栓受压，叠加后则全部螺栓均匀受拉如图 3-62(b)。这样可得最大和最小受力螺栓的拉力和满足设计要求的公式如下（各 y 均自 O 点算起）：

$$N_{\max} = N/n + Ney_1/\sum y_i^2 \leqslant N_t^b \tag{3-51a}$$

$$N_{\min} = N/n - Ney_1/\sum y_i^2 \geqslant 0 \tag{3-51b}$$

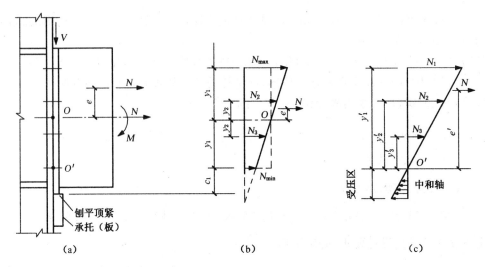

图 3-62　螺栓群偏心受拉

式(3-51a)表示最大受力螺栓的拉力不超过一个螺栓的承载力设计值;式(3-51b)则表示全部螺栓受拉,不存在受压区。由此式可得 $N_{\min} \geqslant 0$ 时的偏心距 $e \leqslant \sum y_i^2/(ny_1)$,令 $\rho_1 = \dfrac{W_e}{nA_e} = \sum y_i^2/(ny_1)$ 为螺栓有效截面组成的核心距,即 $e \leqslant \rho_1$ 时为小偏心受拉。

(2) 大偏心受拉

当偏心距 e 较大时,即 $e > \rho_1 = \sum y_i^2 \big/ (ny_1)$ 时,则端板底部将出现受压区(图 3-62(c)),仿式(3-49)近似并偏安全取中和轴位于最下排螺栓 O' 处,按相似步骤写对 O' 处水平轴的弯矩平衡方程,可得($e'' \in$ 和各 y' 自 O' 点算起,最上排螺栓 1 的拉力最大)

$$N_1/y_1' = N_2/y_2' = \cdots = N_i/y_i' = \cdots = N_n/y_n'$$
$$Ne' = N_1 y_1' + N_2 y_2' + \cdots + N_i y_i' + \cdots + N_n y_n'$$
$$= (N_1/y_1')y_1'^2 + \cdots + (N_2/y_2')y_2'^2 + \cdots + (N_i/y_i')y_1'^2 + \cdots + (N_n/y_n')y_n'^2$$
$$= (N_i/y_i')\sum y_i'^2$$

$$N_1 = Ne'y_1'/\sum y_i'^2 \leqslant N_c^b \qquad N_i = N'e'y_i'/\sum y_i'^2 \tag{3-52}$$

【例 3-11】　设图 3-63 为一刚接屋架下弦节点,竖向力由承托承受。螺栓为 C 级,只承受偏心拉力。设 $N = 250\ \text{kN}$,$e = 100\ \text{mm}$。螺栓布置如图 3-63(a)所示,试对螺栓连接进行校核。

【解】　螺栓有效截面的核心距

$$\rho_1 = \frac{\sum y_i^2}{ny_1} = \frac{4 \times (5^2 + 15^2 + 25^2)}{12 \times 25} = 11.7\ \text{cm} > e = 100\ \text{mm}$$

即偏心力作用在核心距以内,属小偏心受拉,见图 3-63(c),应由式(3-51a)计算

$$N_1 = \frac{N}{n} + \frac{Ne}{\sum y_i^2}y_1 = \frac{250}{12} + \frac{250 \times 10 \times 25}{4 \times (5^2 + 15^2 + 25^2)} = 38.7\ \text{kN}$$

需要的有效面积

$$A_e = \frac{N_1}{f_t^b} = \frac{38.7 \times 10^3}{170} = 228 \text{ mm}^2$$

采用 M20 螺栓，$A_e = 245 \text{ mm}^2$。

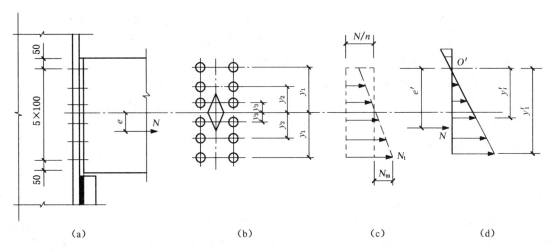

$$\begin{array}{cccc}(a) & (b) & (c) & (d)\end{array}$$

图 3-63　刚接屋架下弦节点

【例 3-12】　同例 3-11,但取 $e = 200 \text{ mm}$,对螺栓连接进行校核。

【解】　由于 $e = 200 \text{ mm} > 117 \text{ mm}$,应按大偏心受拉计算螺栓的最大应力,假设螺栓直径为 M22($A_e = 3.034 \text{ cm}^2$),并假定中和轴在上面第一排螺栓处,则以下螺栓均为受拉螺栓,如图 3-63(d)

$$N_1 = \frac{Ne'y_1'}{\sum y_i'^2} = \frac{250 \times (20 + 25) \times 50}{2 \times (50^2 + 40^2 + 30^2 + 20^2 + 10^2)} = 51.5 \text{ kN}$$

需要的螺栓有效面积

$$A_e = \frac{51.1 \times 10^3}{170} = 300.6 \text{ mm}^2 < 303.4 \text{ mm}^2$$

3.7.3　普通螺栓受剪力和拉力的联合作用

图 3-64 所示连接,螺栓群承受剪力 V 和偏心拉力 N(即轴心拉力 N 和弯矩 $M = Ne$)的联合作用。

承受剪力和拉力联合作用的普通螺栓应考虑两种可能的破坏形式:一是螺杆受剪兼受拉破坏;二是孔壁承压破坏。

根据试验结果可知,兼受剪力和拉力的螺杆,将剪力和拉力分别除以各自单独作用的承载力,这样无量纲化后的相关关系近似为一圆曲线,故螺杆的计算式为

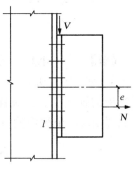

图 3-64　螺栓群受剪力和拉力的联合作用

$$\left(\frac{N_v}{N_v^b}\right)^2 + \left(\frac{N_t}{N_t^b}\right)^2 \leqslant 1 \tag{3-53a}$$

或

$$\sqrt{\left(\frac{N_v}{N_v^b}\right)^2 + \left(\frac{N_t}{N_t^b}\right)^2} \leqslant 1 \tag{3-53b}$$

式中：N_v——一个螺栓承受的剪力设计值，一般假定剪力 V 由每个螺栓平均承担，即 $N_v = V/n$。n 为螺栓个数。由偏心拉力引起的螺栓最大拉力 N_t 仍按上述方法计算。

　　　　N_v^b、N_t^b——一个螺栓的抗剪和抗拉承载力设计值。

　　本来在式(3-53a)左侧加根号在数学上没有意义。但加根号后可以更明确地看出计算结果的余量和不足量。假如按式(3-53a)左侧算出的数值为 0.9，不能误认为富余量为 10%，实际上应为式(3-53b)算出的数值 0.95，富余量仅为 5%。

　　孔壁承压的计算式为

$$N_v \leqslant N_c^b \tag{3-54}$$

式中：N_c^b——一个螺栓的孔壁承压承载力设计值。

　　【例 3-13】　设图 3-65 为短横梁与柱翼缘的连接，剪力 $V = 250\,\text{kN}$，$e = 120\,\text{mm}$，螺栓为 C 级，梁端竖板下有承托。钢材为 Q235 - B，手工焊，焊条 E43 型，试按考虑承托传递全部剪力 V 和不承托 V 两种情况设计此连接。

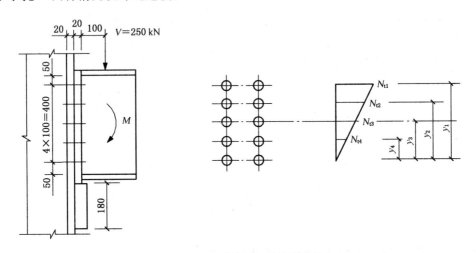

图 3-65　短横梁与柱翼缘的连接

　　【解】　(1) 承托传递全部剪力 $V = 250\,\text{kN}$ 的情况，螺栓群只承受由偏心力引起的弯矩 $M = Ve = 250 \times 0.12 = 30\,\text{kN} \cdot \text{m}$。按弹性设计法，可假定螺栓群旋转中心在弯矩指向的最下排螺栓的轴线上。设螺栓为 M20($A_e = 244.8\,\text{mm}^2$)，则受拉螺栓数 $n_t = 8$，连接中为双列螺栓，用 m 表示，一个螺栓的抗拉承载力设计值为

$$N_t^b = A_e f_t^b = 2.448 \times 170 \times 10^{-1} = 41.6\,\text{kN}$$

螺栓的最大拉力

$$N_t = \frac{My_1}{m \sum y_i^2} = \frac{30 \times 10^2 \times 40}{2 \times (10^2 + 20^2 + 30^2 + 40^2)} = 20 \text{ kN} < N_t^b = 41.6 \text{ kN}$$

设承托与柱翼缘连接角焊缝为两面侧焊,并取焊脚尺寸 $h_f = 10 \text{ mm}$,焊缝应力为

$$\tau_f = \frac{1.35 V}{h_e \sum l_w} = \frac{1.35 \times 250 \times 10^3}{2 \times 0.7 \times 10 \times (180 - 2 \times 10)} = 150.7 \text{ N/mm}^2 < f_f^w = 160 \text{ N/mm}^2$$

式中的常数 1.35 是考虑剪力 V 对承托与柱翼缘连接角焊缝的偏心影响而附加的系数。

(2) 不考虑承托承受剪力 V,螺栓群同时承受剪力 $V = 250 \text{ kN}$ 和弯矩 $M = 30 \text{ kN·m}$ 作用。则一个螺栓承载力设计值为

$$N_v^b = n_v \frac{\pi d^2}{4} f_v^b = 1 \times \frac{3.14 \times 2^2}{4} \times 140 \times 10^{-1} = 44.0 \text{ kN}$$

$$N_c^b = d \sum t f_c^b = 2 \times 2 \times 305 \times 10^{-1} = 122 \text{ kN}$$

$$N_t^b = 41.6 \text{ kN}$$

一个螺栓的最大拉力 $\qquad\qquad N_t = 20 \text{ kN}$

一个螺栓的剪力 $\qquad N_v = \frac{V}{n} = \frac{250}{10} = 25 \text{ kN} < N_c^b = 122 \text{ kN}$

剪力和拉力联合作用下:

$$\sqrt{\left(\frac{N_v}{N_v^b}\right)^2 + \left(\frac{N_t}{N_t^b}\right)^2} = \sqrt{\left(\frac{25}{44.0}\right)^2 + \left(\frac{20}{41.6}\right)^2} = 0.744 < 1$$

3.8 高强度螺栓连接的工作性能和计算

3.8.1 高强度螺栓连接的工作性能

1) 高强度螺栓的预拉力

前已述及,高强度螺栓连接按其受力特征分为摩擦型连接和承压型连接两种类型。摩擦型连接是依靠被连接件之间的摩擦阻力传递内力,并以荷载设计值引起的剪力不超过摩擦阻力这一条件作为设计准则。螺栓的预拉力 P(即板件间的法向压紧力)、摩擦面间的抗滑移系数和钢材种类等都直接影响到高强度螺栓连接的承载力。

高强度螺栓和普通螺栓连接受力的主要区别是:普通螺栓连接的螺母拧紧的预拉力很小,受力后全靠螺杆承压和抗剪来传递剪力;而高强螺栓是靠拧紧螺母,对螺杆施加强大而受控制的预拉力,此预拉力将被连接的构件夹紧,这种靠构件夹紧而使接触面间产生摩擦阻力来承受连接内力是高强度螺栓连接受力的特点。

（1）预拉力的控制方法

高强度螺栓分大六角头形（图3-66(a)）和扭剪型（图3-66(c)）两种,虽然这两种高强度螺栓预拉力的具体控制方法（图3-66(b)和(d)）各不相同,但对螺栓施加预拉力这一总的思路都是一样的。它们都是通过拧紧螺帽,使螺杆受到拉伸作用,产生预拉力,而被连接板件间产生压紧力。

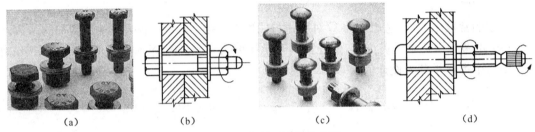

（a）　　　　　（b）　　　　　（c）　　　　　（d）

图3-66　扭剪型高强度螺栓

对大六角头螺栓的预拉力控制方法如下。

① 力矩法。一般采用指针式扭力（测力）扳手或预置式扭力（定力）扳手。目前用得多的是电动扭矩扳手。力矩法是通过控制拧紧力矩来实现控制预拉力。拧紧力矩大小可由试验确定,务必使施工时控制的预拉力为设计预拉力的1.1倍。

为了克服板件和垫圈等的变形,基本消除板件之间的间隙,使拧紧力矩系数有较好的线性度,从而提高施工控制预拉力值的准确度,在安装大六角头高强度螺栓时,应先按拧紧力矩的50%进行初拧,然后按100%拧紧力矩进行终拧。对于大型节点在初拧之后,还应按初拧力矩进行复拧,然后进行终拧。

力矩法的优点是较简单、易实施、费用少,但由于连接件和被连接件的表面质量和拧紧速度的差异,测得的预拉力值误差大且分散,一般误差为±25%。

② 转角法。先用普通扳手进行初拧,使被连接板件相互紧密贴合,再以初拧位置为起点,按终拧角度,用长扳手或风动扳手旋转螺母,拧至该角度值时,螺栓的拉力即达到施工控制预拉力。

扭剪型高强度螺栓是我国上世纪60年代开始研制,80年代制定出标准的新型连接件之一。它具有强度高、安装简便和质量易于保证,可以单面拧紧,对操作人员没有特殊要求等优点。扭剪型高强度螺栓与普通大六角形高强度螺栓不同。如图3-66(c)所示,螺栓头为盘头,螺纹段端部有一个承受拧紧反力矩的十二角体和一个能在规定力矩下剪断的断颈槽。

扭剪型高强度螺栓连接副的安装过程如图3-67所示。安装时使用特制的电动扳手,共有

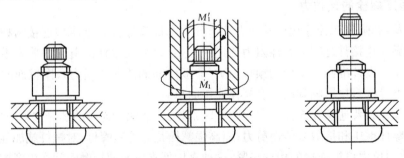

图3-67　扭剪型高强度螺栓连接副的安装过程

两个套头,一个套在螺母六角体上:另一个套在螺栓的十二角体上。拧紧时,对螺母施加顺时针力矩 M_1,对螺栓十二角体施加大小相等的逆时针力矩 M_1',使螺栓断颈部分承受扭剪,其初拧力矩为拧紧力矩的 50%,复拧力矩等于初拧力矩,终拧至断颈剪断为止,安装结束,相应的安装力矩即为拧紧力矩。安装后一般不拆卸。

(2) 预拉力的确定

高强度螺栓的预拉力设计值 P 由下式计算得到

$$P = \frac{0.9 \times 0.9 \times 0.9}{1.2} A_e f_u \tag{3-55}$$

式中:A_e——螺栓的有效截面面积;

f_u——螺栓材料经热处理后的最低抗拉强度,对于 8.8S 螺栓,$f_u = 830$ N/mm^2;10.9S 螺栓,$f_u = 1\,040$ N/mm^3。

式(3-55)中的系数考虑了以下几个因素:

① 拧紧螺帽时螺栓同时受到由预拉力引起的拉应力和由螺栓纹力矩引起的扭转剪应力作用。折算应力为

$$\sqrt{\sigma^2 + 3\tau^2} = \eta\sigma \tag{3-56}$$

根据试验分析,系数 η 在 1.15~1.25 之间,取平均值为 1.2。式(3-55)中分母的 1.2 即为考虑拧紧螺栓时扭矩对螺杆的不利影响系数。

② 为了弥补施工时高强度螺栓预拉力的松弛损失,在确定施工控制预拉力时,考虑了为预拉力设计值的 1/0.9 的超张拉,故式(3-55)右端分子应考虑超张拉系数 0.9。

③ 考虑螺栓材质的不定性系数 0.9;再考虑用 f_u 而不是用 f_y 作为标准值增加的系数 0.9。各种规格高强度螺栓预拉力的取值见表 3-10。

表 3-10 单个高强度螺栓的设计预拉力值(kN)

螺栓的性能等级	螺栓公称直径(mm)					
	M16	M20	M22	M24	M27	M30
8.8 级	80	125	155	180	230	285
10.9 级	100	155	190	225	290	355

2) 高强度螺栓摩擦面抗滑移系数

高强度螺栓摩擦面抗滑移系数 μ 的大小与连接处构件接触面的处理方法和构件的钢号有关。试验表明,此系数值有随被连接构件接触面间的压紧力减小而降低的现象,故与物理学中的摩擦系数有区别。

我国现行钢结构设计规范推荐采用的接触面处理方法有:喷砂,喷砂后涂无机富锌漆、喷砂后生赤锈和钢丝刷消除浮锈或对干净轧制表面不作处理等,各种处理方法相应的 μ 值详见表 3-11。

钢材表面经喷砂除锈后,表面看来光滑平整,实际上金属表面尚存在着微观的凹凸不平,高强度螺栓连接在很高的压紧力作用下,被连接构件表面相互啮合,钢材强度和硬度愈高,要使这种啮合的面产生滑移的力就愈大,因此,μ 值与钢种有关。

表 3-11　摩擦面的抗滑移系数 μ 值

在连接处构件接触面的处理方法	构件的钢号		
	Q235	Q345、Q390	Q420
喷砂	0.45	0.50	0.50
喷砂后涂无机富锌漆	0.35	0.40	0.40
喷砂后生赤锈	0.45	0.50	0.50
钢丝刷清除浮锈或未处理的干净轧制表面	0.30	0.35	0.40

试验证明,摩擦面涂红丹后 $\mu < 1.5$,即使经处理后仍然很低,故严禁在摩擦面上涂刷丹红。另外,连接在潮湿或淋雨条件下的拼装,也会降低 μ 值,故应采取有效措施保证连接处表面的干燥。

3）高强度螺栓抗剪连接的工作性能

（1）高强度螺栓摩擦型连接

高强度螺栓在拧紧时,螺杆中产生了很大的预拉力,而被连接板件间则产生很大的预压力。连接受力后,由于接触面上产生的摩擦力,能在相当大的荷载情况下阻止板件间的相对滑移,因而弹性工作阶段较长。如图 3-48(b)所示,当外力超过了板间摩擦力后,板件间即产生相对滑动。高强度螺栓摩擦型连接是以板件间出现滑动为抗剪承载力极限状态,故它的最大承载力不能取图 3-48(b)的最高点,而应取板件产生相对滑动的起始点"1"点。

摩擦型连接的承载力取决于构件接触面的摩擦力,而此摩擦力的大小与螺栓所受预拉力和摩擦面的抗滑移系数以及连接的传力摩擦面数有关。因此,一个摩擦型连接高强度螺栓的抗剪承载力设计值为

$$N_v^b = 0.9 n_f \mu P \tag{3-57}$$

式中：0.9——抗力分项系数 γ_R 的倒数,即取 $\gamma_R = 1/0.9 = 1.111$；

n_f——传力摩擦面数目：单剪时,$n_f = 1$；双剪时,$n_f = 2$；

P——单个高强度螺栓的设计预拉力,按表 3-10 采用；

μ——摩擦面抗滑移系数,按表 3-11 采用。

试验证明,低温对摩擦型高强度螺栓抗剪承载力无明显影响,但当温度 $t = 100 \sim 150$℃时,螺栓的预拉力将产生温度损失,故应将摩擦型高强度螺栓的抗剪承载力设计值降低 10%；当 $t > 150$℃时,应采取隔热措施,以使连接温度在 150℃或 100℃以下。

（2）高强度螺栓承压型连接

承压型连接受剪时,从受力直至破坏的荷载-位移(N-δ)曲线如图 3-48(b)所示,由于它允许接触面滑动并以连接达到破坏的极限状态作为设计准则,接触面的摩擦力只起着延缓滑动的作用,因此承压型连接的最大抗剪承载力应取图 3-48(b)曲线最高点,即"4"点。连接达到极限承载力时,由于螺杆伸长,预拉力几乎全部消失,故高强度螺栓承压型连接的计算方法与普通螺栓连接相同,仍可用式(3-35)和式(3-36)计算单个螺栓的抗剪承载力设计值,只是采用承压型连接高强度螺栓的强度设计值。当剪切面在螺纹处时,承压型连接高强度螺栓的抗剪承载力应按螺纹处的有效截面计算。但对于普通螺栓,其抗剪强度设计值是根据连接的试验数据统计而定的,试验时不分剪切面是否在螺纹处,故计算抗剪强度设计值时用公称直径。

4) 高强度螺栓抗拉连接的工作性能

高强度螺栓在承受外拉力前,螺杆中已有很高的预拉力 P,板层之间则有压力 C,而 P 与 C 维持平衡(图 3-68(a))。当对螺栓施加外拉力 N_t,则栓杆在板层之间的压力完全消失前被拉长,此时螺杆中拉力增量为 ΔP,同时把压紧的板件拉松,使压力 C 减少 ΔC(图 3-68(b))。计算表明,当加于螺杆上的外拉力 N_t 为预拉力 P 的 80% 时,螺杆内的拉力增加很少,因此可认为此时螺杆的预拉力基本不变。同时由实验得知,当外加拉力大于螺栓的预拉力时,卸荷后螺杆中的预拉力会变小,即发生松弛现象。但当外加拉力小于螺杆预拉力的 80% 时,即无松弛现象发生。也就是说,被连接板件接触面仍能保持一定的压紧力,可以假定整个板面始终处于紧密接触状态。因此,为使板件间保留一定的压紧力,现行钢结构设计规范规定,在杆轴方向受拉力的高强度螺栓摩擦型连接中,单个高强度螺栓抗拉承载力设计值取为

$$N_t^b = 0.8P \tag{3-58}$$

但对于承压型连接的高强度螺栓,N_t^b 仍按普通螺栓那样计算(强度设计值取值不同),不过其 N_t^b 的计算结果与 $0.8P$ 相差不大。

应当注意,式(3-58)的取值没有考虑杠杆作用而引起的撬力影响,实际上这种杠杆作用存在于所有螺栓的抗拉连接中。研究表明,当外拉力 $N_t \leqslant 0.5P$ 时,不出现撬力,如图 3-68(c)所示,撬力 Q 大约在 N_t 达到 $0.5P$ 时开始出现,起初增加缓慢,以后逐渐加快,到临近破坏时因螺栓开始屈服而又有所下降。

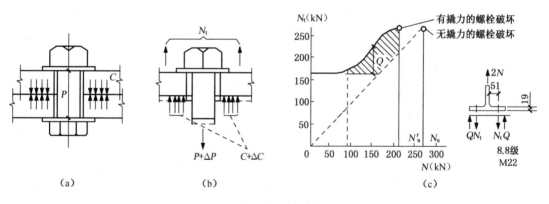

图 3-68　高强度螺栓的撬力影响

由于撬力 Q 的存在,外拉力的极限值由 N_u 下降到 N_u'。因此,如果在设计中不计算撬力 Q,应使 $N \leqslant 0.5P$;或者增大 T 形连接件翼缘板的刚度。分析表明,当翼缘板的厚度 t_1 不小于 2 倍螺栓直径时,螺栓中可完全不产生撬力,实际上很难满足这一条件,可采用图 3-58 所示的加劲肋代替翼缘板。

在直接承受动力荷载的结构中,由于高强度螺栓连接受拉时的疲劳强度较低,每个高强度螺栓的外拉力不宜超过 $0.6P$。当需考虑撬力影响时,外拉力还得降低。

5) 高强度螺栓同时承受剪力和外拉力连接的工作性能

(1) 高强度螺栓摩擦型连接

如前所述,当螺栓所受外拉力 $N_t \leqslant P$ 时,虽然螺杆中的预拉力 P 基本不变,但板层间压力将减少到 $(P-N)$。试验研究表明,这时接触面的抗滑移系数 μ 也有所降低,而且 μ 值随 N_t

的增大而减小。现行钢结构设计规范将 N_t 乘以 1.125 的系数来考虑 μ 值降低的不利影响，故一个摩擦型连接高强度螺栓有拉力作用时的抗剪承载力设计值为

$$N_v^b = 0.9 n_f \mu (P - 1.125 \times 1.111 N_t) = 0.9 n_f \mu (P - 1.25 N_t) \tag{3-59}$$

式中的 1.111 为抗力分项系数 γ_R。

（2）高强度螺栓承压型连接

同时承受剪力和杆轴方向拉力的承压型连接高强度螺栓的计算方法与普通螺栓相同，即

$$\sqrt{\left(\frac{N_v}{N_v^b}\right)^2 + \left(\frac{N_t}{N_t^b}\right)^2} \leqslant 1 \tag{3-60}$$

由于在剪应力单独作用下，高强度螺栓对板层间产生强大压紧力。当板层间的摩擦力被克服，螺杆与孔壁接触时，板件孔前区形成三向应力场，因而承压型连接高强度螺栓的承压强度比普通螺栓高得多（两者相差约 50%）。当承压型连接高强度螺栓受有杆轴拉力时，板层间的压紧力随外拉力的增加而减小，因而其承压强度设计值也随之降低。为了计算简便，我国现行钢结构设计规范规定，只要有外拉力存在，就将承压强度除以 1.2 予以降低，而未考虑承压强度设计值变化幅度随外拉力大小而变化这一因素。因为所有高强度螺栓的外拉力一般均不大于 $0.8P$。此时，可认为整个板层间始终处于紧密接触状态，采用统一除以 1.2 的做法来降低承压强度，一般能保证安全。

表 3-12　单个螺栓承载力设计值

序号	螺栓种类	受力状态	计算式	备注
1	普通螺栓	受剪	$N_v^b = n_v \dfrac{\pi d^2}{4} f_v^b$ $N_c^b = d \sum t f_c^b$	取 N_v^b 与 N_c^b 中较小值
		受拉	$N_t^b = \dfrac{\pi d_e^2}{4} f_t^b$	——
		兼受剪拉	$\sqrt{\left(\dfrac{N_v}{N_v^b}\right)^2 + \left(\dfrac{N_t}{N_t^b}\right)^2} \leqslant 1$ $N_v \leqslant N_c^b$	——
2	摩擦型连接高强度螺栓	受剪	$N_v^b = 0.9 n_f \mu P$	——
		受拉	$N_t^b = 0.8P$	——
		兼受剪拉	$N_v^b = 0.9 n_f \mu (P - 1.25 N_t)$ $N_t \leqslant 0.8P$	——
3	承压型连接高强度螺栓	受剪	$N_v^b = n_v \dfrac{\pi d^2}{4} f_v^b$ $N_c^b = d \sum t f_c^b$	当剪切面在螺纹处时 $N_v^b = n_v \dfrac{\pi d_e^2}{4} f_v^b$
		受拉	$N_t^b = \dfrac{\pi d_e^2}{4} f_t^b$	——
		兼受剪拉	$\sqrt{\left(\dfrac{N_v}{N_v^b}\right)^2 + \left(\dfrac{N_t}{N_t^b}\right)^2} \leqslant 1$ $N_v \leqslant N_c^b / 1.2$	——

因此,对于兼受剪力和杆轴方向拉力的承压型连接高强度螺栓,除按式(3-60)计算螺栓的强度外,尚应按下式计算孔壁承压

$$N_v \leqslant N_c^b/1.2 = \frac{1}{1.2}d\sum t f_c^b \qquad (3-61)$$

式中:N_c^b——只承受剪力时孔壁承压承载力设计值;

f_c^b——承压型高强度螺栓在无外拉力状态的 f_c^b 值,按附表 1-3 取值。

根据上述分析,现将各种受力情况的单个螺栓(包括普通螺栓和高强度螺栓)承载力设计值的计算式汇总于表 3-12 中,以便于读者对照和应用。

3.8.2 高强度螺栓群抗剪计算

1)轴心力作用时的抗剪计算

此时,高强度螺栓连接所需螺栓数目应由下式确定

$$n \geqslant \frac{N}{N_{min}^b}$$

对摩擦型连接,N_{min}^b 按表 3-12 查得的 N_v^b 表达式计算,即按式(3-57)计算

$$N_v^b = 0.9 n_f \mu P$$

对承压型连接,N_{min}^b 为由表 3-12 查得的 N_v^b 和 N_c^b 表达式中算得的较小值,即分别按式(3-35)与式(3-36)计算

$$N_v^b = n_v \frac{\pi d^2}{4} f_v^b$$

$$N_c^b = d\sum t \cdot f_c^b$$

式中:f_v^b、f_c^b——一个承压型连接高强度螺栓抗剪强度设计值和承压强度设计值。

当剪切面在螺纹处时,式(3-35)中应将 d 改为 d_e。

此外:

(1)对高强度摩擦型连接,还应验算板件毛截面强度及被螺栓孔削弱的构件净截面强度:

母板的净截面强度验算

$$\left(1 - 0.5\frac{n_1}{n}\right)\frac{N}{A_{n1}} \leqslant f$$

拼接板的净截面强度验算

$$\left(1 - 0.5\frac{n_1}{n}\right)\frac{N}{A_{n2}} \leqslant f$$

式中,A_{n1} 和 A_{n2} 的计算方法与普通螺栓的净截面计算方法完全相同。

母板的毛截面强度验算

$$\frac{N}{A} \leqslant f$$

拼接板的毛截面强度验算

$$\frac{N}{A'} \leqslant f$$

式中,A 和 A' 分别为母板和拼接板的毛截面面积,计算方法如下:

$$A = bt$$
$$A' = b't'$$

(2) 对高强度承压型连接,净截面强度验算与普通螺栓的净截面验算完全相同。

2) 高强度螺栓群的扭矩或扭矩、剪力共同作用时的抗剪计算

计算方法与普通螺栓群相同,但应采用高强度螺栓承载力设计值进行计算。

【例 3-14】 试设计一双盖板拼接的钢板连接。钢材 Q235-B,高强度螺栓为 8.8 级的 M20,连接处构件接触面用喷砂处理,作用在螺栓群形心处的轴心拉力设计值 $N = 800$ kN,试设计此连接。

【解】 (1) 采用摩擦型连接时

由表 3-10 查得每个 8.8 级的 M20 高强度螺栓的预拉力 $P = 125$ kN,由表 3-11 查得对于 Q235 钢材接触面做喷砂处理时,$\mu = 0.45$。

一个螺栓的承载力设计值为

$$N_v^b = 0.9 n_f \mu P = 0.9 \times 2 \times 0.45 \times 125 = 101.3 \text{ kN}$$

所需螺栓数

$$n = \frac{N}{N_v^b} = \frac{800}{101.3} = 7.9 \text{ 个,取 } 9 \text{ 个}$$

螺栓排列如图 3-69 右边所示。

螺栓为并列排列,故母板的危险截面为截面 3—3,拼接板的危险截面为截面 4—4。由于拼接板的宽度与母板相同,并且两层拼接板的厚度之和大于母板的厚度,故只需验算母板的净截面强度和毛截面强度。

当母板沿着截面 3—3 破坏时,母板的净截面面积为

$$A_n = 300 \times 20 - 3 \times 20 \times 20 = 4\,800 \text{ mm}^2$$

母板净截面强度验算

$$\left(1 - 0.5 \frac{n_1}{n}\right)\frac{N}{A_n} = \left(1 - 0.5 \times \frac{3}{9}\right) \times \frac{800 \times 10^3}{4\,800} = 138.9 \text{ N/mm}^2 < f = 215 \text{ N/mm}^2,满足要求$$

母板毛截面强度验算

$$\frac{N}{A} = \frac{800 \times 10^3}{300 \times 20} = 133.3 \text{ N/mm}^2 < f = 215 \text{ N/mm}^2,满足要求$$

(2) 采用承压型连接时

一个螺栓的承载力设计值

$$N_v^b = n_v \frac{\pi d^2}{4} f_v^b = 2 \times \frac{3.14 \times 20^2}{4} \times 250 = 157\,000\,\text{N} = 157\,\text{kN}$$

$$N_e^b = d \sum t \cdot f_e^b = 20 \times 20 \times 470 = 188\,000\,\text{N} = 188\,\text{kN}$$

则所需螺栓数

$$n = \frac{N}{N_{\min}^b} = \frac{800}{157} = 5.1 \text{ 个，取 6 个}$$

螺栓排列如图 3-69 左边所示。

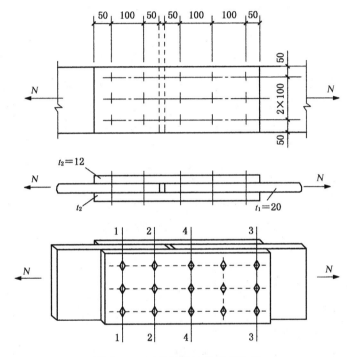

图 3-69　双盖板拼接的钢板连接

螺栓为并列排列，故母板的危险截面为截面 1—1，拼接板的危险截面为截面 2—2。由于拼接板的宽度与母板相同，并且两层拼接板的厚度之和大于母板的厚度，故只需验算母板的净截面强度和毛截面强度。

当母板沿着截面 1—1 破坏时，母板的净截面面积为

$$A_n = 300 \times 20 - 3 \times 20 \times 20 = 4\,800\,\text{mm}^2$$

母板净截面强度验算

$$\frac{N}{A_n} = \frac{800 \times 10^3}{4\,800} = 166.7\,\text{N/mm}^2 < f = 215\,\text{N/mm}^2，满足要求$$

3.8.3　高强度螺栓群的抗拉计算

1）轴心力作用时

高强度螺栓群连接所需螺栓数目

$$n \geqslant \frac{N}{N_t^b}$$

式中：N_t^b——沿杆轴方向受拉力时，一个高强度螺栓（摩擦型或承压型）的承载力设计值（见表3-12）。

2）高强度螺栓群因弯矩受拉

高强度螺栓（摩擦型和承压型）的外拉力总是小于预拉力 P，在连接受弯矩而使螺栓沿栓杆方向受力时，被连接构件的接触面一直保持紧密贴合；因此，可认为中和轴在螺栓群的形心轴上（见图3-70），最外排螺栓受力最大。按照普通螺栓小偏心受拉一段中，关于弯矩使螺栓产生的最大拉力的计算方法，可得高强度螺栓群因弯矩受拉时，最大拉力及其验算式为

$$N_1 = \frac{My_1}{\sum y_i^2} \leqslant N_t^b \tag{3-62}$$

式中：y_1——螺栓群形心轴至最外排螺栓的最大距离；

　　　$\sum y_i^2$——形心轴上、下各螺栓至形心轴距离的平方和。

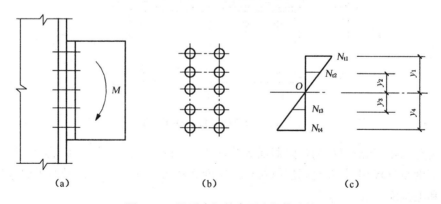

图 3-70　承受弯矩的高强度螺栓连接

3）高强度螺栓群偏心受拉

由于高强度螺栓偏心受拉时，螺栓的最大拉力不得超过 $0.8P$，才能够保证板层之间始终保持紧密贴合，端板不会拉开，故摩擦型连接高强度螺栓和承压型连接高强度螺栓均可按普通螺栓小偏心受拉计算，即

$$N_1 = \frac{N}{n} + \frac{Ne}{\sum y_i^2} y_1 \leqslant N_t^b \tag{3-63}$$

4) 高强度螺栓群承受拉力、弯矩和剪力的共同作用

图 3-71 所示为摩擦型连接高强度螺栓承受拉力、弯矩和剪力共同作用时的情况。我们知道螺栓连接板层间的压紧力和接触面的抗滑移系数随外拉力的增加而减小。前面已经给出，摩擦型连接高强度螺栓承受剪力和拉力联合作用时，一个螺栓抗剪承载力设计值为

$$N_{v,t}^b = 0.9 n_f \mu (P - 1.25 N_t) \tag{3-64}$$

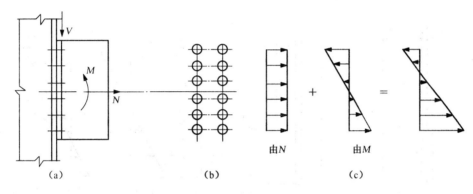

图 3-71　摩擦型连接高强度螺栓的应力

由图 3-71(c)可知，每行螺栓所受拉力 N_{ti} 各不相同，故应按下式计算摩擦型连接高强度螺栓的抗剪强度

$$V \leqslant n_0 (0.9 n_f \mu P) + 0.9 n_f \mu [(P - 1.25 N_{t1}) + (P - 1.25 N_{t2}) + \cdots + (P - 1.25 N_{tn})] \tag{3-65}$$

式中：n_0——受压区（包括中和轴处）的高强度螺栓数；

N_{t1}、N_{t2}、$\cdots$——受拉区高强度螺栓所承受的拉力。

也可将式(3-65)写成下列形式

$$V \leqslant 0.9 n_f \mu (nP - 1.25 \sum N_{ti}) \tag{3-66}$$

式中：n——连接的螺栓总数；

$\sum N_{ti}$——螺栓承受拉力的总和。

在式(3-65)或式(3-66)中，只考虑螺栓拉力对抗剪承载力的不利影响，未考虑受压区板层间压力增加的有利作用，故按该式计算的结果是略偏安全的。

此外，螺栓最大拉力应满足

$$N_{ti} \leqslant N_t^b$$

对承压型连接高强度螺栓，应按表 3-12 中的相应公式计算螺栓杆的抗拉抗剪强度，即按式(3-60)计算

$$\sqrt{\left(\frac{N_v}{N_v^b}\right)^2 + \left(\frac{N_t}{N_t^b}\right)^2} \leqslant 1$$

同时还应按下式验算孔壁承压，即按式(3-61)验算

$$N_v \leqslant \frac{N_c^b}{1.2}$$

式中的 1.2 为承压强度设计值降低系数。计算 N_c^b 时，应采用无外拉力状态的 f_c^b 值。

【例 3-15】 图 3-72 所示高强度螺栓摩擦型连接，被连接构件的钢材为 Q235 - B。螺栓为 10.9 级，直径 20 mm，接触面采用喷砂处理。试验算此连接的承载力。图中内力均为设计值。

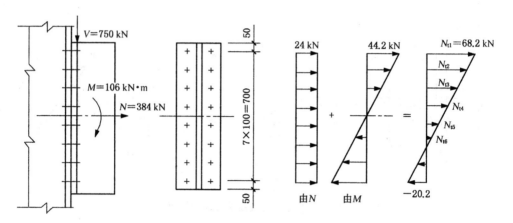

图 3-72 高强度螺栓摩擦型连接

【解】 由表 3-11 和表 3-10 查得抗滑移系数 $\mu = 0.45$，预拉力 $P = 155$ kN。
一个螺栓的最大拉力

$$N_{t1} = \frac{N}{n} + \frac{My_1}{m\sum y_i^2} = \frac{384}{16} + \frac{106 \times 10^2 \times 35}{2 \times 2 \times (35^2 + 25^2 + 15^2 + 5^2)}$$

$$= 68.2 \text{ kN} < 0.8P = 124 \text{ kN}$$

连接的受剪承载力设计值应按式(3-66)计算

$$\sum N_{v,t}^b = 0.9 n_f \mu (nP - 1.25 \sum N_{ti})$$

式中：n——螺栓总数；

$\sum N_{ti}$——螺栓所受拉力之和。按比例关系可求得

$$N_{t2} = 55.6 \text{ kN}$$
$$N_{t3} = 42.9 \text{ kN}$$
$$N_{t4} = 30.3 \text{ kN}$$
$$N_{t5} = 17.7 \text{ kN}$$
$$N_{t6} = 5.1 \text{ kN}$$

故有 $\quad \sum N_{ti} = (68.2 + 55.6 + 42.9 + 30.3 + 17.7 + 5.1) \times 2 = 439.6$ kN
验算受剪承载力设计值

$$\sum N_{v,t}^b = 0.9 n_f \mu (nP - 1.25 \sum N_{ti})$$

$$= 0.9 \times 1 \times 0.45 \times (16 \times 155 - 1.25 \times 439.6)$$
$$= 781.9 \text{ kN} > V = 750 \text{ kN}$$

习 题

3-1 常用的连接有哪几类? 各类的特点是什么?

3-2 角焊缝的尺寸在构造上有哪些要求? 为什么?

3-3 扭矩作用下焊缝强度计算的基本假定是什么? 如何求得焊缝最大应力?

3-4 普通螺栓与高强度螺栓在受力特性方面有什么区别? 单个螺栓的抗剪承载力设计值是如何确定的?

3-5 试设计双角钢与节点板的角焊缝连接(见图 3-73)。钢材为 Q235-B,焊条为 E43 型,手工焊,作用有轴心力 $N = 1\,000$ kN(设计值),分别采用三面围焊和两面侧焊进行设计。

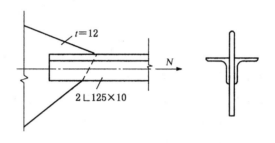

图 3-73 习题 3-5 图

3-6 验算图 3-74 所示承受静力荷载的连接中角焊缝的强度。已知 $f_f^w = 160$ N/mm²,其他条件如图所示,无引弧板。

3-7 试求图 3-75 所示连接的最大设计荷载。钢材为 Q235-B,焊条 E43 型,手工焊,角焊缝焊脚尺寸 $h_f = 8$ mm,$e_1 = 30$ cm。

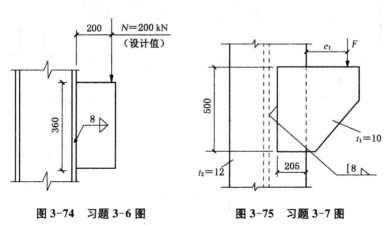

图 3-74 习题 3-6 图   图 3-75 习题 3-7 图

3-8 钢柱与支托连接的构造和受力如图 3-76 所示,钢材为 Q235B,焊条为 E43 型,$f_f^w = 160$ N/mm²,焊脚尺寸 $h_f = 8$ mm,试验算支托与钢柱的焊缝连接是否安全。提示:假定剪力仅由垂直焊缝承受。

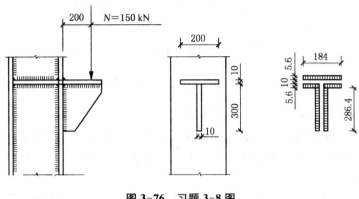

图 3-76　习题 3-8 图

3-9　焊接工字形梁在腹板上设一道拼接的对接焊缝(见图 3-77),拼接处作用有弯矩 $M = 1\,122\,\text{kN·mm}$,剪力 $V = 374\,\text{kN}$,钢材为 Q235 钢,焊条用 E43 型,半自动焊,三级检验标准,试验算该焊缝的强度。

3-10　验算柱与牛腿间高强螺栓摩擦型连接是否安全(见图 3-78),已知:荷载设计值 $N = 330\,\text{kN}$,螺栓 M20,孔径 21.5 mm,10.9 级,摩擦面的抗滑移系数 $\mu = 0.5$,高强螺栓的设计预拉力 $P = 155\,\text{kN}$。不考虑螺栓群长度对螺栓强度设计值的影响。

3-11　普通螺栓连接如图 3-79 所示,已知柱翼缘板厚度为 10 mm,连接板厚 8 mm,钢材 Q235B,荷载设计值 $F = 150\,\text{kN}$,偏心距 $e = 250\,\text{mm}$,$f_v^b = 140\,\text{N/mm}^2$,$f_c^b = 305\,\text{N/mm}^2$。
(1)求连接所用螺栓的公称直径 d;(2)螺栓布置、所用钢材及尺寸、力的作用方式不变,若采用 M22 的 10.9 级摩擦型高强螺栓,$\mu = 0.45$,$P = 190\,\text{kN}$,求连接所能承受的最大荷载。

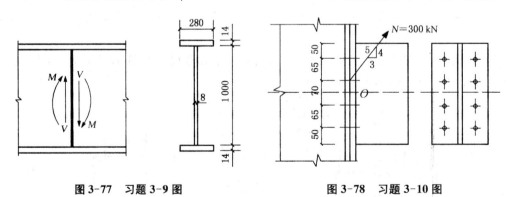

图 3-77　习题 3-9 图　　　　　图 3-78　习题 3-10 图

3-12　图 3-80 的牛腿用 2∟ 100×20(由大角钢截得)及 M22 摩擦型连接高强度螺栓 (10.9 级)和柱相连,构件钢材为 Q235 - B,接触面喷砂处理,要求确定连接角钢两个肢上的螺栓数目。

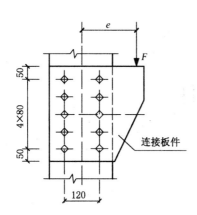

图 3-79 习题 3-11 图

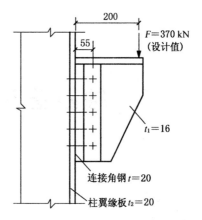

图 3-80 习题 3-12 图

4 轴心受力构件

4.1 概述

　　钢结构中轴心受力构件的应用十分广泛,如桁架、塔架和网架、网壳等结构中的杆件体系。这类结构通常假设其节点为铰接连接,在无节间荷载作用时,只受轴向拉力和压力的作用,分别称为轴心受拉构件和轴心受压构件。

　　轴心压杆经常用作工业建筑的工作平台支柱。柱由柱头、柱身和柱脚三部分组成(图 4-1)。柱头作为梁或桁架的支承,承受上部荷载并传给柱身;柱身是柱的主要承重部分,将上部荷载由柱头传给柱脚;柱脚将荷载传给基础。

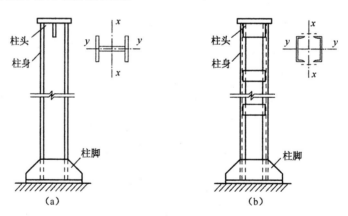

图 4-1　柱的组成

　　轴心受力构件的常用截面形式可分为实腹式和格构式两大类。

　　实腹式构件制作简单,与其他构件连接也较方便,其常用截面形式很多。可直接选用单个型钢截面,如圆钢、钢管、角钢、T 型钢、槽钢、工字钢、H 型钢等(图 4-2(a)),也可选用由型钢和钢板组成的组合截面(图 4-2(b))。一般桁架结构中的弦杆和腹杆,除 T 型钢外,常采用角钢或双角钢组合截面(图 4-2(c)),轻型结构中则可采用冷弯薄壁型钢截面(图 4-2(d))。以上这些截面中,截面紧凑(如圆钢和组成板件宽厚比较小截面)或对两主轴刚度相差悬殊者(如单槽钢、工字钢),一般只可用于轴心受拉构件。而受压构件通常采用组成板件宽而薄的较为开展的截面。

格构式构件(图 4-3)容易使压杆实现两主轴方向的等稳定性,刚度大,抗扭性能也好,用料较省。其截面一般由两个或多个型钢肢件用缀材(图 4-3 中虚线所示)联系组成。

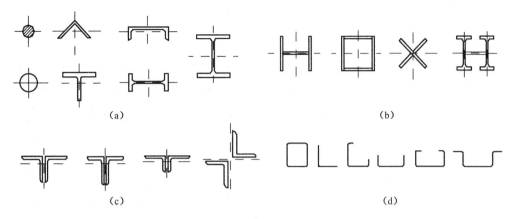

(a) (b)

(c) (d)

图 4-2　轴心受力实腹式构件的截面形式

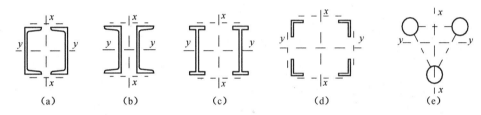

(a) (b) (c) (d) (e)

图 4-3　格构式构件的常用截面形式

针对轴心受力构件的设计,应同时满足第一极限状态和第二极限状态的要求。对于承载能力极限状态,受拉构件一般以强度控制,而受压构件需同时满足强度和稳定性的要求。对于正常使用极限状态,是通过保证构件的刚度——即限制其长细比来达到。因此,按其受力性质的不同,轴心受拉构件的设计需分别进行强度和刚度的验算,而轴心受压构件的设计则需分别进行强度、稳定性和刚度的验算。

4.2　轴心受力构件的强度和刚度

4.2.1　轴心受力构件的强度

轴心受力构件的强度承载力是以截面的平均应力达到钢材的屈服应力为极限。但当构件的截面有局部削弱时,截面上的应力分布不再是均匀的,在孔洞附近有如图 4-4(a)所示的应力集中现象。静力荷载作用下,在弹性阶段,孔壁边缘的最大应力 σ_{max} 可能达到构件毛截面平均应力 σ_0 的 3 倍;若拉力继续增加,当孔壁边缘的最大应力达到材料的屈服强度后,应力不再继续增加而只发展塑性变形,截面上的应力将产生应力重分布,最后达到均匀分布(图 4-4

(b))。因此,对于有孔洞削弱的轴心受力构件,承受静力荷载时仍以其净截面的平均应力达到其强度极限值作为设计时的控制值。这就要求在设计时应选用具有良好塑性性能的材料,使应力重分布得以实现(动荷载作用时不考虑应力重分布),充分发挥材料的性能。

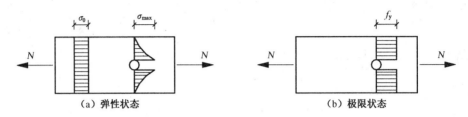

图 4-4　截面削弱处的应力分布

轴心受力构件的强度按下式计算:

$$\sigma = \frac{N}{A_n} \leqslant f \tag{4-1}$$

式中:N——构件的轴心拉力或压力设计值;

　　　A_n——构件的净截面面积;

　　　f——钢材的抗拉强度设计值(见附表 1-1)。

4.2.2　轴心受力构件的刚度

为满足结构的正常使用要求,轴心受力构件不能做得过分柔细,而应具有一定的刚度,以保证构件在运输和安装过程中不会产生弯曲或过大的变形;在使用期间不会因自重产生明显挠度;在动力荷载作用下不会发生较大的振动。对于轴心受压杆件,刚度过小还会显著降低其极限承载力。

受拉和受压构件的刚度是以保证其长细比限值 λ 来实现的,即

$$\lambda = \frac{l_0}{i} \leqslant [\lambda] \tag{4-2}$$

式中:λ——构件的最大长细比;

　　　l_0——构件的计算长度;

　　　i——截面的回转半径;

　　　$[\lambda]$——构件的容许长细比。

钢结构设计规范在总结了钢结构长期使用经验的基础上,根据构件的重要性和荷载情况,分别规定了轴心受拉和轴心受压构件的容许长细比,见表 4-1 和表 4-2。

表 4-1　轴心受拉构件的容许长细比

项次	构件名称	承受静力荷载或间接承受动力荷载的结构		直接承受动力荷载的结构
		一般建筑结构	有重级工作制吊车的厂房	
1	桁架的杆件	350	250	250

续表 4-1

项次	构件名称	承受静力荷载或间接承受动力荷载的结构		直接承受动力荷载的结构
		一般建筑结构	有重级工作制吊车的厂房	
2	吊车梁或吊车桁架以下的柱间支撑	300	200	—
3	其他拉杆、支撑、系杆等（张紧的圆钢除外）	400	350	—

注：① 承受静力荷载的结构中，可仅计算受拉构件在竖向平面内的长细比。
　　② 在直接或间接承受动力荷载的结构中，计算单角钢受拉构件的长细比时，应采用角钢的最小回转半径，但在计算交叉杆件平面外的长细比时，应采用与角钢肢边平行轴的回转半径。
　　③ 中、重级工作制吊车桁架下弦杆的长细比不宜超过200。
　　④ 在设有夹钳或刚性料耙等硬钩吊车的厂房中，支撑（表中第2项除外）的长细比不宜超过300。
　　⑤ 受拉构件在永久荷载与风荷载组合作用下受压时，其长细比不宜超过250。
　　⑥ 跨度等于或大于60 m的桁架，其受拉弦杆和腹杆的长细比不宜超过300（承受静力荷载或间接承受动力荷载）或250（直接承受动力荷载）。

表 4-2　轴心受压构件的容许长细比

项次	构件名称	容许长细比
1	柱、桁架和天窗架构件	150
	柱的缀条、吊车梁或吊车桁架以下的柱间支撑	
2	支撑（吊车梁或吊车桁架以下的柱间支撑除外）	200
	用以减小受压构件长细比的杆件	

注：① 桁架（包括空间桁架）的受压腹杆，当其内力等于或小于承载能力的50%时，容许长细比可取为200。
　　② 计算单角钢受压构件的长细比时，应采用角钢的最小回转半径，但计算在交叉点相互连接的交叉杆件平面外的长细比时，可采用与角钢肢边平行轴的回转半径。
　　③ 跨度等于或大于60 m的桁架，其受压弦杆和端压杆的容许长细比值宜取为100，其他受压腹杆可取为150（承受静力荷载或间接承受动力荷载）或120（直接承受动力荷载）。
　　④ 由容许长细比控制截面的杆件，在计算长细比时，可不考虑扭转效应。

4.2.3　轴心受力构件（中心支撑）的抗震构造措施

工程中，对于有抗震要求的构件，其设计要求更为严格。抗震规范GB 50011—2010对于钢结构轴心受力构件中心支撑杆件有明确规定，其长细比和板件宽厚比限值应符合下列规定：

（1）支撑杆件的长细比，按压杆设计时，不应大于$120\sqrt{235/f_y}$；一、二、三级中心支撑不得采用拉杆设计，四级采用拉杆设计时，其长细比不应大于180。

（2）支撑杆件的板件宽厚比，不应大于表4-3规定的限值。采用节点板连接时，应注意节点板的强度和稳定。

表 4-3　钢结构中心支撑板件宽厚比限值

板件名称	一级	二级	三级	四级
翼缘外伸部分	8	9	10	13
工字形截面腹板	25	26	27	33
箱形截面壁板	18	20	25	30
圆管外径与壁厚比	38	40	40	42

注:表列数值适用于 Q235 钢,采用其他牌号钢材应乘以 $\sqrt{235/f_y}$,圆管应乘以 $235/f_y$。

4.3　钢结构的稳定

　　失稳也称为屈曲,是指钢结构或构件丧失了整体稳定性或局部稳定性,属承载能力极限状态的范畴。由于钢材的强度高,用它制造的结构构件质轻、形长而壁薄,因而在荷载作用下容易失稳成为钢结构最突出的一个特点。建筑结构用的钢材具有很大的塑性变形能力,可能在失稳前只有很小的变形,呈现低应力脆性破坏的特征。脆性破坏具有突发性,不能由变形发展的征兆及时防止,因此在钢结构设计中稳定性比强度显得更为重要,它往往对承载能力起控制作用。图 4-5 和图 4-6 分别为钢构件失稳破坏的状况。

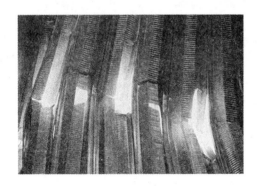

图 4-5　波纹拱失稳破坏

图 4-6　楼房屋架腹杆平面外屈曲失稳破坏

4.3.1　关于稳定和临界荷载的概念

　　结构的稳定分析必须根据结构的变形状态即微变形平衡状态来进行。处于静力平衡状态的结构或构件,在任意微小外界扰动作用下,将偏离其平衡位置,当外界扰动除去后,如果仍能自动恢复到原来的平衡位置,则原来的平衡状态是稳定的;如果外界扰动除去后不能恢复到原来的平衡位置,但仍能停留在新的平衡位置,则为中性平衡,也称随遇平衡。中性平衡状态是从稳定平衡状态过渡到不稳定平衡状态的临界状态。

　　结构或构件保持原来的稳定平衡状态所能承载的最大荷载,或者说丧失其原来稳定平衡状态所需要的最大荷载,亦即使结构或构件处于临界状态的荷载,称为临界荷载(或极限荷载），常用 N_{ct}、M_{ct} 等表示。

4.3.2 强度与稳定的区别

强度问题与稳定问题有严格区别。其基本概念和设计控制指标截然不同。

强度问题是一个应力问题，研究结构在保持稳定平衡状态下，其控制截面的最不利应力不超过材料强度设计指标。强度设计表达式大多是基于力学假定（特别是平截面假定），对保持平衡状态未变形的结构体系进行分析，根据结构工作状态和荷载状况建立结构计算模型，首先得到构件内力，再根据截面形式、截面大小和截面削弱程度，求得危险截面上控制点的应力，据此应力进行强度验算。强度问题中构件变形与荷载之间往往是线性关系。

稳定问题是一个变形问题，研究结构在初始平衡状态下，其变形出现急剧增大直到失去该平衡的临界状态，其设计控制值是使结构发生足够大的变形而丧失初始平衡状态的临界应力（或临界荷载）。稳定设计是根据结构工作状态和荷载状况建立结构计算模型，分析荷载与结构抵抗力之间的不稳定平衡状态，即变形出现急剧增大的临界状态，得到该临界状态相应的临界应力（或临界荷载），通过截面尺寸的重新设计或设置构造措施，设法避免结构进入失稳状态。稳定问题中构件变形与荷载往往不是线性关系。

4.3.3 稳定问题的类型

钢结构的失稳现象是多种多样的，就其性质而言，主要分为三大类。

1）第一类稳定问题——分支点失稳

完善体系（理想轴压杆、理想梁）的分支点失稳（分岔屈曲）。即失稳前后平衡状态所对应的变形性质发生改变，并出现了与原平衡形式有本质区别的新的平衡形式，由稳定平衡转变为不稳定平衡，出现了稳定性质的转变。分支点处平衡具有两重性（既可在初始位置处平衡，亦可在偏离后新的位置平衡），分支点是平衡状态从稳定转变为不稳定的分界点，其所对应的荷载称为屈曲荷载或临界荷载。

如图 4-7 所示的轴心受压柱，当荷载 N 小于某值（$N < N_{cr}$）时，其直线平衡状态是稳定的，沿轴线所产生的只是压缩变形（图 4-7(a)）。当荷载 N 达到某一值（$N = N_{cr}$）时，直线平衡状态不再是唯一的，还可能出现微弯平衡形式（见图 4-7(b)），此时的平衡状态称为轴心受压柱的临界状态，对应的荷载即为轴压柱的临界荷载，也称为欧拉荷载或欧拉临界力（用 N_E 表示）。当荷载 N 大于该值（$N > N_{cr}$）时，需要用大挠度理论进行分析。分析结果表明，此时柱既可以具有直线平衡状态（图 4-7(c)中 AB 路径），又可以具有弯曲的平衡形式（图 4-7(c)中 AC 路径）。必须说明的是，大挠度理论给出的 AB 路径对应的直线平衡状态是不稳定的，而且 AC 路径对应的弯曲平衡形式只有在出现相当大的弯曲变形后，荷载才会有所增加，这是对 N_{cr} 结论的肯定；此时轴向应力和弯曲应力的组合将超过材料的比例极限，使杆件处在非弹性工作阶段。因此，在弹性范围内大挠度理论得出的结果不会使 N_{cr} 失去任何意义。

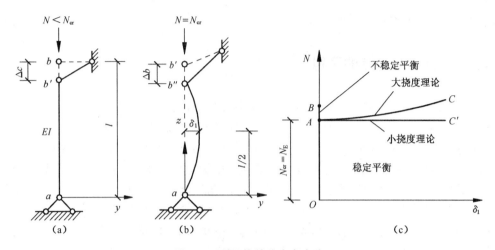

图 4-7　受压构件分支点失稳

设轴心受压直杆中点的挠度为 δ_1，如图 4-7(b) 所示。若为稳定平衡，$\delta_1 = 0$；若平衡状态不稳定，则必出现弯曲平衡状态，这时 $\delta_1 \neq 0$。轴向荷载 N 与挠度 δ_1 的关系曲线（由大挠度理论给出）如图 4-7(c) 所示。图中，OA、OB 表示直线平衡，AC' 表示弯曲平衡。该图表示轴心受压直杆随荷载 N 的增加而取不同平衡形式的 OA、AB、AC' 线段，称为平衡路径。平衡路径在 A 点发生分支，A 点称为分支点，该点的荷载值称为分支点荷载，记为 N_{cr}。平衡路径 OA 是稳定的直线平衡状态，AB 是不稳定的直线平衡状态，AC' 是中性的弯曲平衡状态。

2）第二类稳定问题——极值点失稳

非完善体系（受压杆或有初曲率或有偏心荷载等初始缺陷的钢梁）的极值点失稳（极值屈曲）。即失稳前后变形性质没有变化，杆件产生附加挠度，力-位移关系曲线存在极值点，该点对应的荷载即为临界荷载，达到该临界荷载时结构被压溃，故常称之为压溃荷载。

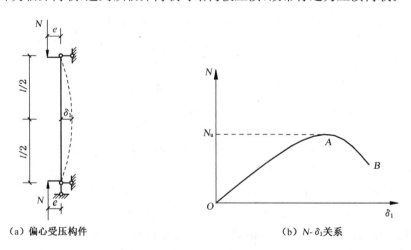

图 4-8　受压构件极值点失稳

实际轴压杆件并非是理想的轴心受压杆件，由于制作、运输、安装的初弯曲和初偏心的影响，不论荷载如何，构件一开始就处于压弯状态。如图 4-8 所示，从施加荷载到破坏经历了下列过程：①当压力小于某一值（$N < N_u$）时，随着压力的增加，弯曲变形不断增大，但在新的弯

曲位置仍能处于稳定平衡状态,若不加大荷载,挠度不会增加;②当压力等于某一临界力($N=N_u$)时,构件达到稳定平衡状态的极限位置;③压力超过临界力($N>N_u$)时,即使荷载不增加甚至减小,挠度仍会继续增加,这种现象为压杆丧失了第二类稳定性。事实上,当荷载增加至 A 点时,杆件由于平衡的不稳定性而立即破坏,故难以给出下降段 AB 曲线。

A 点称为极值点,与 A 点相应的 N 值即为稳定极限荷载,用 N_u 表示。偏心受压构件失稳时,不会出现平衡形式的分支,自始至终都处于压弯平衡状态中。构件在失稳之前受压一侧一般已存在塑性变形,失稳的发生是塑性发展到一定程度时杆件丧失承载力的结果。

3)第三类稳定问题——跳跃型失稳

这类失稳的特点是结构由初始的平衡位置突然跳跃到另一个平衡位置,在跳跃过程中出现很大的位移,使结构的平衡位形发生巨大的变化。承受横向均布压力的球面扁壳的失稳属于这种类型。图 4-9 是其典型的荷载-挠度曲线。扁壳由初始的平衡位置图 4-9(b)中的实线位置,失稳后跳跃到图 4-9(b)中的虚线位置,并能继续承受大于失稳时的荷载值,但由于结构发生巨大的变化,这点在实际工程中并无意义。

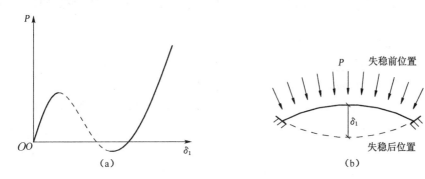

图 4-9　跳跃型失稳的荷载-位移曲线

工程中大量稳定问题都属于第二类,但因为第一类稳定问题在数学上容易作为特征值问题处理,力学表达明确,而且它的临界荷载又近似地代表相应的第二类稳定问题的上限,所以多化为第一类失稳问题来处理。

4.3.4　结构稳定分析的原则

结构稳定分析与经典的结构强度分析的主要区别在于以下几点:

(1)必须考虑几何非线性影响

几何非线性可以包含众多非线性因素,需要根据研究对象的性质加以确定。在分析钢结构和钢构件的稳定性时,考虑的几何非线性有以下三种:第一种为位移和转角都在小变形的范围,但要考虑结构变形对外力效应的影响。考虑这种几何非线性的分析方法也称为二阶分析。钢构件、钢框架和钢拱的整体稳定分析都采用这一方法。第二种为考虑大位移但转角仍在小变形范围。钢框架既考虑构件又考虑结构整体失稳的稳定分析时可采用这一方法。第三种为考虑大位移和大转角的非线性分析。网壳结构的稳定、板件考虑屈曲后强度的稳定以及构件考虑整体与局部相关稳定时的分析应采用这一方法。

（2）必须考虑材料非线性影响

钢结构或钢构件失稳破坏时，一般都会进入弹塑性阶段，因此要了解钢结构或钢构件的真实失稳极限荷载，必须考虑材料非线性的影响。这样，稳定分析就需要采用双非线性，即同时考虑材料非线性和几何非线性，使稳定分析增加了很大的难度。

（3）必须考虑结构和构件的初始缺陷

研究指出结构和构件的初始缺陷对稳定荷载的影响是显著而不可忽视的。这些初始缺陷主要包括：构件的初弯曲、荷载的初偏心、材料和结构形体的偏差以及残余应力等。

4.4　轴心受压构件的整体稳定

当轴心受压构件的长细比较大而截面又没有孔洞削弱时，一般不会因为截面的平均应力达到抗压强度设计值而丧失承载能力，因而不必进行强度计算。整体稳定是轴心受压构件截面设计的决定性因素。

确定轴心受压构件整体稳定临界荷载的三个准则：

① 屈曲准则——以理想轴心受压构件为依据，弹性阶段以欧拉临界力为基础，弹塑性阶段以切线模量临界力为基础，通过提高安全系数来弥补初始缺陷的影响。

② 边缘屈曲准则——以有初始缺陷的轴心压杆为依据，以截面边缘应力达到屈服点为构件承载力的极限状态来确定临界力。

③ 最大强度准则——仍以有初始缺陷的轴心压杆为依据，以整个截面进入弹塑性状态时能够达到的最大压力值作为压杆的临界力。

4.4.1　理想轴心受压构件的屈曲临界力

理想的轴心受压构件就是假设构件完全挺直，材质均匀，荷载沿构件形心轴作用，在承受荷载之前构件无初始应力、初弯曲和初偏心等缺陷，截面沿构件是均匀的。当轴心压力达到某临界值时，理想轴心受压构件可能以三种屈曲形式丧失稳定。

1）弯曲屈曲

构件的截面只绕一个主轴旋转，构件的纵轴由直线变为曲线，这是双轴对称截面构件最常见的屈曲形式。图 4-10(a)所示为两端铰接工字形截面构件发生的绕弱轴的弯曲屈曲。

2）扭转屈曲

失稳时杆件除支承端外的各截面均绕纵轴旋转，这是某些双轴对称截面压杆可能发生的屈曲形式。图 4-10(b)所示为长度较小的十字形截面杆件可能发生的扭转屈曲。

3）弯扭屈曲

单轴对称截面绕对称轴屈曲时，杆件在发生弯曲变形的同时必然伴随扭转。图 4-10(c)即 T 形截面构件发生的弯扭屈曲。

这三种屈曲形式中最基本且最简单的屈曲形式是弯曲屈曲。细长的理想直杆，在弹性阶

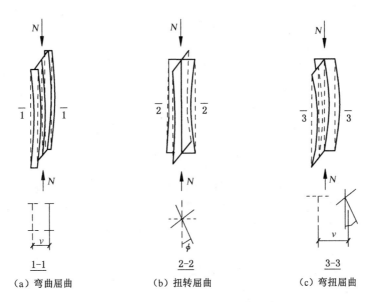

（a）弯曲屈曲　　　　　　（b）扭转屈曲　　　　　　（c）弯扭屈曲

图 4-10　轴心受压构件的屈曲形式

段弯曲屈曲时的临界力 N_{cr} 和临界应力 σ_{cr} 可由欧拉公式求出：

$$N_{cr} = \frac{\pi^2 EI}{l_0^2} \tag{4-3}$$

$$\sigma_{cr} = \frac{\pi^2 E}{\lambda^2} \tag{4-4}$$

式中：I——截面绕屈曲轴的惯性矩；

E——材料的弹性模量；

l_0——杆件的计算长度，$l_0 = \mu_1 l$，其中 l 为杆件的几何长度，μ_1 为杆件的计算长度系数（由端部约束决定），见表 4-4；

λ——与回转半径 i 相应的压杆的长细比；

$i = \sqrt{I/A}$——截面绕屈曲轴的回转半径。

表 4-4　轴心受压构件的计算长度系数

构件的屈曲形式						
理论 μ_1 值	0.5	0.7	1.0	1.0	2.0	2.0
建议 μ_1 值	0.65	0.80	1.2	1.0	2.1	2.0
端部条件示意	⊤ 无转动、无侧移　　　　　⊄ 无转动、自由侧移					
	Y 自由转动、无侧移　　　　　♀ 自由转动、自由侧移					

由于欧拉公式的推导中假定构件材料为理想弹性体,当杆件的长细比 $\lambda < \lambda_p (\lambda_p = \pi \sqrt{E/f_p})$ 时,临界应力超过了材料的比例极限 f_p,构件受力已进入弹塑性阶段,材料的应力-应变关系成为非线性的。德国科学家恩格塞尔于 1889 年提出了切线模量理论,即用切线模量 E_t 来代替欧拉公式中的弹性模量 E 进行计算:

$$\sigma_{cr} = \frac{\pi^2 E_t}{\lambda^2} \qquad (4-5)$$

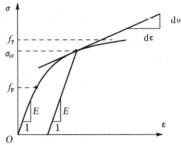

切线模量 E_t,表示在钢材非弹性范围工作阶段的应力-应变曲线上,相当于临界应力这一点的斜率(图 4-11)。切线模量公式提出后,经过试验验证,认为比较符合压杆的实际临界应力,但仅适用于材料有明确的应力-应变曲线时。

图 4-11　应力-应变曲线

4.4.2　初始缺陷对轴心压杆的影响

理想的轴心压杆在实际结构中是不存在的。实际工程中的构件不可避免地存在初弯曲、荷载的初偏心等几何缺陷,以及残余应力和材质不均匀等材料缺陷。这些缺陷不同程度地使压杆的稳定承载力降低。

1) 残余应力的影响

钢构件在轧制、焊接和加工过程中都会产生残余应力。残余应力是在杆件承受荷载作用前,残存于杆件内且自相平衡的初始应力。

残余应力对轴心受压构件稳定性的影响与截面上残余应力的分布有关。现以热轧 H 型钢为例说明残余应力对轴心受压杆件的影响(图 4-12)。为了方便说明问题,将对受力性能影响不大的腹板部分略去,假设柱截面集中于两翼缘。

(1) H 型钢轧制时,翼缘端出现纵向残余压应力(图 4-12(a))中阴影部分,称为 I 区),其余部分存在纵向拉应力(称为 II 区),并假定纵向残余应力最大值为 $0.3f_y$,由于轴心压应力与残余应力相叠加,使得 I 区先进入塑性状态,而 II 区仍处于弹性状态,图 4-12(a)、(b)、(c)、(d)、(e)反映了弹性区域的变化过程。

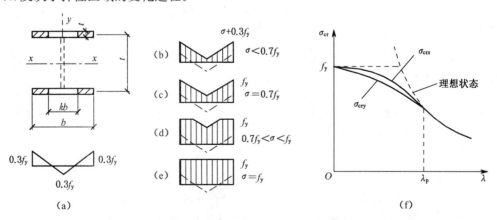

图 4-12　残余应力对构件轴心受压的影响

(2) Ⅰ区进入塑性状态后,其截面应力不再增加,随着压力的增大,塑性区向翼缘中部逐渐扩展,弹性区逐渐减小,直到翼缘截面全部屈服为止。由此可见,由于残余应力的存在,降低了杆件的比例极限。这样,杆件发生微小弯曲时,能够抵抗力矩的只有截面的弹性区。因此,轴心压杆在残余应力影响下,如果用截面弹性部分的惯性矩 I_e 代替全截面的惯性矩 I,就可用欧拉公式形式来计算临界力及相应的临界应力,即

$$N_{cr} = \frac{\pi^2 E I_e}{l_0^2} = \frac{\pi^2 E I}{l_0^2}\left(\frac{I_e}{I}\right) \tag{4-6}$$

$$\sigma_{cr} = \frac{\pi^2 E}{\lambda^2}\left(\frac{I_e}{I}\right) \tag{4-7}$$

以上说明由于残余应力的存在,使压杆截面提前出现塑性区,从而降低了压杆的临界力或临界应力,降低多少取决于 I_e/I 比值的大小。

绕不同轴屈曲时,不仅临界应力不同,残余应力对临界应力的影响程度也不相同。

对强轴($x-x$ 轴)屈曲时　　$\sigma_{crx} = \frac{\pi^2 E}{\lambda_x^2}\cdot\frac{I_{ex}}{I_x} = \frac{\pi^2 E}{\lambda_x^2}\cdot\frac{2t(kb)\cdot h^2/4}{2tb\cdot h^2/4} = \frac{\pi^2 E}{\lambda_x^2}k$

对弱轴($y-y$ 轴)屈曲时　　$\sigma_{cry} = \frac{\pi^2 E}{\lambda_y^2}\cdot\frac{I_{ey}}{I_y} = \frac{\pi^2 E}{\lambda_y^2}\cdot\frac{2t(kb)^3/12}{2tb^3/12} = \frac{\pi^2 E}{\lambda_y^2}k^3$

由于 $k<1$,故 $k^3<k$,可见,残余应力的不利影响对弱轴屈曲要比强轴屈曲严重得多。

2) 初始弯曲的影响

(1) 初始弯曲的形式很多,对两端铰接的轴心压杆,可假设初始弯曲为半波正弦曲线,且最大初始挠度为 v_0,则

$$y_0 = v_0 \sin\left(\frac{\pi z}{l}\right) \tag{4-8}$$

在轴心力作用下,杆件的挠度增加 y,则轴心产生的偏心矩为 $N(y+y_0)$,截面内力抵抗矩为 $-EIy''$(见图 4-13),根据平衡条件可建立如下平衡方程

$$-EIy'' = N(y+y_0) \tag{4-9}$$

对两端铰接的压杆,在弹性阶段有

$$y = v_1 \sin\left(\frac{\pi z}{l}\right) \tag{4-10}$$

式中:v_1——新增挠度的最大值(杆件长度中点所增加的最大挠度)。

将式(4-8)和式(4-10)代入式(4-9)得

$$\sin\left(\frac{\pi z}{l}\right)\left[-v_1\frac{\pi^2 EI}{l_0^2} + N(v_1+v_0)\right] = 0 \tag{4-11}$$

解得　　$$v_1 = \frac{Nv_0}{N_E - N}$$

则杆件中点的总挠度为

$$v = y + y_0 = \frac{N_E v_0}{N_E - N} = \frac{1}{1-N/N_E}v_0 = \beta_1 v_0 \tag{4-12}$$

此式即杆件中点总挠度的计算式,式中 β_1 称为挠度放大系数。

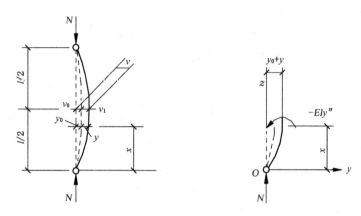

图 4-13　有初始弯曲的轴心受压构件

图 4-14 为根据式(4-12)绘制的 $N\text{-}v$ 曲线,实线为无限弹性体的理想材料,而虚线为非无限弹性体材料弹塑性阶段的挠度变化曲线。其中 $B(B')$ 点为弹塑性阶段的极限压力点,由此图可以看出:

① 当轴心压力较小时,总挠度增加较慢,到达 A 或 A' 后,总挠度增加变快。

② 当轴心压力小于欧拉临界力时,杆件处于弯曲平衡状态,这与理想轴心压杆的直线平衡状态不同。

③ 对无限弹性材料,当轴压力达到欧拉临界力时,总挠度无限增大,而实际情况是,当轴压力达到图中 B 或 B' 时,杆件中点截面边缘纤维屈服而进入塑性状态,杆件挠度增加,而轴力减小,构件开始弹性卸载。

④ 初弯曲越大,压杆临界压力越小,即使很小的初始弯曲,杆件临界压力也小于欧拉临界力。

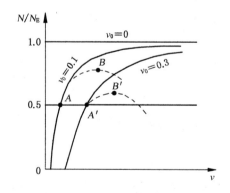

图 4-14　有初始弯曲压杆的压力-挠度曲线图

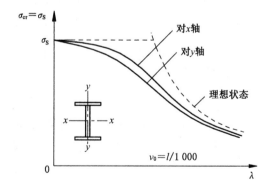

图 4-15　仅考虑初始弯曲时的 $\sigma_{cr}\text{-}\lambda$ 曲线

(2)若以边缘屈服作为极限状态,即根据边缘屈服准则,对无残余应力只有初弯曲的轴心压杆截面开始屈服的条件为

$$\frac{N}{A}+\frac{Nv}{W}=\frac{N}{A}+\frac{N}{W}\frac{N_E v_0}{N_E-N}=f_y \tag{4-13}$$

令 $\varepsilon_0 = \dfrac{Av_0}{W}$，$\sigma_E = \dfrac{N_E}{A}$，$\sigma = \dfrac{N}{A}$，代入可解得轴心压杆以截面边缘屈曲作为准则的临界应力为

$$\sigma_{cr} = \frac{f_y + (1+\varepsilon_0)\sigma_E}{2} - \sqrt{\left[\frac{f_y + (1+\varepsilon_0)\sigma_E}{2}\right]^2 - f_y\sigma_E} \qquad (4\text{-}14)$$

式中：ε_0——初始弯曲率；

$\quad\quad \sigma_E$——欧拉临界应力；

$\quad\quad W$——截面模量。

上式称为柏利（Perry）公式，按此式算出的临界应力 σ_{cr} 均小于 σ_E，图 4-15 绘出的是相同初始弯曲 v_0 情况下的工字形截面杆的 σ_{cr}-λ 曲线。

由于初始偏心与初始弯曲的影响类似，各国在制定设计标准时，通常只考虑其中一个来模拟两个缺陷都存在的影响。故在此不再介绍初始偏心的影响。

4.4.3　轴心受压构件的柱子曲线

对理想的轴心受压构件，杆件屈曲时才产生挠度。但具有初弯曲（或初偏心）的压杆一经压力作用就产生挠度，其荷载-挠度曲线如图 4-16 所示，图中 b 点表示压杆跨中截面开始屈服，边缘屈服准则就是以 N_b 作为最大承载力。但从极限状态设计来说，压力还可继续增加，只是压力超过 N_b 后，构件进入弹塑性阶段，随着截面塑性区的不断发展，v 值增加得更快，到达 c 点之后，压杆的抵抗能力开始小于外力的作用，不能维持稳定平衡。曲线最高点 c 处的压力 N_c，才是具有初始缺陷的轴心压杆真正的稳定极限承载力，以此为准则计算压杆的稳定承载力，称为最大强度准则。

实际压杆通常各种初始缺陷同时存在，但从概率统计的观点，各种缺陷同时达到最不利的可能性极小，计算中主要考虑初弯曲和残余应力两个最不利因素。初弯曲的矢高取为构件长度的 1/1 000，而残余应力则根据杆件的加工条件确定。

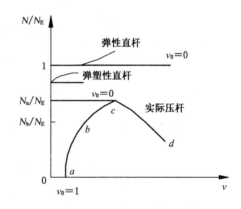

图 4-16　轴心压杆挠度曲线

现行设计规范根据截面不同的形状和尺寸、不同的加工条件及相应的残余应力图，按最大强度理论，确定了实际轴心受压构件考虑初弯曲和残余应力影响的承载力曲线，即 φ-$\overline{\lambda}$ 无量纲化曲线，如图 4-17 所示，纵坐标是构件的截面平均极限应力 σ_u 与屈服点 f_y 的比值 $\overline{\sigma} = \sigma_u/f_y = N_u/(Af_y)$，可用符号 φ 表示，称为轴心受压构件稳定系数，横坐标为构件的正则化长细比 $\overline{\lambda} = \lambda\sqrt{f_y/235}$。该曲线是压杆失稳时临界应力 σ_{cr} 与长细比 λ 之间的关系曲线，称为柱子曲线。

规范所计算的轴压柱子曲线分布在图 4-17 所示虚线所包的范围了，呈相当宽的带状分布。这个范围的上、下限相差较大，特别是中等长细比的常用情况相差尤为显著。因此，若用一条曲线来代表，显然不合理。现行钢结构设计规范在上述理论分析的基础上，结合工程实际，将这些柱子曲线合并归纳为四组，取每组中柱子曲线的平均值作为代表曲线，即为图 4-17

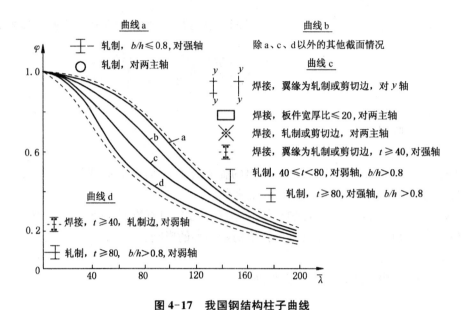

图 4-17 我国钢结构柱子曲线

中的 a 类、b 类、c 类、d 类四条曲线,其中 d 类主要用于厚板组成的截面。与 a 类、b 类、c 类和 d 类四条柱子曲线相对应的轴心受压构件的截面分类见表 4-5 和表 4-6。

表 4-5 轴心受压构件的截面分类(板厚 $t<40$ mm)

截面形式			对 x 轴	对 y 轴
轧制			a 类	a 类
轧制,$b/h\leqslant0.8$			a 类	b 类
轧制,$b/h>0.8$	焊接,翼缘为焰切边	焊接	b 类	b 类
轧制		轧制等边角钢		
轧制,焊接(板件宽厚比大于 20)	轧制或焊接			

续表 4-5

截面形式		对 x 轴	对 y 轴
焊接	轧制截面和翼缘为焰切边的焊接截面	b 类	b 类
格构式	焊接,板件边缘焰切		
	焊接,翼缘为轧制或剪切边	b 类	c 类
焊接,板件边缘轧制或剪切	焊接,板件宽厚比不大于 20	c 类	c 类

表 4-6 轴心受压构件的截面分类(板厚 $t \geqslant 40$ mm)

截面形式			对 x 轴	对 y 轴
轧制工字形或 H 形截面	$b/h \leqslant 0.8$		a 类	b 类
	$b/h > 0.8$	$t < 80$ mm	b 类	c 类
		$t \geqslant 80$ mm	c 类	d 类
焊接工字形截面	翼缘为焰切边		b 类	b 类
	翼缘为轧制或剪切边		c 类	d 类
焊接箱形截面	板件宽厚比 $b/t > 20$		b 类	b 类
	板件宽厚比 $b/t \leqslant 20$		c 类	c 类

4.4.4 轴心受压构件的整体稳定计算

轴心受压构件所受应力应不大于整体稳定的临界应力,考虑抗力分项系数 γ_R 后,即为

$$\sigma = \frac{N}{A} \leqslant \frac{\sigma_{cr}}{\gamma_R} = \frac{\sigma_{cr}}{f_y} \cdot \frac{f_y}{\gamma_R} = \varphi f$$

钢结构设计规范对轴心受压构件的整体稳定采用下式计算

$$\frac{N}{\varphi A} \leqslant f \tag{4-15}$$

式中：$\varphi = \sigma_{cr}/f_y$——轴心受压构件的整体稳定系数；

f——钢材强度设计值，$f = f_y/\gamma_R$。

构件长细比 λ 应按下列规定确定：

(1) 截面为双轴对称或极对称的构件

$$\lambda_x = l_{0x}/i_x, \lambda_y = l_{0y}/i_y \tag{4-16}$$

式中：l_{0x}、l_{0y}——构件对主轴 x 轴和 y 轴的计算长度；

i_x、i_y——构件截面对主轴 x 轴和 y 轴的回转半径。

对双轴对称十字形截面构件，λ_x 或 λ_y 取值不得小于 $5.07b/t$（其中 b/t 为悬伸板件宽厚比）。

(2) 截面为单轴对称的构件

绕非对称轴的长细比 λ_x 仍按式(4-16)计算。

绕对称轴时，则应取在弯曲变形的同时计及扭转效应的下列换算长细比代替 λ_y，即

$$\lambda_{yz} = \frac{1}{\sqrt{2}} \left[(\lambda_y^2 + \lambda_z^2) + \sqrt{(\lambda_y^2 + \lambda_z^2)^2 - 4(1 - e_0^2/i_0^2)\lambda_y^2\lambda_z^2} \right]^{1/2}$$

$$\lambda_z^2 = \frac{i_0^2 A}{I_t/25.7 + I_\omega/l_\omega^2}$$

式中：e_0——截面形心至剪切中心的距离；

i_0——截面对剪切中心的极回转半径；

λ_y——构件对对称轴的长细比；

λ_z——扭转屈曲的换算长细比；

I_t——毛截面抗扭惯性矩；

I_ω——毛截面扇形惯性矩，对 T 形截面（轧制、双板焊接、双角钢组合）、十字形截面和角形截面可近似取 $I_\omega = 0$；

A——毛截面面积；

l_ω——扭转屈曲的计算长度，对两端铰接端部截面可自由翘曲或两端嵌固端部截面翘曲完全受到约束的构件，取 $l_\omega = l_{0y}$。

单角钢截面和双角钢组合 T 形截面（图 4-18）绕对称轴的换算长细比可采用下列简化方法确定。

① 等边单角钢截面（见图 4-18(a)）

当 $b/t \leqslant 0.54l_{0y}/b$ 时

$$\lambda_{yz} = \lambda_y \left(1 + \frac{0.85b^4}{l_{0y}^2 t^2} \right) \tag{4-17}$$

当 $b/t > 0.54l_{0y}/b$ 时

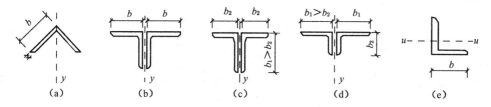

图 4-18　单角钢截面和双角钢组合 T 形截面

$$\lambda_{yz} = 4.78\,\frac{b}{t}\left(1 + \frac{l_{0y}^2 t^2}{13.5b^4}\right) \qquad (4-18)$$

式中：b、t——角钢肢宽度和厚度。

② 等边双角钢截面（图 4-18(b)）

当 $b/t \leqslant 0.58 l_{0y}/b$ 时

$$\lambda_{yz} = \lambda_y\left(1 + \frac{0.475b^4}{l_{0y}^2 t^2}\right) \qquad (4-19)$$

当 $b/t > 0.58 l_{0y}/b$ 时

$$\lambda_{yz} = 3.9\,\frac{b}{t}\left(1 + \frac{l_{0y}^2 t^2}{18.6b^4}\right) \qquad (4-20)$$

③ 长肢相并不等边双角钢截面（见图 4-18(c)）

当 $b_2/t \leqslant 0.48 l_{0y}/b_2$ 时

$$\lambda_{yz} = \lambda_y\left(1 + \frac{1.09b_2^4}{l_{0y}^2 t^2}\right) \qquad (4-21)$$

当 $b_2/t > 0.48 l_{0y}/b_2$ 时

$$\lambda_{yz} = 5.1\,\frac{b_2}{t}\left(1 + \frac{l_{0y}^2 t^2}{17.4b_2^4}\right) \qquad (4-22)$$

④ 短肢相并不等边双角钢截面（图 4-18(d)）

当 $b_1/t \leqslant 0.56 l_{0y}/b_1$ 时，可近似取

$$\lambda_{yz} = \lambda_y \qquad (4-23)$$

其他情况

$$\lambda_{yz} = 3.7\,\frac{b_1}{t}\left(1 + \frac{l_{0y}^2 t^2}{52.7b_1^4}\right) \qquad (4-24)$$

⑤ 单轴对称的轴心压杆在绕非对称主轴以外的任一轴失稳时，应按照弯扭屈曲计算其稳定性。当计算等边单角钢构件绕平行轴（图 4-18(e)的 u 轴）稳定时，可用下式计算其换算长细比 λ_{uz}，并按 b 类截面确定 φ 值。

当 $b/t \leqslant 0.69 l_{0u}/b$ 时

$$\lambda_{uz} = \lambda_u\left(1 + \frac{0.25b^4}{l_{0u}^2 t^2}\right) \qquad (4-25)$$

当 $b/t > 0.69 l_{0u}/b$ 时

$$\lambda_{u z} = 5.4 b/t \tag{4-26}$$

式中 $\lambda_u = l_{0u}/i_u$，l_{0u} 为构件对 u 轴的计算长度，i_u 为构件截面对 u 轴的回转半径。

无任何对称轴且又非极对称的截面(单面连接的不等边单角钢除外)不宜用作轴心受压构件。

对单面连接的单角钢轴心受压构件，考虑折减系数(附表1-4)后，可不考虑弯扭效应。当槽形截面用于格构式构件的分肢，计算分肢绕对称轴(y 轴)的稳定性时，不必考虑扭转效应，直接用 λ_y 查出 φ_y。

4.5　轴心受压构件的局部稳定

轴心受压构件大多是由一些板件组装而成。为了提高轴心受压构件的稳定承载力，一般轴心受压构件的横截面都较宽大，如果这些板件过薄，则在压力作用下，板件将偏离原来的平面位置而发生波形鼓曲现象，这种现象称为构件丧失局部稳定。图4-19为一工字形截面轴心受压构件发生局部失稳时的变形形态示意图，图4-19(a)和图4-19(b)分别表示腹板和翼缘失稳时的情况。

构件丧失局部稳定后还可能继续维持整体的平衡状态，但由于部分板件屈曲后退出工作，使构件的有效截面减少，会加速构件整体失稳而丧失承载能力。

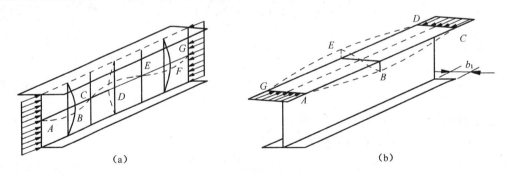

(a)　　　　　　　　　　　　(b)

图 4-19　轴心受压构件的局部失稳

根据弹性稳定理论，板件在稳定状态所能承受的最大应力(即临界应力)与板件的形状、尺寸、支承情况以及应力情况等有关，板件的临界应力可用下式表达：

$$\sigma_{cr} = \frac{\chi \sqrt{\eta_1} k \pi^2 E}{12(1-v^2)} \left(\frac{t}{b}\right)^2 \tag{4-27}$$

式中：χ——板边缘的弹性嵌固系数；

　　　k——板的屈曲系数；

　　　η_1——弹性模量修正系数，根据轴心受压构件局部稳定的试验资料，可取为

$$\eta_1 = 0.101\,3\lambda^2 (1 - 0.024\,8\lambda^2 f_y/E) f_y/E \tag{4-28}$$

局部稳定验算要考虑等稳定性,也就是要保证板件的局部失稳临界应力(式(4-27))不小于构件整体稳定的临界应力(φf_y)。即要满足:

$$\frac{\chi\sqrt{\eta_1}k\pi^2 E}{12(1-v^2)}\left(\frac{t}{b}\right)^2 \geqslant \varphi f_y \tag{4-29}$$

式(4-29)中的整体稳定系数 φ 可用柏利公式来表达。显然,φ 值与构件的长细比 λ 有关。由式(4-29)即可确定板件宽厚比的限值。

(1) 工字形截面

① 翼缘

由于工字形截面(图4-20(a))的腹板一般较薄,对翼缘板几乎没有嵌固作用,因此翼缘可视为三边简支一边自由的均匀受压板,取屈曲系数 $k=0.425$,弹性嵌固系数 $\chi=1.0$。由式(4-29)可以得到翼缘板外伸部分的宽厚比 b_1/t 与长细比 λ 的关系曲线。此关系曲线较为复杂,为了便于应用,采用下列简单的表达式:

$$\frac{b_1}{t} \leqslant (10+0.1\lambda)\sqrt{\frac{235}{f_y}} \tag{4-30}$$

式中:λ—— 构件两方向长细比的较大值,当 $\lambda<30$ 时,取 $\lambda=30$;当 $\lambda>100$ 时,取 $\lambda=100$。

② 腹板

腹板可视为四边简支,两端均匀受压的薄板,此时屈曲系数 $k=4$。当腹板发生屈曲时,翼缘板作为腹板纵向边的支承,对腹板将起一定的弹性嵌固作用,可使腹板的临界应力提高,根据试验可取弹性嵌固系数 $\chi=1.3$。由式(4-29),经简化后得到腹板高厚比 h_0/t_w 的简化表达式:

$$\frac{h_0}{t_w} \leqslant (25+0.5\lambda)\sqrt{\frac{235}{f_y}} \tag{4-31}$$

式中:λ—— 构件两方向长细比的较大值,当 $\lambda<30$ 时,取 $\lambda=30$;当 $\lambda>100$ 时,取 $\lambda=100$。

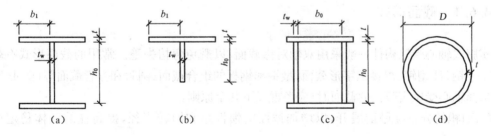

图4-20 板件尺寸

(2) T形截面

T形截面(图4-20(b))轴心受压构件的翼缘板外伸宽度 b_1 与厚度 t 之比和工字形截面相同,其 b_1/t 限制按式(4-30)计算。

T形截面的腹板也是三边支承一边自由的板,但它受翼缘弹性嵌固作用稍强。钢结构设计规范规定腹板高厚比 h_0/t_w 的限值按下列规定计算:

热轧剖分 T 形钢

$$\frac{h_0}{t_w} \leqslant (15 + 0.2\lambda)\sqrt{\frac{235}{f_y}} \tag{4-32}$$

焊接 T 形钢

$$\frac{h_0}{t_w} \leqslant (13 + 0.17\lambda)\sqrt{\frac{235}{f_y}} \tag{4-33}$$

(3) 箱形截面

箱形截面(图 4-20(c))轴心受压构件的翼缘和腹板在受力状态上并无区别,均为四边支撑板,翼缘和腹板的刚度接近,可取 $\chi = 1.0$。规范规定的宽厚比限值按下式计算

$$\frac{b_0}{t} \leqslant 40\sqrt{\frac{235}{f_y}} \tag{4-34}$$

$$\frac{h_0}{t_w} \leqslant 40\sqrt{\frac{235}{f_y}} \tag{4-35}$$

(4) 圆管截面

对圆管(图 4-20(d)),规范规定其直径与壁厚比应满足

$$\frac{D}{t} \leqslant 100 \cdot \frac{235}{f_y} \tag{4-36}$$

4.6 实腹式轴心受压构件的截面设计

4.6.1 截面形式

实腹式轴心受压构件一般采用双轴对称截面,以避免弯扭失稳。常用的截面形式有轧制普通工字钢、H 型钢、焊接工字形截面、型钢和钢板的组合截面、圆管和方管截面等(图 4-21)。

选择轴心受压实腹柱的截面时,应考虑以下几个原则:

① 面积的分布应尽量展开,以增加截面的惯性矩和回转半径,提高柱的整体稳定性和刚度。

② 使两个主轴方向等稳定性,即尽量使 $\varphi_x = \varphi_y$ 或 $\lambda_x = \lambda_y$,以达到经济的效果。

③ 便于与其他构件进行连接。

④ 尽可能使构造简单,制造省工,取材方便。

进行截面选择时一般应根据内力大小、两方向的计算长度值以及制造加工量、材料供应等情况综合进行考虑。单根轧制普通工字钢(图 4-21(a))由于对 y 轴的回转半径比对 x 轴的回转半径小得多,因而只适用于计算长度 $l_{0x} \geqslant 3l_{0y}$ 的情况。热轧宽翼缘 H 型钢(图 4-21(b))的

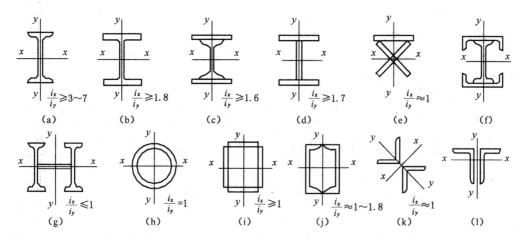

图 4-21 轴心受压实腹柱常用截面

最大优点是制造省工,腹板较薄,翼缘较宽,可以做到与截面的高度相同(HW 型),因而具有很好的截面特性。用三块板焊成的工字钢(见图 4-21(d))及十字形截面(见图 4-21(e))组合灵活,容易使截面分布合理,制造并不复杂。用型钢组成的截面(图 4-21(c)、(f)、(g))适用于压力很大的柱。从受力性能来看,管形截面(图 4-21(h)、(i)、(j))由于两个方向的回转半径相近,因而最适合于两方向计算长度相等的轴心受压柱,这类构件为封闭式,内部不易生锈,但与其他构件的连接和构造稍显麻烦。

4.6.2 截面设计

截面设计时,首先应按上述原则选定合适的截面形式,再初步选择截面尺寸,然后进行强度、整体稳定、局部稳定、刚度等的验算。具体步骤如下:

(1) 假定柱的长细比 λ,求出所需要的截面积 A

一般假定 $\lambda = 60 \sim 100$,当轴心力 N 较大而计算长度 l_0 较小时,取小值;反之取大值。根据经验,当 $l_0 = 5 \sim 6$ m,$N < 1\,500$ kN 时,可假定 $\lambda = 80 \sim 100$;当 $N = 1\,500 \sim 3\,500$ kN,可假定 $\lambda = 60 \sim 80$。所假定的 λ 不得超过 150。

根据 λ、截面分类和钢种可查得稳定系数 φ,则所需截面面积为

$$A = \frac{N}{\varphi f}$$

(2) 根据假定的 λ 值和等稳定条件(一般可取 $\lambda_x = \lambda_y = \lambda$,因稳定性尚与截面类别有关),求两主轴所需要的回转半径

$$i_x = \frac{l_{0x}}{\lambda}, i_y = \frac{l_{0y}}{\lambda}$$

(3) 由已知截面面积 A,两个主轴的回转半径 i_x、i_y,优先选用轧制型钢,如普通工字钢、H 型钢等。当现有型钢规格不满足所需截面尺寸时,可以采用组合截面,这时需先初步定出截面的轮廓尺寸,一般是根据回转半径确定所需截面的高度 h 和宽度 b

$$h = \frac{i_x}{\alpha_4}, b = \frac{i_y}{\alpha_5}$$

式中，α_4、α_5 为系数，表示 h、b 和回转半径 i_x、i_y 之间的近似数值关系，常用截面的 α_4、α_5 可由表 4-7 查得。例如由三块钢板组成的工字形截面 $\alpha_4 = 0.43$，$\alpha_5 = 0.24$。

表 4-7　各种截面回转半径的近似值

截面							
$i_x = \alpha_4 h$	$0.43h$	$0.38h$	$0.38h$	$0.40h$	$0.30h$	$0.28h$	$0.32h$
$i_y = \alpha_5 b$	$0.24b$	$0.44b$	$0.60b$	$0.40b$	$0.215b$	$0.24b$	$0.20b$

（4）由所需要的 A、h、b 等，再考虑构造要求、局部稳定以及钢材规格等，确定截面的初选尺寸。

（5）构件强度、稳定和刚度验算

① 当截面有削弱时，需进行强度验算

$$\sigma = \frac{N}{A_n} \leqslant f$$

式中：A_n——构件净截面面积。

② 整体稳定验算

$$\sigma = \frac{N}{\varphi A} \leqslant f$$

③ 局部稳定验算

轴心受压构件的局部稳定是以限制其组成板件的宽厚比来保证的。对于热轧型钢截面，由于其板件的宽厚比较小，一般都能满足要求，可不验算。对于组合截面，应根据 4.5 节的相关规定对板件的宽厚比进行验算。

④ 刚度验算

轴心受压实腹柱的长细比应符合规范所规定的容许长细比要求。事实上，在进行整体稳定验算时，构件的长细比已预先求出，以确定整体稳定系数 φ，因而刚度验算可与整体稳定验算同时进行。

（6）如果经过截面验算，证明不满足要求，此时可直接修改截面或重新假定 λ，重复上述步骤，直到满足为止。

4.6.3　构造要求

当实腹式轴心受压构件的腹板宽厚比 $h_0/t_w > 80\sqrt{235/f_y}$ 时，为防止腹板在施工和运输过程中发生变形，提高柱的抗扭刚度，应设置横向加劲肋。横向加劲肋的间距不得大于 $3h_0$，其截面尺寸应满足：外伸宽度 $b_s \geqslant (h_0/30 + 40)$mm；厚度 $t_s > b_s/15$。

轴心受压实腹柱的纵向焊缝（腹板与翼缘之间的连接焊缝）受力很小，不必计算，可按构造要求确定焊缝尺寸。

【例 4-1】　图 4-22(a)所示为一管道支架,其支柱的设计压力为 $N=1\,600\,\mathrm{kN}$(设计值),柱两端铰接,钢材为 Q235,截面无孔眼削弱。试设计此支柱的截面:①用普通轧制工字钢;②用热轧 H 型钢;③用焊接工字形截面,翼缘板为焰切边。

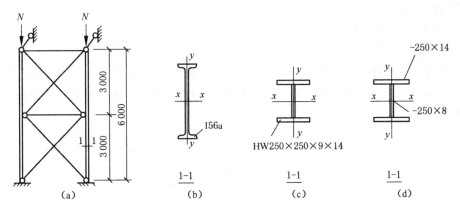

图 4-22　例 4-1 图

【解】　支柱在两个方向的计算长度不相等,故取如图 4-22(b)所示的截面朝向,将强轴顺 x 轴方向,弱轴顺 y 方向。这样,柱在两个方向的计算长度分别为

$$l_{0x}=600\,\mathrm{cm},l_{0y}=300\,\mathrm{cm}$$

(1) 轧制工字钢(图 4-22(b))

① 试选截面

假定 $\lambda=90$,对于轧制工字钢,当绕 x 轴失稳时属于 a 类截面,由附表 4-1 查得 $\varphi_x=0.714$;绕 y 轴失稳时属于 b 类截面,由附表 4-2 查得 $\varphi_y=0.621$。需要的截面几何量为

$$A=\frac{N}{\varphi_{\min}f}=\frac{1\,600\times10^3}{0.621\times215\times10^2}=119.8\,\mathrm{cm}^2$$

$$i_x=\frac{l_{0x}}{\lambda}=\frac{600}{90}=6.67\,\mathrm{cm}$$

$$i_y=\frac{l_{0y}}{\lambda}=\frac{300}{90}=3.33\,\mathrm{cm}$$

由于在轧制工字钢型钢表中不可能选出同时满足 A、i_x 和 i_y 的型号,故可适当照顾 A 和 i_y 进行选择。现试选 I 56a,则截面几何特性为 $A=135\,\mathrm{cm}^2$,$i_x=22.0\,\mathrm{cm}$,$i_y=3.18\,\mathrm{cm}$。

② 截面验算

因截面无孔眼削弱,可不验算强度。又因轧制工字钢的翼缘和腹板均较厚,可不验算局部稳定,只需进行整体稳定和刚度验算。

a. 刚度

$$\lambda_x=\frac{l_{0x}}{i_x}=\frac{600}{22}=27.3<[\lambda]=150\,(满足要求)$$

$$\lambda_y=\frac{l_{0y}}{i_y}=\frac{300}{3.18}=94.3<[\lambda]=150\,(满足要求)$$

b. 整体稳定

由于 λ_y 远大于 λ_x,故取二者长细比较大值,由 $\lambda_y=94.3$,查附表 4-2,用内插法得 $\varphi=0.591$。

$$\sigma=\frac{N}{\varphi A}=\frac{1\,600\times10^3}{0.591\times135\times10^2}=200.5\ \text{N/mm}^2<f=205\ \text{N/mm}^2(\text{满足要求})$$

(因为翼缘厚度 $t=21\ \text{mm}>16\ \text{mm}$,故 $f=205\ \text{N/mm}^2$)

(2) 热轧 H 型钢(图 4-22(c))

① 试选截面

由于热轧 H 型钢可以选用宽翼缘的形式,截面宽度较大,长细比的假设值可适当减小,假设 $\lambda=60$。对宽翼缘 H 型钢,因 $b/h>0.8$,所以不论对 x 轴或 y 轴都属于 b 类截面,当 $\lambda=60$ 时,由附表 4-2 查得 $\varphi=0.807$,所需截面几何量为

$$A=\frac{N}{\varphi f}=\frac{1\,600\times10^3}{0.807\times215\times10^2}=92.2\ \text{cm}^2$$

$$i_x=\frac{l_{0x}}{\lambda}=\frac{600}{60}=10.0\ \text{cm}$$

$$i_y=\frac{l_{0y}}{\lambda}=\frac{300}{60}=5.0\ \text{cm}$$

由附表 7-2 中试选 HW250×250×9×14,则 $A=91.43\ \text{cm}^2$,$i_x=10.8\ \text{cm}$,$i_y=6.31\ \text{cm}$。

② 截面验算

因截面无孔眼削弱,可不验算强度。又因为是热轧型钢,可不验算局部稳定,只需进行整体稳定和刚度验算。

a. 刚度

$$\lambda_x=\frac{l_{0x}}{i_x}=\frac{600}{10.8}=55.6<[\lambda]=150(\text{满足要求})$$

$$\lambda_y=\frac{l_{0y}}{i_y}=\frac{300}{6.31}=47.5<[\lambda]=150(\text{满足要求})$$

b. 整体稳定

因对 x 轴和 y 轴 φ 值均属 b 类,故取二者长细比较大值,由 $\lambda_x=55.6$,查附表 4-2,用内插法得 $\varphi=0.830$

$$\sigma=\frac{N}{\varphi A}=\frac{1\,600\times10^3}{0.83\times91.43\times10^2}=210.84\ \text{N/mm}^2<f=215\ \text{N/mm}^2(\text{满足要求})$$

(3) 焊接工字形截面

① 试选截面

参照 H 型钢截面,选用截面如图 4-22(d)所示,翼缘 2—250×14,腹板 1—250×8,其截面几何特性如下

$$A=2\times25\times1.4+25\times0.8=90\ \text{cm}^2$$

$$I_x=\frac{1}{12}\times(25\times27.8^3-24.2\times25^3)=13\,250\ \text{cm}^4$$

$$I_y=2\times\frac{1}{12}\times1.4\times25^3=3\,646\ \text{cm}^4$$

$$i_x = \sqrt{\frac{I_x}{A}} = \sqrt{\frac{13\,250}{90}} = 12.13 \text{ cm}$$

$$i_y = \sqrt{\frac{I_y}{A}} = \sqrt{\frac{3\,646}{90}} = 6.36 \text{ cm}$$

② 截面验算

因截面无孔眼削弱,可不验算强度。

a. 刚度

$$\lambda_x = \frac{l_{0x}}{i_x} = \frac{600}{12.13} = 49.5 < [\lambda] = 150 \text{(满足要求)}$$

$$\lambda_y = \frac{l_{0y}}{i_y} = \frac{300}{6.36} = 47.2 < [\lambda] = 150 \text{(满足要求)}$$

b. 整体稳定

因对 x 轴和 y 轴 φ 值均属 b 类,故取二者长细比较大值,由 $\lambda_x = 49.5$,查附表 4-2,用内插法得 $\varphi = 0.858$

$$\sigma = \frac{N}{\varphi A} = \frac{1\,600 \times 10^3}{0.858 \times 90 \times 10^2} \text{ N/mm}^2 = 207.2 \text{ N/mm}^2 \leqslant f = 215 \text{ N/mm}^2 \text{(满足要求)}$$

c. 局部稳定

翼缘 $\dfrac{b}{t} = \dfrac{12.5}{1.4} = 8.93 \leqslant (10 + 0.1\lambda)\sqrt{\dfrac{235}{f_y}} = 14.95 \text{(满足要求)}$

腹板 $\dfrac{h_0}{t_w} = \dfrac{25}{0.8} = 31.25 \leqslant (25 + 0.5\lambda)\sqrt{\dfrac{235}{f_y}} = 49.75 \text{(满足要求)}$

③ 构造

因腹板高厚比小于 80,故不设置横向加劲肋。翼缘与腹板连接焊缝的焊脚尺寸根据其最大最小焊脚尺寸取值如下

$$h_{f\min} = 1.5\sqrt{t} = 1.5 \times \sqrt{14} = 5.6 \text{ cm}$$
$$h_{f\max} = t - (1 \sim 2) = 6 \sim 7 \text{ mm}$$

采用 $h_f = 5.6 \text{ cm}$。

以上采用了三种不同截面形式对本例的支柱进行设计,由计算结果可知,轧制普通工字钢截面面积要比热轧 H 型钢和焊接工字形截面面积大 40% ~ 50%。这是由于普通工字钢对弱轴(y 轴)的回转半径过小所造成的。在本例中,尽管弱轴方向的计算长度仅为强轴方向计算长度的 1/2,但仍有 λ_y 远大于 λ_x,因而支柱的承载力是由弱轴所控制的,对强轴则有较大富裕,这显然不经济,若必须采用此截面,宜再增加侧向支撑的数量。对于轧制 H 型钢和焊接工字形截面,由于其两个方向的长细比较为接近,基本上能做到等稳定性,所以用料经济。但焊接工字形截面的焊接工作量大,所以在设计轴心受压实腹式构件时宜优先选用热轧 H 型钢。

4.7 格构式轴心受压构件的截面设计

4.7.1 格构柱的截面形式

在横截面面积不变的情况下,将截面中的材料布置在远离形心的位置,使截面惯性矩增大,从而节约材料,提高截面的抗弯刚度,也可使截面对 x 轴和 y 轴两个方向的稳定性相等,由此而形成格构式组合柱的截面形式。

轴心受压格构柱一般采用双轴对称截面,如用两根槽钢(图 4-3(a)、(b))或 H 型钢(图 4-3(c))作为肢件,两肢间用缀条(图 4-23(a))或缀板(图 4-23(b))连成整体。格构柱调整两肢间的距离很方便,易于实现对两个主轴的等稳定性。槽钢肢件的翼缘可以向内(图 4-3(a)),也可以向外(图 4-3(b)),前者外观平整优于后者。

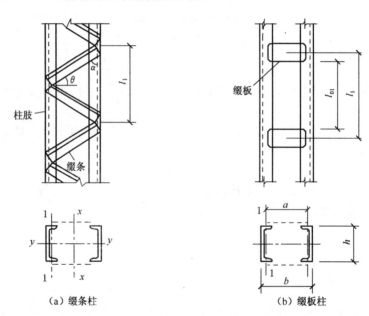

(a) 缀条柱　　　　　　　　(b) 缀板柱

图 4-23　格构式构件的缀材布置

在柱的横截面上穿过肢件腹板的轴叫实轴(图 4-23 中的 y 轴),穿过两肢之间缀材面的轴称为虚轴(图 4-23 中的 x 轴)。

用四根角钢组成的四肢柱(图 4-3(d)),适用于长度较大而受力不大的柱,四面皆以缀材相连,两个主轴 x-x 和 y-y 都为虚轴。三面用缀材相连的三肢柱(图 4-3(e)),一般用圆管作肢件,其截面是几何不变的三角形,受力性能较好,两个主轴也都为虚轴。四肢柱和三肢柱的缀材一般采用缀条而不用缀板。

缀条一般用单根角钢做成,而缀板常用钢板做成。

4.7.2　格构式轴心受压构件的整体稳定承载力

1）对实轴的整体稳定承载力计算

格构式轴心受压构件绕实轴的弯曲情况与实腹式轴心受压构件相同,因此整体稳定计算也相同,可按本章 4.4 节进行计算。

2）对虚轴的整体稳定承载力计算

轴心受压构件整体弯曲后,沿杆长各截面将存在弯矩和剪力。对实腹式轴心受压构件,剪力引起的附加变形极小,对临界力的影响只占 3/1 000 左右,因此,在确定实腹式轴心受压构件的整体稳定临界力时,仅仅考虑弯矩作用所产生的变形,而忽略了剪力所产生的变形。对于格构柱,当绕虚轴失稳时,情况有所不同,因肢件之间并不是连续腹板而只是每隔一定距离用缀条或缀板联系起来,对于虚轴,柱的剪切变形较大,剪力造成的附加挠曲影响就不能忽略。在格构式柱的设计中,对虚轴失稳的计算,常以加大长细比的办法来考虑剪切变形的影响,加大后的长细比称为换算长细比,用 λ_{0x} 表示。

（1）双肢缀条柱的换算长细比

双肢缀条柱中缀条和肢件的连接可视为铰接,因而分肢与缀条组成一个桁架体系。

根据弹性稳定理论,当考虑剪力的影响后,其临界力计算公式为

$$N_{cr} = \frac{\pi^2 EA}{\lambda_x^2} \cdot \frac{1}{1 + \frac{\pi^2 EA}{\lambda_x^2}\gamma} = \frac{\pi^2 EA}{\lambda_{0x}^2} \tag{4-37}$$

式中：λ_{0x}——格构柱绕虚轴临界力换算为实腹柱临界力的换算长细比；

$$\lambda_{0x} = \sqrt{\lambda_x^2 + \pi^2 EA\gamma} \tag{4-38}$$

γ——单位剪力作用下的轴线转角。

现取图 4-24(b) 的一段进行分析,以求出单位剪切角 γ。如图 4-24(c) 所示,设各节点均为铰接,并忽略横缀条的变形影响。

设一个节间内两侧斜缀条的面积之和为 A_1,其内力为 $N_d = 1/\cos\alpha$；斜缀条长 $l_d = a/\sin\alpha$,则斜缀条的轴向变形为

$$\Delta d = \frac{N_d l_d}{EA_1} = \frac{a}{\sin\alpha\cos\alpha EA_1} \tag{4-39}$$

假设变形和剪切角是有限的微小值,则由 Δd 引起的水平变位 Δ 为

$$\Delta = \frac{\Delta d}{\cos\alpha} = \frac{a}{\sin\alpha\cos^2\alpha EA_1}$$

故剪切角 γ 为

$$\gamma = \frac{\Delta}{a} = \frac{1}{\sin\alpha\cos^2\alpha EA_1} \tag{4-40}$$

代入式(4-38)得

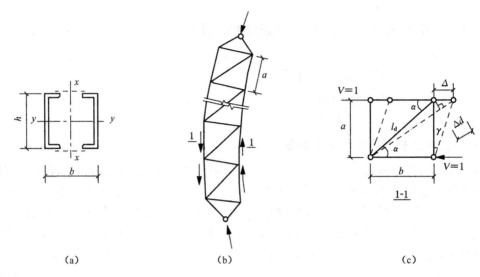

$$(a) \qquad\qquad (b) \qquad\qquad (c)$$

图 4-24　格构式的剪切变形

$$\lambda_{0x} = \sqrt{\lambda_x^2 + \frac{\pi^2}{\sin\alpha\cos^2\alpha} \cdot \frac{A}{A_1}} \tag{4-41}$$

　　一般斜缀条与柱轴线间的夹角在 $40° \sim 70°$ 之间，在此范围内，$\pi^2/(\sin\alpha\cos^2\alpha)$ 的值变化不大（见图 4-25），我国钢结构设计规范对其简化取为常数 27，由此得双肢缀条柱的换算长细比为

$$\lambda_{0x} = \sqrt{\lambda_x^2 + 27\frac{A}{A_1}} \tag{4-42}$$

当斜缀条与柱轴线间的夹角不在 $40° \sim 70°$ 范围内时，$\pi^2/(\sin\alpha\cos^2\alpha)$ 的值将比 27 大很多，式(4-42)是偏于不安全的，此时应按式(4-41)计算换算长细比 λ_{0x}。

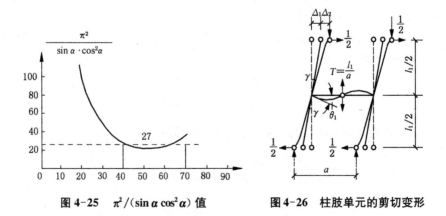

图 4-25　$\pi^2/(\sin\alpha\cos^2\alpha)$ 值　　　　图 4-26　柱肢单元的剪切变形

　　(2) 双肢缀板柱的换算长细比

　　双肢缀板柱中缀板和肢件的连接可视为刚接，因而分肢与缀板组成一个多层框架。假设变形时反弯点在各节点的中点(图 4-26)，若只考虑分肢与缀板在横向力作用下的弯曲变形，

忽略缀板本身的变形,则单位剪力作用下缀板弯曲变形引起的分肢变位 Δ_1 为

$$\Delta_1 = \frac{l_1}{2}\theta_1 = \frac{l_1}{2} \cdot \frac{al_1}{12EI_b} = \frac{al_1^2}{24EI_b}$$

分肢本身弯曲变形时的变位 Δ_2 为

$$\Delta_2 = \frac{l_1^3}{48EI_1}$$

由此得剪切角(角位变)γ 为

$$\gamma = \frac{\Delta_1 + \Delta_2}{0.5l_1} = \frac{al_1}{12EI_b} + \frac{l_1^2}{24EI_1} = \frac{l_1^2}{24EI_1}\left(1 + 2\frac{I_1/l_1}{I_b/a}\right)$$

将此 γ 值代入式(4-38),并令 $K_1 = I_1/l_1$,$K_b = I_b/a$,得换算长细比 λ_{0x} 为

$$\lambda_{0x} = \sqrt{\lambda_x^2 + \frac{\pi^2 A l_1^2}{24I_1}\left(1 + 2\frac{K_1}{K_b}\right)}$$

假设分肢截面面积 $A_1 = 0.5A$,$A_1 l_1^2/I_1 = \lambda_1^2$,则

$$\lambda_{0x} = \sqrt{\lambda_x^2 + \frac{\pi^2}{12}\left(1 + 2\frac{K_1}{K_b}\right)\lambda_1^2} = \sqrt{\lambda_x^2 + \alpha\lambda_1^2} \tag{4-43}$$

式中:$\lambda_1 = l_{01}/i_1$——分肢的长细比,i_1 为分肢弱轴的回转半径,l_{01} 为缀板间的净距离,见图 4-23(b);

$K_1 = I_1/l_1$——一个分肢的线刚度,l_1 为缀板的中心距离,I_1 为分肢绕弱轴的惯性矩;

$K_b = I_b/a$——两侧缀板线刚度之和,I_b 为两侧缀板的惯性矩,a 为分肢轴线间距离。

根据钢结构设计规范的规定,缀板线刚度之和 K_b 应大于 6 倍的分肢线刚度,即 $K_b/K_1 \geqslant 6$。此时,$\alpha = 1$。因此钢结构设计规范规定双肢缀板柱的换算长细比计算式为

$$\lambda_{0x} = \sqrt{\lambda_x^2 + \lambda_1^2} \tag{4-44}$$

四肢柱和三肢柱的换算长细比,在此就不详细列出,可参见钢结构设计规范。

3)分肢构件的整体稳定承载力计算

格构柱的分肢可视为单独的轴心受压实腹式构件,因此,应保证它不先于构件整体失去承载能力。计算时不能简单采用 $\lambda_1 < \lambda_{0x}$(或 λ_y),这是因为由于初弯曲等缺陷的影响,可能使构件受力时呈弯曲状态,从而产生附加弯矩和剪力。附加弯矩使两分肢的内力不等,而附加剪力还使缀板构件的分肢产生弯矩。所以钢结构设计规范规定

对于缀条构件 $\qquad\qquad\qquad\qquad \lambda_1 \leqslant 0.7\lambda_{max} \qquad\qquad\qquad (4\text{-}45)$

对于缀板构件 $\qquad\qquad\qquad\qquad \lambda_1 \leqslant 0.5\lambda_{max} \qquad\qquad\qquad (4\text{-}46)$

式中:λ_{max}——构件两方向长细比(对虚轴取换算长细比)的较大值,当 $\lambda_{max} < 50$ 时,取 $\lambda_{max} = 50$;

$\lambda_1 = l_{01}/i_1$——长细比,$\lambda_1 \leqslant 40$,l_{01} 对缀条式为节间距离;对缀板式,当采用焊接时为相邻两缀板间的净距,当采用螺栓连接时,为相邻两缀板间边螺栓的最近距离。

4.7.3 缀材设计

1) 轴心受压格构柱的横向剪力

格构柱绕虚轴失稳发生弯曲时,缀材要承受横向剪力的作用。因此,需要首先计算出横向剪力的数值,然后才能进行缀材的设计。

图 4-27 所示一两端铰支轴心受压柱,绕虚轴屈曲时,假定最终的挠曲线为正弦曲线,跨中最大挠度为 v_0,则沿杆长任一点的挠度为

$$y = v_0 \sin \frac{\pi z}{l}$$

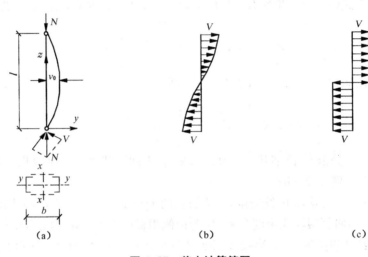

图 4-27 剪力计算简图

任一点的弯矩为

$$M = Ny = N v_0 \sin \frac{\pi z}{l}$$

任一点的剪力为

$$V = \frac{\mathrm{d}M}{\mathrm{d}z} = N \frac{\pi v_0}{l} \cos \frac{\pi z}{l}$$

即剪力按余弦曲线分布,如图 4-27(b)所示,最大值在杆件的两端,为

$$V_{\max} = N \frac{\pi v_0}{l} \tag{4-47}$$

跨度中点的挠度 v_0 可由边缘纤维屈服准则导出。当截面边缘最大应力达屈服强度时,有

$$\frac{N}{A} + \frac{N v_0}{I_x} \cdot \frac{b}{2} = f_y$$

即

$$\frac{N}{Af_y}\left(1 + \frac{v_0}{i_x^2} \cdot \frac{b}{2}\right) = 1$$

上式中令 $\frac{N}{Af_y} = \varphi$，并取 $b \approx i_x/0.44$（见表 4-7），得

$$v_0 = 0.88i_x(1-\varphi)\frac{1}{\varphi} \qquad (4\text{-}48)$$

将式（4-48）中的 v_0 值代入式（4-47）中，得

$$V_{max} = \frac{0.88\pi(1-\varphi)}{\lambda_x} \cdot \frac{N}{\varphi} = \frac{1}{k}\frac{N}{\varphi}$$

式中：$k = \frac{\lambda_x}{0.88\pi(1-\varphi)}$。

经过对双肢格构柱的计算分析，在常用的长细比范围内，k 值与长细比 λ_x 的关系不大，可取为常数，对 Q235 构件，取 $k=85$；对 Q345、Q390 和 Q420 钢构件，取 $k=85\sqrt{235/f_y}$。

因此轴心受压格构柱平行于缀材面的剪力为

$$V_{max} = \frac{N}{85\varphi}\sqrt{\frac{f_y}{235}}$$

式中：φ——按虚轴换算长细比确定的整体稳定系数。

令 $N = \varphi A f$，即得钢结构设计规范规定的最大剪力的计算式

$$V = \frac{Af}{85}\sqrt{\frac{f_y}{235}} \qquad (4\text{-}49)$$

在设计中，将剪力 V 沿柱长度方向取为定值，相当于简化为图 4-27(c) 的分布图形。

2）缀条的设计

缀条的布置一般采用单系缀条，如图 4-28(a) 所示，也可采用交叉缀条，如图 4-28(b) 所示。将格构柱视为整体受压，则每一个缀条面承受的剪力为

$$V_1 = \frac{V}{2}$$

缀条的轴心压力为

$$N_1 = \frac{V_1}{n\cos\alpha} = \frac{V}{2n\cos\alpha} \qquad (4\text{-}50)$$

式中：n——承受剪力 V_1 的斜缀条数，单缀条时 $n=1$，双缀条时 $n=2$；

$\quad\ \ \alpha$——缀条的倾角。

由于剪力的方向不确定，斜缀条可能受拉也可能受压，应按轴心压杆选择截面。

缀条一般采用单角钢，与肢件单面连接，考虑受力时的偏心和受压时的弯扭，当按轴心受力构件设计（不考虑扭转效应）时，应将钢材强度设计值乘以下列折减系数 η：

① 按轴心受压计算构件的强度和连接时，$\eta = 0.85$。

② 按轴心受压计算构件的稳定性时

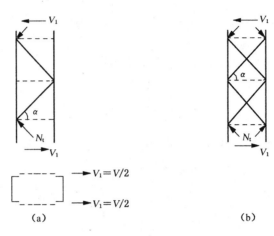

图 4-28 缀条的内力

等边角钢： $\eta = 0.6 + 0.0015\lambda$，且不大于 1.0
短边相连的不等边角钢： $\eta = 0.5 + 0.0025\lambda$，且不大于 1.0
长边相连的不等边角钢： $\eta = 0.70$

其中，λ 为缀条的长细比，对中间无联系的单角钢压杆，按最小回转半径计算，当 $\lambda < 20$，取 $\lambda = 20$。交叉缀条体系的横缀条按受压力 $N = V_1$ 计算。

为了减小分肢的计算长度，单系缀条也可再增加横缀条，其截面尺寸一般与斜缀条相同，也可按容许长细比 $[\lambda] = 150$ 确定。

3) 缀板的设计

缀板柱可视为一榀多层框架（肢件视为框架立柱，缀板视为横梁）。当它整体挠曲时，假定各层分肢中点和缀板中点为反弯点，如图 4-29(a)所示。从柱中取出如图 4-29(b)所示隔离体，则可得缀板内力为

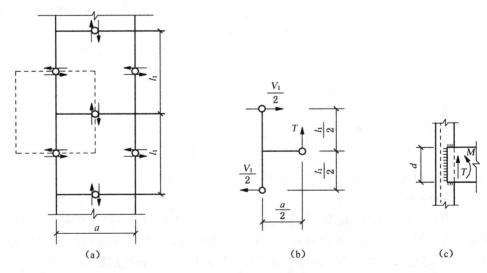

图 4-29 缀板计算简图

剪力

$$T = \frac{V_1 l_1}{a} \qquad (4-51)$$

弯矩(与肢件连接处)

$$M = T \cdot \frac{a}{2} = \frac{V_1 l_1}{2} \qquad (4-52)$$

式中:a——肢件轴线间的距离;

　　　l_1——缀板中心线间的距离。

缀板与肢件间用角焊缝连接,角焊缝承受剪力和弯矩的共同作用。由于角焊缝的强度设计值小于钢材的强度设计值,故只需用上述 M 和 T 验算缀板与肢件间的连接焊缝。

缀板应有一定的刚度。规范规定,同一截面处两侧缀板线刚度之和不得小于一个分肢线刚度的 6 倍,一般取宽度 $d \geqslant 2a/3$,如图 4-29(c)所示,厚度 $t \geqslant a/40$,并不小于 6 mm;端缀板宜适当加宽,一般取 $d = a$;与肢件的搭接长度一般不小于 30 mm。

4.7.4　构造要求

格构式构件的横截面为中部空心的矩形,抗扭刚度较差。为了提高格构式构件的抗扭刚度,保证构件在运输和安装过程中截面形状不变,应每隔一段距离设置横隔,如图 4-30。另外,大型实腹式构件(工字形或箱形)也应设置横隔。横隔的间距不得大于构件较大宽度的 9 倍或 8 m,且每个运送单元的端部均应设置横隔。

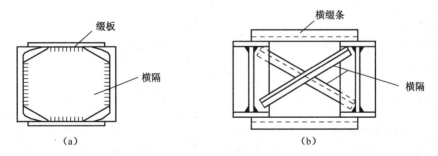

图 4-30　横隔的设置

当构件某处受有较大水平集中力作用时,也应在该处设置横隔,以免柱肢局部受弯。横隔可用钢板(图 4-30(a))或交叉角钢(图 4-30(b))做成。

4.7.5　格构柱的设计步骤

格构柱的设计需首先选择柱肢截面和缀材的形式,中小型柱可用缀板柱或缀条柱,大型柱宜选用缀条柱,然后按下列步骤进行设计:

(1)试选柱肢截面:按对实轴(y-y 轴)的整体稳定选择柱肢的截面,方法与实腹柱的计算方法相同。

（2）确定分肢间距：按对虚轴（x-x 轴）的整体稳定确定两分肢的距离。

为了获得等稳定性，应使两方向的长细比相等，即使 $\lambda_{0x} = \lambda_y$。

缀条柱（双肢）：

$$\lambda_{0x} = \sqrt{\lambda_x^2 + 27\frac{A}{A_1}} = \lambda_y$$

即

$$\lambda_x = \sqrt{\lambda_y^2 - 27\frac{A}{A_1}} \tag{4-53}$$

可假定 $A_1 = 0.1A$。

缀板柱（双肢）：

$$\lambda_{0x} = \sqrt{\lambda_x^2 + \lambda_1^2} = \lambda_y$$

即

$$\lambda_x = \sqrt{\lambda_y^2 - \lambda_1^2} \tag{4-54}$$

计算时可假定 λ_1 为 $30 \sim 40$，且 $\lambda_1 \leqslant 0.5\lambda_y$。

查表 4-7，可得柱在缀材方向的宽度 $b = i_x/\alpha_5$，也可由已知截面的几何量直接算出柱的宽度 b。一般按 10 mm 进级，且两肢间距宜大于 100 mm，便于内部刷漆。

（3）截面验算：按选出的实际尺寸对虚轴的稳定性和分肢的稳定性进行验算，如不合适，进行修改后再验算，直至合适为止。

（4）设计缀条或缀板（包括它们与分肢的连接）。

（5）设置横隔。

进行以上计算时应注意：构件对实轴的长细比 λ_y 和对虚轴的换算长细比 λ_{0x} 均不得超过容许长细比 $[\lambda]$。

【例 4-2】 设计两槽钢组成的格构柱，柱的轴心压力 $N = 1\,500$ kN，$l_{0x} = l_{0y} = 6$ m，采用 Q235 钢材。

【解】 （1）初选截面

按对实轴进行稳定计算。设 $\lambda_y = 70$，属于 b 类截面，查附表 4-2 得 $\varphi_y = 0.751$，则

需要的截面积为 $\quad A = \dfrac{N}{\varphi_y f} = \dfrac{1\,500 \times 10^3}{0.751 \times 215 \times 10^2} = 92.9\ \text{cm}^2$

回转半径 $\quad i_y = \dfrac{l_{0y}}{\lambda_y} = \dfrac{600}{70} = 8.57\ \text{cm}$

试选 $[28\text{b}, A = 2 \times 45.62 = 91.24\ \text{cm}^2, i_y = 10.6\ \text{cm}, z_0 = 2.02\ \text{cm}, I_1 = 242.1\ \text{cm}^2$。

验算整体稳定性

$$\lambda_y = \frac{l_{0y}}{i_y} = \frac{600}{10.6} = 56.6 < [\lambda] = 150$$

查附表 4-2 得

$$\varphi_y = 0.825$$

$$\sigma = \frac{N}{\varphi_y A} = \frac{1\,500 \times 10^3}{0.\,825 \times 91.\,24 \times 10^2} = 199.\,3 \text{ N/mm}^2 < f = 215 \text{ N/mm}^2$$

（2）采用缀板柱时

① 初定柱宽 b

假定 $\lambda_1 = 0.5 \times 56.6 = 28.3$，取 $\lambda_1 = 28$

由 $\lambda_{0x} = \sqrt{\lambda_x^2 + \lambda_1^2} = \lambda_y$，可得 $\lambda_x = \sqrt{\lambda_y^2 - \lambda_1^2} = \sqrt{56.6^2 - 28^2} = 49.2$

$$i_x = \frac{l_{0x}}{\lambda_x} = \frac{600}{49.\,2} = 12.\,2 \text{ cm}$$

而 $i_x = 0.\,44b$，则 $b = \dfrac{i_x}{0.\,44} = \dfrac{12.\,2}{0.\,44} = 27.\,7 \text{ cm}$，取 $b = 28 \text{ cm}$，采用如图 4-31(a) 的形式。

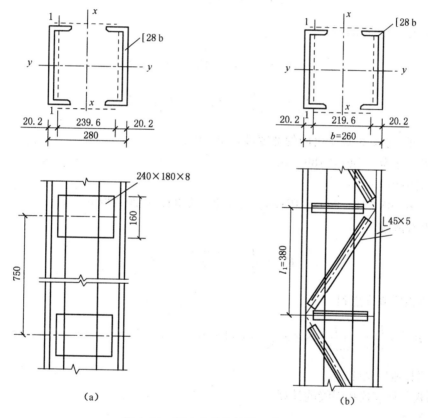

（a）　　　　　　　　　　　　（b）

图 4-31　例 4-2 格构柱的设计计算

② 截面验算

整个截面对虚轴的数据

$$I_x = 2 \times \left[I_1 + \frac{A}{2} \cdot \left(\frac{a}{2} \right)^2 \right] = 2 \times (242.\,1 + 45.\,62 \times 11.\,98^2) = 13\,579 \text{ cm}^4$$

$$i_x = \sqrt{\frac{I_x}{A}} = \sqrt{\frac{13\,579}{91.\,24}} = 12.\,2 \text{ cm}$$

刚度验算：　$\lambda_{0x} = \sqrt{\lambda_x^2 + \lambda_1^2} = \sqrt{49.2^2 + 28^2} = 56.6 < [\lambda] = 150$

整体稳定验算：由 $\lambda = 56.6$ 得 $\varphi = 0.825$

则　　　$\sigma = \dfrac{N}{\varphi A} = \dfrac{1\,500 \times 10^3}{0.825 \times 91.24 \times 10^2} = 199.3\,\text{N/mm}^2 < f = 215\,\text{N/mm}^2$（满足要求）

③ 缀板计算

a. 柱身承受的横向剪力为

$$V = \frac{Af}{85}\sqrt{\frac{f_y}{235}} = \frac{9\,124 \times 215}{85 \times 10^3} = 23.1\,\text{kN}$$

b. 肢件对自身轴 1-1 的 $i_1 = 2.3$ cm，则缀板的净距即计算长度

$$l_0 = \lambda_1 i_1 = 28 \times 2.3 = 64.4\,\text{cm}$$

c. 按构造要求取缀板尺寸

$$b \geqslant \frac{2}{3}a = \frac{2}{3} \times 23.96 = 15.97\,\text{cm}，取\ b = 18\,\text{cm}$$

$$t \geqslant \frac{a}{40} = \frac{23.96}{40} = 0.6\,\text{cm}，取\ t = 8\,\text{mm}$$

缀板长度一般取两虚轴之间的宽度，即 240 mm。

则缀板尺寸为 —240 × 180 × 8。

d. 缀板中距

$l_1 = l_0' + b = 65 + 18 = 83$ cm，因柱高 6 m，设 8 块缀板，中距约取 85 cm

柱分肢线刚度

$$K_1 = \frac{I_1}{l_1} = \frac{242.1}{83} = 3\,\text{cm}^3$$

两侧缀板线刚度之和

$$K_b = \frac{I_b}{a} = \frac{1}{23.96} \times 2 \times \frac{1}{12} \times 0.8 \times 18^3 = 32.45\,\text{cm}^3 > 6K_1 = 18\,\text{cm}^3$$

可见缀板刚度足够。

e. 缀板与柱肢连接焊缝的计算

缀板受力

$$T = \frac{V_1 l_1}{a} = \frac{23.1}{2} \times \frac{85}{23.96} = 40.97\,\text{kN}$$

取角焊缝的焊脚尺寸 $h_f = 8$ mm，不考虑焊缝绕角部分长，采用 $l_w = 180$ mm。剪力 T 产生的剪应力（顺焊缝长度方向）

$$\tau_f = \frac{T}{h_e l_w} = \frac{40\,970}{0.7 \times 8 \times 180} = 40.64\,\text{N/mm}^2$$

弯矩 M 产生的应力（垂直焊缝长度方向）

$$\sigma_f = \frac{6Vl_1}{4h_e l_w^2} = \frac{6 \times 23.1 \times 10^3 \times 850}{4 \times 0.7 \times 8 \times 180^2} = 162.3 \text{ N/mm}^2$$

$$\sqrt{\left(\frac{\sigma_f}{1.22}\right)^2 + \tau_f^2} = \sqrt{\left(\frac{162.3}{1.22}\right)^2 + 40.64^2} = 139.1 \text{ N/mm}^2 < f_f^w = 160 \text{ N/mm}^2$$

采用钢板式横隔,厚 8 mm,与缀板配合设置,间距应小于 9 倍的柱宽($9 \times 28 = 252$ cm),柱端有柱头和柱脚,中间三分点处设两道横隔。

(3) 若采用单系缀条式格构柱,则两肢仍采用[28b(图 4-31(b))

① 按虚轴稳定性初选两肢间距

设 $A_1 = 0.1A = 0.1 \times 9124 = 912.4 \text{ mm}^2$,因此选角钢∟ 45×5。

则 $\qquad\qquad A_1 = 2 \times 4.29 = 8.58 \text{ cm}^2$

利用等稳定性条件,使对虚轴的换算长细比与实轴的长细比相等

由 $\lambda_{0x} = \sqrt{\lambda_x^2 + 27\dfrac{A}{A_1}} = \lambda_y$,可导出 $\lambda_x = \sqrt{\lambda_y^2 - 27\dfrac{A}{A_1}} = \sqrt{56.6^2 - 27 \times \dfrac{91.24}{8.58}} = 54$

相应的回转半径 $\qquad\qquad i_x = \dfrac{l_{0x}}{\lambda_x} = \dfrac{600}{54} = 11.11 \text{ cm}$

两肢柱距离 $\qquad\qquad b = \dfrac{i_x}{0.44} = 25.25 \text{ cm},取 b = 26 \text{ cm}。$

② 截面验算

整个截面对虚轴的数据

$$I_x = 2 \times \left[I_1 + \frac{A}{2} \cdot \left(\frac{a}{2}\right)^2\right] = 2 \times (242.1 + 45.62 \times 10.98^2) = 11\,484.13 \text{ cm}^4$$

$$i_x = \sqrt{\frac{I_x}{A}} = \sqrt{\frac{11\,484.13}{91.24}} = 11.22 \text{ cm}$$

刚度验算

$$\lambda_x = \frac{l_{0x}}{i_x} = \frac{600}{11.22} = 53.48 < [\lambda] = 150$$

$$\lambda_{0x} = \sqrt{\lambda_x^2 + 27\frac{A}{A_1}} = \sqrt{53.48^2 + 27 \times \frac{91.24}{8.58}} = 56.1 < [\lambda] = 150$$

整体稳定验算,按 b 类,查附表 4-2 得 $\varphi = 0.827$

$$\sigma = \frac{N}{\varphi A} = \frac{1\,500 \times 10^3}{0.827 \times 91.24 \times 10^2} = 198.8 \text{ N/mm}^2 < f = 215 \text{ N/mm}^2$$

③ 缀条计算

柱身承受横向剪力 $V = \dfrac{Af}{85}\sqrt{\dfrac{f_y}{235}} = \dfrac{9\,124 \times 215}{85 \times 10^3} = 23.1 \text{ kN}$

缀条与柱肢轴线夹角按 $\alpha = 45°$ 考虑缀条受力

$$N_t = \frac{V_1}{\cos\alpha} = \frac{23.1}{2 \times 0.707} = 16.34 \text{ kN}$$

缀条选 $\llcorner$ 45×5, $A = 4.29$ cm², $i_{min} = 0.88$, 计算长度

$$l_0 = \frac{b}{\cos\alpha} = \frac{26}{0.707} = 36.78 \text{ cm}$$

则 6 m 柱分为 16 个节间, 单肢轴线长 37.5 cm, 取缀条轴线中距为 $l_1 = 38$ cm。
分肢稳定验算

$$\lambda_1 = \frac{l_1}{i_1} = \frac{38}{2.3} = 16.5 < 0.7\lambda_{max} = 0.7 \times 56.6 = 39.62$$

缀条整体稳定计算

$$\lambda = \frac{l_0}{i_{min}} = \frac{36.78}{0.88} = 41.80$$

单角钢按 b 类查得 $\varphi = 0.892$
等边单角钢与柱单面连接, 强度应乘以折减系数

$$\eta = 0.6 + 0.0015\lambda = 0.6 + 0.0015 \times 41.8 = 0.663$$

则 $\quad \sigma = \frac{N_t}{\eta\varphi A} = \frac{16\,340}{0.663 \times 0.892 \times 429} = 64.4 \text{ N/mm}^2 < f = 215 \text{ N/mm}^2$

缀条与柱肢连接焊缝计算, 取焊脚尺寸 $h_f = 4$ mm, 则肢背焊缝长度

$$l_w = \frac{\alpha_1 N}{0.7h_f \times 0.85 \times 160} = \frac{0.7 \times 16\,340}{0.7 \times 4 \times 0.85 \times 160} = 30 \text{ mm}$$

考虑起落弧 10 mm, 取 $l_w = 40$ mm。
肢尖焊缝长度

$$l_2' = \frac{\alpha_2 N}{0.7h_f \times 0.85 \times 160} = \frac{0.3 \times 16\,340}{0.7 \times 4 \times 0.85 \times 160} = 12.87 \text{ mm}$$

考虑起落弧 10 mm, 取 $l_2' = 23$ mm。

4.8 柱头和柱脚及抗震措施

4.8.1 柱头

梁与轴心受压柱的连接只能是铰接, 若为刚接, 则柱将承受较大弯矩成为受压受弯柱。梁与柱铰接时, 可支承在柱顶上(图 4-32(a)、(b)、(c)), 亦可连于柱的侧面(图 4-32(d)、(e))。

1）顶面连接

顶面连接的构造是在柱头顶面焊上一块顶板,直接将梁放置在顶板上。图 4-32(a)所示的构造,是将梁端加劲肋的突缘部分刨平,然后与柱头的顶板直接顶紧,将梁的反力直接传给柱子。这种连接方式,可使柱子接近轴心受力。为了提高顶板的抗弯刚度,应在顶板上加焊一块垫块,它的下面正对着梁端加劲肋位置,在柱的腹板上设一对加劲肋。顶板应具有足够的刚度,一般厚为 16～20 mm。顶板的平面尺寸应比柱截面的轮廓大出约 30 mm,以便于顶板与柱身的连接。相邻梁之间留 10～20 mm 的空隙,以便于梁的安装,最后用填板嵌入并用构造螺栓固定。图 4-32(b)所示构造,是将梁端加劲肋对准柱的翼缘而直接传递梁的反力。采用这种构造连接,当柱身两边梁的反力不相等时,柱将偏心受力。对于格构柱(图 4-32(c)),为了保证传力均匀并托住顶板,应在两柱肢之间设置竖向隔板。

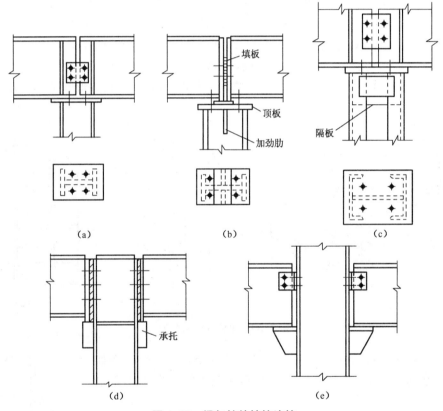

图 4-32 梁与柱的铰接连接

2）侧面连接

对于多层框架的中间梁柱体系,横梁只能在柱侧相连。梁的反力由梁端加劲肋传给支托,支托可用厚钢板做成(图 4-32(d)),也可采用 T 形(图 4-32(e)),支托与柱翼缘之间用角焊缝相连。用厚钢板做支托的方案适用于承受较大的压力,但制作与安装的精度要求较高。支托的端面必须刨平并与梁的端部加劲肋顶紧以便直接传递压力。考虑到荷载偏心的不利影响,支托与柱的连接焊缝按梁支座反力的 1.25 倍计算。为了方便安装,梁端与柱间应留空隙加入填板,并设置构造螺栓。当两侧梁的支座反力相差较大时,应考虑偏心,按压弯柱计算。

4.8.2 柱脚

柱脚是柱中构造较为复杂,制造最费工的部分。设计时应力求构造简单,重量轻,并尽可能符合计算图式。

1)柱脚的构造

轴心受压柱的柱脚主要传递轴心压力,与基础的连接一般采用铰接。

图4-33是几种常用的平板式铰接柱脚。由于基础混凝土强度远比钢材低,所以必须把柱的底部放大,以增加其与基础顶部的接触面积。图4-33(a)是一种最简单的柱脚构造形式,在柱下端仅焊一块底板,柱中压力由焊缝传至底板,再传给基础。这种柱脚只能用于小型柱,如果用于大型柱,底板需要增大厚度。一般的铰接柱脚常采用图4-33(b)、(c)、(d)的形式,在柱端部与底部之间增设一些中间传力零件,如靴梁、隔板和肋板等,以增加柱与底板的连接焊缝长度,并且将底板分隔成几个区格,使底板的弯矩减小,厚度减薄。图4-33(b)中,靴梁焊于柱的两侧,在靴梁之间用隔板加强,以减小底板的弯矩,并提高靴梁的稳定性。图4-33(c)是格构柱的柱脚构造。图4-33(d)中,在靴梁外侧设置肋板,底板做成正方形或接近正方形。

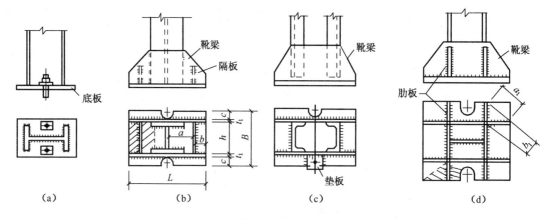

图 4-33 平板式铰接柱脚

布置柱脚中的连接焊缝时,应考虑施焊的方便与可能性。例如图4-33(b)隔板的里侧,图4-33(c)、(d)中靴梁中央部分的里侧,都不宜布置焊缝。

柱脚是利用预埋在基础中的锚栓来固定其位置的。铰接柱脚只沿着一条轴线设立两个连接于底板上的锚栓,见图4-33。底板的抗弯刚度较小,锚栓受拉时,底板会产生弯曲变形,阻止柱端转动的抗力不大,因而此种柱脚仍视为铰接。如果用完全符合力学图形的铰,将给安装工作带来很大困难,而且构造复杂,一般情况下没有此种必要。

铰接柱脚不承受弯矩,只承受轴向压力和剪力。剪力通常由底板与基础表面的摩擦力传递。当此摩擦力不足以承受水平剪力时,应在柱脚底板下设置抗剪键(见图4-34),抗剪键可用方钢、短T字钢

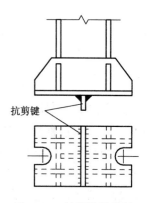

图 4-34 柱脚的抗剪键

或 H 型钢做成。

2）柱脚的设计计算

（1）底板的计算

① 底板的面积

底板的平面尺寸取决于基础混凝土材料的抗压能力，基础对底板的压应力可近似认为是均匀分布的，则所需底板净面积 A_n（底板宽乘以长，减去锚栓孔面积）应按下式计算

$$A_n = BL_2 - A_0 \geqslant \frac{N}{f_c} \tag{4-55}$$

式中：B、L_2——底板的宽度和长度；

$\quad\quad N$——轴向压力设计值；

$\quad\quad A_0$——螺栓孔的面积；

$\quad\quad f_c$——基础混凝土的抗压强度设计值，按《混凝土结构设计规范》（GB 50010）取值。

根据构造要求先确定底板的宽度 B，然后再算出 L_2。

$$B = h + 2t_1 + 2c \tag{4-56}$$

式中：h——柱的截面高度或宽度；

$\quad\quad t_1$——靴梁的厚度，一般取 $10\sim20$ mm；

$\quad\quad c$——底板悬臂长度，可取锚栓直径（锚栓常用直径为 $20\sim24$ mm）的 $3\sim4$ 倍，如果不在悬臂部分布置锚栓，可取 $c = 20 \sim 40$ mm。

应使算得的 $L_2 \leqslant 2B$，否则底板过长，需要增加隔板而使得构造复杂，并使板底压应力不均匀。

② 底板的厚度

底板的厚度由板的抗弯强度决定。底板可视为一个支承在靴梁、隔板和柱端的平板，它承受基础传来的均匀反力。靴梁、肋板、隔板和柱的端面均可视为底板的支承边，并将底板分隔成不同的区格，其中有四边支承、三边支承、两相邻边支承和一边支承等区格。在均匀分布的基础反力作用下，各区格板单位宽度上的最大弯矩为：

a. 四边支承区格

$$M = \alpha q a^2 \tag{4-57}$$

式中：q——作用于底板单位面积上的压应力，$q = N/A_n$；

$\quad\quad a$——四边支承区格的短边长度；

$\quad\quad \alpha$——系数，根据长边 b 与短边 a 之比按表 4-8 采用。

表 4-8 α 值

b/a	1.0	1.1	1.2	1.3	1.4	1.5	1.6	1.7	1.8	1.9	2.0	3.0	$\geqslant 4.0$
α	0.048	0.055	0.063	0.069	0.075	0.081	0.086	0.091	0.095	0.099	0.101	0.119	0.125

b. 三边支承区格和两相邻边支承区格

$$M = \beta q a_1^2 \tag{4-58}$$

式中：a_1——对三边支承区格为自由边长度，对两相邻边支承区格为对角线长度（见图 4-33

(b)、(d))；

β——系数，根据 b_1/a_1 值由表 4-9 查得，对三边支承区格 b_1 为垂直于自由边的宽度；对两相邻边支承区格，b_1 为内角顶点至对角线的垂直距离（见图 4-33(b)、(d)）。

表 4-9 β值

b_1/a_1	0.3	0.4	0.5	0.6	0.7	0.8	0.9	1.0	1.1	≥1.2
α	0.026	0.042	0.056	0.072	0.085	0.092	0.104	0.111	0.120	0.125

当三边支承区格的 $b_1/a_1 < 0.3$ 时，可按悬臂长度为 b_1 的悬臂板计算。

c. 一边支承区格（即悬臂板）

$$M = \frac{1}{2}qc^2 \tag{4-59}$$

式中：c——底板悬臂长度（见图 4-33(b)）。

底板的厚度 t 应按各区格求得的弯矩中的最大弯矩值 M_{max} 决定：

$$t = \sqrt{\frac{6M_{max}}{f}} \tag{4-60}$$

设计时要注意到靴梁和隔板的布置应尽可能使各区格板中的弯矩相差不要太大，以免所需的底板过厚。当各区格板中弯矩相差太大时，应调整底板尺寸或重新划分区格。

底板的厚度通常为 20～40 mm，最薄一般不得小于 14 mm，以保证底板具有必要的刚度，从而满足基础反力是均匀分布的假设。

(2) 靴梁的计算

在制造柱脚时，柱身往往做得稍短一些（图 4-33(c)），在柱身与底板之间仅采用构造焊缝连接。在进行焊缝计算时，假定柱端与底板之间的连接焊缝不受力，柱端对底板只起划分底板区格支承边的作用。柱压力 N 由柱身通过竖向焊缝传给靴梁，再传给底板。焊缝计算包括柱身与靴梁之间竖向连接焊缝承受柱压力 N 作用的计算，靴梁与底板之间水平连接焊缝承受柱压力 N 作用的计算。同时要求每条竖向焊缝的计算长度不应大于 $60h_f$。

靴梁的高度由其与柱边连接所需要的焊缝长度决定，此连接焊缝承受柱身传来的压力 N。靴梁的厚度比柱翼缘厚度略小。

靴梁按支承于柱边的双悬臂梁计算，根据所承受的最大弯矩和最大剪力值，验算靴梁的抗弯和抗剪强度。

(3) 隔板与肋板的计算

为了支承底板和侧向支承靴梁，隔板应具有一定的刚度，因此隔板的厚度不得小于其宽度 b 的 1/50，且不应小于 10 mm，一般比靴梁略薄些，高度略小些。

隔板可视为支承于靴梁上的简支梁，荷载可按承受图 4-33(b)中阴影面积的底板反力计算，按此荷载所产生的内力验算隔板与靴梁的连接焊缝以及隔板本身的强度。注意隔板内侧的焊缝不宜施焊，计算时不能考虑受力。

肋板按悬臂梁计算，承受的荷载为图 4-33(d)所示的阴影部分的底板反力。肋板与靴梁间的连接焊缝以及肋板本身的强度均应按其承受的弯矩和剪力计算。

【**例4-3**】 设计如图4-35所示的焊接H型钢（截面尺寸为H250 mm×250 mm×9 mm×14 mm）截面柱的柱脚。轴心压力的设计值为1 650 kN，柱脚钢材为Q235钢，焊条为E43型。

【**解**】 （1）底板尺寸

基础混凝土采用C15，其抗压强度设计值 $f_c = 7.5\ \text{N/mm}^2$，锚栓采用 $d=20$ mm，锚栓孔面积约为5 000 mm²。所需底板净面积

$$A_n = \frac{N}{f_c} = \frac{1\ 650 \times 10^3}{7.5} = 22 \times 10^4\ \text{mm}^2$$

则　$BL_2 = A_n + A_0 = 22.5 \times 10^4\ \text{mm}^2$

底板宽度　$B = 250 + 2 \times 10 + 2 \times 70 = 410$ mm

底板长度　$L_2 = \dfrac{22.5 \times 10^4}{410} = 548$ mm

采用　$B \times L_2 = 410\ \text{mm} \times 560\ \text{mm}$

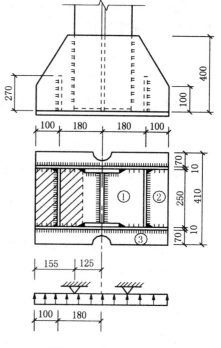

图4-35　例4-3图

（2）底板厚度

基础对底板的压应力为

$$q = \frac{N}{A_n} = \frac{1\ 650 \times 10^3}{22 \times 10^4} = 7.35\ \text{N/mm}^2$$

底板的区格有三种，现分别计算其单位宽度的弯矩：

四边支承板（区格①），$b/a = 250/180 = 1.39$，查表4-8，得 $\alpha = 0.074\ 4$。

$$M = \alpha q a^2 = 0.074\ 4 \times 7.35 \times 180^2 = 17\ 718\ \text{N} \cdot \text{mm}$$

三边支承板（区格②），$b_1/a_1 = 100/250 = 0.4$，查表4-9，得 $\beta = 0.042$。

$$M = \beta q a_1^2 = 0.042 \times 7.35 \times 250^2 = 19\ 293\ \text{N} \cdot \text{mm}$$

悬臂部分（区格③）

$$M = \frac{1}{2} q c^2 = \frac{1}{2} \times 7.35 \times 70^2 = 18\ 007\ \text{N} \cdot \text{mm}$$

这三种区格的弯矩值相差不大，故不必调整底板平面尺寸和隔板位置。最大弯矩为 $M_{max} = 19\ 293\ \text{N} \cdot \text{mm}$。

底板厚度

$$t = \sqrt{\frac{6M_{max}}{f}} = \sqrt{\frac{6 \times 19\ 293}{205}} = 23.8\ \text{mm}，取\ t = 24\ \text{mm}$$

（3）隔板计算

将隔板视为两端支承于靴梁的简支梁，取厚度 $t=8$ mm。其线荷载为

$$q_1 = \left(100 + \frac{180}{2}\right) \times 7.35 = 1\ 397\ \text{N/mm}$$

隔板与底板的连接(仅考虑外侧一条焊缝)为正面角焊缝,$\beta_f = 1.22$。取 $h_f = 12$ mm,焊缝长度为 l_w。焊缝强度计算

$$\sigma_f = \frac{q_1 l_w}{0.7 \times 1.22 h_f l_2} = \frac{1\,397}{1.22 \times 0.7 \times 12} = 136 \text{ N/mm}^2 < f_f^w = 160 \text{ N/mm}^2$$

隔板与靴梁的连接(外侧一条焊缝)为侧面角焊缝,所受隔板的支座反力为

$$R = \frac{1}{2} \times 1\,397 \times 250 = 174\,625 \text{ N}$$

设 $h_f = 8$ mm,求焊缝长度(即隔板高度)

$$l_w = \frac{R}{0.7 h_f f_f^w} = \frac{174\,625}{0.7 \times 8 \times 160} = 195 \text{ mm}$$

取隔板高 270 mm,设隔板厚度 $t = 8$ mm $> b/50 = 250/50 = 5$ mm。
验算隔板抗剪和抗弯强度

$$V_{max} = R = 174\,625 \text{ N}$$

$$\tau = \frac{1.5 V_{max}}{ht} = \frac{1.5 \times 174\,625}{270 \times 8} = 121 \text{ N/mm}^2 < f_v = 125 \text{ N/mm}^2$$

$$M_{max} = \frac{1}{8} \times 1\,397 \times 250^2 = 10.9 \times 10^6 \text{ N} \cdot \text{mm}$$

$$\sigma = \frac{M_{max}}{W} = \frac{6 \times 10.9 \times 10^6}{8 \times 270^2} = 112 \text{ N/mm}^2 < f = 215 \text{ N/mm}^2$$

(4) 靴梁计算

靴梁与柱身的连接(4 条焊缝),按承受柱的压力 $N = 1\,650$ kN 计算。此焊缝为侧面角焊缝,设 $h_f = 10$ mm,则焊缝长度

$$l_w = \frac{N}{4 \times 0.7 h_f f_f^w} = \frac{1\,650 \times 10^3}{4 \times 0.7 \times 10 \times 160} = 368 \text{ mm}$$

取靴梁高即焊缝长度为 400 mm。
靴梁与底板的连接焊缝传递全部柱的压力,设焊缝的焊脚尺寸为 $h_f = 10$ mm。
所需的焊缝总计算长度应为

$$\sum l_w = \frac{N}{1.22 \times 0.7 h_f f_f^w} = \frac{1\,650 \times 10^3}{1.22 \times 0.7 \times 10 \times 160} = 1\,206 \text{ mm}$$

显然焊缝的实际计算总长度已超过此值。
靴梁作为支承于柱边的双悬臂简支梁,悬伸部分长度 $l = 155$ mm,取其厚度 $t = 10$ mm,验算其抗剪和抗弯强度如下。
底板传给靴梁的荷载

$$q_2 = \frac{Bq}{2} = \frac{410 \times 7.35}{2} = 1\,507 \text{ N/mm}$$

靴梁支座处最大剪力

$$V_{max} = q_2 l = 1\,507 \times 155 = 2.3 \times 10^5 \text{ N}$$

靴梁支座处最大弯矩

$$M_{max} = \frac{1}{2} q_2 l^2 = \frac{1}{2} \times 1\,507 \times 155^2 = 18.1 \times 10^6 \text{ N} \cdot \text{mm}$$

靴梁强度

$$\tau = \frac{1.5 V_{max}}{ht} = \frac{1.5 \times 2.3 \times 10^5}{10 \times 400} = 86 \text{ N/mm}^2 < f_v = 125 \text{ N/mm}^2$$

$$\sigma = \frac{M_{max}}{W} = \frac{6 \times 18.1 \times 10^6}{10 \times 400^2} = 67.9 \text{ N/mm}^2 < f = 215 \text{ N/mm}^2$$

4.8.3　轴心受力构件(中心支撑)节点的抗震构造要求

钢结构中常采用支撑,尤其在框架结构中广泛采用轴心受力的中心支撑。在抗震设计时,支撑宜采用 H 型钢制作,两端与框架可采用刚接构造;梁柱与支撑连接处应设置加劲肋;采用焊接工字形截面的支撑时,其翼缘与腹板的连接宜采用全熔透连续焊缝;支撑与框架连接处,支撑杆端宜做成圆弧。若支撑和框架采用节点板连接,应符合现行国家标准《钢结构设计规范》(GB 50017)关于节点板在连接杆件每侧有不小于30°夹角的规定;支撑端部至节点板最近嵌固点(节点板与框架构件连接焊缝的端部)在沿支撑杆件轴线方向的距离,不应小于节点板厚度的2倍。梁在其与 V 形支撑或人字支撑相交处,应设置侧向支承;该支承点与梁端支承点间的侧向长细比(λ_y)以及支承力,应符合现行国家标准《钢结构设计规范》(GB 50017)关于塑性设计的规定。详见《建筑抗震设计规范》(GB 50011—2010)。

习 题

4-1　理想轴心压杆与实际压杆有何区别?

4-2　轴心受压构件的整体稳定系数 φ 根据哪几个因素确定?

4-3　残余应力对压杆的稳定性有何影响?

4-4　取用较粗大的缀条,能否提高缀条柱的整体稳定承载力?

4-5　图 4-36 为一焊接工字形轴心受压构件的截面,轴心压力设计值 $N = 3\,950$ kN(包括构件的自重),构件的计算长度为 $l_{0x} = 7$ m,$l_{0y} = 3.5$ m(构件中点在 x 方向有一侧向支承)。翼缘板为剪切边,每块翼缘板上设有两个直径 $d_0 = 22$ mm 的螺栓孔。钢板采用 Q235 - BF 钢,试验算此构件截面。

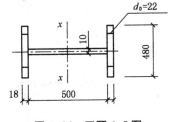

图 4-36　习题 4-5 图

4-6　某工作平台的轴心受压构件,承受的轴心压力设计值 $N = 3\,000$ kN(包括构件等构造自重),计算长度为 $l_{0x} = l_{0y} = 7.8$ m。钢板采用 Q235 - BF 钢,焊条 E43 型,构件截面无削弱,要求设计成由两个热轧工字钢组成的双肢缀条柱。

4-7　同习题 4-6,但要求设计成由两个热轧普通槽钢组成的双肢缀板柱。

5 受弯构件

5.1 受弯构件的类型和应用

承受弯矩或弯矩与剪力共同作用的构件称为受弯构件或梁类构件。在实际工程中,以承受弯、剪为主,但还作用有较小的轴力或扭矩的构件,仍可视为受弯构件。其截面形式有实腹式和格构式两大类,实腹式受弯构件工程上通常称为梁,格构式受弯构件分为蜂窝梁与桁架两种形式。在工业与民用建筑中,钢梁主要用做楼盖梁、工作平台梁、墙梁、檩条、吊车梁、水工闸门、钢桥以及海上采油平台中的主、次梁等。

钢梁按制作方法分为型钢梁(或称轧成梁)(图 5-1(a)～(d)、(j)～(m))以及组合梁(板梁)(图 5-1(e)～(i)、(n))两类,其中主轴 x 称为强轴(因 $I_x > I_y$),另一主轴 y 称为弱轴。型钢梁虽受轧钢条件限制,腹板较厚,材料未能充分利用,但由于制造省工,成本较低,故当型钢梁能满足强度和刚度要求时,应优先采用。型钢梁分为热轧型钢梁和冷弯薄壁型钢梁两种。热轧型钢梁常采用工字钢、H 型钢和槽钢。H 型钢的截面分布最合理,翼缘内外边缘平行,与其他构件连接方便,应予以优先采用。槽钢因其截面是单轴对称,使荷载常常不通过截面的弯曲中心,受弯的同时会产生约束扭转,以致影响梁的承载能力,故常用于在构造上能保证截面不发生显著扭曲且跨度很小的次梁或屋盖檩条。

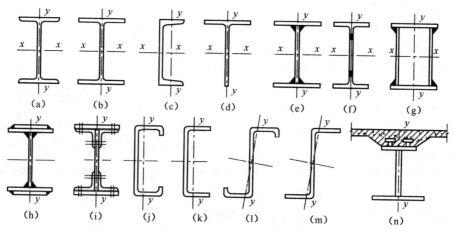

图 5-1　梁的常见截面形式

对受荷较小、跨度不大的梁常采用冷弯薄壁型钢梁(图5-1(j)~(m)),可有效节省钢材,但对防腐要求高(例如屋面檩条和墙梁)。当荷载较大或跨度较大时,受规格限制,型钢梁常不能满足承载能力或刚度的要求,或最大限度地节省钢材,可考虑采用组合梁。组合梁可制成对称工字形、不对称工字形或双腹式箱型截面等,其中以焊接工字形截面最为常用。当荷载很大而高度受到限制或需要较高的截面抗扭刚度时,可采用箱型截面,如钢箱梁桥梁等。

工字梁受弯时翼缘应力大、腹板应力小,为充分利用钢材的强度,可将焊接梁的翼缘采用强度较高的低合金钢,而腹板则采用强度较低的钢材,即所谓异种钢梁。也可将工字钢的腹板沿梯形齿状线切割成两半,然后错开半个节距,焊接成为蜂窝梁(图5-2)。蜂窝梁由于截面高度增大,提高了承载力,而且腹板的孔洞可作为设备通道,是一种较经济、合理的截面形式。

根据支撑情况不同,钢梁可分为简支梁、连续梁、悬臂梁和外伸梁。

单向弯曲梁是在荷载作用下只在一个主轴平面内受弯,如图5-3(a)所示的工字梁,在荷载作用下绕主轴 $x—x$ 产生弯矩 M_x,使梁沿 $y—y$ 平面内弯曲。双向弯曲梁是在两个主平面内受弯的梁,如图5-3(b)所示。

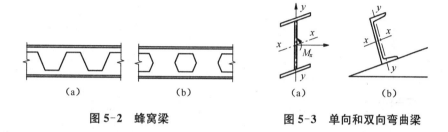

| (a) | (b) | (a) | (b) |

图5-2 蜂窝梁　　　　　图5-3 单向和双向弯曲梁

5.2　梁的强度和刚度

同其他构件一样,钢梁的设计必须同时考虑承载能力极限状态和正常使用极限状态。承载能力极限状态在钢梁的设计中包括强度、整体稳定和局部稳定三个方面。强度一般包括弯曲正应力、剪应力、折算应力和局部承压应力计算。正常使用极限状态在钢梁的设计中主要考虑梁的刚度。

5.2.1　梁的抗弯强度

钢梁受弯时的应力-应变曲线与单向拉伸时的相似,也存在屈服点和屈服平台,可视为理想弹塑性体。当弯矩由零逐渐加大时,截面中的应变始终符合平截面假定(图5-4(a)),截面正应力的发展过程分为三个阶段。

(1) 弹性阶段(图5-4(b)):当作用于梁上的弯矩较小时,梁全截面处于弹性工作阶段,应力与应变成正比,截面上的应力分布为直线。随着弯矩的增大,正应力按比例增加。当梁截面边缘纤维的最大正应力达到屈服点 f_y 时,表示弹性阶段结束,相应的弯矩称为弹性极限弯矩 M_e(或屈服弯矩),其值为

$$M_e = W_n f_y \tag{5-1}$$

式中：W_n——梁净截面（弹性）抵抗矩。

（2）弹塑性阶段（图 5-4(c)）：弯矩继续增大，梁截面边缘应力保持 f_y 不变，而截面的上、下边，凡是应变值达到和超过 ε_y 的部分，其应力都相应达到 f_y，形成两端塑性区、中间弹性区。

（3）塑性阶段（图 5-4(d)）：弯矩进一步增大，梁截面的塑性区不断向内发展，弹性核心不断变小。当弹性核心几乎完全消失时，整个截面进入塑性区，弯矩不再增加，而塑性变形急剧增大，梁在弯矩作用方向绕该截面中和轴自由转动，形成一个塑性铰，承载能力达到极限，此时的弯矩称为塑性弯矩 M_p（或极限弯矩），其值为

$$M_p = f_y(S_{1n} + S_{2n}) = f_y W_{pn} \tag{5-2}$$

式中：S_{1n}——中和轴以上净截面对中和轴的面积矩；

S_{2n}——中和轴以下净截面对中和轴的面积矩；

W_{pn}——梁净截面塑性抵抗矩，$W_{pn} = S_{1n} + S_{2n}$。

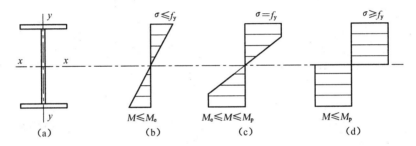

图 5-4　梁的弯曲正应力分布

塑性抵抗矩与弹性抵抗矩之比为

$$\gamma_F = \frac{W_{pn}}{W_n} = \frac{W_{pn} f_y}{W_n f_y} = \frac{M_p}{M_e} \tag{5-3}$$

γ_F 值只取决于截面的几何形状而与材料的性质无关，称为截面形状系数。对于矩形截面 $\gamma_F = 1.5$；圆截面 $\gamma_F = 1.7$；圆管截面 $\gamma_F = 1.27$。工字形截面绕强轴的塑性发展系数，取决于翼缘与腹板截面积之比以及翼缘厚度与梁高之比，在通常尺寸比例下，γ_F 在 $1.10 \sim 1.17$ 之间。

实际上，钢梁能否采用塑性设计尚应考虑下列因素的影响：

（1）变形的影响。塑性变形引起梁的挠度增大，可能会影响梁的正常使用。

（2）剪应力的影响。钢梁截面的同一点上存在弯应力 σ 与剪应力 τ 共同作用时，应以折算应力 $\sigma_{eq} = \sqrt{\sigma^2 + 3\tau^2}$ 是否等于屈服强度 f_y 来判别钢材是否达到塑性状态。显然，当最大弯矩所在的截面上同时有剪应力作用时，会提早出现塑性铰。因此，若采用塑性设计，宜对剪应力作适当限制。

（3）局部稳定的影响。超静定梁在形成塑性铰和内力重分布过程中，要求在塑性铰转动时能保证受压翼缘和腹板不会局部失稳。

（4）脆断或疲劳的影响。钢梁在动力荷载或连续重复荷载作用下，可能发生突然性的脆

断,它与静力荷载作用下发生缓慢的塑性破坏完全不同。因此,对于直接承受动力荷载或连续重复荷载的钢梁,也不能采用塑性设计。

(5) 钢材本身有较好的塑性,如 $f_u/f_y \geqslant 1.2, \delta_5 \geqslant 15\%$。

显然,在梁的抗弯强度计算时,按弹性设计偏于保守,考虑截面塑性发展比不考虑要节省钢材。但梁的截面应力发展到塑性时,可能使梁的挠度过大,受压翼缘过早失去局部稳定。因此,钢结构设计规范只是有限制地利用塑性。钢结构设计规范规定,除直接承受动力荷载或受压翼缘自由外伸宽度 b 与其厚度 t 之比超过 $13\sqrt{235/f_y}$ 的梁仍采用弹性设计外,一般的静定梁可考虑部分发展塑性变形来计算梁的弯曲刚度,截面上的塑性发展区在梁高的 $1/8 \sim 1/4$ 范围内,一般取 $h/8$。相应的截面塑性发展系数 γ,对于双轴对称工字形截面 $\gamma_x = 1.05, \gamma_y = 1.2$,箱形截面 $\gamma_x = \gamma_y = 1.05$。

这样,梁的抗弯强度按下列规定计算:

单向弯曲时

$$\sigma = \frac{M_x}{\gamma_x W_{nx}} \leqslant f \tag{5-4}$$

双向弯曲时

$$\sigma = \frac{M_x}{\gamma_x W_{nx}} + \frac{M_y}{\gamma_y W_{ny}} \leqslant f \tag{5-5}$$

式中:M_x、M_y——计算截面处绕 x 轴和 y 轴的弯矩设计值(对工字形截面:x 轴为强轴,y 轴为弱轴);

W_{nx}、W_{ny}——对 x 轴和 y 轴的净截面抵抗矩;

f——钢材的抗弯强度设计值(见附表 1-1);

γ_x、γ_y——截面塑性发展系数:当梁受压翼缘的自由外伸宽度与其厚度之比满足 $b_1/t \leqslant 13\sqrt{235/f_y}$ 时,对工字形截面,$\gamma_x = 1.05$,$\gamma_y = 1.2$;对箱形截面,$\gamma_x = \gamma_y = 1.05$;对其他截面,可按附表 9-1 采用;对直接承受动力荷载、采用冷弯薄壁型钢、格构式截面绕虚轴弯曲、受压翼缘的自由外伸宽度与其厚度之比在 $13\sqrt{235/f_y} \sim 15\sqrt{235/f_y}$ 之间的组合梁,均应取 $\gamma_x = \gamma_y = 1.0$。

当梁的抗弯强度不够时,增大梁截面的任一尺寸均可,但以梁的高度最为显著。

5.2.2 梁的抗剪强度

一般情况下,梁承受弯矩和剪力的共同作用。钢梁剪应力的验算公式为

$$\tau = \frac{VS_1}{It_w} \leqslant f_v \tag{5-6}$$

式中:V——计算截面沿腹板平面作用的剪力;

S_1——计算剪应力处以上(或以下)毛截面对中和轴的面积矩;

I——毛截面惯性矩;

t_w——腹板厚度;

f_v——钢材的抗剪强度设计值(见附表 1-1)。

当梁的抗剪强度不足时,最有效的办法是增大腹板的面积,但腹板高度一般由梁的刚度条件和构造要求确定,故设计时常采用加大腹板厚度的办法来增大梁的抗剪强度。

5.2.3 梁的局部承压强度

当梁的翼缘受有沿腹板平面作用的固定集中荷载(包括支座反力)且该荷载处又未设置支撑加劲肋(图 5-5(a)),或受有移动的集中荷载(如吊车的轮压,见图 5-5(b))时,应验算腹板计算高度边缘的局部承压强度。腹板计算高度边缘的局部压应力实际分布如图 5-5(c)的曲线所示,在计算中假定压力 F 均匀分布在腹板计算高度边缘的 l_z 范围内,于是梁的局部压应力 σ_c 可按下式计算:

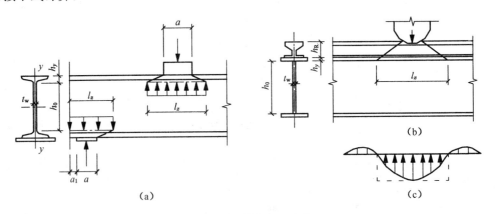

图 5-5　梁的局部压应力

$$\sigma_c = \frac{\psi_1 F}{t_w l_z} \leqslant f \tag{5-7}$$

式中:F——集中荷载,对动力荷载应考虑动力系数;

ψ_1——集中荷载增大系数,对重级工作制吊车梁,$\psi_1 = 1.35$;对其他梁 $\psi_1 = 1.0$;

l_z——集中荷载在腹板计算高度边缘的假定分布长度,按下式计算:

跨中集中荷载 $l_z = a + 5h_y + 2h_R$;梁端支反力 $l_z = a + 2.5h_y + a_1$。

其中:a——集中荷载沿梁跨度方向的支承长度,对次梁为次梁宽,对吊车梁可取 50 mm;

h_y——梁承载边缘到腹板计算高度边缘的距离;

h_R——轨道的高度,梁顶无轨道时 $h_R = 0$;

a_1——梁端到支座板外边缘的距离,按实际尺寸取值,但不得大于 $2.5h_y$;

f——钢材的抗压强度设计值。

腹板的计算高度 h_0:对轧制型钢梁,为腹板与上、下翼缘相接处两内弧起点间距离;对焊接组合梁,为腹板高度;对铆接(或高强度螺栓连接)组合梁,为上、下翼缘与腹板连接的铆钉(或高强度螺栓)线间最近距离。

当验算不满足时,对固定集中荷载处(包括支座处)应设置支承加劲肋,并对支承加劲肋进行计算;对移动集中荷载,则应加大腹板厚度。对于翼缘上作用有均布荷载的梁,因腹板上边缘局部压应力不大,不需要进行局部压应力的验算。

5.2.4　梁在复杂应力作用下的强度计算

在梁(主要是组合梁)的腹板计算高度边缘处,当同时有较大的正应力、剪应力和局部压应力,或同时有较大的正应力和剪应力(如连续梁中部支座处或梁的翼缘截面改变处等)时,应按下式验算该处的折算应力

$$\sigma_{zs} = \sqrt{\sigma^2 + \sigma_c^2 - \sigma\sigma_c + 3\tau^2} \leqslant \beta_2 f \tag{5-8}$$

式中:β_2——计算折算应力的强度设计值增大系数(考虑到折算应力的部位只是梁的局部区域)。当 σ 与 σ_c 异号时,取 $\beta_2 = 1.2$;当 σ 与 σ_c 同号时,取 $\beta_2 = 1.1$,这是由于异号应力场有利于塑性发展,从而提高材料的设计强度;

σ、τ、σ_c——分别为腹板计算高度边缘同一点上的正应力、剪应力和局部压应力。σ、σ_c 以拉应力为正值,压应力为负值;τ 和 σ_c 应按式(5-6)和式(5-7)计算,σ 应按下式计算:

$$\sigma = \frac{M_x}{W_{nx}} \cdot \frac{h_0}{h} \tag{5-9}$$

其中:h_0——梁腹板的高度;

h——梁的高度。

5.2.5　梁的刚度

刚度就是抵抗变形的能力,梁的刚度用荷载作用下的挠度大小来衡量。梁的刚度不足,就不能保证正常使用。如楼盖梁的挠度超过正常使用的某一限值时,一方面给人们一种不舒服和不安全的感觉,另一方面可能使其上部的楼面及下部的抹灰开裂,影响结构的使用功能;吊车梁挠度过大,会加剧吊车运行时的冲击和振动,甚至使吊车运行困难等。因此,应按下式验算梁的刚度

$$v \leqslant [v] \tag{5-10}$$

其中:v——由荷载标准值(不考虑荷载分项系数和动力系数)产生的最大挠度;

$[v]$——梁的容许挠度,查附表2-1。

梁的挠度可按材料力学和结构力学的方法计算,也可由结构静力计算手册取用。受多个集中荷载的梁(如吊车梁、楼盖主梁等),其挠度的精确计算较为复杂,但与最大弯矩相同的均布荷载作用下的挠度接近。于是,可采用下列近似公式验算梁的挠度:

对等截面简支梁:

$$\frac{v}{l} = \frac{5}{384} \cdot \frac{q_k l^3}{EI_x} = \frac{5}{48} \cdot \frac{q_k l^2 \cdot l}{8EI_x} \approx \frac{M_1 l}{10EI_x} \leqslant \frac{[v]}{l}$$

对变截面简支梁:

$$\frac{v}{l} = \frac{M_1 l}{10EI_x}\left(1 + \frac{3}{25} \cdot \frac{I_x - I_{x1}}{I_x}\right) \leqslant \frac{[v]}{l}$$

式中：q_k——均布线荷载标准值；

   M_1——荷载标准值产生的最大弯矩；

   I_x——跨中毛截面惯性矩；

   I_{x1}——支座附近毛截面惯性矩；

   l——梁的长度；

   E——梁截面弹性模量。

  计算梁的挠度 v 值时，取用的荷载标准值应与附表 2-1 规定的容许挠度值 $[v]$ 相对应。例如，对吊车梁，挠度 v 应按自重和起重量最大的一台吊车计算；对楼盖或工作平台梁，应分别验算全部荷载产生的挠度和仅有可变荷载产生的挠度。

5.3 梁的整体稳定

5.3.1 梁的整体失稳现象

  为了提高梁的抗弯刚度，节省钢材，钢梁截面一般设计成高而窄的形式，这样导致其侧向抗弯刚度、抗扭刚度较小。如果梁的侧向支撑较弱（比如仅在支座处有侧向支撑），梁的弯曲就会随荷载大小变化而呈现两种截然不同的平衡状态。

  如图 5-6 所示的工字形截面梁，荷载作用在其最大刚度平面内。当截面弯矩 M_x 较小时，梁的弯曲平衡状态是稳定的。虽然外界各种因素会使梁产生微小的侧向弯曲和扭转变形，但外界影响消失后，梁仍能恢复原来的弯曲平衡状态。然而，当截面弯矩增大到某一数值 M_{cr} 后，梁向下弯曲的同时，将突然发生侧向弯曲和扭转变形，即使外界影响消失后，梁也不能恢复到原来的弯曲平衡状态。这时梁处于极其短暂的中性平衡，并将迅速转变为不稳定平衡，终于

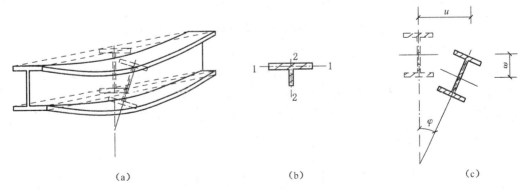

    (a)   (b)   (c)

图 5-6 梁的整体稳定形态

因侧向弯曲和扭转急剧增大而破坏,这种现象称为梁的侧向弯扭屈曲或整体失稳。梁维持其稳定状态所能承担的最大荷载或最大弯矩,称为临界荷载或临界弯矩。

梁之所以会出现侧扭屈曲,可以这样来理解:把受弯构件的受压翼缘和部分与其相连的受压腹板视为一根轴心压杆(图 5-6(b)),随着压力的增加,达到一定的程度,此压杆将不能保持原来的位置而发生屈曲。但是,受压翼缘和部分腹板又与轴心压杆不完全相同,它与受拉翼缘和受拉腹板是直接相连的。当其发生屈曲时就只能是出平面的侧向屈曲,加上受拉部分对其侧向弯曲的牵制,带动整个梁的截面一起发生侧弯和扭转,因而受弯构件的整体失稳必然是侧向弯扭屈曲(图 5-6(c))。

从以上失稳机理来看,梁的整体失稳是弯曲压应力引起的,而且梁丧失整体稳定时的承载力往往低于其抗弯强度确定的承载力,因此,对于侧向没有足够的支撑或侧向刚度较小的梁,其承载力将由整体稳定所控制。

5.3.2 梁的扭转

由于受弯构件在其弯矩作用平面外失去稳定时,是构件同时发生侧向弯曲和扭转变形,为此,在研究梁整体稳定承载力之前,有必要对梁的扭转作简单介绍。有关开口薄壁构件的扭转的更多知识,可参阅有关专业书籍。

构件发生扭转变形的原因,除受弯构件整体失稳外,当作用在构件上的横向荷载不通过截面剪切中心时,构件在受弯的同时也将产生扭转变形。梁或杆件的扭转有自由扭转和约束扭转两种形式,取决于支撑条件和荷载情况等。

1)自由扭转

自由扭转是指杆件在扭矩作用下产生扭转变形时,截面不受任何约束,能够自由产生翘曲变形的扭转。所谓翘曲变形是指杆件在扭矩作用下截面上各点沿杆轴方向相对于形心轴产生的位移。自由扭转有以下特点:

① 沿杆件全长扭矩相等,并在各截面内引起相同的扭转剪应力分布。

② 扭转时各截面有相同的翘曲,各纵向纤维无伸长或缩短变形;在扭转作用下截面上只产生剪应力,无轴向正应力。

③ 纵向纤维保持直线,沿杆件全长各截面将有完全相同的翘曲情况,如图 5-7 所示。

圆杆受扭矩 M_k 时,各截面仍保持为平面,仅产生剪应力:

$$\tau = \frac{M_k \rho_2}{I_\rho} \tag{5-11}$$

式中:I_ρ——圆截面的极惯性矩;

ρ_2——剪应力计算点到截面圆心的距离。

非圆截面杆件受扭时,如图 5-7 所示,原来为平面的横截面不再保持平面,产生翘曲变形但各截面的翘曲变形是相同的,纵向纤维保持直线且长度保持不变。

开口薄壁构件自由扭转时,截面上剪应力在板厚范围内形成一个封闭的剪力流,如图 5-8 所示。其方向与板厚中心线平行,大小沿板厚方向呈线性变化,在板件中心线为零,板件边缘最大,此时扭矩与单位扭转角的关系为

图 5-7　非圆形截面自由扭转

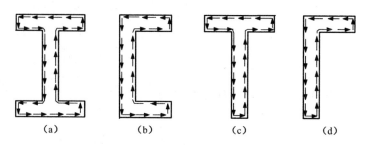

图 5-8　开口截面构件自由扭转时的剪力流

$$M_k = GI_t\varphi_1' = GI_t\frac{d\varphi_1}{dz} \tag{5-12}$$

式中:G——材料的剪切模量;

　　M_k——截面上的扭矩;

　　$d\varphi_1/dz$——单位长度的扭转角;

　　φ_1——截面的扭转角;

　　I_t——截面的扭转惯性矩或扭转常数。

对于长度为 b,宽度为 t 的狭长矩形截面,如图 5-9,扭转常数可以近似取为

$$I_t = \frac{1}{3}bt^3 \tag{5-13}$$

钢结构构件常采用开口薄壁横截面杆,如工字形、槽型、T 形等横截面,它们可视为由若干狭长矩形截面组成,横截面扭转常数可近似取组成该截面的各部分平面的扭转常数之和。对于热轧型钢截面,由于其交接处有凸出部分截面,扭转常数有所提高,实验表明,扭转常数可按下式进行修正为

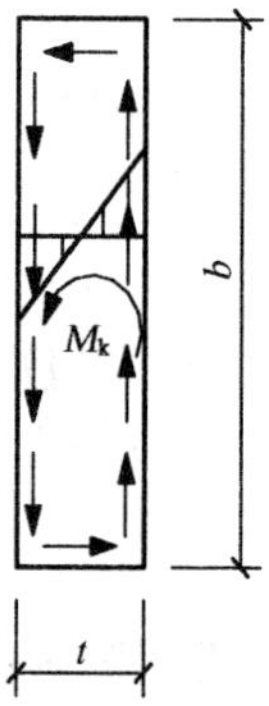

$$I_t = \frac{\eta}{3}\sum_{i=1}^{n} b_i t_i^3 \tag{5-14}$$

式中:b_i、t_i——分别表示第 i 块构件的长度和宽度;

　　n——组成截面的构件总数;

　　η——修正系数,对工字钢 $\eta=1.25$;T 型钢 $\eta=1.15$;槽钢 $\eta=1.12$;角钢 $\eta=1.0$;多块构件组成的焊接组合截面 $\eta=1.0$。

图 5-9　矩形截面扭转剪应力

板件的最大剪应力值为

$$\tau_{max} = \frac{M_k t}{I_t} \tag{5-15}$$

式中:t——取诸构件中宽度最大者。

薄板组成的闭口截面自由扭转时(图 5-10),截面上剪应力的分布与开口截面完全不同,构件内的剪应力沿壁厚方向均匀分布,即横截面在一微元的 τt 为常数,方向为切线方向,则截面总扭转力矩 M_k 和任意点的剪应力 τ 有平衡关系

$$M_k = \int \rho \tau t \, ds = \tau t \int \rho ds$$

$$\tau = \frac{M_k}{2At} \tag{5-16}$$

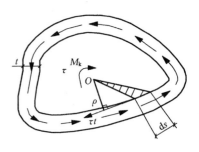

图 5-10 闭口截面的自由扭转

式中:ρ——截面形心至微元 ds 中心线的切线方向的垂直距离;

$\int \rho ds$——沿闭路曲线积分,为构件中心线所围成面积 A 的 2 倍;

A——闭口截面构件中心线所围的面积。

由此可见,闭口截面比开口截面的抗扭能力大得多,故工程上,桥梁常采用箱形截面。

2)约束扭转

构件受扭转作用时,截面上各点纤维在纵向不能自由伸缩,即翘曲变形受到约束,这种扭转称为约束扭转或弯曲扭转。翘曲受到约束的原因如下:①杆端支撑条件可能限制端部截面使其不能自由翘曲(图 5-11(a));②杆件沿全长的扭矩有变化,各不同扭转段互相牵制(图 5-11(c))。约束扭转的特点:各截面有不同的翘曲,纵向纤维有伸长,也有缩短,构件同时产生弯曲变形,截面上将产生纵向正应力,称为翘曲正应力,同时还必然产生与翘曲正应力保持平衡的翘曲剪应力。

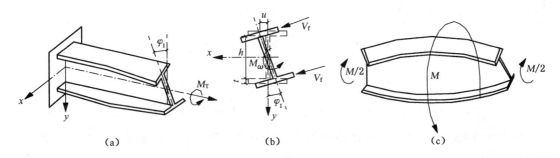

图 5-11 工字形截面梁的约束扭转

如图 5-12 所示,工字形截面上、下翼缘产生了方向相反的侧向弯曲,由于侧向弯曲,在上、下翼缘处将产生弯矩 M_f,从而产生纵向翘曲正应力,并伴随产生翘曲剪应力,翘曲剪应力绕剪心形成翘曲扭矩 M_ω。以双轴对称工字形截面悬臂构件为例,推导翘曲扭矩 M_ω,如图 5-11(b)所示。

在扭矩 M 作用下,离固定端为 z 的截面上产生扭转角 φ_1,由刚性周边假设(即在扭转前后截面的形状与垂直于构件轴线的截面投影的形状是相同的),上翼缘在 x 方向的位移是

$$u = \frac{h}{2}\varphi_1 \tag{5-17}$$

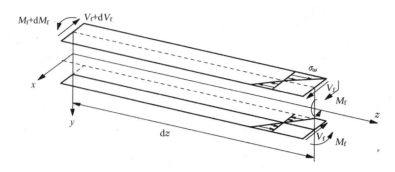

图 5-12 悬臂工字梁的约束上翼缘内力分析

曲率为
$$\frac{\mathrm{d}^2 u}{\mathrm{d} z^2} = \frac{h}{2} \varphi_1''$$

将一个翼缘作为独立单元来考虑,如图 5-12 所示,根据弯矩与曲率的关系,有

$$M_f = -EI_1 \frac{\mathrm{d}^2 u}{\mathrm{d} z^2} = -\frac{h}{2} EI_1 \varphi_1'' \tag{5-18}$$

式中:M_f——上翼缘的弯矩;

I_1——一个翼缘板对 y 轴的惯性矩,$I_1 = I_y / 2$。

再由图示的内力关系可知,上翼缘的水平剪力为

$$V_f = \frac{\mathrm{d} M_f}{\mathrm{d} z} = -\frac{h}{2} EI_1 \varphi_1''' \tag{5-19}$$

上、下翼缘的弯矩等值,从而两翼缘的剪力也等值反向,剪力的合力为零,但对剪力中心形成扭矩 M_ω

$$M_\omega = V_f h = -\frac{h^2}{2} EI_1 \varphi_1''' = -EI_\omega \varphi_1''' \tag{5-20}$$

式中:I_ω——翘曲常数或扇形惯性矩,量纲是长度的六次方,是截面的一种几何性质,双轴对称

工字形有 $I_\omega = I_1 \frac{h^2}{2} = I_y \frac{h^2}{4}$;其他截面形式的 I_ω 可查手册。

构件受约束扭转时,外扭矩 M 将由截面上的自由扭转扭矩 M_k 和翘曲扭矩 M_ω 共同平衡,即

$$M = M_k + M_\omega \tag{5-21}$$

式中:M_k——自由扭转扭矩,由式(5-12)计算。

将式(5-12)和式(5-20)代入式(5-21),可得开口薄壁杆件约束扭转的平衡微分方程为

$$M = GI_t \varphi_1' - EI_\omega \varphi_1''' \tag{5-22}$$

式中:GI_t、EI_ω——截面的扭转刚度和翘曲刚度(构件截面抵抗翘曲的能力)。

在外扭矩作用下的约束扭转,构件截面中将产生三种应力:①由翘曲约束产生的翘曲正应力 σ_ω;②由自由扭转扭矩 M_k 产生的剪应力 τ_k;③由翘曲扭矩 M_ω 产生的翘曲剪应力 τ_ω。对工字形截面,约束扭转的剪应力如图 5-13 所示。

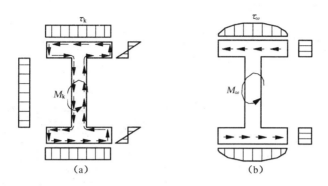

图 5-13 工字形截面约束扭转剪应力分布

对双轴对称工字形截面,其翘曲正应力 σ_ω 按下式计算

$$\sigma_\omega = \frac{M_\mathrm{f}x}{I_1} = \frac{1}{2}Eh\varphi_1''x \tag{5-23}$$

其翘曲剪应力 τ_ω

$$\tau_\omega = \frac{V_\mathrm{f}S_2}{I_1 t} = \frac{Eh\varphi_1'''S_2}{2t} \tag{5-24}$$

式中:S_2——翼缘计算剪应力处以左(或以右)对 y 轴的面积矩。

5.3.3 梁在弹性阶段的临界弯矩

1)双轴对称工字形截面简支梁的临界弯矩

根据弹性稳定理论,在梁临界失稳的位置上建立平衡微分方程,得到双轴对称工字形等截面简支梁的临界弯矩为

$$M_\mathrm{cr} = \frac{\pi^2 EI_y}{l^2}\sqrt{\frac{I_\omega}{I_y}\left(1 + \frac{GI_t l^2}{\pi^2 EI_\omega}\right)} \tag{5-25}$$

式中:EI_y、GI_t、EI_ω——截面侧向抗弯刚度、自由扭转刚度和翘曲刚度;

l——梁受压翼缘的自由长度,等于梁的跨度或侧向支承点的间距。

对式(5-25)进行整理后可表示为

$$M_\mathrm{cr} = \frac{\pi}{l}\sqrt{EI_y GI_t}\sqrt{1 + \frac{\pi^2}{l^2}\frac{EI_\omega}{GI_t}}$$

令

$$\psi_2 = \frac{E}{l^2 GI_t}I_\omega = \frac{E}{l^2 GI_t}\left(I_y\frac{h^2}{4}\right) = \left(\frac{h}{2l}\right)^2\frac{EI_y}{GI_t}, k_1 = \pi\sqrt{1 + \pi^2\psi_2}$$

则式(5-25)可表示为

$$M_\mathrm{cr} = \frac{k_1}{l}\sqrt{EI_y GI_t} \tag{5-26}$$

式中:k_1——梁整体稳定屈曲系数,与作用于梁上的荷载类型有关,不同荷载类型 k_1 值列

于表 5-1。

表 5-1 双轴对称工字形截面简支梁的整体稳定屈曲系数 k_1 值

荷载作用位置	荷载类型		
	M ⌢ M l	q ↓↓↓↓↓ l	q ↓↓↓↓↓ l
截面形心	$\pi\sqrt{1+\pi^2\psi_2}$	$1.13\pi\sqrt{1+10\psi_2}$	$1.35\pi\sqrt{1+10.2\psi_2}$
上、下翼缘		$1.13\pi(\sqrt{1+11.9\psi_2}\mp 1.44\sqrt{\psi_2})$	$1.13\pi(\sqrt{1+12.9\psi_2}\mp 1.74\sqrt{\psi_2})$

注:表中的"∓"号、"−"号用于荷载作用于上翼缘,"+"号用于荷载作用于下翼缘。

2）单轴对称工字形截面梁的临界弯矩

对于单轴对称截面(截面仅对称于 y 轴,见图 5-14),受一般荷载(包括横向荷载和端弯矩)的简支梁的弯扭屈曲临界弯矩为

$$M_{cr} = c_3\frac{\pi^2 EI_y}{l^2}\left[c_4 a + c_5 b + \sqrt{(c_4 a + c_5 b)^2 + \frac{I_\omega}{I_y}\left(1+\frac{GI_t l^2}{\pi^2 EI_\omega}\right)}\right] \qquad (5-27)$$

式中:a——横向荷载作用点至截面剪心的距离,当荷载作用在剪心以下时为正,反之为负;

c_3、c_4、c_5——与荷载类型有关的系数,见表 5-2;

b——截面不对称修正系数,双轴对称截面 $b=0$,计算公式如下

$$b = \frac{1}{2I_x}\int_A y(x^2+y^2)\mathrm{d}A - y_0$$

y_0——剪心至形心的距离,当剪心在形心之下时为正,反之为负,计算公式如下

$$y_0 = \frac{I_1 h_1 - I_2 h_2}{I_y}$$

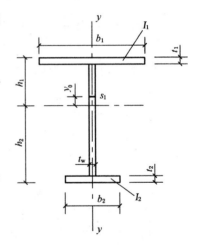

图 5-14 单轴对称截面

I_1、I_2——受压翼缘、受拉翼缘对 y 轴的惯性矩;

h_3、h_4——受压翼缘、受拉翼缘形心至整个截面形心的距离。

表 5-2 c_3、c_4、c_5 取值表

荷载类型	c_3	c_4	c_5
跨中集中荷载	1.35	0.55	0.40
满跨均布荷载	1.13	0.46	0.53
纯弯曲	1.0	0	1.0

5.3.4 影响梁整体稳定的主要因素

1）梁的截面形式

从式(5-27)可知,截面的侧向抗弯刚度 EI_y、抗扭刚度 GI_t 愈大,则临界弯矩 M_{cr} 越大。对于同一种截面形式(图5-15),加强受压翼缘比加强受拉翼缘有利:加强受压翼缘时截面的剪心位于截面形心之上,减小了截面上荷载作用点至剪心距离即扭矩的力臂,从而减小了扭矩,提高了构件的整体稳定承载力。

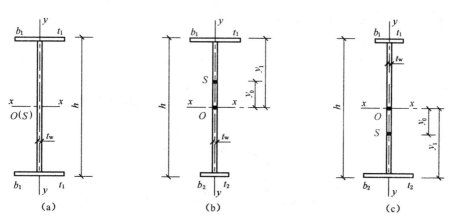

图5-15 梁的截面形式对梁稳定的影响

2）受压翼缘的自由长度 l

由于梁的整体失稳变形包括侧向弯曲和扭转,因此,沿梁的长度方向设置一定数量的侧向支承就可以有效提高梁的整体稳定性。侧向支承点的位置对提高梁的整体稳定性也有很大影响。若只在梁的剪心 S_1 处设置支承,只能阻止梁在 S_1 点发生侧向移动,而不能有效阻止截面扭转,效果不理想。因为梁整体失稳起因在于受压翼缘的侧向变形,故在梁的受压翼缘设置支承,减小受压翼缘的自由长度 l(常记为 l_1),阻止该翼缘侧移,扭转也就不会发生。

3）梁的支承情况

两端支承条件不同,其抵抗弯扭屈曲的能力也不同,约束程度越强则抵抗弯扭屈曲能力越强,故其整体稳定承载力按固端梁→简支梁→悬臂梁依次减小。

4）荷载的作用位置

对于横向荷载作用在受压翼缘的情况(图5-16(a)),当梁发生扭转时,荷载会使扭转加剧,降低梁的临界荷载;反之,如果作用于梁的受拉翼缘(图5-16(b)),当梁发生扭转时,荷载会减缓扭转效应,从而提高梁的整体稳定性。

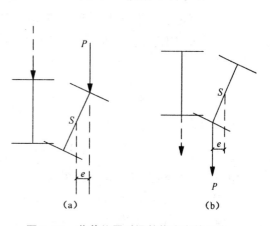

图5-16 荷载位置对梁整体稳定的影响

5）荷载类型

由于引起梁整体失稳的原因是梁在弯矩作用下产生了压应力，梁的侧向变形总是在压应力最大处开始的，其他压应力小的截面将对压应力最大的截面的侧向变形产生约束，因此，纯弯曲对梁的整体稳定最不利，均布荷载次之，而跨中一个集中荷载较为有利。若沿梁跨分布有多个集中荷载，其影响将大于跨中一个集中荷载而接近于均布荷载的情况。

5.3.5 整体稳定的验算方法

1）不需要验算梁整体稳定的情况

当钢梁符合下列情况之一时可不验算其整体稳定性：

① 有铺板（各种钢筋混凝土板和钢板）密铺在梁的受压翼缘上并与其牢固相连，能阻止梁受压翼缘的侧向位移时。

② H 型钢或等截面工字形简支梁受压翼缘的自由长度 l_1 与其宽度 b_1 之比不超过表 5-3 所规定的数值时。

表 5-3　H 型钢或等截面工字形简支梁不需计算整体稳定性的最大 l_1/b_1 值

钢号	跨中无侧向支承点的梁		跨中受压翼缘有侧向支承点的梁，无论荷载作用于何处
	荷载作用在上翼缘	荷载作用在下翼缘	
Q235	13.0	20.0	16.0
Q345	10.5	16.5	13.0
Q390	10.0	15.5	12.5
Q420	9.5	15.0	12.0

注：其他钢号的梁不需计算整体稳定性的最大 l_1/b_1 值，应取 Q235 钢的数值乘以 $\sqrt{235/f_y}$。

③ 对箱形截面简支梁，其截面尺寸（图 5-17）满足 $h/b_0 \leqslant 6$，且 $l_1/b_0 \leqslant 95(235/f_y)$ 时（箱形截面的此条件很容易满足）。

2）梁的整体稳定计算公式

当不满足上述条件时，需进行整体稳定性计算。

① 在最大刚度主平面内受弯的构件，其整体稳定性应按下式计算

$$\sigma = \frac{M_x}{W_x} \leqslant \frac{\sigma_{cr}}{\gamma_R} = \frac{\sigma_{cr}}{f_y}\frac{f_y}{\gamma_R} = \varphi_b f$$

即　　　　　　　$$\frac{M_x}{\varphi_b W_x} \leqslant f \qquad (5-28)$$

式中：M_x——绕强轴作用的最大弯矩；

W_x——按受压纤维确定的梁毛截面模量；

φ_b——梁的整体稳定性系数，$\varphi_b = \sigma_{cr}/f_y$，按附表 3-2 确定。

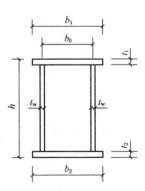

图 5-17　箱形截面

② 在两个主平面受弯的 H 型钢截面或工字形截面构件,其稳定性应按下式计算

$$\frac{M_x}{\varphi_b W_x} + \frac{M_y}{\gamma_y W_y} \leqslant f \qquad (5\text{-}29)$$

式中:W_x、W_y——按受压纤维确定的对 x 轴和对 y 轴的梁毛截面模量;

M_y——绕弱轴(y 轴)作用的弯矩;

φ_b——绕强轴弯曲所确定的梁整体稳定系数。

式(5-29)是一个经验公式,式中 γ_y 是绕弱轴的截面塑性发展系数,它并不意味绕弱轴弯曲容许出现塑性,而是用来适当降低式中第二项的影响。

当梁的整体稳定性计算不满足要求时,可采取增加侧向支承或加大梁的尺寸(以增加梁的受压翼缘宽度最有效)等办法予以解决。无论梁是否需要计算整体稳定性,在梁端必须采用构造措施(在力学意义上称为"夹支",见图 5-18)提高抗扭刚度,以防止端部截面扭转。

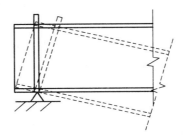

图 5-18　夹支的梁支座

3) 梁的整体稳定系数

现以双轴对称工字形等截面简支梁受纯弯曲为例,说明在附录 3 中梁的整体稳定系数 φ_b 基本公式的来源。由式(5-25)可得临界应力为

$$\sigma_{cr} = \frac{M_{cr}}{W_x} = \frac{\pi^2 EI_y}{l_1^2 W_x}\sqrt{\frac{I_\omega}{I_y}\left(1 + \frac{GI_t l_1^2}{\pi^2 EI_\omega}\right)}$$

而 $I_\omega = I_y h^2/4$,$I_t \approx At_1^3/3$,$I_y = Ai_y^2$,$\lambda_y = l_1/i_y$,$E = 2.06 \times 10^5\ \text{N/mm}^2$,$E/G = 2.6$,Q235 钢的 $f_y = 235\ \text{N/mm}^2$,由上式求得

$$\varphi_b = \frac{\sigma_{cr}}{f_y} = \frac{4\,320}{\lambda_y^2}\frac{Ah}{W_x}\sqrt{1 + \left(\frac{\lambda_y t_1}{4.4h}\right)^2} \qquad (5\text{-}30)$$

① 对于一般的受横向荷载或端弯矩作用的焊接工字形等截面简支梁,包括单轴对称和双轴对称工字形截面,应按下式计算其整体稳定系数

$$\varphi_b = \beta_b \frac{4\,320}{\lambda_y^2}\frac{Ah}{W_x}\left[\sqrt{1 + \left(\frac{\lambda_y t_1}{4.4h}\right)^2} + \eta_b\right]\frac{235}{f_y} \qquad (5\text{-}31)$$

式中:β_b——等效临界弯矩系数,按附表 3-1 采用;

λ_y——梁在侧向支承点间对截面弱轴 $y\text{-}y$ 的长细比,$\lambda_y = l_1/i_y$,其中 l_1 为梁的受压翼缘侧向支承点间的距离,i_y 为梁毛截面对 y 轴的回转半径;

A——梁的毛截面面积;

h、t_1——梁截面的全高和受压翼缘厚度;

η_b——截面不对称影响系数,对双轴对称工字形截面(附图 3-1(a)、(d)):$\eta_b=0$;对单轴对称工字形截面(附图 3-1(b)、(c)):加强受压翼缘 $\eta_b=0.8(2\alpha_b-1)$;加强受拉翼缘 $\eta_b=2\alpha_b-1$。这里,$\alpha_b=I_1/(I_1+I_2)$,其中 I_1 和 I_2 分别为受压翼缘和受拉翼缘对 y 轴的惯性矩。

② 对轧制普通工字钢简支梁,其 φ_b 值可查附表 3-2。轧制槽钢简支梁、双轴对称工字形等截面(含 H 型钢)悬臂梁的 φ_b 可根据附表 3-3 给出的 β_b 值按式(5-31)进行计算。

上述 φ_b 是按弹性稳定理论求得的,当算出或查得 $\varphi_b>0.6$ 时,相应的临界应力超过了比例极限,构件已发生了较大的塑性变形,这时应以非弹性阶段的临界应力 σ'_{cr} 来代替弹性阶段的 σ_{cr}。因此,钢结构设计规范规定:

按式(5-31)计算得 $\varphi_b>0.6$ 时,应对 φ_b 按公式(5-32)进行修正,用 φ'_b 代替 φ_b,即

$$\varphi'_b = 1.07 - \frac{0.282}{\varphi_b} \leqslant 1.0 \tag{5-32}$$

【例 5-1】 一简支梁为焊接工字形截面,跨度中点及两端都设有侧向支承,可变荷载标准值及梁截面尺寸如图 5-19 所示,荷载作用于梁的上翼缘。设梁的自重为 1.1 kN/m,材料为 Q235B,试计算此梁的整体稳定性。

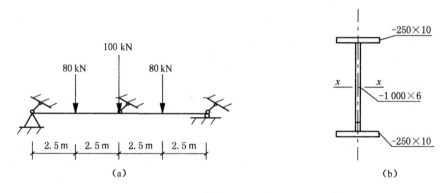

图 5-19 焊接工字形简支梁

【解】 梁受压翼缘自由长度 $l_1=5$ m,梁高 $h=1\,020$ mm,$l_1/b_1=500/25=20>16$,故需计算梁的整体稳定性。

梁截面几何特征

$$A = 110 \text{ cm}^2, \quad I_x = 1.775 \times 10^5 \text{ cm}^4, \quad I_y = 2\,604.2 \text{ cm}^4$$

$$W_x = I_x/\left(\frac{1}{2}h\right) = 3\,481 \text{ cm}^3$$

梁的最大弯矩设计值为

$$M_{max} = \frac{1}{8}(1.2\times1.1)\times10^2 + 1.4\times80\times2.5 + 1.4\times\frac{1}{2}\times100\times5 = 646.5 \text{ kN}\cdot\text{m}$$

(式中 1.2 和 1.4 分别为永久荷载和可变荷载的分项系数)

由附表 3-1 注③可知,β_b 应该取表中第 5 项均布荷载作用在上翼缘一栏的值。

$$\beta_b = 1.15$$

$$i_y = \sqrt{I_y/A} = \sqrt{2\,604.2/110} = 4.87 \text{ cm}$$

$$\lambda_y = \frac{500}{4.87} = 102.7, \quad \eta = 0 (\text{对称截面})$$

代入式(5-31)得

$$\varphi_b = 1.15 \times \frac{4\,320}{102.7^2} \times \frac{110 \times 102}{3\,481} \times \left[\sqrt{1 + \left(\frac{102.7 \times 1}{4.4 \times 102}\right)^2} + 0\right] \times \frac{235}{235} = 1.55 > 0.6$$

由式(5-32)修正,可得

$$\varphi_b' = 1.07 - \frac{0.282}{\varphi_b} = 0.888$$

因此
$$\frac{M_x}{\varphi_b' W_x} = \frac{646.5 \times 10^6}{0.888 \times 3\,481 \times 10^3} = 209 \text{ N/mm}^2 < 215 \text{ N/mm}^2$$

故梁的整体稳定性可以保证。

5.4 梁的局部稳定和加劲肋的设计

组合梁一般由翼缘和腹板等板件连接组成,为提高梁的刚度、强度及整体稳定承载能力,应遵循宽肢薄壁的设计原则,常采用高而薄的腹板和宽而薄的翼缘。如果这些板件减薄加宽得不恰当,板中压应力或剪应力达到某一数值后,腹板或受压翼缘有可能偏离其平面位置,出现波形鼓曲(图 5-20),这种现象称为梁局部失稳。

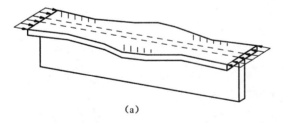
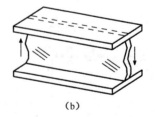

（a）　　　　　　　　　　　　　（b）

图 5-20　梁局部失稳

热轧型钢梁由于其翼缘和腹板宽厚比较小,都能满足局部稳定要求,不需要验算。对冷弯薄壁型钢梁的受压或受弯构件,宽厚比不超过规定的限值时,认为板件全部有效;当超过此限值时,则只考虑一部分宽度有效,按《冷弯薄壁型钢结构技术规范》(GB 50018—2002)规定计算。

5.4.1　受压翼缘的局部稳定

梁的受压翼缘板主要受均布压应力作用,为了充分发挥材料强度,翼缘的合理设计是采用一定厚度的钢板,让其临界应力 σ_{cr} 不低于钢材的屈服点 f_y,从而使翼缘不丧失稳定。

一般采用限制宽厚比的方法来保证梁受压翼缘板的稳定性。

薄板弹塑性阶段临界应力按下式计算

$$\sigma_{cr} = \frac{\chi \sqrt{\eta_1} k \pi^2 E}{12(1-\nu^2)} \left(\frac{t}{b}\right)^2 \tag{5-33}$$

式中:E、ν——钢材的弹性模量与泊松比;

t——板的厚度;

k——板的屈曲系数,它与板的应力状态及支承条件有关,各种情况的 k 值见表 5-4;

η_1——弹性模量修正系数(考虑薄板处于弹塑性状态时,板沿受力方向的弹性模量降低为切线模量 E_1,而另一方向仍为弹性模量 E,其性质属于正交异性板),$\eta_1 = E_1/E(\eta_1 \leqslant 1)$,当板弹性屈曲时 $\eta_1 = 1$;

χ——弹性嵌固系数,组合梁是由翼缘和腹板组成的,梁局部失稳时还需考虑实际板件与板件之间的相互嵌固作用,弹性嵌固的程度取决于相互连接的板件的刚度。

将 $E = 2.06 \times 10^5 \text{ N/mm}^2$ 和 $\nu = 0.3$ 代入得

$$\sigma_{cr} = 18.6 k \chi \sqrt{\eta_1} \left(\frac{100t}{b}\right)^2 \tag{5-34}$$

表 5-4 板的屈曲系数 k

受载图示及支承条件	支承条件	屈曲系数
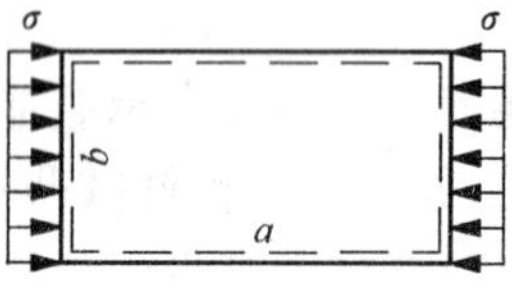	四边简支	$k_{min} = 4$
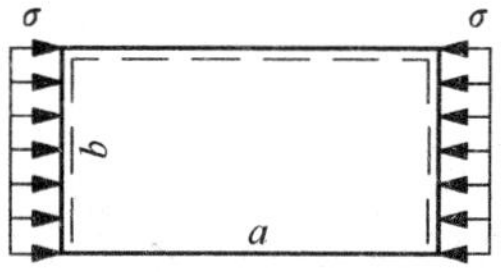	三边简支 一边自由	$k = 0.425 + \left(\frac{b}{a}\right)^2$
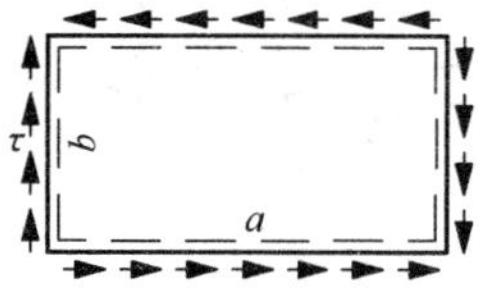	四边简支	$k = 4.0 + \frac{5.34}{(a/b)^2}$(当 $a/b \leqslant 1$ 时) $k = 5.34 + \frac{4.0}{(a/b)^2}$(当 $a/b > 1$ 时)
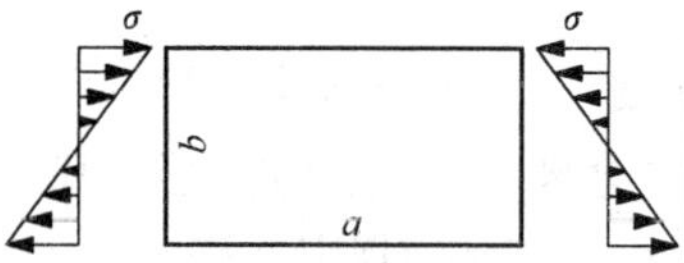	四边简支	$k_{min} = 23.9$
	两边简支 两边固定	$k_{min} = 39.6$
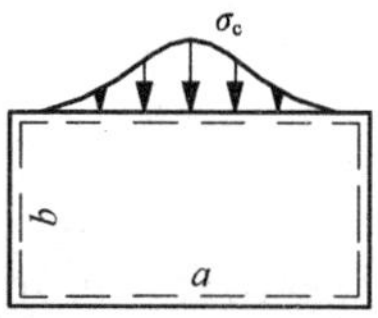	四边简支	$k = \left(4.5\frac{b}{a} + 7.4\right)\frac{b}{a}$(当 $0.5 \leqslant \frac{a}{b} \leqslant 1.5$ 时) $k = \left(11 - 0.9\frac{b}{a}\right)\frac{b}{a}$(当 $1.5 \leqslant \frac{a}{b} \leqslant 2$ 时)

钢梁的受压翼缘板的悬伸部分,如图 5-21 所示,为三边简支板而板长 a 趋于无穷大的情况,其屈曲系数 $k=0.425$,腹板对翼缘的约束作用很小(可忽略),取嵌固系数 $\chi=1.0$。取 $\eta=0.25$,由 $\sigma_{cr} \geqslant f_y$,代入式(5-34)有如下结论。

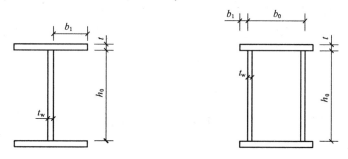

图 5-21 梁的受压翼缘板

梁受压翼缘自由外伸宽度 b_1 与其厚度 t 之比应满足

$$\frac{b_1}{t} \leqslant 13\sqrt{\frac{235}{f_y}} \tag{5-35}$$

当按弹性设计时,梁受压翼缘自由外伸宽度 b_1 与其厚度 t 之比可放宽到

$$\frac{b_1}{t} \leqslant 15\sqrt{\frac{235}{f_y}} \tag{5-36}$$

箱型截面在两腹板间的受压翼缘可按四边简支纵向均匀受压板计算,取 $\kappa=4.0$,$\eta=0.25$,$\chi=1.0$,由 $\sigma \geqslant f_y$,得其宽厚比限值为

$$\frac{b_0}{t} \leqslant 40\sqrt{\frac{235}{f_y}} \tag{5-37}$$

5.4.2 腹板的局部稳定

组合梁腹板的局部稳定有两种设计方法:①对于承受静力荷载或间接承受动力荷载的组合梁,宜考虑腹板屈曲后强度,即允许腹板在梁整体失稳之前屈曲,按第 5.5 节的规定布置加劲肋并计算其抗弯和抗剪承载力;②对于直接承受动力荷载的吊车梁及类似构件,或设计中不考虑屈曲后强度的组合梁,其腹板的稳定性及加劲肋设置与计算如本节所述。

1) 腹板的纯剪屈曲

当腹板假定为四边简支受均匀剪应力的矩形板(图 5-22)时,板中主应力与剪应力大小相等并呈 45°方向,主压应力可以引起板的屈曲,屈曲时呈现如图 5-22 所示的大约 45°方向鼓曲。屈曲系数 k 随 a/h_0 有较大变化(见表 5-5)。由表可知,随着 a 的减小,屈曲系数 k 增大,故一般采用横向加劲肋以减小 a 来提高临界剪应力。

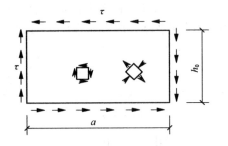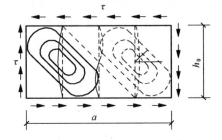

图 5-22 板的纯剪屈曲

表 5-5 四边简支薄板受均匀剪应力时的屈曲系数 k

a/h_0	0.5	0.8	1.0	1.2	1.4	1.5	1.6	1.8	2.0	2.5	3.0	∞
k	25.4	12.34	9.34	8.12	7.38	7.12	6.90	6.57	6.34	5.98	5.78	5.34

采用国际上通行的表达式计算临界应力公式,即采用通用高厚比(正则化宽厚比):

$$\lambda_S = \sqrt{f_{vy}/\tau_{cr}} \tag{5-38}$$

式中:f_{vy}——钢材的剪切屈服强度,$f_{vy} = f_y/\sqrt{3}$。

考虑翼缘对腹板的嵌固作用,取 $\chi = 1.23$,$\eta_1 = 1$,代入式(5-34)可得腹板受纯剪应力作用的临界应力公式为

$$\tau_{cr} = 18.6 k\chi \left(\frac{100 t_w}{h_0}\right)^2$$

这样可求得腹板受剪计算时的通用高厚比

$$\lambda_s = \frac{h_0/t_w}{41\sqrt{k}}\sqrt{\frac{f_y}{235}} \tag{5-39}$$

式中屈曲系数 k(查表 5-4)与板的边长比有关

当 $a/h_0 \leqslant 1$(a 为短边)时 $\qquad k = 4.0 + 5.34/(a/h_0)^2 \tag{5-40}$

当 $a/h_0 \geqslant 1$(a 为长边)时 $\qquad k = 5.34 + 4.0/(a/h_0)^2 \tag{5-41}$

现将式(5-40)和式(5-41)代入式(5-39)得

当 $a/h_0 \leqslant 1$ 时 $\qquad \lambda_s = \frac{h_0/t_w}{41\sqrt{4.0 + 5.34(h_0/a)^2}}\sqrt{\frac{f_y}{235}} \tag{5-42}$

当 $a/h_0 \geqslant 1$ 时 $\qquad \lambda_s = \frac{h_0/t_w}{41\sqrt{5.34 + 4.0(h_0/a)^2}}\sqrt{\frac{f_y}{235}} \tag{5-43}$

在弹性阶段,由式(5-38)可得腹板的剪应力为

$$\tau_{cr} \geqslant f_{vy}/\lambda_s^2 = 1.1 f_v/\lambda_s^2 \tag{5-44}$$

已知钢材的剪切比例极限为 $0.8 f_{vy}$,再考虑 0.9 的材料缺陷影响系数(相当于材料分项系

数的导数),令 $\tau_{cr}=0.8\times0.9f_{vy}$,将 τ_{cr} 代入式(5-44) 可得到满足弹性失稳的通用高厚比界限为 $\lambda_s>1.2$,GB 50017—2003 规定当 $\lambda_s\leqslant0.8$ 时,在临界剪应力 τ_{cr} 作用下钢材进入塑性阶段;当 $0.8<\lambda_s\leqslant1.2$ 时,在 τ_{cr} 作用下材料处于弹塑性阶段。综上所述,临界剪应力分为三阶段计算,如图5-23所示。

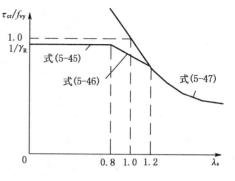

图5-23 临界应力与通用高厚比关系曲线

当 $\lambda_s\leqslant0.8$ 时(塑性阶段) $\qquad \tau_{cr}=f_v$ (5-45)

当 $0.8<\lambda_s\leqslant1.2$ 时(弹塑性阶段)

$$\tau_{cr}=[1-0.59(\lambda_s-0.8)]f_v \qquad (5\text{-}46)$$

当 $\lambda_s>1.2$ 时(弹性阶段) $\qquad \tau_{cr}=1.1f_v/\lambda_s^2 \qquad (5\text{-}47)$

当腹板不设横向加劲肋时,则 $a/h_0\to\infty$,相应 $k=5.34$,若要求 $\tau_{cr}=f_v$,则 $\lambda_s\leqslant0.8$,由式(5-39)得 $h_0/t_w=75.8\sqrt{235/f_y}$,考虑到梁腹板中平均剪应力一般低于 f_v,钢结构设计规范规定仅受剪力的腹板,其不会发生失稳的高厚比限值为

$$\frac{h_0}{t_w}=80\sqrt{\frac{235}{f_y}} \qquad (5\text{-}48)$$

2)腹板的纯弯屈曲

纯弯曲状态下的四边支撑板屈曲状态如图5-24所示。对于四边简支板取屈曲系数 $k_{min}=23.9$;对于两边简支,两边固定板取屈曲系数 $k_{min}=39.6$。钢结构设计规范中腹板受弯时的嵌固系数 χ 的取值是:当翼缘扭转受约束时(如翼缘与铺板焊牢),取 $\chi=1.66$(相当于两个加载边简支,另两边固定);当翼缘扭转未受到约束时,取 $\chi=1.23$。将上述相关数值代入式(5-34)即得到腹板受纯弯曲正应力时临界应力为

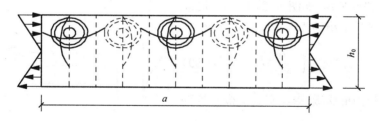

图5-24 板的纯弯屈曲

$$\sigma_{cr}=738\left(\frac{100t_w}{h_0}\right)^2 \quad (\text{受压翼缘扭转受到约束}) \qquad (5\text{-}49)$$

$$\sigma_{cr}=547\left(\frac{100t_w}{h_0}\right)^2 \quad (\text{受压翼缘扭转未受到约束}) \qquad (5\text{-}50)$$

令式(5-49)和式(5-50)中 $\sigma_{cr}\geqslant f_y$,则可得到在纯弯作用下腹板不发生局部失稳的高厚比限值为

$$\frac{h_0}{t_w} \leqslant 177\sqrt{\frac{235}{f_y}} \quad (\text{受压翼缘扭转受到约束}) \tag{5-51}$$

$$\frac{h_0}{t_w} \leqslant 153\sqrt{\frac{235}{f_y}} \quad (\text{受压翼缘扭转未受到约束}) \tag{5-52}$$

腹板受纯弯时的通用高厚比为

$$\lambda_b = \sqrt{f_y/\sigma_{cr}} \tag{5-53}$$

将式(5-49)和(5-50)分别代入式(5-53)，得到相应于两种情况的通用高厚比

$$\lambda_0 = \frac{h_0/t_w}{177}\sqrt{\frac{f_y}{235}} \quad (\text{受压翼缘扭转受到约束}) \tag{5-54}$$

$$\lambda_0 = \frac{h_0/t_w}{153}\sqrt{\frac{f_y}{235}} \quad (\text{受压翼缘扭转未受到约束}) \tag{5-55}$$

对无缺陷的板，当 $\lambda_b = 1$ 时，$\sigma_{cr} = f_y$。设计时取 $\sigma_{cr} = f$，考虑残余应力和几何缺陷的影响，认为 $\lambda_b \leqslant 0.85$，为塑性状态屈曲。参照梁整体稳定计算，弹性界限为 $0.6f_y$，相应的 $\lambda_b = 1.29$。考虑腹板局部屈曲受残余应力影响不如整体屈曲大，故认为 $\lambda_0 > 1.25$ 为弹性状态屈曲。

综上所述，纯弯屈曲的腹板临界应力分为塑性状态、弹塑性状态、弹性状态屈曲三段：

当 $\lambda_b \leqslant 0.85$ 时(塑性阶段) $\quad\quad \sigma_{cr} = f \tag{5-56}$

当 $0.85 < \lambda_0 \leqslant 1.25$ 时(弹塑性阶段) $\quad \sigma_{cr} = [1 - 0.75(\lambda_b - 0.85)]f \tag{5-57}$

当 $\lambda_b > 1.25$ 时(弹性阶段) $\quad\quad \sigma_{cr} = 1.1f/\lambda_b^2 \tag{5-58}$

3）腹板在局部横向压应力下的屈曲

当梁上作用有较大集中荷载而没有设置支承加劲肋时，腹板边缘将承受局部压应力作用 σ_c，并可能产生横向屈曲，如图 5-25 所示。局部压应力作用下理想平板的弹性屈曲临界应力

$$\sigma_{c,cr} = 18.6k\chi\left(\frac{100t_w}{h_0}\right)^2 \tag{5-59}$$

承受局部压力的腹板，翼缘对其的嵌固系数

$$\chi = 1.81 - 0.255h_0/a \tag{5-60}$$

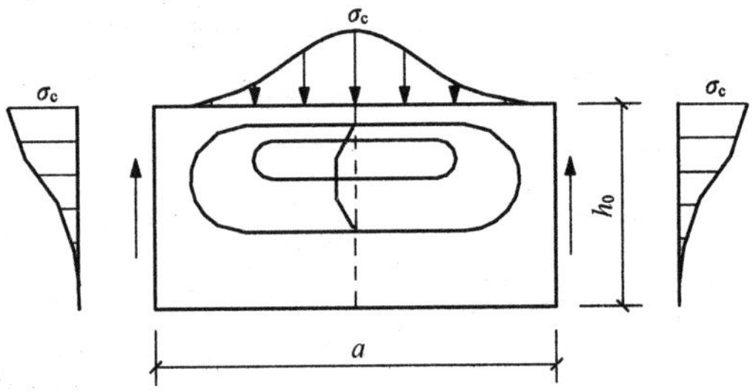

引入腹板受局部压力时的通用高厚比 $\lambda_c = \sqrt{f_y/\sigma_{c,cr}}$，得到以下结论：

当 $0.5 \leqslant a/h_0 \leqslant 1.5$ 时

图 5-25 腹板在局部压应力下的屈曲

$$\lambda_c = \frac{h_0/t_w}{28\sqrt{10.9 + 13.4(1.83 - a/h_0)^3}}\sqrt{\frac{f_y}{235}} \tag{5-61}$$

当 $1.5 \leqslant a/h_0 \leqslant 2$ 时

$$\lambda_c = \frac{h_0/t_w}{28\sqrt{18.9 - 5a/h_0}}\sqrt{\frac{f_y}{235}} \tag{5-62}$$

承受局部压应力的临界应力也分为塑性状态、弹塑性状态、弹性状态屈曲三段：

当 $\lambda_c \leqslant 0.9$ 时（塑性阶段） $\qquad \sigma_{c,cr} = f$ $\tag{5-63}$

当 $0.9 < \lambda_c \leqslant 1.2$ 时（弹塑性阶段） $\qquad \sigma_{c,cr} = [1 - 0.79(\lambda_c - 0.9)]f$ $\tag{5-64}$

当 $\lambda_c > 1.2$ 时（弹性阶段） $\qquad \sigma_{c,cr} = 1.1f/\lambda_c^2$ $\tag{5-65}$

若按 $\sigma_{c,cr} = f_y$ 准则，取 $a/h_0 = 2$，最不利情况以保证腹板在承受局部压应力时，不发生局部失稳的腹板高厚比限值为

$$\frac{h_0}{t_w} \leqslant 84\sqrt{\frac{235}{f_y}} \tag{5-66}$$

4）腹板在多种应力共同作用下屈曲

弯曲应力、剪应力和局部压应力共同作用下，计算腹板的局部稳定时，应首先根据要求布置加劲肋，然后对腹板各区格进行验算。如果验算结果不符合要求，应重新布置加劲肋，再次验算，直到满足稳定要求。

通过对腹板临界应力的分析可知，增加腹板厚度、设计腹板加劲肋是提高腹板稳定性的有效措施，从经济效果上，后者是最佳的处理方式。加劲肋有支承加劲肋、横向加劲肋、纵向加劲肋和短加劲肋等四种形式。横向加劲肋主要用于防止由剪应力和局部压应力作用可能引起的腹板失稳，纵向加劲肋主要用于防止由弯曲应力可能引起的腹板失稳，短加劲肋主要用于防止由局部压应力可能引起的腹板失稳。当集中荷载作用处设有支承加劲肋时，将不再考虑集中荷载对腹板产生的局部压应力作用。

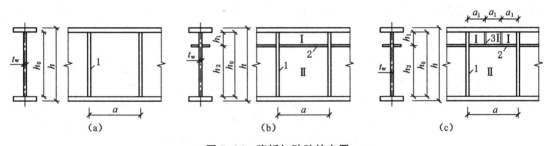

图 5-26　腹板加劲肋的布置
1—横向加劲肋；2—纵向加劲肋；3—短加劲肋

不考虑腹板屈曲后强度时，组合梁腹板宜按下列规定设置加劲肋（图 5-26），并计算各区格的稳定性。

① 当 $h_0/t_w \leqslant 80\sqrt{235/f_y}$ 时，对有局部压应力（$\sigma_c \neq 0$）的梁，应按构造配置横向加劲肋；对无局部压应力（$\sigma_c = 0$）的梁，可不配置加劲肋。

② 当 $80\sqrt{235/f_y} < h_0/t_w \leqslant 170\sqrt{235/f_y}$ 时，腹板可能由于剪应力作用而失稳，故须配置横向加劲肋。钢结构设计规范规定，横向加劲肋的最小间距为 $0.5h_0$；最大间距为 $2h_0$；对 $\sigma_c \neq 0$ 的梁，当 $h_0/t_w \leqslant 100\sqrt{235/f_y}$ 时，可采用 $2.5h_0$。

③ 当 $h_0/t_w > 170 \sqrt{235/f_y}$（受压翼缘扭转受到约束,如连有刚性铺板、制动板或焊有钢轨时）,或 $h_0/t_w > 150 \sqrt{235/f_y}$（受压翼缘扭转未受到约束时）,或按计算需要时,应在弯曲应力较大区格的受压区增加配置纵向加劲肋。局部压应力很大的梁,必要时尚宜在受压区配置短加劲肋。

④ 梁的支座处和上翼缘承受较大固定集中荷载处,应设置支承加劲肋。

⑤ 在任何情况下都要满足 $h_0/t_w \leqslant 250 \sqrt{235/f_y}$。

（1）仅配置横向加劲肋的腹板

结构布置如图5-26(a),其受力情况如图5-27所示。对于仅配置横向加劲肋的腹板区格,同时有弯曲正应力 σ、均布剪应力 τ 及局部压应力 σ_c 的共同作用,区格板件的稳定按下式计算

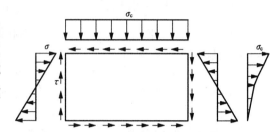

$$\left(\frac{\sigma}{\sigma_{cr}}\right)^2 + \left(\frac{\tau}{\tau_{cr}}\right)^2 + \frac{\sigma_c}{\sigma_{c,cr}} \leqslant 1 \quad (5\text{-}67)$$

图5-27　仅配置横向加劲肋的腹板受力状态

式中：σ——所计算腹板区格内,由平均弯矩产生的腹板计算高度边缘的弯曲压应力;

τ——所计算腹板区格内,由平均剪力产生的腹板平均剪应力,按 $\tau = V/(h_w t_w)$ 计算,h_w 为腹板高度;

σ_c——腹板计算高度边缘的局部压应力,应按式(5-7)计算,但取 $\psi = 1.0$;

σ_{cr}、τ_{cr}、$\sigma_{c,cr}$——各种应力单独作用下的临界应力,按前面所给出的公式计算。

（2）同时配置横向加劲肋和纵向加劲肋的腹板

纵向加劲肋将腹板分为两个区格,即图5-26(b)中的区格Ⅰ和区格Ⅱ。

① 受压翼缘与纵向加劲肋之间的区格Ⅰ

区格Ⅰ的受力状态见图5-28(a),区格高度 h_1,其局部稳定应满足下式

$$\frac{\sigma}{\sigma_{cr1}} + \left(\frac{\tau}{\tau_{cr1}}\right)^2 + \left(\frac{\sigma_c}{\sigma_{c,cr1}}\right)^2 \leqslant 1 \qquad (5\text{-}68)$$

式中：σ_{cr1}、τ_{cr1}、$\sigma_{c,cr1}$ 分别按下列方法计算

σ_{cr1} 按式(5-56)~式(5-58)计算,式中 λ_b 改用 λ_{b1} 代替,即

$$\lambda_{b1} = \frac{h_1/t_w}{75} \sqrt{\frac{f_y}{235}} \quad （受压翼缘扭转受到约束） \qquad (5\text{-}69)$$

$$\lambda_{b1} = \frac{h_1/t_w}{64} \sqrt{\frac{f_y}{235}} \quad （受压翼缘扭转未受到约束） \qquad (5\text{-}70)$$

τ_{cr1} 按式(5-45)~式(5-47)计算,式中 h_0 改用 h_1 代替。

$\sigma_{c,cr1}$ 按式(5-56)~式(5-58)计算,式中 λ_b 改用 λ_{c1} 代替,即

$$\lambda_{c1} = \frac{h_1/t_w}{56} \sqrt{\frac{f_y}{235}} \quad （受压翼缘扭转受到约束） \qquad (5\text{-}71)$$

$$\lambda_{c1} = \frac{h_1/t_w}{40} \sqrt{\frac{f_y}{235}} \quad （受压翼缘扭转未受到约束） \qquad (5\text{-}72)$$

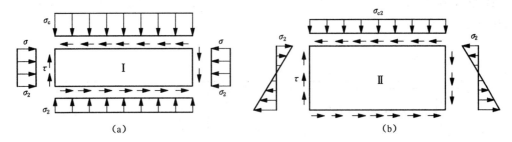

图 5-28 有纵向肋的腹板受力状态

② 受拉翼缘与纵向加劲肋之间的区格 II

区格 II 的受力状态如图 5-28(b) 所示，其局部稳定应满足下式

$$\left(\frac{\sigma_2}{\sigma_{cr2}}\right)^2 + \left(\frac{\tau}{\tau_{cr2}}\right)^2 + \frac{\sigma_{c2}}{\sigma_{c,cr2}} \leqslant 1 \tag{5-73}$$

式中：σ_2——所计算区格内，由平均弯矩产生的腹板在纵向加劲肋处的弯曲压应力；

σ_{c2}——腹板在纵向加劲肋处的横向压应力，取 $0.3\sigma_c$。

其中 σ_{cr2} 按式 (5-56)～式 (5-58) 计算，但式中 λ_b 改用 λ_{b2} 代替，即

$$\lambda_{b2} = \frac{h_2/t_w}{194}\sqrt{\frac{f_y}{235}} \tag{5-74}$$

τ_{cr2} 按式 (5-45)～式 (5-47) 计算，式中 h_0 改用 h_2 ($h_2 = h_0 - h_1$) 代替。

$\sigma_{c,cr2}$ 按式 (5-63)～式 (5-65) 计算，式中 h_0 改为 h_2。当 $a/h_2 > 2$ 时，取 $a/h_2 = 2$。

(3) 同时配置横向加劲肋、纵向加劲肋和短加劲肋的腹板 (图 5-26(c))

① 区格 I 局部稳定应按式 (5-68) 计算，式中 σ_{cr1} 按无短加劲肋时取值，即按式 (5-68)～式 (5-70) 计算。

τ_{cr1} 按式 (5-45)～式 (5-47) 计算，但将式中的 h_0 和 a 分别改为 h_1 和 a_1 (a_1 为短加劲肋间距)。

$\sigma_{c,cr1}$ 按式 (5-56)～式 (5-58) 计算，但式中的 λ_b 改用 λ_{c1} 代替，即

$$\lambda_{c1} = \frac{a_1/t_w}{87}\sqrt{\frac{f_y}{235}} \quad (受压翼缘扭转受到约束) \tag{5-75}$$

$$\lambda_{c1} = \frac{a_1/t_w}{73}\sqrt{\frac{f_y}{235}} \quad (受压翼缘扭转未受到约束) \tag{5-76}$$

对 $a_1/h_1 > 1.2$ 的区格，公式 (5-75) 和公式 (5-76) 右侧应乘以 $1/\sqrt{0.4+0.5a_1/h_1}$。

②受拉翼缘与纵向加劲肋之间的区格 II，仍按式 (5-73) 计算。

5) 加劲肋的构造和截面尺寸

焊接梁的加劲肋一般用钢板做成，并在腹板两侧成对布置 (图 5-29)。对非吊车梁的中间加劲肋，为了节约钢材和减少制造工作量，也可单侧布置。

横向加劲肋的间距 a 不得小于 $0.5h_0$，也不得大于 $2h_0$ (对 $\sigma_c = 0$ 的梁，当 $h_0/t_w \leqslant 100$ 时，可采用 $2.5h_0$)。

加劲肋应有足够的刚度才能作为腹板的可靠支承,所以对加劲肋的截面尺寸和截面惯性矩应有一定的要求。

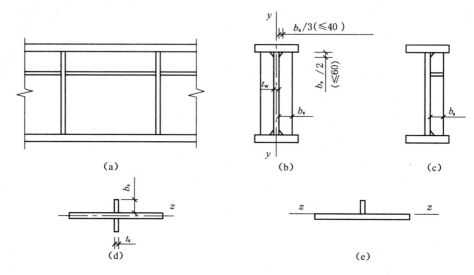

图 5-29 腹板加劲肋构造

双侧布置的钢板横向加劲肋的外伸宽度 b_s 应满足下式要求

$$b_s \geqslant h_0/30 + 40 (\text{mm}) \qquad (5-77)$$

单侧布置时,外伸宽度应比上式增大 20%。

加劲肋的厚度

$$t_s \geqslant b_s/15 \qquad (5-78)$$

当腹板同时用横向加劲肋和纵向加劲肋加强时,应在其相交处切断纵向加劲肋而使横向加劲肋保持连续。此时,横向加劲肋的截面尺寸除应符合上述规定外,其截面惯性矩(对 z-z 轴,见图 5-29),尚应满足下式要求

$$I_z \geqslant 3h_0 t_w^3 \qquad (5-79)$$

纵向加劲肋的截面惯性矩,应满足下式的要求

当 $a/h_0 \leqslant 0.85$ 时 $\qquad\qquad I_y \geqslant 1.5 h_0 t_w^3 \qquad (5-80)$

当 $a/h_0 > 0.85$ 时 $\qquad I_y \geqslant \left(2.5 - 0.45 \dfrac{a}{h_0}\right)\left(\dfrac{a}{h_0}\right)^2 h_0 t_w^3 \qquad (5-81)$

对大型梁,可采用以肢尖焊于腹板的角钢加劲肋,其截面惯性矩不得小于相应钢板加劲肋的惯性矩。计算加劲肋截面惯性矩的 y 轴和 z 轴:双侧加劲肋为腹板轴线;单侧加劲肋为与加劲肋相连的腹板边缘线。

为避免焊缝交叉,减小焊接应力,在加劲肋端部应切去宽约 $b_s/3$(但不大于 40 mm)、高约 $b_s/2$(但不大于 60 mm)的斜角(图 5-29(b))。在纵、横加劲肋相交处,纵向加劲肋也要切角。对直接承受动力荷载的梁(如吊车梁),中间横向加劲肋下端一般距受拉翼缘 50~100 mm 处断开(图 5-30(b)),以改善梁的抗疲劳性能。

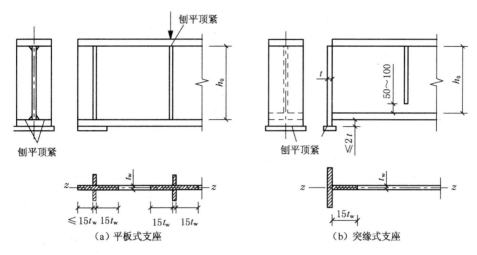

图 5-30　支承加劲肋的构造

6）支承加劲肋的计算

支承加劲肋是指承受固定集中荷载或者支座反力的横向加劲肋,除要满足上述构造要求外,还要满足整体稳定和端面承压的要求,其截面往往比中间横向加劲肋大。

（1）支承加劲肋的稳定性计算

支撑加劲肋按承受固定集中荷载或梁支座反力轴心受压构件,计算其在腹板平面外的稳定性,即

$$\frac{N}{\varphi A} \leqslant f \tag{5-82}$$

式中：N——支承加劲肋承受的集中荷载或支座反力;

　　　A——支撑加劲肋受压构件的截面面积,它包括加劲肋截面面积和加劲肋每侧各 $15t_w$

　　　　　$\sqrt{235/f_y}$ 范围内的腹板面积（图 5-30（a）中阴影部分）;

　　　φ——轴心压杆稳定系数,由 $\lambda = h_0/i_z$ 查附录 4 取值,h_0 为腹板计算高度,i_z 为计算截面绕 z 轴的回转半径。

（2）端部承压的强度计算

支承加劲肋一般刨平顶紧于梁的翼缘（焊接梁尚宜焊接）,其端面承压强度按下式计算

$$\sigma_{ce} = \frac{N}{A_{ce}} \leqslant f_{ce} \tag{5-83}$$

式中：A_{ce}——端部承压面积,即支承加劲肋与翼缘接触面的净面积;

　　　f_{ce}——钢材端面承压的强度设计值。

（3）支承加劲肋与腹板连接的焊缝计算

支承加劲肋端部与腹板焊接时,应计算焊缝强度,计算时设焊缝承受全部集中荷载或支座反力,并假定应力沿焊缝全长均匀分布。

突缘支座的伸出长度应不大于其厚度的 2 倍,如图 5-30（b）所示。

5.5 考虑腹板屈曲后强度的设计

梁腹板在弹性屈曲后,尚有较大潜力,称为屈曲后强度。承受静力荷载和间接承受动力荷载的组合梁,其腹板宜考虑屈曲后强度,则可仅在支座处和固定集中荷载处设置支承加劲肋,或尚有中间横向加劲肋,其高厚比可达 250~300 而不必设置纵向加劲肋。考虑反复屈曲可能导致腹板边缘出现疲劳裂缝,且相关研究不够,对直接承受动力荷载的梁暂不考虑屈曲后强度。进行塑性设计时,由于局部失稳会使构件塑性不能充分发展,也不得利用屈曲后强度。

考虑梁腹板屈曲后强度的理论分析和计算方法较多,目前各国规范大都采用半张力场理论。其基本假定是:①腹板剪切屈曲后将因薄膜应力而形成拉力场,腹板中的剪力,一部分由小挠度理论计算出的抗剪力承担,另一部分由斜张力场作用(薄膜效应)承担;②翼缘的弯曲刚度小,不能承担腹板斜张力场产生的垂直分力。

根据上述假定,腹板屈曲后的实腹梁犹如一桁架,如图 5-31 所示,梁翼缘相当于弦杆,横向加劲肋相当于竖杆,而腹板张力场相当于桁架的斜拉杆。

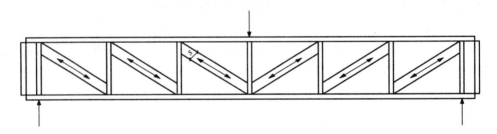

图 5-31 腹板的张力场作用

5.5.1 组合梁腹板屈曲后的抗剪承载力

根据基本假定①,腹板屈曲后的抗剪承载力设计值 V_u 为屈曲剪力 V_{cr} 与张力场剪力 V_t 之和,即

$$V_u = V_{cr} + V_t \tag{5-84}$$

屈曲剪力设计值 $V_{cr}=h_w t_w \tau_{cr}$,其中 h_w、t_w 为腹板的高度和厚度;τ_{cr} 为由式(5-45)~式(5-47)确定的临界剪应力。再由假定②可认为张力场剪力是通过宽度为 s 的带形张力场以拉应力为 σ_t 的效应传到加劲肋上的。这些拉应力对屈曲后腹板的弯曲变形起到牵制作用,从而提高了腹板承载能力。

根据理论和试验研究,腹板屈曲后的抗剪承载力设计值 V_u 可按下式计算

当 $\lambda_s \leqslant 0.8$ 时 $\qquad V_u = h_w t_w f_v \tag{5-85}$

当 $0.8 < \lambda_s \leqslant 1.2$ 时 $\qquad V_u = h_w t_w f_v [1-0.5(\lambda_s -0.8)] \tag{5-86}$

当 $\lambda_s > 1.2$ 时 $\qquad\qquad V_u = h_w t_w f_v / \lambda_s^{1.2}$ $\qquad\qquad$ (5-87)

式中 λ_s 为腹板受剪计算时的通用高厚比，按式(5-42)、(5-43)计算，当组合梁仅配置支座加劲肋时，取 $h_0/a = 0$。

5.5.2　组合梁腹板屈曲后的抗弯承载力

腹板屈曲后考虑张力场的作用，抗剪强度有所提高，但由于弯矩作用下腹板受压区屈曲，使梁的抗弯承载力有所下降，不过下降很少。我国规范采用了近似计算公式来计算梁的抗弯承载力。

采用有效截面的概念，如图 5-32 所示，腹板的受压区屈曲后弯矩还可继续增大，但受压区的应力分布不再是线性的，其边缘应力达到 f_y 时即认为达到承载力的极限。此时梁的中和轴略有下降，腹板受拉区全部有效；受压区引入有效高度的概念，假定有效高度为 ρh_c，等分在 h_c 的两端，中部则扣去 $(1-\rho)h_c$ 的高度。现假定腹板受拉区与受压区同样扣去此高度（见图 5-32(d)），这样中和轴可不变动，计算较为方便。

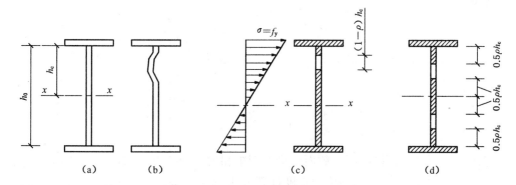

图 5-32　屈曲后梁腹板的有效高度

腹板的有效截面如图 5-32(d)所示，梁截面惯性矩为（忽略孔洞绕自身轴的惯性矩）

$$I_{xe} = I_x - 2(1-\rho)h_c t_w \left(\frac{h_c}{2}\right)^2 = I_x - \frac{1}{2}(1-\rho)h_c^3 t_w \qquad (5-88)$$

式中：I_x——按梁截面全部有效算得的绕 x 轴的惯性矩；

$\qquad h_c$——按梁截面全部有效算得的腹板受压区高度。

梁截面抵抗矩折减系数为

$$\alpha_e = \frac{W_{xe}}{W_x} = \frac{I_{xe}}{I_x} = 1 - \frac{(1-\rho)h_c^3 t_w}{2I_x} \qquad (5-89)$$

上式是按双轴对称截面塑性发展系数 $\gamma_x = 1.0$ 得出的偏安全的近似公式，也可用于 $\gamma_x = 1.05$ 和单轴对称截面。

梁抗弯承载力设计值

$$M_{eu} = \gamma_x \alpha_e W_x f \qquad (5-90)$$

式(5-89)中的腹板受压区有效高度系数 ρ，与计算局部稳定中临界应力 σ_{cr} 一样，以通用高

厚比 $\lambda_b=\sqrt{f_y/\sigma_{cr}}$ 作为参数，λ_b 由式(5-54)和式(5-55)计算，也分为三个阶段，分界点也与计算 σ_{cr} 相同，即

当 $\lambda_b \leqslant 0.85$ 时 $\qquad \rho=1.0$ （5-91）

当 $0.85<\lambda_b\leqslant1.25$ 时 $\qquad \rho=1-0.82(\lambda_b-0.85)$ （5-92）

当 $\lambda_b>1.25$ 时 $\qquad \rho=(1-0.2/\lambda_b)/\lambda_b$ （5-93）

当截面有效高度计算系数 $\rho=1.0$ 时，表示全截面有效，截面抗弯承载没有降低。

任何情况下，以上公式中的截面数据 W_x、I_x 以及 h_c 均按截面全部有效计算。

5.5.3 组合梁考虑腹板屈曲后的计算

在横向加劲肋之间的腹板各区段，通常承受弯矩和剪力的共同作用，腹板弯剪联合作用下的屈曲后强度，分析起来比较复杂。为简化计算，我国钢结构设计规范采用弯矩 M 和剪力 V 无量纲化的相关关系曲线，如图5-33所示。

规范采用的弯矩 M 和剪力 V 的计算式为

当 $M/M_f\leqslant1.0$ 时 $\qquad V\leqslant V_u$ （5-94）

当 $V/V_u\leqslant0.5$ 时 $\qquad M\leqslant M_{eu}$ （5-95）

其他情况

$$\left(\frac{V}{0.5V_u}-1\right)^2+\frac{M-M_f}{M_{eu}-M_f}\leqslant1.0 \quad (5-96)$$

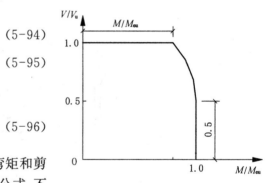

图5-33 腹板屈曲后剪力与弯矩相关曲线

式中：M、V——所计算区格内同一截面处梁的弯矩和剪力设计值，此式是梁的强度计算公式，不能像5.4.2节计算腹板稳定那样取为区格内弯矩平均值和剪力平均值。当 $V<0.5V_u$，取 $V=0.5V_u$；当 $M<M_f$，取 $M=M_f$。

M_{eu}、V_u——梁抗弯和抗剪承载力设计值，分别按式(5-90)和式(5-85)～式(5-87)计算。

M_f——梁两翼缘所承担的弯矩设计值：对双轴对称截面梁，$M_f=A_f h_f f$（此处 A_f 为一个翼缘截面面积，h_f 为上、下翼缘轴线间距离）；对单轴对称截面梁按下式计算

$$M_f=\left(A_{f1}\frac{h_5^2}{h_6}+A_{f2}h_6\right)f$$

式中：A_{f1}、h_5——较大翼缘的截面面积及其形心至梁中和轴的距离；

A_{f2}、h_6——较小翼缘的截面面积及其形心至梁中和轴的距离。

5.5.4 考虑腹板屈曲后强度的梁的加劲肋设计

利用腹板屈曲后强度，即使腹板的高厚比 h_0/t_w 很大，一般也不再考虑设置纵向加劲肋。

而且只要腹板的抗剪承载力不低于梁的实际最大剪力,可只设置支承加劲肋,而不设置中间横向加劲肋。

(1) 横向加劲肋不允许单侧布置,其截面尺寸应满足式(5-77)和式(5-78)的构造要求。

(2) 考虑腹板屈曲后强度的中间横向加劲肋,受到斜向张力场的竖向分力的作用,钢结构设计规范考虑张力场张力的水平分力的影响,将中间横向加劲肋所受轴心压力加大后,此竖向分力 N_s 可用下式来表达

$$N_s = V_u - h_w t_w \tau_{cr} \tag{5-97}$$

式中:V_u——按式(5-85)~式(5-87)计算;

τ_{cr}——按式(5-45)~式(5-47)计算。

若中间横向加劲肋还承受集中荷载 F,则应按 $N = N_s + F$ 计算其在腹板平面外的稳定。

(3) 当 $\lambda_s > 0.8$ 时,梁支座加劲肋(相当于位于梁端部的横向支承加劲肋)除承受梁支座反力 R 外,还承受张力场斜拉力的水平分力 H 作用,因此,应按压弯构件计算其强度和在腹板平面外的稳定,H 按下式计算

$$H = (V_u - h_w t_w \tau_{cr}) \sqrt{1 + (a/h_0)^2} \tag{5-98}$$

H 的作用点可取距上翼缘 $h_0/4$ 处(图 5-34(a))。为了增加抗弯能力,还应将梁端部延长,并设置封头板(图 5-34(a))。此时,对梁支座加劲肋(图 5-34(b))的计算可采用下列方法之一:

① 将封头板与支座加劲肋之间视为竖向压弯构件,简支于梁上下翼缘,计算其强度和在腹板平面外的稳定;

② 将支座加劲肋按承受支座反力 R 的轴心压杆进行计算,封头板截面积则不小于 $A_c = 3h_0 H/(16ef)$,式中 e 为支座加劲肋与封头板的距离,f 为钢材强度设计值。

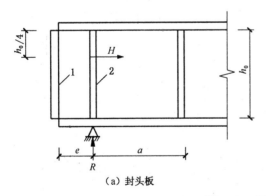 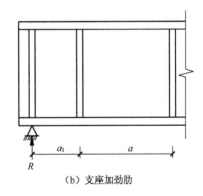

图 5-34 梁端构造

1—封头板;2—支座加劲肋

梁端构造还可以采用另一种方案,即缩小支座加劲肋和第一道中间加劲肋的距离 a_1 (图 5-34(b)),使 a_1 范围内的 $\tau_{cr} \geq f_y$(即 $\lambda_s \leq 0.8$),此种情况的支座加劲肋就不会受到张力场水平分力 H 的作用。这种对端节间不利用腹板屈曲后强度的办法,为世界少数国家(如美国)所采用。

【例 5-2】 某焊接工字形截面简支梁,跨度 $l = 12.0$ m,承受均布荷载设计值为 $q=$

235 kN/m(包括梁自重),Q235B 钢。已知截面为翼缘板 2—20×400,腹板 1—10×2000。跨中有足够侧向支承点,保证其不会整体失稳,但梁的上翼缘扭转变形不受约束。截面的惯性矩和抵抗矩已算出,如图 5-35 所示。试考虑腹板屈曲后强度验算其抗剪和抗弯承载力。验算是否需要设置中间横向加劲肋,如需设置,则其间距及截面尺寸又为多大,其支承加劲肋又应如何设置。

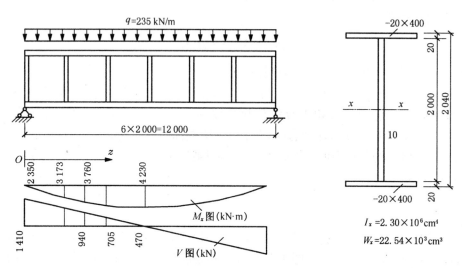

图 5-35　焊接工字形截面简支梁

【解】 (1) 截面尺寸几何特性及 M_x 和 V 值

因为 $h_0/t_w = 200$,所以按常规需设置加劲肋。考虑腹板屈曲后强度,可不设纵向加劲肋。算得弯矩和剪力,如图 5-35 所示。

(2) 假设不设置中间横向加劲肋,验算腹板抗剪承载力是否足够

梁端截面 $V = 1\,410$ kN,$M_x = 0$,不设中间加劲肋时剪切通用高厚比

$$\lambda_s = \frac{h_0/t_w}{41\sqrt{5.34}}\sqrt{\frac{f_y}{235}} = \frac{200}{41\sqrt{5.34}} \times 1 = 2.11$$

$$V_u = h_w t_w f_v / \lambda_s^{1.2} = \frac{2\,000 \times 10 \times 125}{2.11^{1.2}} \times 10^{-3} = 1\,020 \text{ kN}$$

$$V = 1\,410 > V_u,\text{不满足}$$

应设置中间横向加劲肋,经试算,取加劲肋间距 $a = 2\,000$ mm,如图 5-35 所示。

(3) 设置中间横向加劲肋($a = 2$ m)后的截面抗剪和抗弯承载力验算

① 梁翼缘能承受的弯矩 M_f

$$M_f = 2A_{f1}h_1 f = 2 \times 400 \times 20 \times 1\,010 \times 205 \times 10^{-6} = 3\,313 \text{ kN} \cdot \text{m}$$

② 区格的抗剪承载力 V_u 和屈曲临界应力 τ_{cr}

剪切通用高厚比($a/h_0 = 1.0$)

$$\lambda_s = \frac{h_0/t_w}{41\sqrt{5.34 + 4.0(h_0/a)^2}}\sqrt{\frac{f_y}{235}} = \frac{200}{41\sqrt{5.34 + 4}} = 1.596$$

$$V_u = h_w t_w f_v / \lambda_s^{1.2} = \frac{2\,000 \times 10 \times 125}{1.596^{1.2}} \times 10^{-3} = 1\,427\ kN$$

$$\tau_{cr} = 1.1 f_v / \lambda_s^2 = \frac{1.1 \times 125}{1.596^2} = 54\ N/mm^2$$

③ 腹板屈曲后梁截面的抗弯承载力 M_{eu}

受压翼缘扭转未受到约束的受弯腹板通用高厚比

$$\lambda_b = \frac{h_0 / t_w}{153} \sqrt{\frac{f_y}{235}} = \frac{200}{153} = 1.307 > 1.25$$

腹板受压区有效高度系数

$$\rho = \frac{1 - 0.2/\lambda_b}{\lambda_b} = \frac{1 - 0.2/1.307}{1.307} = 0.648$$

梁的截面抵抗矩考虑腹板有效高度的折减系数

$$\alpha_e = 1 - \frac{(1-\rho) h_c^3 t_w}{2 I_x} = 1 - \frac{(1 - 0.648) \times 100^3 \times 1}{2 \times 2.30 \times 10^6} = 0.923$$

腹板屈曲后梁截面的抗弯承载力

$$M_{cu} = \gamma_x \alpha_e W_x f = 1.05 \times 0.923 \times (22.54 \times 10^3) \times 10^3 \times 205 \times 10^{-6} = 4\,478\ kN \cdot m$$

④ 各截面承载力的验算

验算条件为

$$\left(\frac{V}{0.5 V_u} - 1 \right)^2 + \frac{M_x - M_f}{M_{eu} - M_f} \leqslant 1.0$$

按规定，当截面上 $V < 0.5 V_u$ 时，取 $V = 0.5 V_u$，因而验算条件为 $M_x \leqslant M_{eu}$；当截面上 $M_x < M_f$ 时，取 $M_x = M_f$，因而验算条件为 $V \leqslant V_u$。

从图 5-35 的 M_x 和 V 图各截面的数值可见，从 $z = 3\,m$ 到 $z = 6\,m$ 处各截面的 V 均小于 $0.5 V_u = 0.5 \times 1\,427 = 713.5\ kN$，而 M_x 均小于 $M_{eu} = 4\,478\ kN \cdot m$，因而承载力满足 $M_x \leqslant M_{eu}$。

从 $z = 0\,m$ 到 $z = 3\,m$ 处，各截面的 M_x 均小于 $M_f = 3\,313\ kN \cdot m$，各截面的 V 均小于 $V_u = 1\,427\ kN$，因而承载力满足 $V \leqslant V_u$。

各截面均满足承载力条件。本梁剪力的控制截面在梁端（$z = 0\,m$ 处），弯矩的控制截面在跨度中点（$z = 6\,m$ 处）。

(4) 中间横向加劲肋设计

① 横向加劲肋中的轴压力

$$N_s = V_u - h_w t_w \tau_{cr} = 1\,427 - 54 \times 2\,000 \times 10 \times 10^{-3} = 347\ kN$$

② 加劲肋截面尺寸（见图 5-36）

$$b_s \geqslant \frac{h_0}{30} + 40 = \frac{2\,000}{30} + 40 = 106.7\ mm \qquad 采用\ b_s = 120\ mm$$

$$t_s \geqslant \frac{b_s}{15} = \frac{120}{15} = 8\ mm \qquad 采用\ t_s = 8\ mm$$

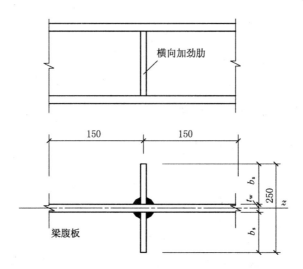

图 5-36　例 5-2 横向加劲肋

③ 验算加劲肋在梁腹板平面外的稳定性

验算加劲肋在腹板平面外的稳定性时,按规定考虑加劲肋每侧 $15t_w\sqrt{235/f_y}$ 范围的腹板面积计入加劲肋的面积如图 5-36 所示。

截面积　　　　　　$A = 2 \times 120 \times 8 + 2 \times 15 \times 10^2 = 4\,920\ \mathrm{mm^2}$

惯性矩　　　　　　$I_x = \dfrac{1}{12} \times 8 \times (2 \times 120 + 10)^3 = 10.42 \times 10^6\ \mathrm{mm^4}$

回转半径　　　　　$i_z = \sqrt{\dfrac{I_z}{A}} = \sqrt{\dfrac{10.42 \times 10^6}{4\,920}} = 46\ \mathrm{mm}$

长细比　　　　　　$\lambda_z = \dfrac{h_0}{i_z} = \dfrac{2\,000}{46} = 43.5$

按 b 类截面,查附表 4-2,得 $\varphi = 0.885$。稳定条件

$$\frac{N_s}{\varphi A} = \frac{347 \times 10^3}{0.885 \times 4\,920} = 79.7\ \mathrm{N/mm^2} < f = 215\ \mathrm{N/mm^2},\text{可以满足。}$$

④ 加劲肋与腹板的连接角焊缝

因 N_s 不大,焊缝尺寸按构造要求确定,采用 $h_f = 5\ \mathrm{mm} > 1.5\sqrt{t} = 1.5\sqrt{10} = 4.74\ \mathrm{mm}$。

(5) 支座处支承加劲肋设计

经初步计算,采用单根支座加劲肋不能满足验算条件,故采用图 5-34(a) 的构造型式。

① 由张力场引起的水平力 H(或称为锚固力)

$$H = (V_u - h_w t_w \tau_{cr})\sqrt{1 + (a/h_0)^2} = (1\,427 - 54 \times 2\,000 \times 10 \times 10^{-3})\sqrt{1 + 1}$$
$$= 347 \times 1.414 = 491\ \mathrm{kN}$$

② 把加劲肋 1 和封头肋板 2 及两者间的大梁腹板看成竖向工字形简支梁,水平力 H 作用在此竖梁的 1/4 跨度处,因而得到梁截面水平反力为

$$V_h = 0.75H = 0.75 \times 491 = 368\ \mathrm{kN}$$

按竖梁腹板的抗剪强度确定加劲肋 1 和封头肋板 2 的间距 e

$$e = \sqrt{\frac{V_h}{f_v t_w}} = \frac{368 \times 10^3}{125 \times 10} = 294 \text{ mm},取 e = 300 \text{ mm}$$

③ 所需封头肋板截面积为

$$A_c = \frac{3 h_0 H}{16 e f} = \frac{3 \times 2\,000 \times 491 \times 10^3}{16 \times 300 \times 215} = 2\,855 \text{ mm}^2$$

采用封头肋板截面为—14×400（宽度取与大梁翼缘板相同），取厚度为 $t_s \geqslant \frac{1}{15}\left(\frac{b_c}{2}\right) = \frac{1}{15}$ × 200 = 13.3 mm，采用 14 mm，满足 A_c 的要求。

④ 支承加劲肋 1 按承受大梁支座反力 $R = 1\,410$ kN 计算，计算内容包括腹板平面外的稳定性和端部承压强度等，计算方法见本章 5.4 节，此处从略。

5.6　型钢梁截面设计

梁截面设计通常是先初选截面，然后进行截面验算。若不满足要求，重选型钢，直至满足要求为止。

根据其受力情况分为单向弯曲梁和双向弯曲梁。首先计算梁所承受的弯矩，选择弯矩最不利截面，估算所需要的梁截面抵抗矩。对于单向弯曲梁，最不利截面在最大弯矩处。

单向弯曲梁的整体稳定从构造上有保证时　　　　　$W_{nx} \geqslant \dfrac{M_{max}}{\gamma_x f}$　　　　　(5-99)

单向弯曲梁的整体稳定从构造上不能保证时　　　　$W_x \geqslant \dfrac{M_{max}}{\varphi_b f}$　　　　　(5-100)

式中 φ_b 可根据情况初步估计。

对于双向弯曲梁，设计时应尽可能从构造上保证整体稳定，以便按抗弯强度条件式(5-101)选择型钢截面，否则要按式(5-102)试算

$$W_{nx} = \frac{1}{\gamma_x f}\left(M_x + \frac{\gamma_x W_{nx}}{\gamma_y W_{ny}} M_y\right) = \frac{M_x + \alpha M_y}{\gamma_x f} \tag{5-101}$$

$$\frac{M_x}{\varphi_b W_x} + \frac{M_y}{\gamma_y W_y} \leqslant f \tag{5-102}$$

为了满足经济合理的要求，设计时应避开在弯矩最不利截面上开螺栓孔，以免削弱截面。这样梁净截面抵抗矩等于截面抵抗矩，即 $W_{nx} = W_x$，按计算出的截面抵抗矩在型钢表中选择适当的截面，然后再验算弯曲正应力、局部压应力、刚度及整体稳定性。对于型钢梁，由于腹板较厚，可不验算剪应力、折算应力和局部稳定。

【例 5-3】　某工作平台的梁格布置如图 5-37 所示，平台上无动力荷载，平台上永久荷载标准值为 3.0 kN/m²，可变荷载标准值为 5 kN/m²，钢材为 Q235 钢，次梁简支于主梁，假定平

台板为刚性铺板并可保证次梁的整体稳定,试选择中间次梁截面。

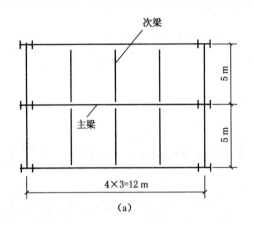
(a)

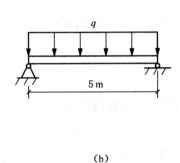
(b)

图 5-37   例 5-3

【解】   次梁上作用的荷载标准值为

$$q_k = (3\,000 + 5\,000) \times 3 = 24 \times 10^3 \text{ N/m}$$

次梁上作用的荷载设计值为

$$q = (1.2 \times 3\,000 + 1.4 \times 5\,000) \times 3 = 31.8 \times 10^3 \text{ N/m}$$

支座处最大反力

$$V_{max} = \frac{1}{2}ql = \frac{1}{2} \times 31.8 \times 5 = 79.5 \text{ kN}$$

跨中最大弯矩

$$M_{max} = \frac{1}{8}ql^2 = \frac{1}{8} \times 31.8 \times 5^2 = 99.38 \text{ kN} \cdot \text{m}$$

采用轧制 H 型钢 $\gamma_x = 1.05$

需要的截面抵抗矩 $W_x = \dfrac{M_x}{\gamma_x f} = \dfrac{M_{max}}{\gamma_x f} = \dfrac{99.38 \times 10^6}{1.05 \times 215} = 440 \times 10^3 \text{ mm}^3$

由型钢表,初选 HN300×150×6.5×9,查得其几何特征为

$A = 47.35 \text{ cm}^2$,自重 $g = 37.3 \text{ kg/m} = 37.3 \times 9.8 \text{ N/m} = 365 \text{ N/m}$, $W_x = 490 \text{ cm}^3$, $I_x = 7\,350 \text{ cm}^4$

梁自重产生的弯矩为 $M_g = \dfrac{1}{8} \times 365 \times 1.2 \times 5^2 = 1.369 \text{ kN} \cdot \text{m}$

总弯矩为 $M_g = 1.369 + 99.38 = 100.749 \text{ kN} \cdot \text{m}$

弯曲正应力为 $\sigma = \dfrac{M_x}{\gamma_x W_{nx}} = \dfrac{100.749 \times 10^6}{1.05 \times 490 \times 10^3} = 195.8 \text{ N/mm}^2 < f = 215 \text{ N/mm}^2$

最大剪应力 $\tau = \dfrac{VS_1}{It_w}$

忽略内角半径 r，则

$$S_1 = [150 \times 9 \times (150 - 9/2) + (150 - 9) \times 6.5 \times (150 - 9)/2]$$
$$= 261 \times 10^3 \ \text{mm}^3$$

$$\tau = \frac{VS_1}{It_w} = \left[\frac{(79.5 + 1.2 \times 0.365 \times 5/2) \times 10^3}{7\,350 \times 10^4 \times 6.5} \right] = 44 \ \text{N/mm}^2$$

可见型钢由于腹板较厚，剪力一般不起控制作用，可不验算。

刚度验算：

考虑自重后荷载标准值为　　$q_k = (24 \times 10^3 + 365) \text{N/mm} = 24.365 \ \text{kN/mm}$

挠度　　$q = \dfrac{5}{384} \dfrac{q_k l^4}{EI_x} = 13.1 \ \text{mm} = \dfrac{l}{382} < \dfrac{l}{250}$ 满足要求。

若次梁放在主梁顶面，且次梁在支座处不设支承加劲肋，还需验算支座处次梁腹板计算高度下边缘的局部压应力。设次梁支承长度 $a = 8$ cm，则

$$l_z = 2.5h_y + a = [2.5 \times (9 + 16) + 80] = 142.5 \ \text{mm}$$

腹板厚 $t_w = 6.5$ mm，则

$$\sigma_c = \frac{\psi F}{t_w l_z} = \frac{1.0 \times (79.5 + 1.2 \times 0.365 \times 5/2)}{6.5 \times 142.5} = 87 \ \text{N/mm}^2 < f = 215 \ \text{N/mm}^2$$

若次梁在支座处设有支承加劲肋，局部压应力不必验算。

5.7　组合梁截面设计

5.7.1　试选截面

选择组合梁（见图 5-38）的截面时首先要初步估算，进行试选梁的截面高度、腹板厚度和翼缘尺寸。下面介绍焊接组合梁试选截面的方法。

1）梁的截面高度

确定梁的截面高度应考虑建筑高度、梁的刚度和经济条件。

建筑高度是指梁的底面到铺板顶面之间的高度，它往往由生产工艺和使用要求决定。梁的建筑高度要求决定了梁的最大高度 h_{max}。

刚度条件决定了梁的最小高度 h_{min}。刚度条件是要求梁在全部荷载标准值作用下的挠度 $v \leqslant [v]$。现以均布荷载作用下的简支梁为例，推导其最小高度 h_{min}，即

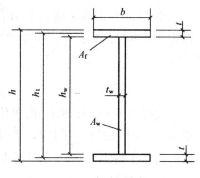

图 5-38　组合梁截面尺寸

$$\frac{v}{l} = \frac{5}{384} \frac{q_k l^3}{EI_x} = \frac{5l}{48EI_x} \frac{ql^2}{1.3 \times 8} = \frac{5Ml}{48EI_x \times 1.3} \leqslant \frac{[v]}{l}$$

对于双轴对称截面,有 $\qquad \sigma = \dfrac{Mh}{2I_x}$

代入上式,得

$$\frac{v}{l} = \frac{10\sigma l}{48EI_x \times 1.3} = \frac{5\sigma l}{1.3 \times 24Eh} \leqslant \frac{[v]}{l}$$

当梁的强度充分发挥利用时,$\sigma = f$,f 为钢材的强度设计值,由此得

$$h_{\min} = \frac{5fl}{31.2E} \frac{l}{[v]} \qquad (5\text{-}103)$$

从用料最省出发,可以定出梁的经济高度。梁的经济高度,其确切含义是满足一切条件(强度、刚度、整体稳定和局部稳定)的、梁用钢量最少的高度。设计时可参照下列经济高度的经验公式初选截面高度

$$h_s = 7\sqrt[3]{W_x} - 300 \text{ mm} \qquad (5\text{-}104)$$

式中:W_x——梁所需要的截面抵抗矩,以 mm^3 计。

根据上述三个条件,实际所取用的梁高 h 应满足 $h_{\min} < h < h_{\max}$,且 $h \approx h_s$。当梁的截面高度 h 确定后,梁的腹板高度 h_w 可取稍小于梁高 h 的数值,并尽可能考虑钢板的规格尺寸,将其取为 50 mm 的整数倍。

2)腹板厚度

腹板厚度应满足抗剪强度的要求。初选截面时,可近似地假定最大剪应力为腹板平均剪应力的 1.2 倍,则腹板的抗剪强度计算公式简化为

$$\tau_{\max} \approx 1.2 \frac{V_{\max}}{h_w t_w} \leqslant f_v \qquad (5\text{-}105)$$

于是

$$t_w \geqslant 1.2 \frac{V_{\max}}{h_w f_v} \qquad (5\text{-}106)$$

由式(5-106)确定的 t_w 值往往偏小,考虑局部稳定和构造等因素,腹板厚度一般采用下列经验公式进行估算:

$$t_w = \frac{\sqrt{h_w}}{3.5} \qquad (5\text{-}107)$$

式(5-107)中,t_w 和 h_w 的单位均为 mm。实际采用的腹板厚度应考虑钢板的现有规格,一般为 2 mm 的倍数。对于非吊车梁,腹板厚度取值宜比式(5-107)的计算值略小;对考虑腹板屈曲后强度的梁,腹板厚度可更小,但不得小于 6 mm,也不宜使高厚比超过 $250\sqrt{235/f_y}$。

3)翼缘尺寸

由图 5-38 可写出梁的截面抵抗矩为

$$W_x = \frac{2I_x}{h} = \frac{1}{6}t_w\frac{h_w^3}{h} + bt\frac{h_1^2}{h} \tag{5-108}$$

近似取 $h_w = h_q = h$，则有

$$A_f = bt = \frac{W_x}{h_w} - \frac{t_w h_w}{6} \tag{5-109}$$

根据所需要的截面抵抗矩 W_x 和选定的腹板尺寸，由式(5-109)可求得所需要的一个翼缘板的面积 A_f，此时含有两个参数，即翼缘板宽度 b 和厚度 t。通常需考虑下列因素来选择 b 和 t：

① 翼缘板宽度 $b = (1/5 \sim 1/3)h$，宽度太小不容易保证梁的整体稳定；宽度太大使翼缘中正应力分布不均匀。

② 考虑翼缘板的局部稳定，要求翼缘宽度与厚度之比 $b/t \leqslant 30\sqrt{235/f_y}$（按弹性设计，$\gamma_x = 1.0$）或 $b/t \leqslant 26\sqrt{235/f_y}$（按弹塑性设计，$\gamma_x = 1.05$）。

③对于吊车梁，$b \geqslant 300$ mm，以便安装轨道。

一般翼缘板宽度 b 取 10 mm 的倍数，厚度 t 取 2 mm 的倍数。

5.7.2 截面验算

根据试选的截面尺寸，计算出截面的各项几何特征，如惯性矩、截面模量等，然后进行验算。梁的截面验算包括强度、刚度、整体稳定和局部稳定几个方面。其中，腹板的局部稳定通常是配置加劲肋来保证，验算时应考虑梁自重所产生的内力。

5.7.3 组合梁截面沿长度的改变

梁的弯矩是沿梁的长度变化的，因此，设计的梁截面如能随弯矩而变化，则可节约钢材。对跨度较小的梁，截面改变经济效果不大，或者改变截面节约的钢材不能抵消构造复杂带来的加工困难，则不宜改变截面。变截面梁可以改变梁高(见图 5-39)也可以改变梁宽(见图 5-40)。

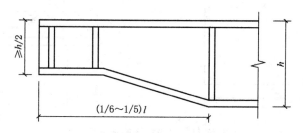

图 5-39 变高度梁

改变梁高时，使上翼缘保持不变，将梁的下翼缘做成折线外形，翼缘板的截面保持不变，这样梁在支座处可减小其高度。但支座处的高度应满足抗剪强度要求，且不宜小于跨中高度的 1/2。在翼缘由水平转为倾斜的两处均需要设置腹板加劲肋，下翼缘的弯折点一般取在距梁端 $(l/6 \sim l/5)$ 处(见图 5-39)。

改变梁宽，主要是改变上、下翼缘宽度，或采用两端单层、跨中双层翼缘的方法，但改变厚

度使梁的顶面不平整,也不便于布置铺板。

对承受均布荷载的单层工字形简支梁,最优截面改变处是离支座 $l/6$ 跨度处(见图5-40)。应由截面开始改变处的弯矩 M_1 反算出较窄翼缘板宽度 b_1。为减少应力集中,应将宽板由截面改变位置以不大于 1:2.5 的斜角向弯矩较小侧过渡,与宽度为 b_1 的窄板相对接。

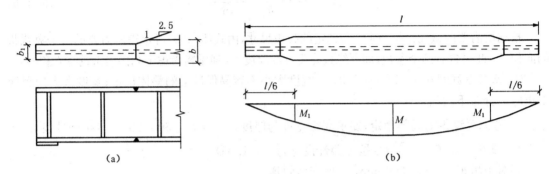

图 5-40 变宽度梁

截面一般只改变一次,若改变两次,其经济效益并不显著增加。

5.7.4 焊接组合梁翼缘焊缝的设计计算

当梁弯曲时,由于相邻截面中作用在翼缘截面的弯曲正应力有差值,翼缘与腹板间将产生水平剪应力(图5-41)。沿梁单位长度的水平剪力为

$$T = \tau_1 t_w = \frac{VS_1}{I_x t_w} t_w = \frac{VS_1}{I_x} \tag{5-110}$$

式中:$\tau_1 = VS_1/(I_x t_w)$ ——腹板与翼缘交界处的水平剪应力(与竖向剪应力相等);

S_1——翼缘截面对梁中和轴的面积矩。

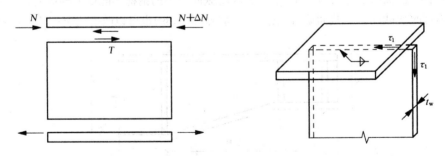

图 5-41 翼缘焊缝的水平剪力

当腹板与翼缘板用角焊缝连接时,角焊缝有效截面上承受的剪应力 τ_f 不应超过角焊缝强度设计值 f_f^w,即

$$\tau_f = \frac{T}{2 \times 0.7 h_f} = \frac{VS_1}{1.4 h_f I_x} \leqslant f_f^w$$

由此可得焊脚尺寸

$$h_{\mathrm{f}} \geqslant \frac{VS_1}{1.4 I_x f_{\mathrm{f}}^{\mathrm{w}}} \tag{5-111}$$

当梁的翼缘上有固定集中荷载而未设置支承加劲肋,或有移动集中荷载(如吊车轮压)时,上翼缘与腹板之间的连接焊缝,除承受沿焊缝长度方向的剪应力 τ_{f} 外,还承受垂直于焊缝长度方向的局部压应力

$$\sigma_{\mathrm{f}} = \frac{\psi F}{2h_{\mathrm{e}}l_z} = \frac{\psi F}{1.4 h_{\mathrm{f}}l_z}$$

因此,承受局部压应力的上翼缘与腹板之间的连接焊缝应按下式计算强度

$$\frac{1}{1.4 h_{\mathrm{f}}} \sqrt{\left(\frac{\psi F}{\beta_{\mathrm{f}}l_z}\right)^2 + \left(\frac{VS_1}{I_x}\right)^2} \leqslant f_{\mathrm{f}}^{\mathrm{w}}$$

从而

$$h_{\mathrm{f}} \geqslant \frac{1}{1.4 f_{\mathrm{f}}^{\mathrm{w}}} \sqrt{\left(\frac{\psi F}{\beta_{\mathrm{f}}l_z}\right)^2 + \left(\frac{VS_1}{I_x}\right)^2} \tag{5-112}$$

对于直接承受动力荷载的梁,$\beta_{\mathrm{f}} = 1.0$;对其他梁 $\beta_{\mathrm{f}} = 1.22$。

对承受较大动力荷载的梁(如重级工作制吊车梁和大吨位中级工作制吊车梁),因角焊缝易产生疲劳破坏,此时宜采用焊透的 T 形对接,如图 5-42 所示,此时可认为焊缝与腹板等强度而不必计算。

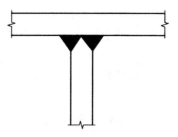

图 5-42　焊透的 T 形对接焊

【例 5-4】　设计例 5-3 工作平台的中间主梁,材料为 Q235B。

【解】　(1)选择截面

主梁的计算简图如图 5-43 所示。

中间次梁传给主梁的荷载设计值为

$$F = (31.8 + 1.2 \times 0.365) \times 5 = 161.2 \text{ kN}$$

梁端的次梁传给主梁的荷载设计值取中间次梁的一半。

主梁的支座反力(未计主梁自重)为

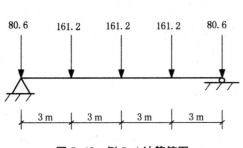

图 5-43　例 5-4 计算简图

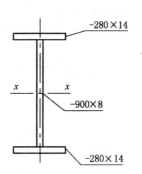

图 5-44　例 5-4 主梁截面

$$R = 2F = 322.4 \text{ kN}$$

梁中最大弯矩为

$$M_{\text{max}} = (322.4 - 80.6) \times 6 - 161.2 \times 3 = 967.2 \text{ kN} \cdot \text{m}$$

梁所需要的截面抵抗矩为

$$W_{nx} = \frac{M_{\text{max}}}{\gamma_x f} = \frac{967.2 \times 10^6}{1.05 \times 215} = 4\,284 \times 10^3 \text{ mm}^3$$

梁的高度在净空方面无限制条件,依刚度要求,工作平台主梁的容许挠度为 $l/400$,由公式(5-103)得其容许最小高度为

$$h_{\text{min}} = \frac{5fl}{31.2E} \frac{l}{[v]} = \frac{5 \times 215 \times 12\,000}{31.2 \times 2.06 \times 10^5} \times \frac{12\,000}{[12\,000/400]} = 803 \text{ mm}$$

梁的经济高度为 $\quad h_3 = 7 \sqrt[3]{W_x} - 300 = 837 \text{ mm}$

参照以上数据,取梁腹板高度 $\quad h_w = 900 \text{ mm}$

梁腹板厚度 $\quad t_w = \frac{1.2V}{h_w f_v} = \frac{1.2 \times 322.4 \times 10^3}{900 \times 125} = 3.44 \text{ mm}$

可见由抗剪条件所决定的腹板厚度很小。

依经验公式(5-107)估算 $\quad t_w = \frac{\sqrt{h_w}}{3.5} = \frac{\sqrt{900}}{3.5} = 8.6 \text{ mm}, \quad t_w = 8 \text{ mm}$

一个翼缘板面积 $\quad A_f = bt = \frac{W_x}{h_w} - \frac{t_w h_w}{6} = \frac{4\,284}{90} - \frac{90 \times 0.8}{6} = 35.6 \text{ cm}^2$

试选翼缘板宽度 $\quad b = 280 \text{ mm}, t = 14 \text{ mm}$

梁翼缘的外伸宽度与厚度之比 $\quad \frac{b_1'}{t} = \frac{(280-8)/2}{14} = 9.71 < 13\sqrt{\frac{235}{f_y}}$

梁翼缘板的局部稳定可以保证,且截面可以考虑部分塑性发展。

(2) 截面验算

截面的实际几何特征

$$A = 80 \times 0.8 + 28 \times 1.4 \times 2 = 150.4 \text{ cm}^2$$

$$I_x = \frac{90^3 \times 0.8}{12} + 1.4 \times 28 \times \left(\frac{90}{2} + \frac{1.4}{2}\right) \times 2 = 2.124 \times 10^5 \text{ cm}^4$$

$$W_x = \frac{2.124 \times 10^5}{1.4 + 90/2} = 4\,575 \text{ cm}^3$$

主梁自重估算

$$(150.4 \times 10^{-4} \times 7.85 \times 10^3 \times 9.8 \times 1.2) = 1\,388 \text{ N/m} = 1.388 \text{ kN/m}$$

(式中 1.2 为考虑腹板加劲肋等附加构造的用钢量系数)

自重产生的弯矩 $M_g = \dfrac{1}{8} \times 1.388 \times 1.2 \times 12^2 = 29.98 \text{ kN} \cdot \text{m}$

跨中最大弯矩为 $M_g = 967.2 + 29.98 = 997.18 \text{ kN} \cdot \text{m}$

主梁的支座反力(计主梁自重)

$$R = 322.4 + 1.2 \times 1.388 \times 12 \times 1/2 = 332.4 \text{ kN}$$

跨中截面最大正应力

$$\sigma = \frac{M}{\gamma_x W_{nx}} = \frac{997.18 \times 10^6}{1.05 \times 4\,575 \times 10^3} = 207.5 \text{ N/mm}^2 < f = 215 \text{ N/mm}^2$$

在主梁的支承处以及支承次梁处均配置支承加劲肋,不必验算局部压应力。

跨中截面腹板边缘折算应力

$$\sigma = \frac{997.18 \times 10^6 \times 450}{2.124 \times 10^5 \times 10^4} = 211.3 \text{ N/mm}^2$$

跨中截面剪力 $V = 80.6 \text{ kN}$

$$\tau = \frac{80.6 \times 10^3 \times 14 \times 280 \times 457}{2.124 \times 10^5 \times 10^4 \times 8} = 8.50 \text{ N/mm}^2$$

$$\sqrt{\sigma^2 + 3\tau^2} = \sqrt{211.3^2 + 3 \times 8.5^2} = 211.8 \text{ N/mm}^2 < 1.1f = 236.5 \text{ N/mm}^2$$

次梁可作为主梁的侧向支承点,因而梁受压翼缘自由长度 $l_1 = 3 \text{ m}$,$l_1/b_1 = 300/28 = 10.7 < 16$,主梁整体稳定可以保证,刚度条件因 $h > h_{min}$,自然满足。

(3)梁翼缘焊缝的计算

$$h_f \geqslant \frac{VS_1}{1.4 I_x f_f^w} = \frac{332.4 \times 10^3 \times 14 \times 280 \times 457}{1.4 \times 2.124 \times 10^5 \times 10^4 \times 160} = 1.25 \text{ mm}$$

取 $h_f = 6 \text{ mm} \geqslant 1.5\sqrt{t_{max}} = 1.5\sqrt{14} \text{ mm} = 5.6 \text{ mm}$

(4)主梁加劲肋的设计

若不考虑腹板屈曲后强度,则主梁腹板的强度和加劲肋的设计按照例5-5进行。

若考虑腹板屈曲后强度,则主梁腹板的强度和加劲肋的设计按照如下步骤进行:

① 各板段的强度验算

此种梁腹板宜考虑屈曲后强度,在支座处和每个次梁处(即固定集中荷载处)设置支承加劲肋。端部板段采用图 5-45(b)的构造,另加横向加劲肋,使 $a_1 = 700 \text{ mm}$,因 $a/h_0 < 1.0$,则

$$\lambda_s = \frac{h_0/t_w}{41\sqrt{4.0 + 5.34(h_0/a)^2}}\sqrt{\frac{f_y}{235}} = 0.766 < 0.8$$

故 $\tau_{cr} = f_v$,使板段 I 范围内不会屈曲,支座加劲肋就不会受到水平力 H 的作用。

对于板段 II,$a/h_0 > 1$

$$\lambda_s = \frac{h_0/t_w}{41\sqrt{5.34 + 4.0(h_0/a)^2}}\sqrt{\frac{f_y}{235}} = \frac{900/8}{41\sqrt{5.34 + 4.0(900/2\,300)^2}} = 1.12$$

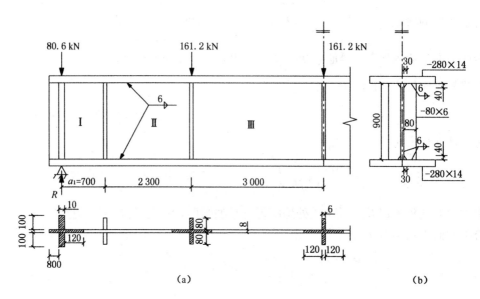

图 5-45 例 5-4 主梁加劲肋

$0.8 < \lambda_s < 1.2$，$V_u = h_w t_w f_v [1 - 0.5(\lambda_s - 0.8)] = 900 \times 8 \times 125 \times [1 - 0.5 \times (1.12 - 0.8)] = 756 \text{ kN}$

左侧剪力　　$V_1 = 332.4 - 80.6 - 1.2 \times 1.388 \times 0.7 = 250.63 \text{ kN} < 0.5V_u = 378 \text{ kN}$

由分析可知板格Ⅱ右侧剪力也小于 $0.5V_u$。

$$\lambda_b = \frac{2h_c}{177t_w} \sqrt{\frac{f_y}{235}} = \frac{2 \times 450}{177 \times 8} = 0.64 < 0.85，则 \rho = 1.0，全截面有效，\alpha_c = 1$$

故左右侧均用 $\dfrac{M - M_f}{M_{eu} - M_f} < 1.0$ 来验算。

左侧弯矩　　$M_1 = \left[(332.4 - 80.6) \times 0.7 - 1.2 \times 1.388 \times \dfrac{0.7^2}{2} \right] = 175.85 \text{ kN} \cdot \text{m}$

右侧弯矩　　$M_f = \left[(332.4 - 80.6) \times 3 - 1.2 \times 1.388 \times \dfrac{3^2}{2} \right] = 747.9 \text{ kN} \cdot \text{m}$

$$M_f = 2A_{f1}h_1 f = 2 \times 14 \times 280 \times 457 \times 215 = 770 \text{ kN} \cdot \text{m}$$

由于 $M_1 < M_f$，取 $M = M_f$，所以 $\dfrac{M - M_f}{M_{eu} - M_f} = 0 < 1$（满足）。

板段Ⅲ

$$\lambda_s = \frac{h_0/t_w}{41 \sqrt{5.34 + 4.0(h_0/a)^2}} \sqrt{\frac{f_y}{235}} = \frac{900/8}{41 \sqrt{5.34 + 4.0(900/3\,000)^2}} = 1.15$$

$0.8 < \lambda_s < 1.2$，$V_u = h_w t_w f_v [1 - 0.5(\lambda_s - 0.8)] = 900 \times 8 \times 125 \times [1 - 0.5 \times (1.15 - 0.8)] = 742.5 \text{ kN}$

由分析可知：V_1 与 V_r 均小于 $0.5V_u = 371.25 \text{ kN}$

由于板段Ⅲ左侧弯矩小于右侧弯矩，故验算右侧：

右侧弯矩　$M_r = M_{max} = 997.18 \text{ kN} \cdot \text{m}$

$$\frac{M - M_f}{M_{eu} - M_f} = \frac{997.18 - 770}{1\,033 - 770} = 0.86 < 1(\text{满足})$$

② 加劲肋的计算

横向加劲肋的截面(见图 5-45(b))

宽度　$b_s \geqslant \dfrac{h_0}{30} + 40 = \dfrac{900}{30} + 40 = 70 \text{ mm}$，取 $b_s = 80 \text{ mm}$

厚度　$t_s \geqslant \dfrac{b_s}{15} = \dfrac{80}{15} = 5.3 \text{ mm}$，取 $t_s = 6 \text{ mm}$

中部承受次梁支座反力的支承加劲肋的截面验算：

因为 $\lambda_s = 1.15$，$0.8 < \lambda_s < 1.2$

故　$\tau_{cr} = [1 - 0.59(\lambda_s - 0.8)]f_v = [1 - 0.59 \times (1.15 - 0.8)] \times 125 = 99.19 \text{ N/mm}^2$

该加劲肋所承受的轴心力

$$N_s = V_u - h_w t_w \tau_{cr} + F = 742.5 - 99.19 \times 900 \times 8 \times 10^{-3} + 161.2 = 189.5 \text{ kN}$$

截面面积　$A_s = [(2 \times 80 + 8) \times 6 + 2 \times 8 \times 15 \times 8] = 2\,928 \text{ mm}^2 = 29.28 \text{ cm}^2$

$$I_z = \frac{1}{12} \times 6 \times 168^3 = 237 \text{ cm}^4$$

$$i_z = \sqrt{\frac{I_z}{A}} = \sqrt{\frac{237}{29.28}} = 2.845 \text{ cm}$$

$\lambda_z = \dfrac{900}{28.45} = 31.63$(b 类)，查附表 4-2，$\varphi_z = 0.931$

验算其在腹板平面外稳定

$$\frac{N_s}{\varphi_z A_z} = \frac{189.5 \times 10^3}{0.931 \times 2\,928} = 69.5 \text{ N/mm}^2 < f = 215 \text{ N/mm}^2(\text{满足})$$

采用次梁侧面连于主梁加劲肋时，不必验算加劲肋端部的承压强度。

支座加劲肋的验算：

采用两块—100×10 的板，则

$$A_s = (2 \times 100 + 8) \times 10 + (80 + 15 \times 8) \times 8 = 36.8 \text{ cm}^2$$

$$I_z = \frac{1}{12} \times 10 \times (2 \times 100 + 8)^3 = 749.9 \text{ cm}^4$$

$$i_z = \sqrt{\frac{I_z}{A}} = \sqrt{\frac{749.9}{36.8}} = 4.514 \text{ cm}$$

$\lambda_z = \dfrac{900}{45.14} = 19.93$(c 类)，查附表 4-3，$\varphi_z' = 0.966$

验算在腹板平面外的稳定

$$\frac{N_s'}{\varphi_z' A_s} = \frac{332.4 \times 10^3}{0.966 \times 3\,680} = 93.5 \text{ N/mm}^2 < f = 215 \text{ N/mm}^2(\text{满足})$$

验算端部承压

$$\sigma_{ce} = \frac{332.4 \times 10^3}{2 \times (100 - 30) \times 10} = 237.4 \ \text{N/mm}^2 < f_{ce} = 325 \ \text{N/mm}^2$$

计算与腹板的连接焊缝

$$h_f \geq \frac{332.4 \times 10^3}{4 \times 0.7 \times (900 - 2 \times 40) \times 160} = 0.9 \ \text{mm}$$

取 $h_f = 6 \ \text{mm} > 1.5 \sqrt{t_{max}} = 1.5 \times \sqrt{10} = 4.7 \ \text{mm}$

【例 5-5】 如果在例 5-4 中主梁不考虑腹板屈曲后强度，重新验算腹板的强度和加劲肋的设计。

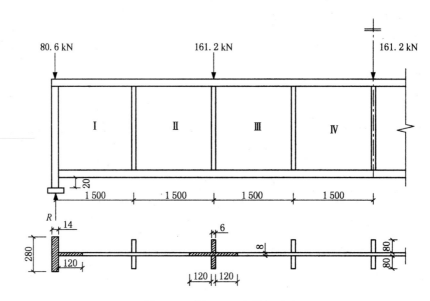

图 5-46　例 5-5　主梁加劲肋

【解】 ① 梁腹板高度比为

$$\frac{h_w}{t_w} = \frac{900}{8} = 112.5 > 80 \sqrt{\frac{235}{f_y}}$$

设次梁和铺板能有效地约束主梁的受压翼缘，由于 $80 \sqrt{\frac{235}{f_y}} < \frac{h_w}{t_w} < 170 \sqrt{\frac{235}{f_y}}$，所以需设置横向加劲肋。

考虑到在次梁处应配置横向加劲肋，故取横向加劲肋的间距为 $a = 150 \ \text{cm} < 2h_0 = 180 \ \text{cm}$，且 $a > 0.5h_0$（图 5-46），加劲肋如此布置后，各区格就可作为无局部压应力的情况计算。

引用例 5-3 及例 5-4 中的相关数据，腹板区格的局部稳定验算如下

区格 I 的内力：

左端　　　　　　　　　　$V_1 = 332.4 - 80.6 = 251.8 \ \text{kN}$

$$M_1 = 0 \text{ kN} \cdot \text{m}$$

右端 $$V_r = 332.4 - 80.6 - 1.388 \times 1.5 \times 1.2 = 249.3 \text{ kN}$$

$$M_r = 251.8 \times 1.5 - 1.2 \times 1.388 \times 1.5^2/2 = 375.8 \text{ kN} \cdot \text{m}$$

区格的平均弯矩产生的弯曲正应力为

$$\sigma = \frac{M_1 + M_r}{2} \cdot \frac{h_0}{2I_x} = \left[\frac{(0 + 375.8) \times 10^6}{2} \times \frac{900}{2 \times 2.124 \times 10^5 \times 10^4} \right] = 39.8 \text{ N/mm}^2$$

区格的平均剪力产生的平均剪应力为

$$\tau = \frac{V_1 + V_r}{2h_0 t_w} = \frac{(251.8 + 249.3) \times 10^3}{2 \times 900 \times 8} = 34.8 \text{ N/mm}^2$$

由例 5-4 知 $$\lambda_b = \frac{2h_c}{177 t_w} \sqrt{\frac{f_y}{235}} = \frac{2 \times 450}{177 \times 8} = 0.64 < 0.85$$

取 $\sigma_{cr} = f = 215 \text{ N/mm}^2$

$$\lambda_s = \frac{h_0/t_w}{41 \sqrt{5.34 + 4.0(h_0/a)^2}} \sqrt{\frac{f_y}{235}} = \frac{900/8}{41 \sqrt{5.34 + 4.0(900/1\,500)^2}} = 1.054$$

$$\tau_{cr} = [1 - 0.59(\lambda_s - 0.8)]f_v = [1 - 0.59 \times (1.054 - 0.8)] \times 125 = 106.27 \text{ N/mm}^2$$

故 $$\left(\frac{39.8}{215} \right)^2 + \left(\frac{34.8}{106.27} \right)^2 = 0.142 < 1 (\text{满足})$$

区格Ⅳ的内力:

左端 $$V_1 = 332.4 - 80.6 - 161.2 - 1.2 \times 1.388 \times 4.5 = 83.10 \text{ kN}$$

$$M_1 = (332.4 - 80.6) \times 4.5 - 161.2 \times 1.5 - 1.2 \times 1.388 \times 4.5^2/2 = 874.4 \text{ kN} \cdot \text{m}$$

右端 $$V_r = 332.4 - 80.6 - 161.2 - 1.2 \times 1.388 \times 6 = 80.6 \text{ kN}$$

$$M_r = M_{max} = 997.18 \text{ kN} \cdot \text{m}$$

区格的平均弯矩产生的弯曲正应力为

$$\sigma = \frac{M_1 + M_r}{2} \cdot \frac{h_0}{2I_x} = \left[\frac{(874.4 + 997.18) \times 10^6}{2} \times \frac{900}{2 \times 2.124 \times 10^5 \times 10^4} \right] = 198.3 \text{ N/mm}^2$$

区格的平均剪力产生的平均剪应力为

$$\tau = \frac{V_1 + V_r}{2h_0 t_w} = \frac{(83.10 + 80.6) \times 10^3}{2 \times 900 \times 8} = 11.37 \text{ N/mm}^2$$

故 $$\left(\frac{198.3}{215} \right)^2 + \left(\frac{11.37}{106.27} \right)^2 = 0.862 < 1 (\text{满足})$$

从区格Ⅰ和区格Ⅳ满足,易知区格Ⅱ和Ⅲ必满足。

②支承加劲肋的设计,采用同例 5-4,只是传递轴压力 $N = 161.2 \text{ kN} < N_s = 189.5 \text{ kN}$,所以可以满足要求。

支座加劲肋:采用如图 5-46 所示的突缘式支座,根据梁端截面尺寸,选用支座加劲肋截面为—$280 \times 14 \text{ mm}$,伸出翼缘下面 20 mm,小于 $2t = 28 \text{ mm}$。

支座反力 $R = 332.4 \text{ kN}$

$$A_s = 28 \times 1.4 + 12 \times 0.8 = 48.8 \text{ cm}^2$$

$$I_z = \frac{1}{12} \times 1.4 \times 28^3 = 2\,561.0 \text{ cm}^4$$

$$i_z = \sqrt{\frac{I_z}{A}} = \sqrt{\frac{2\,561}{48.8}} = 7.244 \text{ cm}$$

$$\lambda_z = \frac{90}{7.244} = 12.4 (\text{c 类}), 查附表 4\text{-}3, \varphi = 0.987$$

$$\sigma = \frac{N}{\varphi A} = \frac{332.4 \times 10^3}{0.987 \times 4\,880} = 69 \text{ N/mm}^2 < f = 215 \text{ N/mm}^2 (满足)$$

支承加劲肋端部刨平顶紧,顶面承压应力验算

$$\sigma_{ce} = \frac{N}{A_{ce}} = \frac{332.4 \times 10^3}{280 \times 14} = 84.8 \text{ N/mm}^2 < f_{ce} = 325 \text{ N/mm}^2 (满足)$$

支承加劲肋与腹板采用直角角焊缝连接,焊脚尺寸为

$$h_f \geqslant \frac{332.4 \times 10^3}{2 \times 0.7 \times 900 \times 160} = 1.65 \text{ mm}$$

取 $h_f = 8 \text{ mm} > 1.5 \sqrt{t_{max}} = 1.5 \times \sqrt{14} = 5.6 \text{ mm}$

5.8 梁的拼接连接

5.8.1 梁的拼接

梁的拼接有工厂拼接和工地拼接两种。由于钢材尺寸的限制,必须将钢材接长或拼大,这种拼接常在工厂中进行,称为工厂拼接。由于运输或安装条件的限制,梁必须分段运输,然后在工地拼装连接,称为工地拼接。

型钢梁的拼接,其翼缘可采用对接直焊缝或拼接板,腹板可采用拼接板,拼接板均可采用焊接或螺栓连接。拼接位置宜放在弯矩较小处。

焊接组合梁的工厂拼接,翼缘和腹板的拼接位置最好错开并采用对接直焊缝(见图 5-47),腹板的拼接焊缝与横向加劲肋之间至少应相距 $10t_w$。对接焊缝施焊时宜加引弧板,并采用 1 级或 2 级焊缝,这样焊缝可与钢材等强。但采用 3 级焊缝时,焊缝抗拉强度低于钢材的强度,需进行焊缝强度验算。若焊缝强度不足时,可采用斜焊缝,但斜焊缝连接较费料,对于较宽的腹板不宜采用,此时可将拼接位置调整到弯矩较小处。

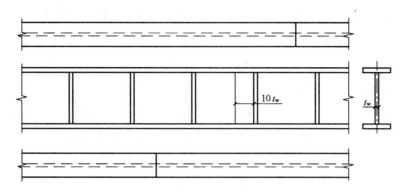

图 5-47 组合梁的工厂拼接

梁的工地拼接应使翼缘和腹板在同一截面或接近于同一截面处断开,以便分段运输。为了便于焊接,将上、下翼缘板均切割成向上的 V 形坡口,以便俯焊,同时为了减小焊接残余应力,将翼缘板在靠近拼接截面处的焊缝预留出约 500 mm 的长度不在工厂焊接,而在工地上按图 5-48 所示序号施焊。为了避免焊缝过分密集,可将上、下翼缘板和腹板的拼接位置略微错开,但运输单元突出部分应特别保护,以免碰损。

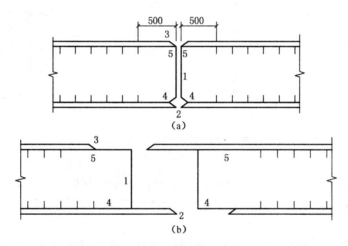

图 5-48 工地焊接拼接

对于重要的或受动力荷载作用的大型组合梁,由于现场焊接质量难以保证,工地拼接时,宜采用高强度螺栓连接(见图 5-49)。

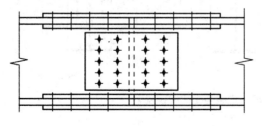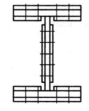

图 5-49 采用高强度螺栓的工地拼接

对用拼接板的接头,应按下列规定的内力进行计算,翼缘拼接板及其连接所承受的轴向力 N_4 为翼缘板的最大承载力

$$N_4 = A_{fn}f \tag{5-113}$$

式中: A_{fn} ——被拼接的翼缘板净截面面积。

腹板拼接板及其连接,主要承受梁截面上的全部剪力 V,以及按刚度分配到腹板上的弯矩 $M_w = M \cdot I_w/I$,式中 I_w 为腹板的毛截面惯性矩, I 为整个梁的毛截面惯性矩。

5.8.2 梁的连接

根据次梁与主梁相对位置不同,梁的连接分为叠接和平接两种。

叠接(见图 5-50)是将次梁直接搁在主梁上面,用螺栓或焊缝连接,构造简单,但占有较大的建筑空间,使用受到限制。在次梁的支承处,主梁应设置支承加劲肋。图 5-50(a)是次梁为简支梁时与主梁连接的构造,而图 5-50(b)是次梁为连续梁时与主梁连接的构造。

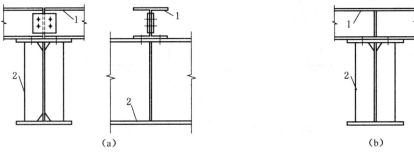

图 5-50 次梁与主梁的叠接

1—次梁;2—主梁

平接是使次梁顶面与主梁相平或略高、略低于主梁顶面,从侧面与主梁的加劲肋或在腹板上专设的短角钢或支托相连接。平接虽构造复杂,但可降低结构高度,故在实际工程中应用较广泛。

次梁与主梁从传力效果上分为铰接和刚接两种。若次梁为简支梁,其连接为铰接(见图 5-51);若次梁为连续梁,其连接为刚接(见图 5-52)。

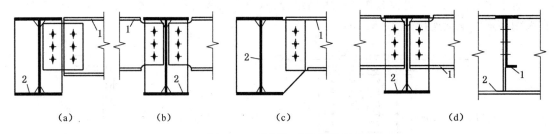

图 5-51 次梁与主梁的铰接

1—次梁;2—主梁

铰接连接需要的焊缝或螺栓数量应按次梁的反力计算,考虑到连接并非理想铰接,会有一定的弯矩作用,故计算时宜将次梁反力增加 20%～30%。

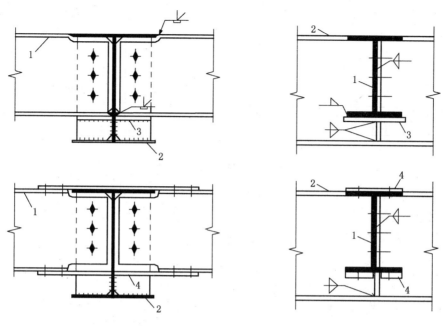

图 5-52　次梁与主梁的刚接

习　题

5-1　梁的自由扭转与约束扭转各有何特点？

5-2　什么是受弯构件的整体失稳、局部失稳？

5-3　影响梁整体稳定的因素有哪些？提高梁整体稳定的措施有哪些？

5-4　如何保证工字形梁腹板和翼缘的局部稳定？

5-5　如图 5-53 所示的简支梁,中间和两端均设有侧向支承,材料为 Q235-F 钢。设梁的自重为 $1.1\,kN/m$(分项系数为 1.2),在集中荷载 $F=120\,kN$ 作用下(分项系数为 1.4)。试问该梁能否保证其稳定性？

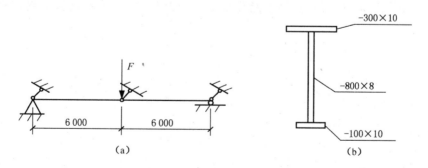

图 5-53　两端均设有侧向支承的简支梁

5-6　某焊接工字形简支梁,荷载及截面情况如图 5-54 所示。其荷载分项系数为 1.4,材料为 Q235-F, $F=250\,kN$,集中力位置处设置侧向支撑并设支承加劲肋。试验算其强度、整体稳定是否满足要求。

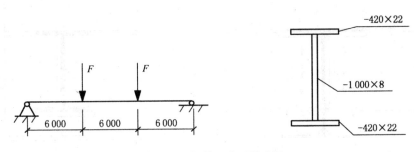

图 5-54 焊接工字形简支梁

5-7 某平台钢梁,平面外与楼板可靠连接,梁立面如图 5-55(a)所示,截面如图 5-55(b)所示,采用 Q235B 钢,作用于梁上的均布荷载(包括自重)设计值为 $q = 200 \text{ kN/m}$。

(1) 按考虑腹板屈曲后强度计算,能否不设横向加劲肋?

(2) 如不考虑腹板屈曲后强度,仅配置横向加劲肋能否满足要求?若不行,请重新设计。

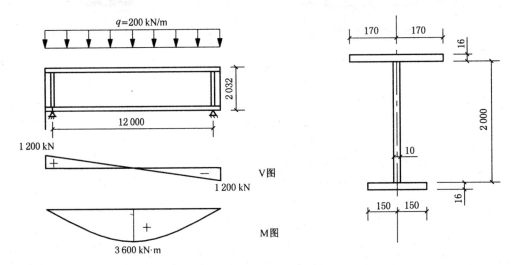

图 5-55 平台钢梁平面外与楼板可靠连接梁立面

5-8 条件同例 5-3,但平台板不能保证次梁的整体稳定,重新选择型钢,并与例 5-3 比较。

6 拉弯和压弯构件

6.1 概述

同时承受轴向力和弯矩的构件称为压弯(或拉弯)构件(图 6-1、图 6-2),也常称为偏心受拉或偏心受压构件。弯矩可能由轴向力的偏心作用、端弯矩作用或横向荷载作用三种因素形成。当弯矩作用在截面的一个主轴平面内时称为单向压弯(或拉弯)构件,作用在两主轴平面的称为双向压弯(或拉弯)构件。

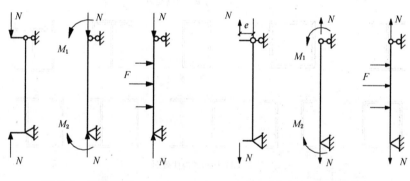

图 6-1 压弯构件   图 6-2 拉弯构件

钢结构中,拉弯和压弯构件的应用十分广泛,例如有节间荷载作用的桁架上下弦杆,受风荷载作用的墙架柱以及天窗架的侧立柱等。

相对而言,压弯构件要比拉弯构件在钢结构中应用得更加广泛,如工业建筑中的厂房框架柱(图 6-3)、多层(或高层)建筑中的框架柱(图 6-4)以及海洋平台的立柱等。它们不仅要承受上部结构传下来的轴向压力,同时还承受弯矩和剪力作用。

拉弯和压弯构件按其截面形式分为实腹式构件和格构式构件两种。常用的截面形式有热轧型钢截面、冷弯薄壁型钢截面和组合截面,如图 6-5 所示。

设计拉弯和压弯构件时,与轴心受力构件一样,应同时满足承载能力极限状态和正常使用极限状态的要求。拉弯构件需要计算其强度和刚度(限制长细比);对压弯构件,则需要计算强度、整体稳定(弯矩作用平面内稳定和弯矩作用平面外稳定)以及局部稳定和刚度(限制长细比)。

拉弯构件的容许长细比与轴心拉杆相同(表 4-1);压弯构件的容许长细比与轴心压杆相同(表 4-2)。

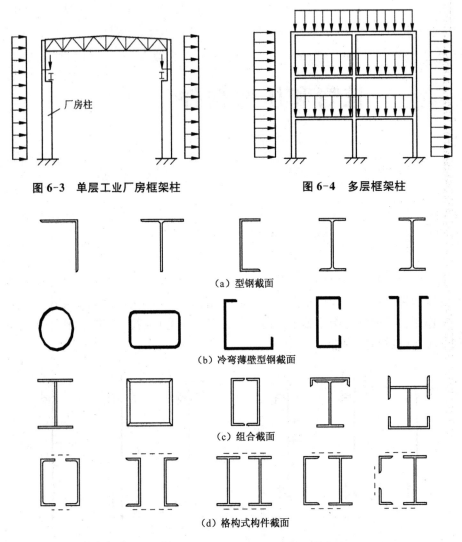

图 6-3　单层工业厂房框架柱　　　　图 6-4　多层框架柱

(a) 型钢截面

(b) 冷弯薄壁型钢截面

(c) 组合截面

(d) 格构式构件截面

图 6-5　拉弯和压弯构件截面形式

6.2　拉弯和压弯构件的强度

　　对拉弯构件、截面有削弱或构件端部弯矩大于跨间弯矩的压弯构件,需要进行强度计算。

　　考虑钢材的塑性性能,对承受静力荷载的拉弯和压弯构件的强度计算,是以截面出现塑性铰为强度极限的。如图 6-6 所示,以矩形截面为例,当构件从受力开始到荷载使截面边缘达到屈服产生塑性,为弹性工作阶段(图 6-6(b)、(c));当荷载逐渐增大,最大截面边缘塑性逐渐向截面内部发展,为弹塑性工作阶段(图 6-6(d)、(e));直到全截面屈服,形成塑性铰而破坏(图 6-6(f))。

当构件截面出现全塑性应力分布时,根据压力 N 及弯矩 M 的相关关系,可按应力分布和内、外力的平衡条件,得到:

单向拉弯或压弯构件计算公式为

$$\frac{N}{A_n} \pm \frac{M_x}{\gamma_x W_{nx}} \leqslant f \tag{6-1}$$

双向弯曲的拉弯或压弯构件,其计算公式为

$$\frac{N}{A_n} \pm \frac{M_x}{\gamma_x W_{nx}} \pm \frac{M_y}{\gamma_y W_{ny}} \leqslant f \tag{6-2}$$

式中: A_n——净截面面积;

W_{nx}、W_{ny}——对 x 轴和 y 轴的净截面模量;

γ_x、γ_y——截面塑性发展系数,其取值的具体规定见附表 9-1。

当压弯构件受压翼缘的自由外伸宽度与其厚度之比 $13\sqrt{235/f_y} < b/t \leqslant 15\sqrt{235/f_y}$ 时,应取 $\gamma_x = 1.0$。

直接承受动力荷载的构件,不考虑塑性发展,取 $\gamma_x = \gamma_y = 1.0$。

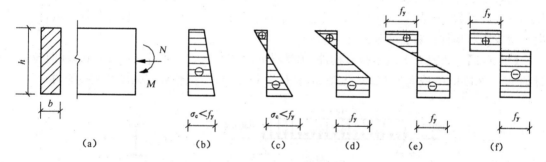

图 6-6　压弯构件截面应力的发展过程

注:单向拉弯或压弯构件计算公式的推导如下。

以矩形截面为例(图 6-7),并考虑由于纯压力或拉力达到塑性时 $\eta = 0$、$M_{px} = 0$,$N_p = bh f_y$,或达到最大弯矩出现塑性铰时 $\eta = \frac{1}{2}$,$N = 0$,$M_{px} = \frac{bh^2}{4} f_y$,得

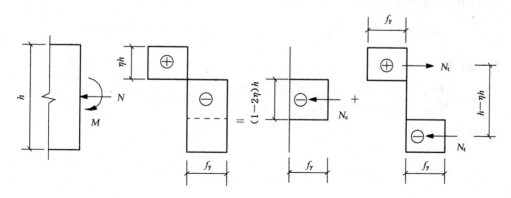

图 6-7　截面全塑性应力分布

$$N = (1-2\eta)bhf_y = N_p(1-2\eta)$$

$$M_x = \eta bh(h - \eta h)f_y = \frac{bh^2}{4}f_y(4\eta - 4\eta^2) = M_{px}[4\eta - (2\eta)^2]$$

$$\frac{N}{N_p} = (1-2\eta)$$

$$\frac{M_x}{M_{px}} = [(2(2\eta) - (2\eta)^2]$$

消去 η 得

$$\left(\frac{N}{N_p}\right)^2 + \frac{M_x}{M_{px}} = 1$$

这就是矩形截面拉弯或压弯构件的弯矩与轴力的相关关系式。

为了便于计算,同时考虑到分析中没有考虑附加挠度的不利影响,规范偏安全地采用直线式相关公式,即用一条斜直线代替曲线,其表达式为

$$\frac{N}{N_p} + \frac{M_x}{M_{px}} = 1$$

同时考虑控制塑性发展区在 $(0.125 \sim 0.25)h$ 范围内,并以不超过 0.15 倍截面高度来采用塑性发展系数。于是以 $N_p = A_n f_y$、$M_{px} = \gamma_x W_{nx} f_y$ 代入上式,并引入抗力分项系数,可得单向拉弯或压弯构件计算公式如式(6-1)。

【例 6-1】 如图 6-8 所示拉弯构件,承受横向均布荷载设计值 $q = 13 \text{ kN/m}$,轴向拉力设计值 $N = 330 \text{ kN}$,截面为 I 22a,无削弱,材料为 Q235 钢。试验算其强度和刚度条件。

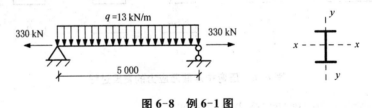

图 6-8 例 6-1 图

【解】 查附表 7-1,I22a 的截面特征:截面积 $A = 42.1 \text{ cm}^2$,自重 0.33 kN/m,$W_x = 310 \text{ cm}^3$,$i_x = 8.99 \text{ cm}$,$i_y = 2.32 \text{ cm}$。

构件的最大弯矩设计值为

$$M_x = \frac{1}{8}ql^2 = \frac{1}{8} \times (13 + 0.33 \times 1.2) \times 5^2 = 41.86 \text{ kN} \cdot \text{m}$$

强度验算

$$\frac{N}{A_n} + \frac{M_x}{\gamma_x W_{nx}} = \frac{330 \times 10^3}{42.1 \times 10^2} + \frac{41.86 \times 10^6}{1.05 \times 310 \times 10^3} = 207 \text{ N/mm}^2 < f = 215 \text{ N/mm}^2$$

刚度验算

$$\lambda_x = \frac{l_{0x}}{i_x} = \frac{500}{8.99} = 55.62, \quad \lambda_y = \frac{l_{0y}}{i_y} = \frac{500}{2.32} = 216 < [\lambda] = 350$$

满足要求。

6.3 实腹式压弯构件的稳定

压弯构件的截面尺寸通常由稳定承载力确定。对双轴对称截面一般将弯矩绕强轴作用，而单轴对称截面则将弯矩作用在对称轴平面内，这些构件可能在弯矩作用平面内弯曲失稳，也可能在弯矩作用平面外弯扭失稳。所以，压弯构件要分别计算弯矩作用平面内和弯矩作用平面外的稳定性。

单向压弯构件的整体失稳分为弯矩作用平面内和弯矩作用平面外两种情况。双向压弯构件则只有弯扭失稳一种可能。

6.3.1 弯矩作用平面内的稳定

对于抵抗弯扭变形能力很强的压弯构件，或者构件有足够的侧向支承以阻止其发生弯扭变形的压弯构件，以弯矩作用平面内发生整体失稳作为其承载能力极限状态。

确定压弯构件弯矩作用平面内极限承载力的方法分为两大类：一类是边缘屈服准则的计算方法，通过建立轴力和弯矩的相关公式来求解压弯构件弯矩作用平面内的极限承载力；另一类是最大强度准则的计算方法，即采用解析法或精确度较高的数值法直接求解压弯构件弯矩作用平面内的极限荷载。压弯构件在弯矩作用平面内的相关设计计算公式是由截面受压边缘纤维屈服为基准所得的相关公式修正而来。

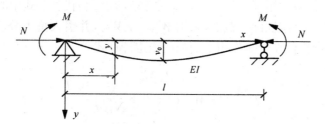

图 6-9 压弯构件受荷挠曲形式

1) 边缘屈服准则

对弯矩沿杆长均匀分布的两端铰支压弯构件(图 6-9)按边缘屈服准则推导的极限承载公式为

$$\frac{N}{\varphi_x A} + \frac{M_x}{W_{1x}\left(1 - \varphi_x \dfrac{N}{N_{\mathrm{E}x}}\right)} = f_y \qquad (6\text{-}3)$$

式中：N——所计算构件段范围内的轴心压力；

φ_x——弯矩作用平面内的轴心受压稳定系数；

M_x——所计算构件段范围内的最大弯矩；

$N_{\mathrm{E}x}$——欧拉临界力；

W_{1x}——弯矩作用平面内最大受压纤维的毛截面模量。

2）最大强度准则

边缘纤维屈服准则是基于构件截面最边缘纤维刚屈服时构件即失去承载能力而发生破坏，适用于格构式构件。对于实腹式压弯构件，当受压最大边缘刚开始屈服时截面尚有较大的强度储备，容许截面塑性的继续发展。因此若要反映构件的实际受力情况，宜采用最大强度准则，即以具有各种初始缺陷的构件为计算模型，求解其极限承载能力。

在第4章中，曾介绍了具有初始缺陷（初弯曲、初偏心和残余应力）的轴心受压构件的稳定计算方法。实际上，考虑初弯曲和初偏心的轴心受压构件就是压弯构件，只不过第4章中弯矩是由偶然因素引起，主要考虑的内力是轴心压力。

钢结构设计规范采用数值计算方法，考虑构件存在$l/1\ 000$的初弯曲和实测的残余应力分布，得到近200条压弯构件极限承载力曲线。此外，规范借用弹性压弯构件边缘纤维屈服时计算公式的形式，但在计算弯曲应力时考虑截面的塑性发展和二阶弯矩，利用数值方法得出了比较符合实际又能满足工程精度要求的近似相关公式

$$\frac{N}{\varphi_x A} + \frac{M_x}{W_{px}\left(1 - 0.8\frac{N}{N_{Ex}}\right)} \leqslant f_y \tag{6-4}$$

式中：W_{px}——截面塑性模量。

3）规范规定的压弯构件弯矩作用平面内整体稳定的计算公式

式(6-4)仅适用于弯矩沿杆长为均匀分布的两端铰接压弯构件。当弯矩为非均匀分布时，构件的实际承载能力将比由上式算得的值高。为了把式(6-4)推广应用于其他荷载作用时的压弯构件，可用等效弯矩$\beta_{mx}M_x$（M_x为最大弯矩，$\beta_{mx}\leqslant 1$）代替公式中的M_x来考虑这种有利因素。另外，考虑部分塑性深入截面，采用$W_{px}=\gamma_x W_{1x}$，并引入抗力分项系数，即得到规范所采用的实腹式压弯构件在弯矩作用平面内的稳定计算式

$$\frac{N}{\varphi_x A} + \frac{\beta_{mx}M_x}{\gamma_x W_{1x}\left(1 - 0.8\frac{N}{N'_{Ex}}\right)} \leqslant f \tag{6-5}$$

式中：N'_{Ex}——参数，为欧拉临界力除以抗力分项系数γ_R（不分钢种，取$\gamma_R = 1.1$），$N'_{Ex} = \pi^2 EA/(1.1\lambda_x^2)$；

β_{mx}——等效弯矩系数。

β_{mx}按下列规定采用：

(1) 框架柱和两端支承的构件

① 无横向荷载作用时，$\beta_{mx} = 0.65 + 0.35M_2/M_1$，$M_1$和$M_2$为端弯矩，使构件产生同向曲率（无反弯点）时取同号，使构件产生反向曲率（有反弯点）时取异号，$|M_1|\geqslant|M_2|$。

② 有端弯矩和横向荷载同时作用时：使构件产生同向曲率时，$\beta_{mx} = 1.0$；使构件产生反向曲率时，$\beta_{mx} = 0.85$。

③ 无端弯矩但有横向荷载作用时，$\beta_{mx} = 1.0$。

(2) 对于悬臂构件以及分析内力时未考虑二阶效应的无支撑纯框架和弱支撑框架柱，$\beta_{mx} = 1.0$。

对于 T 型钢、双角钢 T 形等单轴对称截面压弯构件,当弯矩作用于对称轴平面且使较大翼缘受压时,构件失稳时出现的塑性区除存在前述受压区屈服和受压、受拉区同时屈服两种情况外,还可能在受拉区首先出现屈服而导致构件失去承载能力,对这类构件,除按式(6-5)验算其稳定性外,还应按下式计算

$$\left| \frac{N}{A} - \frac{\beta_{mx}M_x}{\gamma_x W_{2x}\left(1 - 1.25\frac{N}{N'_{Ex}}\right)} \right| \leqslant f \tag{6-6}$$

式中:W_{2x}——弯矩作用平面内对较小翼缘的毛截面模量(即受拉侧最外纤维的毛截面模量);

γ_x——与 W_{2x} 相应的截面塑性发展系数。

上式第二项分母中的 1.25 也是经过与理论计算结果比较后引进的修正系数。

6.3.2 弯矩作用平面外的稳定

开口薄壁截面压弯构件的抗扭刚度及弯矩作用平面外的抗弯刚度通常较小,当构件在弯矩作用平面外没有足够的支承以阻止其产生侧向位移和扭转时,构件可能因弯扭屈曲而破坏。

对两端简支的双轴对称实腹式截面的压弯构件,当两端受轴心压力和等弯矩作用时,根据弹性稳定理论,构件发生弯扭失稳时,其临界条件为

$$\left(1 - \frac{N}{N_{Ey}}\right)\left(1 - \frac{N}{N_{Ey}}\frac{N_{Ey}}{N_z}\right) - \left(\frac{M_x}{M_{crx}}\right)^2 = 0$$

式中:N_{Ey}——构件轴心受压时对弱轴(y 轴)的弯曲屈曲临界力,即欧拉临界力;

N_z——构件轴心受压时绕纵轴的扭转屈曲临界力;

M_{crx}——构件受对 x 轴的均布弯矩作用时的弯扭屈曲临界弯矩。

以 N_z/N_{Ey} 的不同比值代入上式,可以绘出 N/N_{Ey} 和 M_x/M_{crx} 之间的相关曲线如图 6-10 所示。

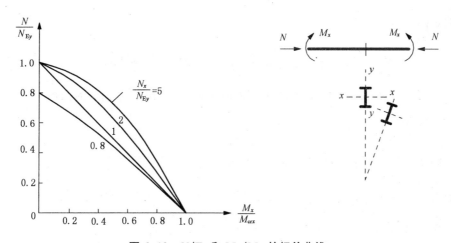

图 6-10 N/E_{Ey} 和 M_x/M_{crx} 的相关曲线

这些曲线与 N_z/N_{Ey} 的比值有关,N_z/N_{Ey} 值愈大,曲线愈外凸。对于钢结构中常用的双轴对

称工字形截面,其 N_z/N_{Ey} 总是大于 1.0,如偏安全地取 $N_z/N_{Ey}=1.0$,则可得如下线性相关方程

$$\frac{N}{N_{Ey}}+\frac{M_x}{M_{crx}}=1 \tag{6-7}$$

理论分析和试验研究表明,它同样适用于弹塑性压弯构件的弯扭屈曲计算,而且对于单轴对称截面的压弯构件,只要用该单轴对称截面轴心压杆的弯扭屈曲临界应力 N_{cr} 代替式中的 N_{Ey},相关公式仍然适用。

在式(6-7)中,用 $N_{Ey}=\varphi_y A f_y$、$M_{crx}=\varphi_b W_{1x} f_y$ 代入,并引入非均匀弯矩作用时的等效弯矩系数 β_{tx}、截面影响系数 η 以及抗力分项系数 γ_R 后,就得到规范规定的压弯构件在弯矩作用平面外稳定计算的相关公式

$$\frac{N}{\varphi_y A}+\eta\frac{\beta_{tx}M_x}{\varphi_b W_{1x}}\leqslant f \tag{6-8}$$

式中:M_x——所计算构件段范围内的最大弯矩;

   β_{tx}——等效弯矩系数,应根据所计算构件段的荷载和内力情况确定,取值方法与弯矩作用平面内的等效弯矩系数 β_{mx} 相同;

   η——截面影响系数,闭口截面 $\eta=0.7$,其他截面 $\eta=1.0$;

   φ_y——弯矩作用平面外的轴心受压构件稳定系数;

   φ_b——均匀弯曲受弯构件的整体稳定系数。

为了设计上的方便,规范对压弯构件的整体稳定系数 φ_b 采用了近似计算公式,这些公式已考虑了构件的弹塑性失稳问题,因此当 $\varphi_b>0.6$ 时不必再换算。

(1)工字形截面(含 H 型钢)

双轴对称时:

$$\varphi_b = 1.07-\frac{\lambda_y^2}{44\,000}\cdot\frac{f_y}{235},且\ \varphi_b\leqslant 1.0 \tag{6-9}$$

单轴对称时:

$$\varphi_b = 1.07-\frac{W_{1x}}{(2\alpha_b+0.1)Ah}\cdot\frac{\lambda_y^2}{14\,000}\cdot\frac{f_y}{235},且\ \varphi_b\leqslant 1.0 \tag{6-10}$$

式中:$\alpha_b=I_1/(I_1+I_2)$,I_1 和 I_2 分别为受拉翼缘和受压翼缘对 y 轴的惯性矩。

(2)T 形截面

① 弯矩使翼缘受压时:

双角钢 T 形 $\varphi_b = 1-0.0017\lambda_y\sqrt{f_y/235}$

两板组合 T 形(含 T 型钢) $\varphi_b = 1-0.0022\lambda_y\sqrt{f_y/235}$

② 弯矩使翼缘受拉且腹板宽厚比不大于 $18\sqrt{235/f_y}$ 时

$$\varphi_b = 1-0.000\,5\lambda_y\sqrt{f_y/235}$$

(3)箱形截面 $\varphi_b=1.0$

6.3.3 双向弯曲实腹式压弯构件的整体稳定

前面所述压弯构件,弯矩仅作用在构件的一个对称轴平面内,为单向弯曲压弯构件。弯矩作用在两个主轴平面内为双向弯曲压弯构件,在实际工程中较为少见。规范仅规定了双轴对称截面柱的计算方法。

双轴对称的工字形截面(含 H 型钢)和箱形截面的压弯构件,当弯矩作用在两个主平面内时,可按下式计算其稳定性

$$\frac{N}{\varphi_x A} + \frac{\beta_{max} M_x}{\gamma_x W_{1x}\left(1 - 0.8\frac{N}{N'_{Ex}}\right)} + \eta\frac{\beta_{ty} M_y}{\varphi_{by} W_{1y}} \leqslant f \tag{6-11}$$

$$\frac{N}{\varphi_y A} + \frac{\beta_{my} M_y}{\gamma_y W_{1y}\left(1 - 0.8\frac{N}{N'_{Ey}}\right)} + \eta\frac{\beta_{tx} M_x}{\varphi_{bx} W_{1x}} \leqslant f \tag{6-12}$$

式中:M_x、M_y——对 x 轴(工字形截面和 H 型钢 x 轴为强轴)和 y 轴的弯矩;

φ_x、φ_y——对 x 轴和 y 轴的轴心受压构件稳定系数;

φ_{bx}、φ_{by}——梁的整体稳定系数,对双轴对称工字形截面和 H 型钢,φ_{bx} 按式(6-9)计算,而 $\varphi_{by} = 1.0$;对箱形截面,$\varphi_{bx} = \varphi_{by} = 1.0$;

N'_{Ex}、N'_{Ey}——参数,$N'_{Ex} = \pi^2 EA/(1.1\lambda_x^2)$,$N'_{Ey} = \pi^2 EA/(1.1\lambda_y^2)$;

W_{1x}、W_{1y}——对强轴和弱轴的毛截面模量。

等效弯矩系数 β_{mx} 和 β_{my} 应按式(6-5)中有关弯矩作用平面内的规定采用;β_{tx}、β_{ty} 和 η 应按式(6-8)中有关弯矩作用平面外的规定采用。

6.3.4 压弯构件的局部稳定

为保证压弯构件中板件的局部稳定,规范采用了同轴心受压构件相同的方法,限制翼缘和腹板的宽厚比及高厚比。

1) 翼缘的宽厚比

压弯构件的受压翼缘板,其应力情况与梁受压翼缘基本相同,因此其自由外伸宽度与厚度之比以及箱形截面翼缘在腹板之间的宽厚比均与梁受压翼缘的宽厚比限值相同。

工字形(H 型)、T 形和箱形压弯构件,受压翼缘板外伸宽度与其厚度之比,应符合式(5-35)的要求。

当强度和稳定计算中取 $\gamma_x = 1.0$,应符合式(5-36)的要求。

箱形截面压弯构件受压翼缘两腹板之间部分的宽厚比,应符合式(5-37)的要求。

2) 腹板的宽厚比

对于承受不均匀压应力和剪应力的腹板局部稳定,引入系数应力梯度:

$$\alpha_0 = \frac{\sigma_{max} - \sigma_{min}}{\sigma_{max}}$$

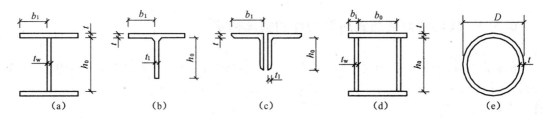

图 6-11　宽厚比限制中的截面尺寸示意图

式中：$\sigma_{\max}$——腹板计算高度边缘的最大压应力，计算时不考虑构件的稳定系数和截面塑性发展系数；

　　　$\sigma_{\min}$——腹板计算高度另一边缘相应的应力，压应力取正值，拉应力取负值；

(1) 工字形截面(见图 6-11(a))

工字形截面压弯构件腹板高厚比限值如下：

当 $0 \leqslant \alpha_0 \leqslant 1.6$ 时

$$\frac{h_0}{t_w} \leqslant (16\alpha_0 + 0.5\lambda + 25)\sqrt{\frac{235}{f_y}} \qquad (6\text{-}13)$$

当 $1.6 < \alpha_0 \leqslant 2$ 时

$$\frac{h_0}{t_w} \leqslant (48\alpha_0 + 0.5\lambda - 26.2)\sqrt{\frac{235}{f_y}} \qquad (6\text{-}14)$$

式中：λ——构件在弯矩作用平面内的长细比，当 $\lambda < 30$ 时，取 $\lambda = 30$；当 $\lambda > 100$ 时，取 $\lambda = 100$。

(2) T 形截面(见图 6-11(b)、(c))

① 弯矩使腹板自由边受压

当 $\alpha_0 \leqslant 1.0$ 时

$$\frac{h_0}{t_1} \leqslant 15\sqrt{\frac{235}{f_y}} \qquad (6\text{-}15)$$

当 $\alpha_0 > 1.0$ 时

$$\frac{h_0}{t_1} \leqslant 18\sqrt{\frac{235}{f_y}} \qquad (6\text{-}16)$$

② 弯矩使腹板自由边受拉

热轧剖分 T 型钢

$$\frac{h_0}{t_1} \leqslant (15 + 0.2\lambda)\sqrt{\frac{235}{f_y}} \qquad (6\text{-}17)$$

两板焊接的 T 形截面

$$\frac{h_0}{t_1} \leqslant (13 + 0.17\lambda)\sqrt{\frac{235}{f_y}} \qquad (6\text{-}18)$$

（3）箱形截面（见图 6-11(d)）

考虑两腹板受力可能不一致，而翼缘对腹板的约束因常为单侧角焊缝也不如工字形截面，因而箱形截面的宽厚比限值取为工字形截面腹板的 4/5，当此值小于 $40\sqrt{235/f_y}$，取 $40\sqrt{235/f_y}$。

（4）圆管截面（见图 6-11(e)）

一般圆管截面构件的弯矩不大，故其直径与厚度之比的限值与轴心受压构件的规定相同，即

$$\frac{D}{t} \leqslant 100 \cdot \frac{235}{f_y} \tag{6-19}$$

6.4 压弯构件（框架柱）的计算长度

单根受压构件的计算长度可根据构件端部的约束条件按弹性稳定理论确定。对于端部约束条件比较简单的单根压弯构件，利用计算长度系数 μ（表 4-4）可直接得到计算长度。但对于框架柱，框架平面内的计算长度需通过对框架的整体稳定分析得到，框架平面外的计算长度则需根据支承点的布置情况确定。

框架柱在框架平面内的可能失稳形式分为有侧移和无侧移两种。有侧移失稳的框架，其临界力比无侧移失稳的框架低得多。因此，一般框架柱，如不设置支撑架、剪力墙等能防止侧移的有效支撑体系时，均应按有侧移失稳时的临界力确定其承载能力。

框架柱的计算长度 H_0 仍采用计算长度系数 μ 乘以几何长度 H 表示

$$H_0 = \mu H \tag{6-20}$$

6.4.1 单层等截面框架柱在框架平面内的计算长度

单层框架柱的计算长度通常根据弹性稳定理论进行分析，先作如下近似假定：

① 框架只承受作用于节点的竖向荷载，忽略横梁荷载和水平荷载产生的端弯矩的影响，此假定只能用于确定计算长度，在计算柱的截面尺寸时必须同时考虑弯矩和轴心力。

② 整个框架同时丧失稳定，即所有框架柱同时达到临界荷载。

③ 失稳时横梁两端转角相等。

对单层单跨框架，当无侧移时，即顶部有支撑时，柱与基础为刚接的框架柱失稳形式如图 6-12(b)所示。横梁两端的转角 θ 大小相等，方向相反。横梁对柱的约束作用取决于横梁的线刚度 I_1/l 与柱的线刚度 I/H 的比值 K_1，即

$$K_1 = \frac{I_1/l}{I/H} \tag{6-21}$$

对有侧移的框架，其失稳形式如图 6-12(a)所示，假定横梁两端的转角 θ 大小相等，但方

向相反。其计算长度系数也取决于 K_1。

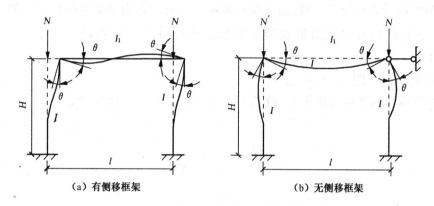

（a）有侧移框架　　　（b）无侧移框架

图 6-12　单层单跨框架柱的失稳形式

对于单层多跨框架,其失稳形式如图 6-13 所示,此时 K_1 值为与柱相邻的两根横梁的线刚度之和 $I_1/l_1 + I_2/l_2$ 与柱线刚度 I/H 之比

$$K_1 = \frac{I_1/l_1 + I_2/l_2}{I/H} \tag{6-22}$$

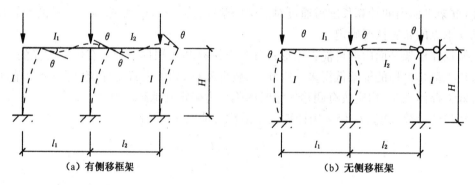

（a）有侧移框架　　　（b）无侧移框架

图 6-13　单层多跨框架柱失稳形式

从附表 5 可以看出,有侧移的无支撑框架失稳时,框架柱的计算长度系数 μ 都大于 1.0;无侧移的有支撑框架柱,柱子的计算长度系数 μ 都小于 1.0。

6.4.2　多层等截面框架柱在框架平面内的计算长度

确定计算长度时的假定与单层框架基本相同,而且还假定失稳时相交于同一节点的横梁对柱提供约束弯矩,并按上下柱刚度之和的比值 K_1 和 K_2 分配给柱。此处,K_1 为相交于柱上端节点的横梁线刚度之和与柱线刚度之和的比值;K_2 为相交于柱下端节点的线刚度之和与柱线刚度之和的比值。以图 6-14 中 1、2 杆为例说明。

$$K_1 = \frac{I_1/l_1 + I_2/l_2}{I'''/H_3 + I''/H_2}, \quad K_2 = \frac{I_3/l_1 + I_4/l_2}{I''/H_2 + I'/H_1}$$

多层框架的计算长度系数见附录 5。

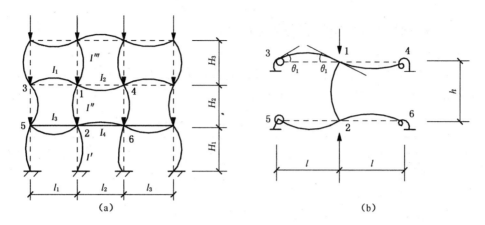

图 6-14 多层框架的失稳形式

6.4.3 框架柱在框架平面外的计算长度

框架柱在框架平面外的计算长度一般由支撑构件的布置情况确定。支撑体系提供柱在平面外的支承点,柱在平面外的计算长度即取决于支撑点间的距离。这些支撑点应能阻止柱沿厂房的纵向发生侧移,如单层厂房框架柱,柱下段的支撑点常常是基础的表面和吊车梁的下翼缘处,柱上段的支撑点是吊车梁上翼缘的制动梁和屋架下弦纵向水平支撑或者托架的弦杆。

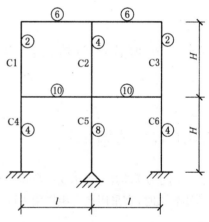

图 6-15 例 6-2 图

【例 6-2】 图 6-15 为一有侧移双层框架,图中圆圈内数字为横梁或柱子的线刚度。试求出各柱在框架平面内的计算长度系数 μ 值。

【解】 根据附表 5-1,得各柱的计算长度系数如下:

柱 C1,C3:

$$K_1 = \frac{6}{2} = 3, \quad K_2 = \frac{10}{2+4} = 1.67, \quad 得 \mu = 1.16$$

柱 C2:

$$K_1 = \frac{6+6}{4} = 3, \quad K_2 = \frac{10+10}{4+8} = 1.67, \quad 得 \mu = 1.16$$

柱 C4,C6:

$$K_1 = \frac{10}{2+4} = 1.67, \quad K_2 = 10, \quad 得 \mu = 1.13$$

柱 C5:

$$K_1 = \frac{10+10}{4+8} = 1.67, \quad K_2 = 0, \quad 得 \mu = 2.22$$

6.4.4 压弯构件(框架柱)的抗震构造措施

对于有抗震设计要求的框架柱,规范明确规定了其长细比的取值。详见《建筑抗震设计规范》(GB 50011—2010)。并且框架梁、柱板件宽厚比,应符合表 6-1 的规定。

表 6-1 框架梁、柱板件宽厚比限值

	板件名称	一级	二级	三级	四级
柱	工字形截面翼缘外伸部分	10	11	12	13
	工字形截面腹板	43	45	48	52
	箱形截面壁板	33	36	38	40
梁	工字形截面和箱形截面翼缘外伸部分	9	9	10	11
	箱形截面翼缘在两腹板之间部分	30	30	32	36
	工字形截面和箱形截面腹板	$72-120N_b$ $/(Af)\leqslant60$	$72-100N_b$ $/(Af)\leqslant65$	$80-110N_b$ $/(Af)\leqslant70$	$85-120N_b$ $/(Af)\leqslant75$

注:1. 表列数值适用于 Q235 钢,采用其他牌号钢材时,应乘以 $\sqrt{235/f_y}$;

2. $N_b/(Af)$ 为梁轴压比。

6.5 实腹式压弯构件的设计

6.5.1 截面形式

对于压弯构件,当承受的弯矩较小时其截面形式与一般的轴心受压构件相同(图 4-21)。当弯矩较大时,宜采用在弯矩作用平面内截面高度较大的双轴对称截面或单轴对称截面(图 6-16),

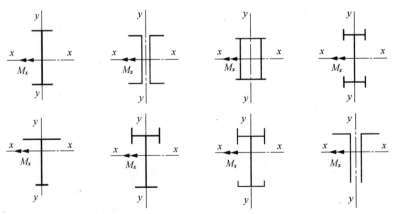

图 6-16 弯矩较大的实腹式压弯构件截面

图中的双箭头为用矢量表示的绕 x 轴的弯矩 M_x(右手法则)。

6.5.2 截面选择及验算

设计时需首先选定截面的形式,再根据构件所承受的轴力 N、弯矩 M 和构件的计算长度 l_{0x}、l_{0y} 初步确定截面的尺寸,然后进行强度、整体稳定、局部稳定和刚度的验算。验算不合适时,适当调整截面尺寸,再重新验算,直到满意为止。

实腹式压弯构件的截面验算包括下列各项:

① 强度验算

强度应接式(6-1)、式(6-2)验算,当截面无削弱且 N、M_x 的取值与整体稳定验算的取值相同而等效弯矩系数为 1.0 时,不必进行强度验算。

② 整体稳定验算

弯矩作用平面内整体稳定按式(6-5)验算,对单轴对称截面还应按式(6-6)进行补充计算;弯矩作用平面外的整体稳定按式(6-8)计算。

③ 局部稳定验算

实腹式压弯构件的局部稳定计算公式应满足 6.3.4 节的要求。

④ 刚度验算

压弯构件的长细比不超过表 4-2 中规定的容许长细比限值。

6.5.3 构造要求

压弯构件的翼缘宽厚比必须满足局部稳定的要求,否则翼缘发生屈曲必然导致构件整体失稳。但当腹板屈曲时,由于存在屈曲后强度,构件不会立即失稳只会使其承载力降低。当腹板的高厚比不满足 6.3.4 节中的要求时,可考虑腹板中间部分由于失稳而退出工作,计算时腹板截面面积仅考虑两侧宽度各为 $20t_w \sqrt{235/f_y}$ 的部分(计算构件的稳定系数时仍用全截面)。也可在腹板中部设置纵向加劲肋,此时腹板的受压较大翼缘与纵向加劲肋之间的高厚比应满足 6.3.4 节的要求。

当腹板的 $h_0/t_w > 80$ 时,为防止腹板在施工和运输中发生变形,应设置间距不大于 $3h_0$ 的横向加劲肋。另外,设有纵向加劲肋的同时也应设置横向加劲肋。加劲肋的截面选择与第 5 章受弯构件中加劲肋截面的设计相同。

为保持截面形状不变,提高构件抗扭刚度,防止施工和运输过程中发生变形,实腹式柱在受有较大水平力处和运输单元的端部应设置横隔。构件较长时应设置中间横隔,横隔的设置方法同轴心受压构件。

在设置构件的侧向支承点时,对于截面高度较小的构件,可仅在腹板(或加劲肋和横隔)中央部位设置支承;对截面高度较大或受力较大的构件,则应在两个翼缘平面内同时设置支承。

【例 6-3】 图 6-17 所示为 Q235 钢焰切边工字形截面柱,两端铰支,中间 1/3 长度处有侧向支承,截面无削弱,承受轴心压力的设计值为 910 kN,跨中集中力设计值为 95 kN。试验算此构件的承载力。

【解】 (1) 截面的几何特性

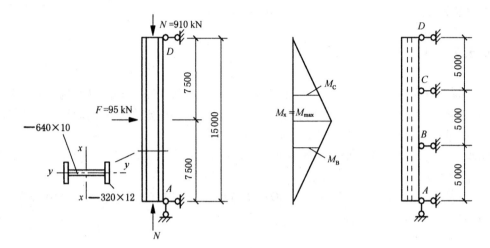

图 6-17 例 6-3 图

$$A = 2 \times 32 \times 1.2 + 64 \times 1.0 = 140.8 \text{ cm}^2$$

$$I_x = \frac{1}{12} \times (32 \times 66.4^3 - 31 \times 64^3) = 103\,475 \text{ cm}^4$$

$$I_y = 2 \times \frac{1}{12} \times 1.2 \times 32^3 = 6\,554 \text{ cm}^4$$

$$W_x = \frac{I_x}{y_1} = \frac{103\,475}{33.2} = 3\,117 \text{ cm}^3$$

$$i_x = \sqrt{\frac{I_x}{A}} = \sqrt{\frac{103\,475}{140.8}} = 27.11 \text{ cm}, \ i_y = \sqrt{\frac{I_y}{A}} = \sqrt{\frac{6\,554}{140.8}} = 6.82 \text{ cm}$$

(2) 验算强度

$$M_x = \frac{1}{4} Fl = \frac{1}{4} \times 95 \times 15 = 356.3 \text{ kN} \cdot \text{m}$$

$$\frac{N}{A_n} + \frac{M_x}{\gamma_x W_{nx}} = \frac{910 \times 10^3}{140.8 \times 10^2} + \frac{356.3 \times 10^6}{1.05 \times 3\,117 \times 10^3}$$
$$= 173.5 \text{ N/mm}^2 < f = 215 \text{ N/mm}^2$$

(3) 验算弯矩作用平面内的稳定

$$\lambda_x = \frac{l_x}{i_x} = \frac{1\,500}{27.11} = 55.3 < [\lambda] = 150$$

查附表 4-2(b 类截面) $\varphi_x = 0.833 - \dfrac{0.833 - 0.807}{60 - 55} \times (55.3 - 55) = 0.831$

$$N'_{Ex} = \frac{\pi^2 EA}{1.1 \lambda_x^2} = \frac{\pi^2 \times 20\,600 \times 140.8 \times 10^2}{1.1 \times 55.3^2} = 8\,510 \text{ kN}$$

$$\beta_{mx} = 1.0$$

$$\frac{N}{\varphi_x A} + \frac{\beta_{mx} M_x}{\gamma_x W_{1x}\left(1 - 0.8 \dfrac{N}{N'_{Ex}}\right)} = \frac{910 \times 10^3}{0.831 \times 140.8 \times 10^2} + \frac{1.0 \times 356.3 \times 10^6}{1.05 \times 3\,117 \times 10^3 \times \left(1 - 0.8 \times \dfrac{850}{8\,510}\right)}$$

$$= 196.1 \text{ N/mm}^2 < f = 215 \text{ N/mm}^2$$

（4）验算弯矩作用平面外的稳定

$$\lambda_y = \frac{l_{0y}}{i_y} = \frac{500}{6.82} = 73.3 < [\lambda] = 150$$

查附表 4-2(b 类截面) $\quad \varphi_y = 0.751 - \dfrac{0.751 - 0.720}{75 - 70} \times (73.3 - 70) = 0.731$

则 $\quad \varphi_b = 1.07 - \dfrac{\lambda_y^2}{44\,000} = 1.07 - \dfrac{73.3^2}{44\,000} = 0.948$

所计算构件段为 BC 段，有端弯矩和横向荷载作用，但使构件产生同向曲率，故取 $\beta_{tx} = 1.0, \eta = 1.0$。

$$\frac{N}{\varphi_y A} + \eta \frac{\beta_{tx} M_x}{\varphi_b W_{1x}} = \frac{910 \times 10^3}{0.731 \times 140.8 \times 10^2} + \frac{1.0 \times 1.0 \times 356.3 \times 10^6}{0.948 \times 3\,117 \times 10^3}$$
$$= 208 \text{ N/mm}^2 < f = 215 \text{ N/mm}^2$$

由以上计算可知，此压弯是由弯矩作用平面外的稳定控制设计的。

（5）局部稳定计算

$$\sigma_{\max} = \frac{N}{A} + \frac{M_x}{I_x} \frac{h_0}{2} = \frac{910 \times 10^3}{140.8 \times 10^2} + \frac{356.3 \times 10^6}{103\,475 \times 10^4} \times 320 = 174.8 \text{ N/mm}^2$$

$$\sigma_{\min} = \frac{N}{A} - \frac{M_x}{I_x} \frac{h_0}{2} = \frac{910 \times 10^3}{140.8 \times 10^2} - \frac{356.3 \times 10^6}{103\,475 \times 10^4} \times 320 = -45.6 \text{ N/mm}^2 (拉应力)$$

$$\alpha_0 = \frac{\sigma_{\max} - \sigma_{\min}}{\sigma_{\max}} = \frac{174.8 + 45.6}{174.8} = 1.26 < 1.6$$

腹板 $\quad \dfrac{h_0}{t_w} = \dfrac{640}{10} = 64 < (16\alpha_0 + 0.5\lambda_x + 25)\sqrt{\dfrac{235}{f_y}} = 16 \times 1.26 + 0.5 \times 55.3 + 25 = 72.81$

翼缘 $\quad \dfrac{b}{t} = \dfrac{160 - 5}{12} = 12.9 < 15\sqrt{\dfrac{235}{f_y}} = 15$

6.6 格构式压弯构件的设计

对于截面高度较大的压弯构件，采用格构式可以节省材料，所以格构式压弯构件一般用于厂房的框架柱和高大的独立支柱。由于截面的高度较大且受较大的外剪力作用，故构件常常用缀条连接，缀板连接的格构式压弯构件很少采用。

常用的格构式压弯构件截面如图 6-18 所示。当柱中弯矩不大或正负弯矩的绝对值相差不大时，可用对称的截面形式(图 6-18(a)、(b)、(d))；如果正负弯矩的绝对值相差较大时，常采用不对称截面(图 6-18(c))，并将较大肢放在受压较大的一侧。

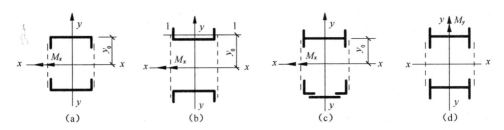

图 6-18　格构式压弯构件常用截面

6.6.1　弯矩绕虚轴作用的格构式压弯构件

对于格构式压弯构件,当弯矩绕虚轴作用(图 6-18(a)、(b)、(c))时,应进行下列计算。

1) 弯矩作用平面内的整体稳定性计算

弯矩绕虚轴作用的格构式压弯构件,由于截面中部空心,不能考虑塑性的深入发展,故弯矩作用平面内的整体稳定计算适宜采用边缘屈服准则。在根据此准则导出的相关式(6-3)中,引入等效弯矩系数 β_{mx},并考虑抗力分项系数后,得

$$\frac{N}{\varphi_x A} + \frac{\beta_{mx} M_x}{W_{1x} \left(1 - \varphi_x \dfrac{N}{N'_{Ex}}\right)} \leqslant f \tag{6-23}$$

式中:$W_{1x} = I_x / y_0$,I_x 为对 x 轴(虚轴)的毛截面惯性矩。y_0 为由 x 轴到压力较大分肢轴线的距离或者到压力较大分肢腹板边缘的距离,二者取较大值。

φ_x 和 N'_{Ex} 均由对虚轴(x 轴)的换算长细比 λ_{0x} 确定。

2) 分肢的稳定计算

弯矩绕虚轴作用的压弯构件,在弯矩作用平面外的整体稳定性一般由分肢的稳定计算来保证,故不必再计算整个构件在平面外的整体稳定性。

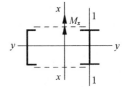

将整个构件视为一平行弦桁架,将构件的两个分肢看做桁架体系的弦杆,两分肢的轴心力应按下列公式计算(图 6-19):

分肢 1:

$$N_1 = N \frac{y_2}{a} + \frac{M_x}{a} \tag{6-24}$$

分肢 2:

$$N_2 = N - N_1 \tag{6-25}$$

缀条式压弯构件的分肢按轴心压杆计算。分肢的计算长度,在缀材平面内(图 6-19 中的 1-1 轴)取缀条体系的节间长度;在缀条平面外,取整个构件两侧向支撑点间的距离。

进行缀板式压弯构件的分肢计算时,除轴心力 N_1(或 N_2)外,

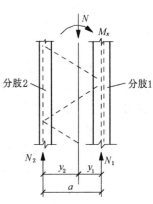

图 6-19　分肢的内力计算

还应考虑由剪力作用引起的局部弯矩,按实腹式压弯构件验算单肢的稳定性。

3）缀材的计算

计算压弯构件的缀材时,应取构件实际剪力和按式 $V = \dfrac{Af}{85}\sqrt{\dfrac{f_y}{235}}$ 计算所得剪力两者中的较大值。其计算方法与格构式轴心受压构件相同。

6.6.2 弯矩绕实轴作用的格构式压弯构件

当弯矩作用在与缀材面相垂直的主平面内时(图6-18(d)),构件绕实轴产生弯曲失稳,它的受力性能与实腹式压弯构件完全相同。因此,弯矩绕实轴作用的格构式压弯构件,弯矩作用平面内和平面外的整体稳定计算均与实腹式构件相同,在计算弯矩作用平面外的整体稳定时,长细比应取换算长细比,整体稳定系数取 $\varphi_b = 1.0$。

缀材(缀板或缀条)所受剪力按轴心受压构件计算。

6.6.3 双向受弯的格构式压弯构件

弯矩作用在两个主平面内的双肢格构式压弯构件(图6-20),其稳定性按下列规定计算:

1）整体稳定计算

规范采用与边缘屈服准则导出的弯矩绕虚轴作用的格构式压弯构件平面内整体稳定计算式(6-23)相衔接的直线式进行计算:

$$\frac{N}{\varphi_x A} + \frac{\beta_{mx} M_x}{W_{1x}\left(1 - \varphi_x \dfrac{N}{N'_{Ex}}\right)} + \frac{\beta_{ty} M_y}{W_{ty}} \leqslant f \quad (6\text{-}26)$$

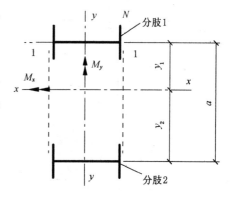

图6-20 双向受弯格构柱

式中,φ_x 和 N'_{Ex} 由换算长细比确定。W_{ty} 为在 M_y 作用下,对较大受压纤维的毛截面模量。

2）分肢的稳定计算

分肢按实腹式压弯构件计算,将分肢作为桁架弦杆计算其在轴力和弯矩共同作用下产生的内力(见图6-20)。

分肢1:

$$N_1 = N\frac{y_2}{a} + \frac{M_x}{a} \quad (6\text{-}27)$$

$$M_{y1} = \frac{I_1/y_1}{I_1/y_1 + I_2/y_2} \quad (6\text{-}28)$$

分肢2:

$$N_2 = N - N_1 \quad (6\text{-}29)$$

$$M_{y2} = M_y - M_{y1} \tag{6-30}$$

式中：I_1、I_2——分肢 1 与分肢 2 对 y 轴的惯性矩；

$\quad\quad y_1$、y_2——作用的主轴平面至分肢 1 和分肢 2 轴线的距离。

上式适用于当 M_y 作用在构件的主平面时的情形，当 M_y 不是作用在构件的主轴平面而是作用在一个分肢的轴线平面（如图 6-20 中分肢 1 的 1-1 轴线平面）时，则 M_y 视为全部由该分肢承受。

6.6.4 格构柱的横隔及分肢的局部稳定

对于格构柱，不论截面大小，均应设置横隔，横隔的设置方法与轴心受压格构柱相同。格构柱分肢的局部稳定同实腹式柱。

【**例 6-4**】 图 6-21 为一单层厂房框架柱的下柱，在框架平面内（属有侧移框架柱）的计算长度为 $l_{0x} = 21.7$ m，在框架平面外的计算长度（作为两端铰接）$l_{0y} = 12.21$ m，钢材为 Q235 钢。试验算此柱在下列组合内力（设计值）作用下的承载力。

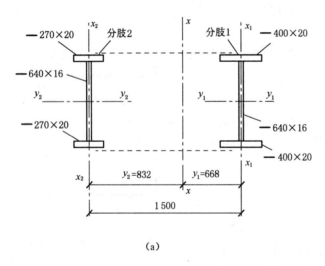
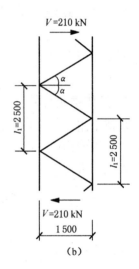

(a) $\qquad\qquad\qquad\qquad\qquad\qquad\qquad$ (b)

图 6-21 例 6-4 图

第一组（使分肢 1 受压最大）$\begin{cases} M_x = 3\,340 \text{ kN} \cdot \text{m} \\ N = 4\,500 \text{ kN} \\ V = 210 \text{ kN} \end{cases}$

第二组（使分肢 2 受压最大）$\begin{cases} M_x = 2\,700 \text{ kN} \cdot \text{m} \\ N = 4\,400 \text{ kN} \\ V = 210 \text{ kN} \end{cases}$

【**解**】 （1）截面的几何特性

分肢 1：$A_1 = 2 \times 40 \times 2 + 64 \times 1.6 = 262.4 \text{ cm}^2$

$$I_{y1} = \frac{1}{12} \times (40 \times 68^3 - 38.4 \times 64^3) = 209\,245 \text{ cm}^4, \quad i_{y1} = \sqrt{\frac{I_{y1}}{A_1}} = 28.24 \text{ cm}$$

$$I_{x_1} = 2 \times \frac{1}{12} \times 2 \times 40^3 = 21\,333 \text{ cm}^4, \quad i_{x1} = \sqrt{\frac{I_{x_1}}{A_1}} = 9.02 \text{ cm}$$

分肢 2：$A_2 = 2 \times 27 \times 2 + 64 \times 1.6 = 210.4 \text{ cm}^2$

$$I_{y2} = \frac{1}{12} \times (27 \times 68^3 - 25.4 \times 64^3) = 152\,600 \text{ cm}^4, \quad i_{y2} = 26.93 \text{ cm}$$

$$I_{x2} = 2 \times \frac{1}{12} \times 2 \times 27^3 = 6\,561 \text{ cm}^4, \quad i_{x2} = 5.58 \text{ cm}$$

整个截面：$A = 262.4 + 210.4 = 472.8 \text{ cm}^2$

$$y_1 = \frac{210.4}{472.8} \times 150 = 66.8 \text{ cm}, \quad y_2 = 150 - 66.8 = 83.2 \text{ cm}$$

$$I_x = 21\,333 + 262.4 \times 66.8^2 + 6\,561 + 210.4 \times 83.2^2 = 2\,655\,225 \text{ cm}^4$$

$$i_x = \sqrt{\frac{2\,655\,225}{472.8}} = 74.9 \text{ cm}$$

(2) 斜缀条截面选择（见图 6-21(b)）

计算剪力：$V = \frac{Af}{85}\sqrt{\frac{f_y}{235}} = \frac{472.8 \times 10^2 \times 215}{85} = 120 \times 10^3 \text{ N}$，小于实际剪力 $V = 210 \text{ kN}$

缀条内力及长度：$\tan\alpha = \frac{125}{150} = 0.833$，$\alpha = 39.8°$

$$N_t = \frac{210}{2\cos 39.8°} = 136.7 \text{ kN}, \quad l = \frac{150}{\cos 39.8°} = 195 \text{ cm}$$

选用单角钢∟100×8，$A_1 = 15.6 \text{ cm}^2$，$i_{min} = 1.98 \text{ cm}$

$\lambda = \frac{195 \times 0.9}{1.98} = 88.6 < [\lambda] = 150$，查附表 4-2(b 类截面)得 $\varphi = 0.631$

单角钢单面连接的设计强度折减系数为

$$\eta = 0.6 + 0.001\,5\lambda = 0.733$$

验算缀条稳定

$$\frac{N_t}{\varphi A_1} = \frac{136.7 \times 10^3}{0.631 \times 15.6 \times 10^2} = 139 \text{ N/mm}^2 < 0.733 \times 215 = 158 \text{ N/mm}^2$$

(3) 验算弯矩作用平面内的稳定

$$\lambda_x = \frac{l_{0x}}{i_x} = \frac{2\,170}{74.9} = 29$$

换算长细比　$\lambda_{0x} = \sqrt{\lambda_x^2 + 27\frac{A}{A_1}} = \sqrt{29^2 + 27 \times \frac{472.8}{2 \times 15.6}} = 35.4 < [\lambda] = 150$

查附表 4-2(b 类截面)，$\varphi_x = 0.916$

$$N'_{Ex} = \frac{\pi^2 EA}{1.1\lambda_{0x}^2} = \frac{\pi^2 \times 206 \times 10^3 \times 472.8 \times 10^2}{1.1 \times 35.4^2} = 697\,640 \times 10^3 \text{ N}$$

对有侧移框架柱，$\beta_{mx} = 1.0$

① 第一组内力，使分肢 1 受压最大

$$W_{1x} = \frac{I_x}{y_1} = \frac{2\,655\,225}{66.8} = 39\,749 \text{ cm}^3$$

$$\frac{N}{\varphi_x A} + \frac{\beta_{mx} M_x}{W_{1x}\left(1 - \varphi_x \dfrac{N}{N'_{Ex}}\right)} = \frac{4\,500 \times 10^3}{0.916 \times 472.8 \times 10^2} + \frac{1.0 \times 3\,340 \times 10^6}{39\,749 \times 10^3 \times \left(1 - 0.916 \times \dfrac{4\,500}{697\,640}\right)}$$

$$= 193.1 \text{ N/mm}^2 < f = 205 \text{ N/mm}^2$$

② 第二组内力,使分肢 2 受压最大

$$W_{2x} = \frac{I_x}{y_2} = \frac{2\,655\,225}{83.2} = 31\,914 \text{ cm}^3$$

$$\frac{N}{\varphi_x A} + \frac{\beta_{mx} M_x}{W_{2x}\left(1 - \varphi_x \dfrac{N}{N'_{Ex}}\right)} = \frac{4\,400 \times 10^3}{0.916 \times 472.8 \times 10^2} + \frac{1.0 + 2\,700 \times 10^6}{31\,914 \times 10^3 \times \left(1 - 0.916 \times \dfrac{4\,400}{697\,640}\right)}$$

$$= 191.3 \text{ N/mm}^2 < f = 205 \text{ N/mm}^2$$

(4) 验算分肢 1 的稳定(用第一组内力)

最大压力:$N_1 = \dfrac{0.832}{1.5} \times 4\,500 + \dfrac{3\,340}{1.5} = 4\,722 \text{ kN}$

$$\lambda_{x1} = \frac{l_1}{i_{x1}} = \frac{250}{9.02} = 27.7 < [\lambda] = 150, \quad \lambda_{y1} = \frac{l_{0y}}{i_{y1}} = \frac{1\,221}{28.24} = 43.2 < [\lambda] = 150$$

查附表 4-2(b 类截面),$\varphi_{min} = 0.886$

$$\frac{N_1}{\varphi_{min} A_1} = \frac{4\,722 \times 10^3}{0.886 \times 262.4 \times 10^2} = 203.1 \text{ N/mm}^2 < 205 \text{ N/mm}^2$$

(5) 验算分肢 2 的稳定(用第二组内力)

最大压力:$N_2 = \dfrac{0.688}{1.5} \times 4\,400 + \dfrac{2\,700}{1.5} = 3\,759 \text{ kN}$

$$\lambda_{x2} = \frac{250}{5.58} = 44.8 < [\lambda] = 150, \quad \lambda_{y2} = \frac{1\,221}{26.93} = 45.3 < [\lambda] = 150$$

查附表 4-2(b 类截面),$\varphi_{min} = 0.877$

$$\frac{N_2}{\varphi_{min} A_2} = \frac{3\,759 \times 10^3}{0.877 \times 210.4 \times 10^2} = 204 \text{ N/mm}^2 < 205 \text{ N/mm}^2$$

(6) 分肢局部稳定验算

只需验算分肢 1 的局部稳定。此分肢属轴心受压构件,应按 4.5 节的规定进行验算。
因 $\lambda_{x1} = 27.7$, $\lambda_{y1} = 43.2$,得 $\lambda_{max} = 43.2$

翼缘:$\dfrac{b}{t} = \dfrac{200}{20} = 10 < (10 + 0.1\lambda_{max})\sqrt{235/f_y} = 10 + 0.1 \times 43.2 = 14.32$

腹板:$\dfrac{h_0}{t_w} = \dfrac{640}{16} = 40 < (25 + 0.5\lambda_{max})\sqrt{235/f_y} = 46.6$

以上验算结果表明柱截面满足设计要求。

6.7 框架柱的柱头和柱脚及抗震措施

6.7.1 柱头

在框架结构中,梁与柱的连接节点一般用刚接,少数情况下用铰接,铰接时柱弯矩由横向荷载或偏心压力产生。梁端采用刚接可以减小梁跨中的弯矩,但制作、施工较复杂。

梁与柱的刚性连接不仅要求连接节点能可靠地传递剪力,而且要求能有效地传递弯矩。图 6-22 是横梁与柱刚性连接的构造图。图 6-22(a)的构造是通过上下两块水平板将弯矩传给柱子,梁端剪力则通过支托传递。图 6-22(b)是通过翼缘连接焊缝将弯矩全部传给柱子,而剪力则全部由腹板焊缝传递。为使翼缘连接焊缝能在平焊位置施焊,要在柱侧焊上衬板,同时在梁腹板端部预先留出槽口,上槽口是为了让出衬板的位置,下槽口是为了满足施焊的要求。图 6-22(c)为梁采用高强度螺栓连于预先焊在柱上的牛腿形成的刚性连接,梁端的弯矩和剪力是通过牛腿的焊缝传递给柱子,而高强度螺栓传递梁与牛腿连接处的弯矩和剪力。

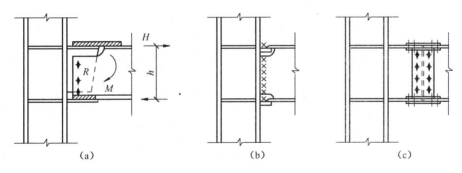

图 6-22 梁与柱的刚性连接

在梁上翼缘的连接范围内,柱的翼缘可能在水平拉力的作用下向外弯曲致使连接焊缝受力不均;在梁下翼缘附近,柱腹板又可能因水平压力的作用而局部失稳。因此,一般需在对应于梁的上、下翼缘处设置柱的水平加劲肋或横隔。

6.7.2 柱脚

框架柱(受压受弯柱)的柱脚可做成铰接或刚接。铰接柱脚只传递轴心压力和剪力,其计算和构造与轴心受压柱的柱脚相同,只不过所受的剪力较大,往往需采取抗剪的构造措施(如加抗剪键)。框架柱的刚接柱脚除传递轴心压力和剪力外,还要传递弯矩。

图 6-23 是常用的几种刚接柱脚,当作用于柱脚的压力和弯矩都比较小,且在底板与其基础间只产生压应力时采用如图 6-23(a)所示构造方案;当弯矩较大而要求较高的连接刚性时,可采用如图 6-23(b)所示构造方案,此时锚栓用肋板加强的短槽钢将柱脚与基础牢固住;

图 6-23(c)所示为分离式柱脚,它多用于大型格构柱,比整块底板经济,各分肢柱脚相当于独立的轴心受力铰接柱脚,但柱脚底部需作必要的联系,以保证一定的空间刚度。

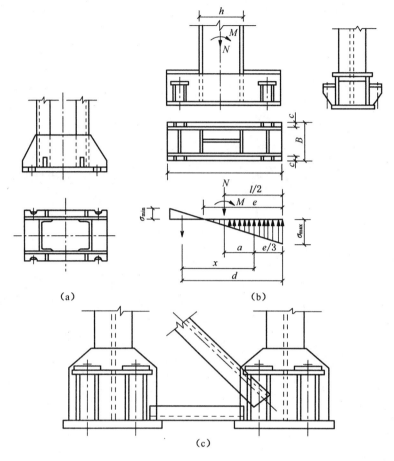

（a）　　　　　　　　　　　　（b）

（c）

图 6-23　刚接柱脚

1）整体式刚接柱脚

（1）底板的计算

以图 6-23 所示柱脚为例,首先根据构造要求确定底板宽度 B,悬臂长度 c 一般取 20～30 mm,然后可根据底板下基础的压应力不超过混凝土抗压强度设计值的要求决定底板长度 L

$$\sigma_{\max} = \frac{N}{BL} + \frac{6M}{BL^2} \leqslant f_{cc} \tag{6-31}$$

式中：M、N——柱脚所承受的最不利弯矩和轴心压力,取使基础一侧产生最大压应力的内力组合；

　　　　f_{cc}——混凝土的承压强度设计值。

底板另一侧的压力为

$$\sigma_{\min} = \frac{N}{BL} - \frac{6M}{BL^2} \tag{6-32}$$

由此,底板下的压应力分布图形便可确定(见图6-23(b)),底板的厚度即由此压应力产生的弯矩计算。计算方法与轴心受压柱脚相同。对于偏心受压柱脚,由于底板压应力分布不均,分布压应力可偏安全地取为底板各区格下的最大压应力。需注意,此种方法只适用于σ_{min}为正(即底板全部受压)时的情况,若算得的σ_{min}为拉应力,则应采用下面锚栓计算中所算得的基础压应力进行底板的厚度计算。

（2）锚栓的计算

锚栓的作用除了固定柱脚的位置外,还应能承受柱脚底部由压力N和弯矩M组合作用而可能引起的拉力N_t。当组合内力N、M(通常取N偏小,M偏大的一组)作用下产生如图6-23(b)所示底板下应力的分布图形时,可确定出压应力的分布长度e。现假定拉应力的合力由锚栓承受,根据$\sum M_d = 0$可求得锚栓拉力

$$N_t = \frac{M - Na}{x} \tag{6-33}$$

式中：a——底板压应力合力的作用点到轴心压力的距离,$a = \frac{l}{2} - \frac{e}{3}$;

x——底板压应力合力的作用点到锚栓的距离,$x = d - e/3$;

d——锚栓到底板最大压应力处的距离。

$$e = \frac{\sigma_{max}}{\sigma_{max} + |\sigma_{min}|} l$$

式中：e——压应力的分布长度。

按此锚栓拉力即可计算出一侧锚栓的个数和直径。

（3）靴梁、隔板及其连接焊缝的计算

靴梁与柱身的连接焊缝,应按可能产生的最大内力N_1计算,并以此焊缝所需要的长度来确定靴梁的高度,此处

$$N_1 = \frac{N}{2} + \frac{M}{h} \tag{6-34}$$

靴梁按支于柱边缘的悬伸梁来验算其截面强度。靴梁的悬伸部分与底板间的连接焊缝共有四条,应按整个底板宽度下的最大基础反力来计算。在柱身范围内,靴梁内侧不便施焊,只考虑外侧两条焊缝受力,可按该范围内最大基础反力计算。

隔板的计算同轴心受力柱脚,它所承受的基础反力均偏安全地取该计算段内的最大值。

2）分离式柱脚

每个分离式柱脚按分肢可能产生的最大压力作为承受轴向力的柱脚设计,但锚栓应由计算确定。分离式柱脚的两个独立柱脚所承受的最大压力为

右肢

$$N_t = \frac{N_a y_2}{a} + \frac{M_a}{a} \tag{6-35}$$

左肢

$$N_t = \frac{N_b y_1}{a} + \frac{M_b}{a} \qquad (6-36)$$

式中：N_a、M_a——使右肢受力最不利的柱的组合内力；

$\quad\quad\quad N_b$、M_b——使左肢受力最不利的柱的组合内力；

$\quad\quad\quad y_1$、y_2——分别为右肢及左肢至柱轴线的距离；

$\quad\quad\quad a$——柱截面宽度（两分肢轴线距离）。

每个柱脚的锚栓也按各自的最不利组合内力换算成的最大拉力计算。

3）插入式柱脚

单层厂房柱的刚接柱脚消耗钢材较多,即使采用分离式,柱脚重量也约为整个柱重的 $10\% \sim 15\%$。为了节约钢材,可以采用插入式柱脚,即将柱端直接插入钢筋混凝土杯形基础的杯口中(见图 6-24)。杯口构造和插入深度可参照钢筋混凝土结构的有关规定。

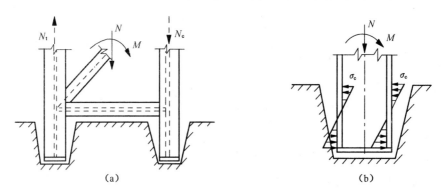

图 6-24 插入式柱脚

插入式基础主要需验算钢柱与二次浇灌层(采用细石混凝土)之间的粘剪力以及杯口的抗冲切强度。

6.7.3 梁与柱连接的抗震构造要求

《建筑抗震设计规范》(GB 50011—2010)中对梁与柱连接的抗震构造要求：

(1) 梁与柱的连接宜采用柱贯通型。

(2) 柱在两个互相垂直的方向都与梁刚接时宜采用箱形截面,并在梁翼缘连接处设置隔板;隔板采用电渣焊时,柱壁板厚度不宜小于 16 mm,小于 16 mm 时可改用工字形柱或采用贯通式隔板。当柱仅在一个方向与梁刚接时,宜采用工字形截面,并将柱腹板置于刚接框架平面内。

(3) 工字形柱(绕强轴)和箱形柱与梁刚接时(图 6-25),应符合下列要求：

① 梁翼缘与柱翼缘间应采用全熔透坡口焊缝;一、二级时,应检验焊缝的 V 形切口冲击韧性,其夏比冲击韧性在 $-20\,℃$ 时不低于 27 J。

② 柱在梁翼缘对应位置应设置横向加劲肋(隔板),加劲肋(隔板)厚度不应小于梁翼缘厚度,强度与梁翼缘相同。

③ 梁腹板宜采用摩擦型高强度螺栓与柱连接板连接(经工艺试验合格能确保现场焊接质

量时,可用气体保护焊进行焊接);腹板角部应设置焊接孔,孔形应使其端部与梁翼缘和柱翼缘间的全熔透坡口焊缝完全隔开。

④ 腹板连接板与柱的焊接,当板厚不大于 16 mm 时应采用双面角焊缝,焊缝有效厚度应满足等强度要求,且不小于 5 mm;板厚大于 16 mm 时采用 K 形坡口对接焊缝。该焊缝宜采用气体保护焊,且板端应绕焊。

⑤ 一级和二级时,宜采用能将塑性铰自梁端外移的端部扩大形连接、梁端加盖板或骨形连接。

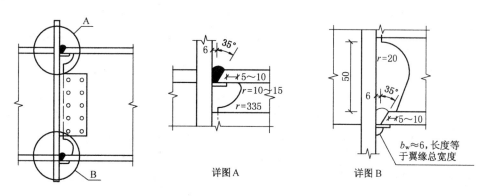

图 6-25 框架梁与柱的现场连接

（4）框架梁采用悬臂梁段与柱刚性连接时(图 6-26),悬臂梁段与柱应采用全焊接连接,此时上下翼缘焊接孔的形式宜相同;梁的现场拼接可采用翼缘焊接腹板螺栓连接或全部螺栓连接。

（5）箱形柱在与梁翼缘对应位置设置的隔板,应采用全熔透对接焊缝与壁板相连。工字形柱的横向加劲肋与柱翼缘,应采用全熔透对接焊缝连接,与腹板可采用角焊缝连接。

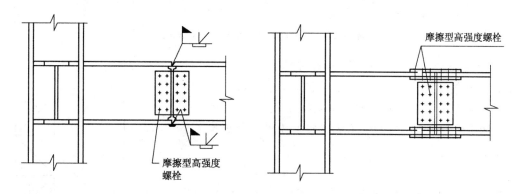

图 6-26 框架柱与梁悬臂段的连接

（6）梁与柱刚性连接时,柱在梁翼缘上下各 500 mm 的范围内,柱翼缘与柱腹板间或箱形柱壁板间的连接焊缝应采用全熔透坡口焊缝。

（7）框架柱的接头距框架梁上方的距离,可取 1.3 m 和柱净高一半二者的较小值。上下柱的对接接头应采用全熔透焊缝,柱拼接接头上下各 100 mm 范围内,工字形柱翼缘与腹板间及箱形柱角部壁板间的焊缝,应采用全熔透焊缝。

（8）钢结构的刚接柱脚宜采用埋入式,也可采用外包式;6、7 度且高度不超过 50 m 时也可采用外露式。

习　题

6-1　偏心受压实腹柱与轴心受压实腹式柱有何不同?

6-2　单轴对称的压弯构件和双轴对称的压弯构件在弯矩作用平面内稳定验算内容是否相同?

6-3　在压弯构件稳定性计算公式中,为什么要引入 β_{mx} 和 β_{tx}?在哪些情况下它们较大?在哪些情况下它们较小?

6-4　压弯构件的计算长度和轴心受压构件的计算方法是否一样?它们都受哪些因素的影响?

6-5　偏心和轴心受压柱的柱头和柱脚设计有何不同?

6-6　有一两端铰接长度为 4 m 的偏心受压柱,用 Q235 钢的 HN 400×200×8×13 做成,压力的设计值为 490 kN,两端偏心距相同,试验算其承载力。

6-7　图 6-27 所示为一两端铰接的压弯构件,弯矩作用平面外有侧向支承,其间距为 4 m,荷载设计值为轴心压力 $N = 900$ kN,跨度中点集中力 $F = 125$ kN,钢材 Q235,截面形式与尺寸如图示,翼缘板为焰切边,$[\lambda] = 150$,试验算该构件的整体稳定性与局部稳定性。

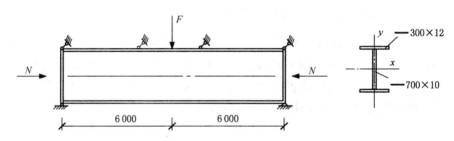

图 6-27　压弯构件截面验算(单位:mm)

6-8　用轧制工字钢 I36a(材料为 Q235 钢)做成的 10 m 长两端铰接柱,轴心压力的设计值为 650 kN,在腹板平面承受均布荷载设计值为 6.24 kN/m。试验算此压弯柱在弯矩作用平面内的稳定有无保证?为保证弯矩作用平面外的稳定需设置几个侧向中间支承点?

6-9　图 6-28 所示为偏心受压柱,在 y 方向的上端为自由,下端固定;在 x 方向的上、下端均为不动铰支承。柱长 $l = 5$ m,内力设计值 $N = 500$ kN,$M_x = 125$ kN·m,柱肢采用 2I25a,缀条采用∟ 50×5,钢材 Q235,试验算该柱的稳定性。

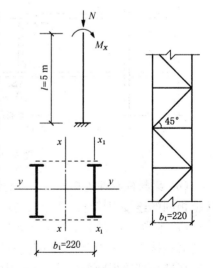

图 6-28　偏心受压格构柱(单位:mm)

7 新型钢结构材料

随着冶金工艺和生产效率的提高,高强度钢、高性能钢(如耐候钢)、不锈钢、铝合金钢开始进入结构钢的应用,表现出更为优越的力学性能和环境适应性,越来越得到业界的关注。这一章对这些新型钢结构材料及其性能做简单介绍。

7.1 高强度钢

高强钢通常指屈服强度大于 460 MPa,且小于 700 MPa 的钢材;屈服强度大于 700 MPa 的钢材称为超高强度钢材。

7.1.1 冶炼工艺

高强度钢按钢中所含合金总量分为低、中、高三种高强度钢。低合金高强度钢以其价格低廉和具有高强度而得到广泛应用,是高强度钢中研究最多、最成熟的钢种。

目前,我国低合金高强度钢生产技术路线基本分为两条:(1)高炉炼铁→铁水预处理脱硫→转炉炼钢→炉外精炼→连铸;(2)预热废钢或海绵铁→电炉熔炼→炉外精炼→连铸。

低合金高强度钢在冶炼过程要求比较严格,成分控制范围比较窄。通过合理有效的铁水预处理方法,使其含硫量降低至百万分之十五以下,再经过炉外精炼进一步对钢水进行脱氧脱硫处理。由于成分控制严格,所以其性能较均匀。低合金高强度钢除了特殊用途需求外,一般情况下,实际生产中常采用顶底复吹转炉冶炼完成。

一般冶炼条件下,转炉冶炼的碳含量可控制在 0.02%~0.03%。根据不同钢种的具体用途,钢水可采用不同的炉外精炼方法如喷粉、电磁搅拌、真空脱气以及吹氧等,以此来实现钢液的净化脱气、成分均匀化、合金微调和夹杂物去除以及形态控制。通常,为了改善低合金高强度钢的加工性能和韧性,消除钢中不同方向的性能差异,常添加化学活泼的合金元素。在炉外精炼炉中还要对钢水进一步脱氧,常采用造还原渣和补加合金的方法,使其成分均匀达到所需的要求。刚开始以电石和精炼剂为主的脱氧造还原渣,随后进行微合金化处理。精炼通常需要添加少量合金进行钢液的碳、硅、锰成分及温度微调控制,后期进行微合金化处理操作。最近几年发现在钢中添加稀土元素可以控制夹杂物形态从而改善钢的综合性能,西方发达国家对此没有进行广泛研究和使用,但我国的稀土钢研制方面已经取得了较大的进展。连铸坯在矫直过程中易产生裂纹,目前常通过高拉速急冷却的连铸方式减少铸坯内部偏析,改善其夹杂物形态和析出量,抑制脱溶反应发生,保证良好的表面质量并提高生产效率。目前,通过控轧控冷的生产工艺,运用细晶强化和析出强化等强化机制,能显著提高钢的强度和改善钢的韧性,用较低的碳当量来获得所需钢材的强韧性,既节省合金元素,又改善可焊性是可行的。

图 7-1(a)所示为温度为 1 100℃时,Q345 钢在 Gleeble - 1 500D 热模拟试验机观察到的微观组织照片。在 Q345 钢的冶炼过程中添加 Cr、Nb、Mo 和 V 合金得到 30Cr2Ni4MoV 钢,在 1 100℃下用 Gleeble - 1 500D 热模拟试验机观察得到的 30Cr2Ni4MoV 微观组织照片,如图 7-1(b)所示。从图 7-1 中可以看出,30Cr2Ni4MoV 钢微观组织中的奥氏体组织的晶粒度级别小于 Q345 钢,这是由于合金元素的加入和特殊的冶炼工艺使晶粒细化,钢材组织结构得到改善,最终提高了钢材强度。

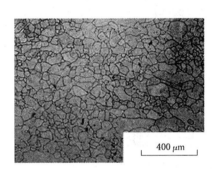

（a）Q345钢的微观组织　　　　　　　　（b）30Cr2Ni4MoV钢的微观组织

图 7-1　Q345 钢与 30Cr2Ni4MoV 钢的微观组织比较

提高基础冶炼技术是发展低合金高强度钢的关键,利用计算机进行精确加工控制,是生产高性能高质量低合金高强度钢的重要根基。

7.1.2　力学性能

1）单向拉伸时的工作性能

高强度钢没有明显的屈服点和屈服台阶。这类钢的屈服条件是根据试验分析结果而人为规定的,故称为条件屈服点(或屈服强度)。条件屈服点以卸荷后试件中残余应变 ε_r 为 0.2% 所对应的应力 f_y 定义的(有时用 $f_{0.2}$ 表示),见图 7-2。拉伸试验方法参考规范 GB/T 228.1—2010。由于这类钢材不具有明显的塑性平台,设计中不宜利用它的塑性。在钢结构设计时,一般将 f_y 作为承载能力极限状态计算的限值,即钢材强度的标准值 f_k,并据以确定钢材的强度设计值 f。

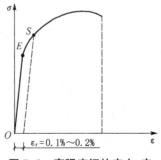

图 7-2　高强度钢的应力-应变关系曲线

2）塑性性能

试件被拉断时的绝对变形值与试件原标距之比的百分数,称为伸长率。当试件标距长度与试件直径 d(圆形试件)之比为 10 时,以 δ_{10} 表示;当该比值为 5

时,以 δ_5 表示。伸长率代表材料在单向拉伸时的塑性应变的能力。

3）冷弯性能

冷弯性能由冷弯试验(GB/T 232—2010)来确定,冷弯试验不仅能直接检验钢材的弯曲变形能力或塑性性能,还能暴露钢材内部的冶金缺陷,如硫、磷偏析和硫化物与氧化物的掺杂情况,这些缺陷都将降低钢材的冷弯性能。因此,冷弯性能是鉴定钢材在弯曲状态下塑性应变能力和钢材质量的综合指标。

4）冲击韧性

拉力试验所表现的钢材性能,如强度和塑性,是静力性能,而韧性试验(GB/T 229—2007)则可获得钢材的一种动力性能。韧性是钢材抵抗冲击荷载的能力,它用材料在断裂时所吸收的总能量(包括弹性能和非弹性能)来量度,其值为图 7-2 中 σ-ε 曲线与横坐标所包围的总面积,总面积愈大韧性愈高,故韧性是钢材强度和塑性的综合指标。通常钢材强度提高,韧性降低,表示钢材趋于脆性。

7.1.3 设计规范

欧洲钢结构规范(EN 1993—1—12 Eurocode 3)对屈服强度为 460~700 MPa 的钢材,在原有钢结构设计规范(EN 1993—1—1 Eurocode 3)基础上提出了补充条款。美国荷载抗力系数设计规范(LFRD)也提到了几种高强度结构钢材。目前我国钢结构设计规范(GB 50017—2003)中所规定的钢材最高强度仅为 Q420,还没有涉及高强度钢材。

《低合金高强度结构钢》(GB/T 1591—2008)规定了低合金高强度结构钢的牌号、尺寸、外形、重量及允许偏差、技术要求、试验方法、检验规则、包装、标志和质量证明书。

7.1.4 构件连接

相较普通强度钢材,高强度钢材的屈服强度和抗拉强度都有显著的提高,但钢材塑性变形能力的劣化却给连接性能带来了不利的影响,使得高强度钢材的应用受到了一定的限制。

目前关于高强度钢材螺栓抗剪连接性能的研究还很少,仍处于起步阶段。国外有学者进行了一些试验研究,其试验得到的极限承载力与规范预测值相比,存在较大差异。国内仅对普通强度钢材螺栓连接进行了研究,制定了相应的设计方法和规定。欧洲规范(EN 1993—1—12 Eurocode 3)虽然对高强度钢材做出了相关规定,但并未与普通钢材进行特别区分,尤其是端距、边距和螺栓间距对高强度钢材螺栓抗剪连接性能影响的研究更是十分缺乏,因此有必要通过试验对其进行研究。

高强度钢材的焊缝连接性能与普通强度钢材的区别主要在于焊缝强度匹配和断裂韧性。当焊缝金属名义强度明显高于母材名义强度,称为超强匹配;基本等同于母材名义强度,称为等强匹配;明显小于母材名义强度的,称为低强匹配。在焊接接头或节点部位的韧性方面,焊缝金属的名义强度越高,则相应位置的韧性一般也越低。对于韧性较好的低强度钢材,当采用埋弧焊或电渣焊等大线能量的焊接工艺时(线能量是指熔焊时,由焊接热源输入给单位长度焊缝上的能量,亦称热输入,单位为焦耳/厘米或焦耳/毫米(J/cm 或 J/mm)),焊接接头或节点位置的韧性也常常容易低于母材。所以在保证焊缝金属和母材金属等强度匹配或超强匹配的同时,要考虑韧性匹配的问题,这一点在实际工程中要给予重点关注。

7.2 耐候钢

耐候钢,即耐大气腐蚀钢,是介于普通钢和不锈钢之间的低合金钢系列,耐候钢由普碳钢添加少量 Cu、Cr、Ni 和 Mo 等耐腐蚀元素而成,具有优质钢的强韧、塑延、成型、焊割、磨蚀、高温、抗疲劳等特性;耐候性为普碳钢的 2~8 倍,涂装性为普碳钢的 1.5~10 倍。同时,它具有耐锈,使构件抗腐蚀延寿、减薄降耗,省工节能等特点。

7.2.1 冶炼工艺

耐候钢一般采用精料入炉—冶炼(转炉、电炉)—微合金化处理—吹氩—精炼—低过热度连铸(喂入稀土丝)—控轧控冷等工艺路线。在冶炼时,废钢(作为精料)随炉料一起加入炉内,按常规工艺冶炼,出钢后加入脱氧剂及 Cu、Cr、Ni 等合金元素,钢水经吹氩处理后,随即进行浇铸,吹氩调温后的钢水经连铸机铸成板坯。由于钢中加入稀土元素,耐候钢得到净化,夹杂物含量大为减少。

7.2.2 力学性能

耐候钢的单向拉伸试验、冷弯试验和冲击韧性试验方法与碳素结构钢相同。它的力学性能列于表 7-1 和表 7-2。可以看出,耐候钢的力学性能基本上与优质碳素钢或优质低合金钢接近,但要求耐候钢应具有较好的冷加工性能。

表 7-1 耐候钢的力学性能

牌号	交货状态	厚度(mm)	屈服点(MPa)	抗拉强度(MPa)	伸长率(%)	180°弯曲试验
Q295GNH	热轧	≤6	≥295	≥390	≥24	$d=a$
	热轧	>6				$d=2a$
Q295GNHL	热轧	≤6	≥295	≥430	≥24	$d=a$
	热轧	>6				$d=2a$
Q345GNH	热轧	≤6	≥345	≥440	≥22	$d=a$
	热轧	>6				$d=2a$
Q345GNHL	热轧	≤6	≥345	≥480	≥22	$d=a$
	热轧	>6				$d=2a$
Q390GNH	热轧	≤6	≥390	≥490	≥22	$d=a$
	热轧	>6				$d=2a$

续表 7-1

牌号	交货状态	厚度(mm)	屈服点(MPa)	抗拉强度(MPa)	伸长率(%)	180°弯曲试验
Q295GNH	冷轧	≤2.5	≥260	≥390	≥27	$d=a$
Q295GNHL	冷轧	≤2.5	≥260	≥390	≥27	$d=a$
Q345GNHL	冷轧	≤2.5	≥320	≥450	≥26	$d=a$

注:d 为弯心直径;a 为钢材厚度。

表 7-2　耐候钢的冲击韧性

牌号	V形缺口冲击试验		
	试验方向	温度(℃)	平均冲击功(J)
Q295GNH	纵向	0~20	≥27
Q295GNHL	纵向	0~20	≥27
Q345GNH	纵向	0~20	≥27
Q345GNHL	纵向	0~20	≥27
Q390GNH	纵向	0~20	≥27

7.2.3　耐候钢的原理

钢中加入磷、铜、铬、镍等微量元素后,使钢材表面形成致密和附着性很强的保护膜,阻碍锈蚀往里扩散和发展,保护锈层下面的基体,以减缓其腐蚀速度。在锈层和基体之间形成约 $50\sim100~\mu m$ 厚的非晶态尖晶石型氧化物层,由于这层氧化物膜结构致密且与基体金属粘附性好,阻止了大气中氧和水向钢铁基体渗入,减缓了锈蚀向钢铁材料纵深发展,大大提高了钢铁材料的耐大气腐蚀能力。耐候钢可减薄使用、裸露使用或简化涂装,而使制品抗蚀延寿、省工降耗、升级换代的钢系,也是一个可融入现代冶金新机制、新技术、新工艺而使其持续发展和创新的钢系。

7.2.4　相关标准

从制定方和适用范围划分,耐候钢标准可分为国际标准、国家(地区)标准、行业标准、企业标准等。国内常用的标准有:《高耐候结构钢》(GB/T 4171—2008)和《铁道车辆用耐大气腐蚀钢》(TB/T 1979—2014)。

7.2.5　耐候钢的焊接性能

Cu、P 是赋予钢以耐候性的元素,但又助长焊接裂纹。特别是当含 P 量达到 0.1% 以上影响更大,此系因当焊接金属凝固时,P 将促进低熔点夹杂物的生成,既易产生高温裂纹,又增加低温裂纹敏感性,使焊缝的延展性和韧性变坏。然而,P 对钢材的有害作用与钢中含 C 量有关,降低含 C 量而使钢中 C 和 P 的总含量不超过 0.25% 时,则可防止冷脆倾向。国产耐候钢的含 C 量和含 P 量均不超过 0.12%,C 和 P 的总含量最高不超过 0.24%,未达到 0.25% 的限度,因此解决了 P 对耐候性有利而对焊接性有害的矛盾。含 Cu 量低于 0.55% 时,对焊接性危害不大,国产耐候钢的含 Cu 量均低于 0.45%。

7.3　不锈钢

不锈钢(Stainless Steel)是不锈耐酸钢的简称,耐空气、蒸汽、水等弱腐蚀介质或具有不锈性的钢种称为不锈钢;而将耐化学腐蚀介质(酸、碱、盐等化学侵蚀)腐蚀的钢种称为耐酸钢。由于两者在化学成分上的差异而使它们的耐腐蚀性不同,普通不锈钢一般不耐化学介质腐蚀,而耐酸钢则一般均具有不锈性。

相对于普通的碳素钢,不锈钢的化学成分主要是增加了合金元素铬(Cr)、镍(Ni)、锰(Mn)和钼(Mo)等,使二者的材料特性存在很大的不同。其中铬(Cr)是第一主要的合金元素,不锈钢的耐腐蚀性能主要取决于 Cr 含量,且往往要求 Cr 不低于 11%;Mo 和 N 也可以加强其耐腐蚀性能;Ni 主要用来保证不锈钢的微结构和力学性能。

7.3.1　冶炼工艺

目前世界上不锈钢的冶炼有三种方法,即一步法、二步法、三步法。

一步法:即电炉一步冶炼不锈钢。由于一步法对原料要求苛刻(需返回不锈钢废钢、低碳铬铁和金属铬),生产中原材料、能源介质消耗高,成本高,冶炼周期长,生产率低,产品品种少,质量差,炉衬寿命短,耐火材料消耗高,因此目前很少采用此法生产不锈钢。

二步法:1965 年和 1968 年,VOD(真空吹氧脱碳精炼法)和 AOD(氩氧脱碳精炼法)精炼装置相继产生,它们对不锈钢生产工艺的变革起了决定性作用。前者是真空吹氧脱碳,后者是用氩气和氮气稀释气体来脱碳。这两种精炼设施的任何一种与电炉相配合,就形成了不锈钢的二步法生产工艺。采用电炉与 VOD 二步法炼钢工艺较适合小规模多品种的兼容厂的不锈钢生产。采用电炉与 AOD 的二步法生产不锈钢对原材料要求较低,一步成钢,人员少,设备少,所以综合成本较低;但是目前还不能生产超低 C、超低氮的不锈钢,且钢中含气量较高,氩气消耗量大。目前世界上 88% 不锈钢采用二步法生产,其中 76% 是通过 AOD 炉生产,较适合大型不锈钢专业厂使用。

三步法:即电炉+复吹转炉+VOD 三步冶炼不锈钢。其特点是电炉作为熔化设备,只负责向转炉提供含 Cr、Ni 的半成品钢水,复吹转炉主要任务是吹氧快速脱碳,以达到最大回收 Cr 的目的。VOD 真空吹氧负责进一步脱碳、脱气和成分微调。三步法较适合氩气供应比较短缺的地区,并采用含碳量较高的铁水作原料,且生产低 C、低 N 不锈钢比例较大的专业厂采用。

7.3.2　力学性能

不锈钢的单向拉伸试验、冷弯试验和冲击韧性试验与碳素结构钢的试验方法相同。不锈钢强度受很多因素影响,但最重要的和最基本的因素是其中添加的不同化学元素,主要是金属元素。不同类型的不锈钢由于其化学成分的差异,就有不同的强度特性。常见的几种不锈钢的力学性能见表 7-3,其中 σ_b 为抗拉强度,σ_s 为屈服强度,δ_5 为伸长率,ψ 为截面收缩率。

表 7-3　不同牌号不锈钢的力学性能

钢号	热处理方法	σ_b(MPa)	σ_s(MPa)	δ_5(%)	ψ(%)
2Cr18Ni9	1 100～1 150℃水冷	568	216	40	55
1Cr18Ni9	1 100～1 150℃水冷	539	196	45	50
	1 100℃水冷	540～706	201～382	48.8～69	59.5～81
0Cr18Ni9(304)	1 080～1 130℃水冷	490	196	45	60
1Cr18Ni9Ti	920～1 150℃水冷	540	205	40	45
	1 100℃水冷	541～790	196～510	40～81	55～79.5
0Cr18Ni9Ti(321)	950～1 050℃水冷	541	196	40	55
	1 100℃水冷	554～653	245～328	46～62	57.2～78.3
00Cr18Ni10	1 050～1 100℃水冷	480	177	40	60
	1 100℃水冷	510～745	196～490	45～68.5	68～81.5

7.3.3　设计规范

铁素体不锈钢在国外已有许多应用实例,国内《不锈钢结构技术规范》也已正式颁布(详见相关文献)。该规范给出的适用于一般结构用途的不锈钢是奥氏体型不锈钢和双相型不锈钢。而五大类不锈钢中,马氏体不锈钢和沉淀硬化不锈钢因其焊接及冷加工性能差,在结构工程中无法应用。

7.3.4　构件连接

1）焊接连接

根据南京工业大学试验研究,不锈钢角焊缝连接破坏发生在接近 45°有效截面处,与钢结构角焊缝破坏特征相似,可参考《钢结构设计规范》(GB 50017—2003)中的强度计算公式。试验中得到的正面角焊缝与侧面角焊缝强度相近,考虑到不锈钢焊缝较小,受复杂应力的影响较大,不考虑利用正面角焊缝的强度提高。角焊缝焊接工艺宜优先选用氩弧焊。

2）螺栓连接

不锈钢普通螺栓受剪连接应分别计算螺栓受剪承载力和承压承载力,并取较小值作为受剪连接的承载力设计值。

（1）试验结果表明按欧洲不锈钢结构设计规范（EN 1993-1-4:2006）计算的螺栓抗剪承载力与试验结果吻合较好，因此《不锈钢结构技术规范》主要参考欧洲规范的计算公式，螺栓直径小于等于 12 mm 时，抗剪强度应乘以折减系数 0.9。

（2）试验结果表明欧洲规范承压承载力计算公式与试验结果吻合良好，因此《不锈钢结构技术规范》主要参考欧洲规范的计算公式给出承压承载力计算公式。

经过试验验证采用《钢结构设计规范》（GB 50017—2003）中的公式计算受拉剪联合作用的不锈钢螺栓是安全的，考虑工程界对《钢结构设计规范》（GB 50017—2003）中的公式更为熟悉，《不锈钢结构技术规范》采用与《钢结构设计规范》（GB 50017—2003）形式一致的相关公式。

7.4 铝合金材料

铝合金是工业中应用最广泛的一类有色金属结构材料，在航空、航天、汽车、机械制造、船舶及化学工业中已大量应用。工业经济的飞速发展，对铝合金焊接结构与构件的需求日益增多，使针对铝合金焊接性能研究也随之深入。目前铝合金是应用最多的合金。

7.4.1 冶炼工艺

铝和铝合金可以用各种不同的方法熔炼。常使用的是无芯感应炉和槽式感应炉、坩埚炉和反射式平炉（使用天然气或燃料油燃烧）以及电阻炉和电热辐射炉。炉料种类广泛，从高质量的预合金化铸锭一直到专门由低等级废料构成的炉料都可以使用。由于铝合金的化学成分直接影响其强度、塑性、韧性和焊接性能等，故在铝合金冶炼过程中，要控制各种化学成分的含量，具体控制标准见表 7-4。

铝合金的具体冶炼工艺流程如下：

备料→检验→配料→运输入炉→熔炼→精炼→铸棒→锯切→铝合金坯棒→挤压→表面处理→铝合金型材产品。

表 7-4　铝合金化学组成控制表

元素名称	Si	Mg	Ti	Fe	Zn	Mn	Cu	Al
控制标准（%）	0.35~0.55	0.45~0.7	≤0.1	≤0.35	≤0.01	≤0.1	≤0.1	余量

7.4.2 力学性能

1）单向拉伸时的工作性能

图 7-3 所示曲线为不同温度下 7075 铝合金单向均匀拉伸试验荷载-变形曲线，ε_r 为卸荷后试件中残余应变。铝合金没有显著屈服现象。

从图中我们可以看到,在加载的前半段,曲线呈线性,这一段是铝合金的线弹性区。一般将卸载后试件中残余应变 ε_r 为 0.1% 对应的残余应力作为比例极限。当载荷继续增大时,曲线失去线性关系,逐渐平缓发展,材料开始出现屈服。一般将卸载后试件中残余应变 ε_r 为0.2%对应的残余应力作为屈服点。应变随着应力持续平缓发展,直至应力达到极限强度,材料被拉断破坏。铝合金的弹性模量 E、剪变模量 G、线膨胀系数 α 和质量密度 ρ 见表 7-5。图 7-3 同时显示铝合金对于温度敏感,强度随着温度的升高而降低。

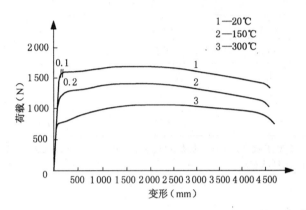

图 7-3 不同温度下 7075 铝合金的荷载-变形曲线

表 7-5 铝合金的物理性能指标

弹性模量 $E(N/mm^2)$	泊松比 ν	剪变模量 $G(N/mm^2)$	线膨胀系数 α（以每℃计）	质量密度 $\rho_0(kg/m^3)$
70 000	0.3	27 000	23×10^{-6}	2 700

铝合金密度低,但强度较高,接近或超过优质钢,塑性好,可加工成各种型材,具有优良的导电性、导热性和抗蚀性,工业上广泛使用,使用量仅次于钢。一些铝合金可以采用热处理获得良好的机械性能,物理性能和抗腐蚀性能。硬铝合金属 Al - Cu - Mg 系,一般含有少量的 Mn,可热处理强化。其特点是硬度大,但塑性较差。超硬铝合金属 Al - Cu - Mg - Zn 系,可热处理强化,是室温下强度最高的铝合金,但耐腐蚀性差,高温软化快。锻铝合金主要是 Al - Zn - Mg - Si 系合金,虽然加入元素种类多,但是含量少,因而具有优良的热塑性,适宜锻造,故又称锻造铝合金。常见的几种牌号的铝合金力学性能见表 7-6。铝合金的牌号表示方法:采用四位字符来表示,第一位数字表示铝及铝合金的组别,第二位数字(字母)表示原始纯铝或铝合金的改型情况,最后两位数字用以标识同一组中不同的铝合金或表示铝的纯度。

表 7-6 铝合金的材料强度设计值(MPa)

牌号	状态	厚度(mm)	抗拉、抗压和抗弯 f	抗剪 f_v
6061	T4	所有	90	55
	T6	所有	200	115
6063	T5	所有	90	55
	T6	所有	150	85

续表 7-6

牌号	状态	厚度(mm)	抗拉、抗压和抗弯 f	抗剪 f_v
6063A	T5	≤10	135	75
		>10	125	70
	T6	≤10	160	90
		>10	150	85
5083	O/F	所有	90	55
	H112	所有	90	55
3003	H24	≤4	100	60
3004	H34	≤4	145	85
	H36	≤3	160	95

注:铝合金加工状态分为 5 类:F 代表自由加工状态;O 代表退火状态;H 代表加工硬化状态;W 代表固溶热处理状态;T 代表热处理状态(不同于 F、O、H 状态)。

7.4.3 设计规范

铝合金结构的设计参考规范《铝合金结构的设计规范》(GB 50429—2007)。

7.4.4 构件连接

1）焊缝连接

（1）铝合金结构焊缝连接设计时,应验算焊缝的强度、临近焊缝的铝合金构件焊接热影响区的强度。焊缝的强度设计值宜大于铝合金构件焊接热影响区的强度设计值。

（2）对接焊缝的强度计算

① 在对接接头和 T 形接头中,垂直于轴心拉力和轴心压力的对接焊缝,其强度按下式计算:

$$\sigma = \frac{N}{l_w t} \leqslant f_t^w \text{ 或 } f_c^w \tag{7-1}$$

式中：N——轴心拉力或轴心压力;

l_w——焊缝计算长度;采用引弧板时,计算长度为焊缝全长;未采用引弧板时,计算长度为焊缝全长减去 2 倍焊缝计算厚度;

t——对接焊缝计算厚度;在对接接头中为连接件的较小厚度;在 T 形接头中为腹板的厚度;

f_t^w、f_c^w——对接焊缝的抗拉、抗压强度设计值。

② 在对接接头和 T 形接头中,平行于轴心拉力或轴心压力的对接焊缝,其强度应按下式计算:

$$\tau = \frac{N}{l_w t} \leqslant f_v^w \qquad (7\text{-}2)$$

式中：f_v^w——对接焊缝的抗剪强度设计值。

③ 在对接接头和 T 形接头中，承受弯矩和剪力共同作用的对接焊缝，其正应力和剪应力应分别计算；对同时受有较大正应力和剪应力的位置，还应验算折算应力，并按下列公式验算：

$$\sigma \leqslant f_t^w \text{ 或 } f_c^w \qquad (7\text{-}3)$$

$$\tau \leqslant f_v^w \qquad (7\text{-}4)$$

$$\sqrt{\sigma^2 + 3\tau^2} \leqslant f_t^w \qquad (7\text{-}5)$$

（3）直角角焊缝的强度计算

① 直角角焊缝的设计承载力应满足下列公式：

$$\sqrt{\sigma_N^2 + 3(\tau_N^2 + \tau_S^2)} \leqslant \sqrt{3} f_f^w \qquad (7\text{-}6)$$

式中：σ_N——垂直于焊缝有效截面的正应力；

　　　τ_N——有效截面上垂直焊缝长度方向的剪应力；

　　　τ_S——有效截面上平行于焊缝长度方向的剪应力；

　　　f_f^w——角焊缝的强度设计值。

② 在通过焊缝形心的拉力、压力或剪力作用下，可采用下列公式验算角焊缝的强度：

正面角焊缝（作用力垂直于焊缝长度方向）：

$$\sigma_f = \frac{N}{h_e l_w} \leqslant \beta_f f_f^w \qquad (7\text{-}7)$$

侧面角焊缝（作用力平行于焊缝长度方向）：

$$\tau_f = \frac{N}{h_e l_w} \leqslant f_f^w \qquad (7\text{-}8)$$

式中：σ_f——按焊缝有效截面计算，垂直于焊缝长度方向的应力；

　　　τ_f——按焊缝有效截面计算，沿焊缝长度方向的剪应力；

　　　h_e——角焊缝计算厚度，直角角焊缝等于 $0.7h_f$，h_f 为焊脚尺寸；

　　　l_w——角焊缝计算长度，考虑起落弧则对每条焊缝取其实际长度减去 $2h_f$；

　　　β_f——正面角焊缝的强度设计值增大系数：对承受静力荷载的结构，$\beta_f = 1.22$。

③ 在通过焊缝形心的拉力、压力和剪力的综合作用下，可采用下列公式验算角焊缝的强度：

$$\sqrt{\left(\frac{\sigma_f}{\beta_f}\right)^2 + \tau_f^2} \leqslant f_f^w \qquad (7\text{-}9)$$

2）螺栓连接

（1）铝合金结构的螺栓连接应符合下列要求：

① 普通螺栓材料宜采用铝合金、不锈钢，也可采用经热浸镀锌、电镀锌或镀铝等可靠表面处理后的钢材。

② 铝合金结构的螺栓连接不宜采用有预拉力的高强度螺栓,确需采用时应满足规范《铝合金结构的设计规范》(GB 50429—2007)的规定。

(2) 普通螺栓的抗剪计算

在普通螺栓或铆钉受剪的连接中,每个普通螺栓或铆钉的承载力设计值应取受剪和承压承载力设计值中的较小者:

普通螺栓(受剪面在栓杆部位)

$$N_v^b = n_v \frac{\pi d^2}{4} f_v^b \qquad (7-10)$$

普通螺栓(受剪面在螺纹部位)

$$N_v^b = n_v \frac{\pi d_e^2}{4} f_v^b \qquad (7-11)$$

承压承载力设计值按下列公式计算:

$$N_c^b = d \sum t \cdot f_c^b \qquad (7-12)$$

式中:n_v——受剪面数目;

d——螺栓杆直径;

d_e——螺栓在螺纹处的有效直径;

$\sum t$——在不同受力方向中一个受力方向承压构件总厚度的较小值;

f_v^b、f_c^b——螺栓的抗剪和承压强度设计值;

(3) 普通螺栓的抗拉计算

在普通螺栓杆轴方向受拉的连接中,每个普通螺栓包括撬力引起附加力的承载力设计值,应取螺栓抗拉承载力设计值和螺栓头及螺母下构件抗冲切承载力设计值中的较小者。

螺栓抗拉承载力设计值应按下式计算:

$$N_t^b = \frac{\pi d_e^2}{4} f_t^b \qquad (7-13)$$

螺栓头及螺母下构件抗冲切承载力设计值应按下式计算:

$$N_{tp}^b = 0.8\pi d_m t_p f_v \qquad (7-14)$$

式中:d_e——螺栓在螺纹处的有效直径;

d_m——为下列两者中较小值:螺栓头或螺母外接圆直径与内切圆直径的平均值;当采用垫圈时为垫圈的外径;

t_p——螺栓头或螺母下构件的厚度;

f_t^b——普通螺栓的抗拉强度设计值;

f_v——连接构件的抗剪强度设计值。

(4) 普通螺栓同时承受剪力和拉力的计算

同时承受剪力和杆轴方向拉力的普通螺栓,应符合下列公式的要求:

$$\sqrt{\left(\frac{N_v}{N_v^b}\right)^2 + \left(\frac{N_t}{N_t^b}\right)^2} \leqslant 1 \qquad (7-15)$$

$$N_v \leqslant N_c^b \tag{7-16}$$

$$N_t \leqslant N_t^b \tag{7-17}$$

式中：N_v、N_t——某个普通螺栓所承受的剪力和拉力；

N_v^b、N_t^b、N_c^b——一个普通螺栓的抗剪、抗拉和承压承载力设计值。

（5）高强度螺栓摩擦型连接的计算

① 在抗剪连接中，每个高强度螺栓的承载力设计值应按下式计算：

$$N_v^b = 0.8n_f\mu P \tag{7-18}$$

式中：n_f——传力摩擦面数目；

μ——摩擦面的抗滑移系数；

P——一个高强度螺栓的预拉力，应按表 7-7 采用。

表 7-7 一个高强度螺栓的预拉力 P(kN)

螺栓的性能等级	螺栓公称直径(mm)		
	M16	M20	M24
8.8 级	80	125	175
10.9 级	100	155	225

② 在螺栓杆轴方向受拉的连接中，每个高强度螺栓的承载力设计值应按下式计算：

$$N_t^b = 0.8P \tag{7-19}$$

并应满足：

$$N_t^b \leqslant N_{tp}^b \tag{7-20}$$

式中：N_{tp}^b——螺栓头及螺母下构件抗冲切承载力设计值。

③ 当高强度螺栓摩擦型连接同时承受摩擦面间的剪力和螺栓杆轴方向的外拉力时，其承载力按下式计算：

$$\frac{N_v}{N_v^b} + \frac{N_t}{N_t^b} \leqslant 1 \tag{7-21}$$

并应满足

$$N_t \leqslant N_{tp}^b \tag{7-22}$$

式中：N_v、N_t——某个高强度螺栓所承受的剪力和拉力；

N_v^b、N_t^b——一个高强度螺栓的受剪、受拉承载力设计值。

（6）高强度螺栓承压型连接的计算

① 承压型连接高强度螺栓的预拉力 P 可按照表 7-7 采用。应清除连接处构件接触面上的油污。

② 在抗剪连接中，承压型连接高强度螺栓承载力设计值的计算方法可与普通螺栓相同。

③ 在杆轴方向的受拉连接中，承压型连接高强度螺栓承载力设计值的计算方法可与普通螺栓相同。

④ 同时承受剪力和杆轴方向拉力的承压型连接的高强度螺栓,应符合下列公式的要求:

$$\sqrt{\left(\frac{N_v}{N_v^b}\right)^2 + \left(\frac{N_t}{N_t^b}\right)^2} \leqslant 1 \qquad (7-23)$$

$$N_v \leqslant N_c^b/1.2 \qquad (7-24)$$

$$N_t \leqslant N_{tp}^b \qquad (7-25)$$

式中:N_v、N_t——某个高强度螺栓所承受的剪力和拉力;

N_v^b、N_t^b、N_c^b——一个高强度螺栓的抗剪、抗拉和承压承载力设计值。

习　题

7-1　简述高强度钢、耐候钢和不锈钢的定义及力学性能。

7-2　简述国内外有哪些关于高强度结构钢的规范。

7-3　高强度钢材的焊缝连接性能与普通强度钢材的主要区别是什么?

7-4　简述耐候钢的原理。

7-5　简述不锈钢的主要化学成分。目前有哪几类不锈钢?

7-6　铝合金材料构件连接的对接焊缝和角焊缝连接的计算公式?

附　录

附录1　钢材和连接的强度设计值

附表 1-1　钢材的强度设计值（N/mm²）

钢　材		抗拉、抗压和抗弯 f	抗剪 f_v	端面承压（刨平顶紧） f_{ce}
牌号	厚度或直径(mm)			
Q235 钢	≤16	215	125	325
	>16~40	205	120	
	>40~60	200	115	
	>60~100	190	110	
Q345 钢	≤16	310	180	400
	>16~35	295	170	
	>35~50	265	155	
	>50~100	250	145	
Q390 钢	≤16	350	205	415
	>16~35	335	190	
	>35~50	315	180	
	>50~100	295	170	
Q420 钢	≤16	380	220	440
	>16~35	360	210	
	>35~50	340	195	
	>50~100	325	185	

注：表中厚度系指计算点的钢材厚度，对轴心受拉和轴心受压构件系指截面中较厚板件的厚度。

附表 1-2　焊缝的强度设计值（N/mm²）

焊接方法和焊条型号	构件钢材		对接焊缝				角焊缝
	牌号	厚度或直径（mm）	抗压 f_c^w	焊接质量为下列等级时,抗拉 f_t^w		抗剪 f_v^w	抗拉、抗压和抗剪 f_f^w
				一级、二级	三级		
自动焊、半自动焊和 E43 型焊条的手工焊	Q235 钢	≤16	215	215	185	125	160
		>16~40	205	205	175	120	
		>40~60	200	200	170	115	
		>60~100	190	190	160	110	
自动焊、半自动焊和 E50 型焊条的手工焊	Q345 钢	≤16	310	310	265	180	200
		>16~35	295	295	250	170	
		>35~50	265	265	225	155	
		>50~100	250	250	210	145	
自动焊、半自动焊和 E55 型焊条的手工焊	Q390 钢	≤16	350	350	300	205	220
		>16~35	335	335	285	190	
		>35~50	315	315	270	180	
		>50~100	295	295	250	170	
自动焊、半自动焊和 E55 型焊条的手工焊	Q420 钢	≤16	380	380	320	220	220
		>16~35	360	360	305	210	
		>35~50	340	340	290	195	
		>50~100	325	325	275	185	

注:1. 自动焊和半自动焊所采用的焊丝和焊剂,应保证其熔敷金属的力学性能不低于现行国家标准《埋弧焊用碳钢焊丝和焊剂》(GB/T 5293)和《低合金钢埋弧焊用焊剂》(GB/T 12470)中的相关规定。

　　2. 焊缝质量等级应符合现行国家标准《钢结构工程施工质量验收规范》(GB 50205)的规定。其中厚度小于 8 mm 钢材的对接焊缝,不应采用超声波探伤确定焊缝质量等级。

　　3. 对接焊缝在受压区的抗弯强度设计值取 f_c^w,在受拉区的抗弯强度设计值取 f_t^w。

　　4. 附表中厚度系指计算点的钢材厚度,对轴心受拉和轴心受压构件系指截面中较厚板件的厚度。

附表 1-3　螺栓连接的强度设计值（N/mm²）

螺栓的性能等级、锚栓和构件钢材的牌号		普通螺栓						锚栓	承压型连接高强度螺栓		
		C 级螺栓			A 级、B 级螺栓						
		抗拉 f_t^b	抗剪 f_v^b	承压 f_c^b	抗拉 f_t^b	抗剪 f_v^b	承压 f_c^b	抗拉 f_t^a	抗拉 f_t^b	抗剪 f_v^b	承压 f_c^b
普通螺栓	4.6 级、4.8 级	170	140	—	—	—	—	—	—	—	—
	5.6 级	—	—	—	210	190	—	—	—	—	—
	8.8 级	—	—	—	400	320	—	—	—	—	—

续附表 1-3

螺栓的性能等级、锚栓和构件钢材的牌号		普通螺栓						锚栓	承压型连接高强度螺栓		
		C 级螺栓			A 级、B 级螺栓						
		抗拉 f_t^b	抗剪 f_v^b	承压 f_c^b	抗拉 f_t^b	抗剪 f_v^b	承压 f_c^b	抗拉 f_t^a	抗拉 f_t^b	抗剪 f_v^b	承压 f_c^b
锚栓	Q235 钢	—	—	—	—	—	—	140	—	—	—
	Q345 钢	—	—	—	—	—	—	180	—	—	—
承压型连接高强度螺栓	8.8 级	—	—	—	—	—	—	—	400	250	—
	10.9 级	—	—	—	—	—	—	—	500	310	—
构件	Q235 钢	—	—	305	—	—	405	—	—	—	470
	Q345 钢	—	—	385	—	—	510	—	—	—	590
	Q390 钢	—	—	400	—	—	530	—	—	—	615
	Q420 钢	—	—	425	—	—	560	—	—	—	655

注：1. A 级螺栓用于 $d \leqslant 24$ mm 和 $l \leqslant 10d$ 或 $l \leqslant 150$ mm（按较小值）的螺栓；B 级螺栓用于 $d > 24$ mm 或 $l > 10d$ 或 $l > 150$ mm（按较小值）的螺栓。d 为公称直径，l 为螺杆公称长度。
　　2. A、B 级螺栓孔的精度和孔壁表面粗糙度，C 级螺栓孔的允许偏差和孔壁表面粗糙度，均应符合现行国家标准《钢结构工程施工质量验收规范》（GB 50205）的要求。

附表 1-4　结构构件或连接设计强度的折减系数

项次	情　　况	折减系数
1	单面连接的单角钢	
	（1）按轴心受力计算强度和连接	0.85
	（2）按轴心受压计算稳定性：	
	等边角钢	$0.6 + 0.001\,5\lambda$，但不大于 1.0
	短边相连的不等边角钢	$0.5 + 0.002\,5\lambda$，但不大于 1.0
	长边相连的不等边角钢	0.70
2	跨度 $\geqslant 60$ m 桁架的受压弦杆和端部受压腹杆	0.95
3	无垫板的单面施焊对接焊缝	0.85
4	施工条件较差的高空安装焊缝和铆钉连接	0.90
5	沉头和半沉头铆钉连接	0.80

注：1. λ 为长细比，对中间无连系的单角钢压杆，应按最小回转半径计算；当 $\lambda < 20$ 时，取 $\lambda = 20$。
　　2. 当几种情况同时存在时，其折减系数应连乘。

附录 2 结构或构件的变形容许值

附 2.1 受弯构件的挠度容许值

附 2.1.1 吊车梁、楼盖梁、屋盖梁、工作平台梁以及墙架构件的挠度不宜超过附表 2-1 所列的容许值。

附表 2-1 受弯构件的挠度容许值

项次	构件类别	挠度容许值	
		$[v_T]$	$[v_Q]$
1	吊车梁和吊车桁架(按自重和起重量最大的一台吊车计算挠度) (1) 手动吊车和单梁吊车(包括悬挂吊车) (2) 轻级工作制桥式吊车 (3) 中级工作制桥式吊车 (4) 重级工作制桥式吊车	$l/500$ $l/800$ $l/1\,000$ $l/1\,200$	—
2	手动或电动葫芦的轨道梁	$l/400$	—
3	有重轨(重量等于或大于 38 kg/m)轨道的工作平台梁 有轻轨(重量等于或小于 24 kg/m)轨道的工作平台梁	$l/600$ $l/400$	—
4	楼(屋)盖梁或桁架、工作平台梁(第 3 项除外)和平台板 (1) 主梁或桁架(包括设有悬挂起重设备的梁和桁架) (2) 抹灰顶棚的次梁 (3) 除(1)、(2)款外的其他梁(包括楼梯梁) (4) 屋盖檩条 　支承无积灰的瓦楞铁和石棉瓦屋面者 　支承压型金属板、有积灰的瓦楞铁和石棉瓦等屋面者 　支承其他屋面材料者 (5) 平台板	$l/400$ $l/250$ $l/250$ $l/150$ $l/200$ $l/200$ $l/150$	$l/500$ $l/350$ $l/300$ — — — —
5	墙架结构(风荷载不考虑阵风系数) (1) 支柱 (2) 抗风桁架(作为连接支柱的支承时) (3) 砌体墙的横梁(水平方向) (4) 支承压型金属板、瓦楞铁和石棉瓦墙面的横梁(水平方向) (5) 带有玻璃窗的横梁(竖直和水平方向)	— — — — $l/200$	$l/400$ $l/1\,000$ $l/300$ $l/200$ $l/200$

注:1. l 为受弯构件的跨度(对悬臂梁和伸臂梁为悬伸长度的 2 倍)。
　　2. $[v_T]$ 为永久和可变荷载标准值产生的挠度(如有起拱应减去拱度)的容许值;$[v_Q]$ 为可变荷载标准值产生的挠度的容许值。

附 2.1.2 冶金工厂或类似车间中设有工作级别为 A7、A8 级吊车的车间,其跨间每侧吊车梁或吊车桁架的制动结构,由一台最大吊车横向水平荷载(按荷载规范取值)所产生的挠度不宜超过制动结构跨度的 1/2 200。

附 2.2　框架结构的水平位移容许值

附 2.2.1　在风荷载标准值作用下,框架柱顶水平位移和层间相对位移不宜超过下列数值:

1. 无桥式吊车的单层框架的柱顶位移　　　　　　　　　$H/150$
2. 有桥式吊车的单层框架的柱顶位移　　　　　　　　　$H/400$
3. 多层框架的柱顶位移　　　　　　　　　　　　　　　$H/500$
4. 多层框架的层间相对位移　　　　　　　　　　　　　$h/400$

H 为自基础顶面至柱顶的总高度;h 为层高。

注:1. 对室内装修要求较高的民用建筑多层框架结构,层间相对位移宜适当减小。无墙壁的多层框架结构,层间相对位移可适当放宽。
　　2. 对轻型框架结构的柱顶水平位移和层间位移均可适当放宽。

附 2.2.2　在冶金工厂或类似车间中设有 A7、A8 级吊车的厂房柱以及设有中级和重级工作制吊车的露天栈桥柱,在吊车梁或吊车桁架的顶面标高处,由一台最大吊车水平荷载(按荷载规范取值)所产生的计算变形值,不宜超过附表 2-2 所列的容许值。

附表 2-2　柱水平位移(计算值)的容许值

项次	位移的种类	按平面结构图形计算	按空间结构图形计算
1	厂房柱的横向位移	$H_c/1\,250$	$H_c/2\,000$
2	露天栈桥柱的横向位移	$H_c/2\,500$	—
3	厂房和露天栈桥柱的纵向位移	$H_c/4\,000$	—

注:1. H_c 为基础顶面至吊车梁或吊车桁架顶面的高度。
　　2. 计算厂房或露天栈桥柱的纵向位移时,可假定吊车的纵向水平制动力分配在温度区段内所有柱间支撑或纵向框架上。
　　3. 在设有 A8 级吊车的厂房中,厂房柱的水平位移容许值宜减小 10%。
　　4. 在设有 A6 级吊车的厂房柱的纵向位移宜符合表中的要求。

附录 3　梁的整体稳定系数

附 3.1　等截面焊接工字形和轧制 H 型钢简支梁

等截面焊接工字形和轧制 H 型钢（附图 3-1）简支梁的整体稳定系数 φ_b 应按下式计算：

$$\varphi_b = \beta_b \frac{4\,320}{\lambda_y^2} \cdot \frac{Ah}{W_x} \left[\sqrt{1 + \left(\frac{\lambda_y t_1}{4.4h} \right)^2} + \eta_b \right] \frac{235}{f_y} \qquad （附 3-1）$$

式中：β_b——梁整体稳定的等效临界弯矩系数，按附表 3-1 采用。

$\quad\;\; \lambda_y$——梁在侧向支承点间对截面弱轴 $y\text{-}y$ 的长细比，$\lambda_y = l_1/i_y$，l_1 为梁的受压翼缘侧向支承点间的距离，i_y 为梁毛截面对 y 轴的截面回转半径。

$\quad\;\; A$——梁的毛截面面积。

$\quad\;\; h$、t_1——梁截面的全高和受压翼缘厚度。

$\quad\;\; \eta_b$——截面不对称影响系数。对双轴对称截面（附图 3-1(a)、(d)）：$\eta_b = 0$。对单轴对称工字形截面（附图 3-1(b)、(c)）：加强受压翼缘：$\eta_b = 0.8(2\alpha_b - 1)$；加强受拉翼缘：$\eta_b = 2\alpha_b - 1$；$\alpha_b = I_1/(I_1 + I_2)$。式中 I_1 和 I_2 分别为受压翼缘和受拉翼缘对 y 轴的惯性矩。

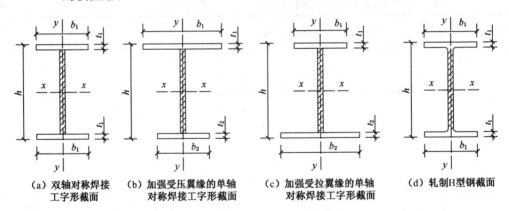

(a) 双轴对称焊接　(b) 加强受压翼缘的单轴　(c) 加强受拉翼缘的单轴　(d) 轧制H型钢截面
　　工字形截面　　　　对称焊接工字形截面　　　对称焊接工字形截面

附图 3-1　焊接工字形和轧制 H 型钢截面

当按式（附 3-1）算得的 φ_b 值大于 0.6 时，应用下式计算的 φ_b' 值代替 φ_b 值：

$$\varphi_b' = 1.07 - \frac{0.282}{\varphi_b} \leqslant 1.0 \qquad （附 3-2）$$

注：式（附 3-1）亦适用于等截面铆接（或高强度螺栓连接）简支梁，其受压翼缘厚度 t_1 包括翼缘角钢厚度在内。

附表 3-1　H 型钢和等截面工字形简支梁的系数 β_b

项次	侧向支承	荷载		$\xi \leqslant 2.0$	$\xi > 2.0$	适用范围
1	跨中无侧向支承	均布荷载作用在	上翼缘	$0.69 + 0.13\xi$	0.95	附图 3-1(a)、(b) 和(d)的截面
2			下翼缘	$1.73 - 0.20\xi$	1.33	
3		集中荷载作用在	上翼缘	$0.73 + 0.18\xi$	1.09	
4			下翼缘	$2.23 - 0.28\xi$	1.67	
5	跨度中点有一个侧向支承点	均布荷载作用在	上翼缘	1.15		附图 3-1 中的所有截面
6			下翼缘	1.40		
7		集中荷载作用在截面高度上任意位置		1.75		
8	跨中有不少于两个等距离侧向支承点	任意荷载作用在	上翼缘	1.20		
9			下翼缘	1.40		
10	梁端有弯矩，但跨中无荷载作用			$1.75 - 1.05\left(\dfrac{M_2}{M_1}\right) + 0.3 \cdot \left(\dfrac{M_2}{M_1}\right)^2$，但 $\leqslant 2.3$		

注：1. ξ 为参数，$\xi = \dfrac{l_1 t_1}{b_1 h}$，其中 b_1 为受压翼缘宽度。

2. M_1、M_2 为梁的端弯矩，使梁产生同向曲率时，M_1 和 M_2 取同号；产生反向曲率时取异号，$|M_1| \geqslant |M_2|$。

3. 表中项次 3、4 和 7 的集中荷载是指一个或少数几个集中荷载位于跨中央附近的情况，对其他情况的集中荷载，应按表中项次 1、2、5、6 内的数值采用。

4. 表中项次 8、9 的 β_b，当集中荷载作用在侧向支承点处时，取 $\beta_b = 1.20$。

5. 荷载作用在上翼缘系指荷载作用点在翼缘表面，方向指向截面形心；荷载作用在下翼缘系指荷载作用点在翼缘表面，方向背向截面形心。

6. 对 $\alpha_b > 0.8$ 的加强受压翼缘工字形截面，下列情况的 β_b 值应乘以相应系数：

项次 1：当 $\xi \leqslant 1.0$ 时，乘以 0.95。

项次 3：当 $\xi \leqslant 0.5$ 时，乘以 0.90；当 $0.5 < \xi \leqslant 1.0$ 时，乘以 0.95。

附 3.2　轧制普通工字钢简支梁

轧制普通工字钢简支梁的整体稳定系数 φ_b 应按附表 3-2 采用，当所得的 φ_b 值大于 0.6 时，应按式(附 3-2)算得相应的 φ'_b 值代替 φ_b 值。

附表 3-2　轧制普通工字钢简支梁的 φ_b

项次	荷载情况			工字钢型号	自由长度 l_1(m)								
					2	3	4	5	6	7	8	9	10
1	跨中无侧向支承点的梁	集中荷载作用于	上翼缘	10~20	2.00	1.30	0.99	0.80	0.68	0.58	0.53	0.48	0.43
				22~32	2.40	1.48	1.09	0.86	0.72	0.62	0.54	0.49	0.45
				36~63	2.80	1.60	1.07	0.83	0.68	0.56	0.50	0.45	0.40
2			下翼缘	10~20	3.10	1.95	1.34	1.01	0.82	0.69	0.63	0.57	0.52
				22~40	5.50	2.80	1.84	1.37	1.07	0.86	0.73	0.64	0.56
				45~63	7.30	3.60	2.30	1.62	1.20	0.96	0.80	0.69	0.60

续附表 3-2

项次	荷载情况			工字钢型号	自由长度 l_1(m)								
					2	3	4	5	6	7	8	9	10
3	跨中无侧向支承点的梁	均布荷载作用于	上翼缘	10~20	1.70	1.12	0.84	0.68	0.57	0.50	0.45	0.41	0.37
				22~40	2.10	1.30	0.93	0.73	0.60	0.51	0.45	0.40	0.36
				45~63	2.60	1.45	0.97	0.73	0.59	0.50	0.44	0.38	0.35
4			下翼缘	10~20	2.50	1.55	1.08	0.83	0.68	0.56	0.52	0.47	0.42
				22~40	4.00	2.20	1.45	1.10	0.85	0.70	0.60	0.52	0.46
				45~63	5.60	2.80	1.80	1.25	0.95	0.78	0.65	0.55	0.49
5	跨中有侧向支承点的梁(不论荷载作用点在截面高度上的位置)			10~20	2.20	1.39	1.01	0.79	0.66	0.57	0.52	0.47	0.42
				22~40	3.00	1.80	1.24	0.96	0.76	0.65	0.56	0.49	0.43
				45~63	4.00	2.20	1.38	1.01	0.80	0.66	0.56	0.49	0.43

注:1. 同附表 3-1 的注 3、5。
　　2. 表中的 φ_b 适用于 Q235 钢。对其他钢号,表中数值应乘以 $235/f_y$。

附 3.3　轧制槽钢简支梁

轧制槽钢简支梁的整体稳定系数,不论荷载的形式和荷载作用点在截面高度上的位置,均可按下式计算:

$$\varphi_b = \frac{570bt}{l_1 h} \cdot \frac{235}{f_y} \tag{附 3-3}$$

式中:h、b、t——分别为槽钢截面的高度、翼缘宽度和平均厚度。

按式(附 3-3)算得的 φ_b 大于 0.6 时,应按式(附 3-2)算得相应的 φ'_b 值代替 φ_b 值。

附 3.4　双轴对称的工字形等截面(含 H 型钢)悬臂梁 β_b

双轴对称的工字形等截面(含 H 型钢)悬臂梁的整体稳定系数,可按式(附 3-1)计算,但式中系数 β_b 应按附表 3-3 查得,$\lambda_y = l_1/i_y$(l_1 为悬臂梁的悬伸长度)。当求得的 φ_b 值大于 0.6 时,应按式(附 3-2)算得相应的 φ'_b 值代替 φ_b 值。

附表 3-3　双轴对称工字形等截面(含 H 型钢)悬臂梁的系数

项次	荷载形式		$\xi = \dfrac{l_1 t_1}{b_1 h}$		
			$0.60 \leqslant \xi \leqslant 1.24$	$1.24 < \xi \leqslant 1.96$	$1.96 < \xi \leqslant 3.10$
1	自由端一个集中荷载作用在	上翼缘	$0.21 + 0.67\xi$	$0.72 + 0.26\xi$	$1.17 + 0.03\xi$
2		下翼缘	$2.94 - 0.65\xi$	$2.64 - 0.40\xi$	$2.15 - 0.15\xi$
3	均布荷载作用在上翼缘		$0.62 + 0.82\xi$	$1.25 + 0.31\xi$	$1.66 + 0.10\xi$

注:本表是按支承端为固定的情况确定的,当用于由邻跨延伸出来的伸臂梁时,应在构造上采取措施加强支承处的抗扭能力。

附3.5　受弯构件整体稳定系数的近似计算

均匀弯曲的受弯构件，当 $\lambda_y \leqslant 120 \sqrt{235/f_y}$ 时，其整体稳定系数 φ_b 可按下列近似公式计算：

1. 工字形截面（含 H 型钢）

双轴对称时：

$$\varphi_b = 1.07 - \frac{\lambda_y^2}{44\,000} \cdot \frac{f_y}{235} \tag{附 3-4}$$

单轴对称时：

$$\varphi_b = 1.07 - \frac{W_x}{(2\alpha_b + 0.1)Ah} \cdot \frac{\lambda_y^2}{14\,000} \cdot \frac{f_y}{235} \tag{附 3-5}$$

2. T 形截面（弯矩作用在对称轴平面，绕 x 轴）

（1）弯矩使翼缘受压时

双角钢 T 形截面：

$$\varphi_b = 1 - 0.001\,7\lambda_y \sqrt{f_y/235} \tag{附 3-6}$$

部分 T 型钢和两板组合 T 形截面：

$$\varphi_b = 1 - 0.002\,2\lambda_y \sqrt{f_y/235} \tag{附 3-7}$$

（2）弯矩使翼缘受拉且腹板宽厚比不大于 $18 \sqrt{235/f_y}$ 时

$$\varphi_b = 1 - 0.000\,5\lambda_y \sqrt{f_y/235} \tag{附 3-8}$$

按式（附 3-4）至式（附 3-8）算得的 φ_b 值大于 0.6 时，不需按式（附 3-2）换算成 φ_b' 值，当按式（附 3-4）和式（附 3-5）算得的值 φ_b 大于 1.0 时，取 $\varphi_b = 1.0$。

附录4 轴心受压构件的稳定系数

附表4-1 a类截面轴心受压构件的稳定系数 φ

$\lambda\sqrt{\dfrac{f_y}{235}}$	0	1	2	3	4	5	6	7	8	9
0	1.000	1.000	1.000	1.000	0.999	0.999	0.998	0.998	0.997	0.996
10	0.995	0.994	0.993	0.992	0.991	0.989	0.988	0.986	0.985	0.983
20	0.981	0.979	0.977	0.976	0.974	0.972	0.970	0.968	0.966	0.964
30	0.963	0.961	0.959	0.957	0.955	0.952	0.950	0.948	0.946	0.944
40	0.941	0.939	0.937	0.934	0.932	0.929	0.927	0.924	0.921	0.919
50	0.916	0.913	0.910	0.907	0.904	0.900	0.897	0.894	0.890	0.886
60	0.883	0.879	0.875	0.871	0.867	0.863	0.858	0.854	0.849	0.844
70	0.839	0.834	0.829	0.824	0.818	0.813	0.807	0.801	0.795	0.789
80	0.783	0.776	0.770	0.763	0.757	0.750	0.743	0.736	0.728	0.721
90	0.714	0.706	0.699	0.691	0.684	0.676	0.668	0.661	0.653	0.645
100	0.638	0.630	0.622	0.615	0.607	0.600	0.592	0.585	0.577	0.570
110	0.563	0.555	0.548	0.541	0.534	0.527	0.520	0.514	0.507	0.500
120	0.494	0.488	0.481	0.475	0.469	0.463	0.457	0.451	0.445	0.440
130	0.434	0.429	0.423	0.418	0.412	0.407	0.402	0.397	0.392	0.387
140	0.383	0.378	0.373	0.369	0.364	0.360	0.356	0.351	0.347	0.343
150	0.339	0.335	0.331	0.327	0.323	0.320	0.316	0.312	0.309	0.305
160	0.302	0.298	0.295	0.292	0.289	0.285	0.282	0.279	0.276	0.273
170	0.270	0.267	0.264	0.262	0.259	0.256	0.253	0.251	0.248	0.246
180	0.243	0.241	0.238	0.236	0.233	0.231	0.229	0.226	0.224	0.222
190	0.220	0.218	0.215	0.213	0.211	0.209	0.207	0.205	0.203	0.201
200	0.199	0.198	0.196	0.194	0.192	0.190	0.189	0.187	0.185	0.183
210	0.182	0.180	0.179	0.177	0.175	0.174	0.172	0.171	0.169	0.168
220	0.166	0.165	0.164	0.162	0.161	0.159	0.158	0.157	0.155	0.154
230	0.153	0.152	0.150	0.149	0.148	0.147	0.146	0.144	0.143	0.142
240	0.141	0.140	0.139	0.138	0.136	0.135	0.134	0.133	0.132	0.131
250	0.130	—	—	—	—	—	—	—	—	—

注:见附表4-4注。

附表 4-2　b 类截面轴心受压构件的稳定系数 φ

$\lambda\sqrt{\dfrac{f_y}{235}}$	0	1	2	3	4	5	6	7	8	9
0	1.000	1.000	1.000	0.999	0.999	0.998	0.997	0.996	0.995	0.994
10	0.992	0.991	0.989	0.987	0.985	0.983	0.981	0.978	0.976	0.973
20	0.970	0.967	0.963	0.960	0.957	0.953	0.950	0.946	0.943	0.939
30	0.936	0.932	0.929	0.925	0.922	0.918	0.914	0.910	0.906	0.903
40	0.899	0.895	0.891	0.887	0.882	0.878	0.874	0.870	0.865	0.861
50	0.856	0.852	0.847	0.842	0.838	0.833	0.828	0.823	0.818	0.813
60	0.807	0.802	0.797	0.791	0.786	0.780	0.774	0.769	0.763	0.757
70	0.751	0.745	0.739	0.732	0.726	0.720	0.714	0.707	0.701	0.694
80	0.688	0.681	0.675	0.668	0.661	0.655	0.648	0.641	0.635	0.628
90	0.621	0.614	0.608	0.601	0.594	0.588	0.581	0.575	0.568	0.561
100	0.555	0.549	0.542	0.536	0.529	0.523	0.517	0.511	0.505	0.499
110	0.493	0.487	0.481	0.475	0.470	0.464	0.458	0.453	0.447	0.442
120	0.437	0.432	0.426	0.421	0.416	0.411	0.406	0.402	0.397	0.392
130	0.387	0.383	0.378	0.374	0.370	0.365	0.361	0.357	0.353	0.349
140	0.345	0.341	0.337	0.333	0.329	0.326	0.322	0.318	0.315	0.311
150	0.308	0.304	0.301	0.298	0.295	0.291	0.288	0.285	0.282	0.279
160	0.276	0.273	0.270	0.267	0.265	0.262	0.259	0.256	0.254	0.251
170	0.249	0.246	0.244	0.241	0.239	0.236	0.234	0.232	0.229	0.227
180	0.225	0.223	0.220	0.218	0.216	0.214	0.212	0.210	0.208	0.206
190	0.204	0.202	0.200	0.198	0.197	0.195	0.193	0.191	0.190	0.188
200	0.186	0.184	0.183	0.181	0.180	0.178	0.176	0.175	0.173	0.172
210	0.170	0.169	0.167	0.166	0.165	0.163	0.162	0.160	0.159	0.158
220	0.156	0.155	0.154	0.153	0.151	0.150	0.149	0.148	0.146	0.145
230	0.144	0.143	0.142	0.141	0.140	0.138	0.137	0.136	0.135	0.134
240	0.133	0.132	0.131	0.130	0.129	0.128	0.127	0.126	0.125	0.124
250	0.123	—	—	—	—	—	—	—	—	—

注:见附表 4-4 注。

附表 4-3 c 类截面轴心受压构件的稳定系数 φ

$\lambda\sqrt{\dfrac{f_y}{235}}$	0	1	2	3	4	5	6	7	8	9
0	1.000	1.000	1.000	0.999	0.999	0.998	0.997	0.996	0.995	0.993
10	0.992	0.990	0.988	0.986	0.983	0.981	0.978	0.976	0.973	0.970
20	0.966	0.959	0.953	0.947	0.940	0.934	0.928	0.921	0.915	0.909
30	0.902	0.896	0.890	0.884	0.877	0.871	0.865	0.858	0.852	0.846
40	0.839	0.833	0.826	0.820	0.814	0.807	0.801	0.794	0.788	0.781
50	0.775	0.768	0.762	0.755	0.748	0.742	0.735	0.729	0.722	0.715
60	0.709	0.702	0.695	0.689	0.682	0.676	0.669	0.662	0.656	0.649
70	0.643	0.636	0.629	0.623	0.616	0.610	0.604	0.597	0.591	0.584
80	0.578	0.572	0.566	0.559	0.553	0.547	0.541	0.535	0.529	0.523
90	0.517	0.511	0.505	0.500	0.494	0.488	0.483	0.477	0.472	0.467
100	0.463	0.458	0.454	0.449	0.445	0.441	0.436	0.432	0.428	0.423
110	0.419	0.415	0.411	0.407	0.403	0.399	0.395	0.391	0.387	0.383
120	0.379	0.375	0.371	0.367	0.364	0.360	0.356	0.353	0.349	0.346
130	0.342	0.339	0.335	0.332	0.328	0.325	0.322	0.319	0.315	0.312
140	0.309	0.306	0.303	0.300	0.297	0.294	0.291	0.288	0.285	0.282
150	0.280	0.277	0.274	0.271	0.269	0.266	0.264	0.261	0.258	0.256
160	0.254	0.251	0.249	0.246	0.244	0.242	0.239	0.237	0.235	0.233
170	0.230	0.228	0.226	0.224	0.222	0.220	0.218	0.216	0.214	0.212
180	0.210	0.208	0.206	0.205	0.203	0.201	0.199	0.197	0.196	0.194
190	0.192	0.190	0.189	0.187	0.186	0.184	0.182	0.181	0.179	0.178
200	0.176	0.175	0.173	0.172	0.170	0.169	0.168	0.166	0.165	0.163
210	0.162	0.161	0.159	0.158	0.157	0.156	0.154	0.153	0.152	0.151
220	0.150	0.148	0.147	0.146	0.145	0.144	0.143	0.142	0.140	0.139
230	0.138	0.137	0.136	0.135	0.134	0.133	0.132	0.131	0.130	0.129
240	0.128	0.127	0.126	0.125	0.124	0.124	0.123	0.122	0.121	0.120
250	0.119	—	—	—	—	—	—	—	—	—

注:见附表 4-4 注。

附表 4-4　d 类截面轴心受压构件的稳定系数 φ

$\lambda\sqrt{\dfrac{f_y}{235}}$	0	1	2	3	4	5	6	7	8	9
0	1.000	1.000	0.999	0.999	0.998	0.996	0.994	0.992	0.990	0.987
10	0.984	0.981	0.978	0.974	0.969	0.965	0.960	0.955	0.949	0.944
20	0.937	0.927	0.918	0.909	0.900	0.891	0.883	0.874	0.865	0.857
30	0.848	0.840	0.831	0.823	0.815	0.807	0.799	0.790	0.782	0.774
40	0.766	0.759	0.751	0.743	0.735	0.728	0.720	0.712	0.705	0.697
50	0.690	0.683	0.675	0.668	0.661	0.654	0.646	0.639	0.632	0.625
60	0.618	0.612	0.605	0.598	0.591	0.585	0.578	0.572	0.565	0.559
70	0.552	0.546	0.540	0.534	0.528	0.522	0.516	0.510	0.504	0.498
80	0.493	0.487	0.481	0.476	0.470	0.465	0.460	0.454	0.449	0.444
90	0.439	0.434	0.429	0.424	0.419	0.414	0.410	0.405	0.401	0.397
100	0.394	0.390	0.387	0.383	0.380	0.376	0.373	0.370	0.366	0.363
110	0.359	0.356	0.353	0.350	0.346	0.343	0.340	0.337	0.334	0.331
120	0.328	0.325	0.322	0.319	0.316	0.313	0.310	0.307	0.304	0.301
130	0.299	0.296	0.293	0.290	0.288	0.285	0.282	0.280	0.277	0.275
140	0.272	0.270	0.267	0.265	0.262	0.260	0.258	0.255	0.253	0.251
150	0.248	0.246	0.244	0.242	0.240	0.237	0.235	0.233	0.231	0.229
160	0.227	0.225	0.223	0.221	0.219	0.217	0.215	0.213	0.212	0.210
170	0.208	0.206	0.204	0.203	0.201	0.199	0.197	0.196	0.194	0.192
180	0.191	0.189	0.188	0.186	0.184	0.183	0.181	0.180	0.178	0.177
190	0.176	0.174	0.173	0.171	0.170	0.168	0.167	0.166	0.164	0.163
200	0.162	—	—	—	—	—	—	—	—	—

注：1. 附表 4-1 至附表 4-4 中的 φ 值系按下列公式算得：

当 $\lambda_n=\dfrac{\lambda}{\pi}\sqrt{f_y/E}\leqslant0.215$ 时：$\varphi=1-\alpha_1\lambda_n^2$

当 $\lambda_n>0.215$ 时：$\varphi=\dfrac{1}{2\lambda_n^2}\left[(\alpha_2+\alpha_3\lambda_n+\lambda_n^2)-\sqrt{(\alpha_2+\alpha_3\lambda_n+\lambda_n^2)^2-4\lambda_n^2}\right]$

式中，α_1、α_2、α_3 为系数，根据本教材表 4-5、表 4-6 的截面分类，按附表 4-5 采用。

2. 当构件的 $\lambda\sqrt{f_y/235}$ 值超出附表 4-1 至附表 4-4 的范围时，则 φ 值按注 1 所列的公式计算。

附表 4-5　系数 α_1、α_2、α_3

截面类别		α_1	α_2	α_3
a 类		0.41	0.986	0.152
b 类		0.65	0.965	0.300
c 类	$\lambda_n\leqslant1.05$	0.73	0.906	0.595
	$\lambda_n>1.05$		1.216	0.302
d 类	$\lambda_n\leqslant1.05$	1.35	0.868	0.915
	$\lambda_n>1.05$		1.375	0.432

附录 5 柱的计算长度系数

附表 5-1 有侧移框架柱的计算长度系数 μ

K_2＼K_1	0	0.05	0.1	0.2	0.3	0.4	0.5	1	2	3	4	5	≥10
0	∞	6.02	4.46	3.42	3.01	2.78	2.64	2.33	2.17	2.11	2.08	2.07	2.03
0.05	6.02	4.16	3.47	2.86	2.58	2.42	2.31	2.07	1.94	1.90	1.87	1.86	1.83
0.1	4.46	3.47	3.01	2.56	2.33	2.20	2.11	1.90	1.79	1.75	1.73	1.72	1.70
0.2	3.42	2.86	2.56	2.23	2.05	1.94	1.87	1.70	1.60	1.57	1.55	1.54	1.52
0.3	3.01	2.58	2.33	2.05	1.90	1.80	1.74	1.58	1.49	1.46	1.45	1.44	1.42
0.4	2.78	2.42	2.20	1.94	1.80	1.71	1.65	1.50	1.42	1.39	1.37	1.37	1.35
0.5	2.64	2.31	2.11	1.87	1.74	1.65	1.59	1.45	1.37	1.34	1.32	1.32	1.30
1	2.33	2.07	1.90	1.70	1.58	1.50	1.45	1.32	1.24	1.21	1.20	1.19	1.17
2	2.17	1.94	1.79	1.60	1.49	1.42	1.37	1.24	1.16	1.14	1.12	1.12	1.10
3	2.11	1.90	1.75	1.57	1.46	1.39	1.34	1.21	1.14	1.11	1.10	1.09	1.07
4	2.08	1.87	1.73	1.55	1.45	1.37	1.32	1.20	1.12	1.10	1.08	1.08	1.06
5	2.07	1.86	1.72	1.54	1.44	1.37	1.32	1.19	1.12	1.09	1.08	1.07	1.05
≥10	2.03	1.83	1.70	1.52	1.42	1.35	1.30	1.17	1.10	1.07	1.06	1.05	1.03

式中：K_1、K_2 分别为相交于柱上端、柱下端的横梁线刚度之和与柱线刚度之和的比值。表中的计算长度系数 μ 值系按下式算得：

$$\left[36K_1K_2 - \left(\frac{\pi}{\mu}\right)^2\right]\sin\frac{\pi}{\mu} + 6(K_1+K_2)\frac{\pi}{\mu}\cdot\cos\frac{\pi}{\mu} = 0$$

注：1. 当横梁与柱铰接时，取横梁线刚度为0。

2. 对底层框架柱：当柱与基础铰接时，取 $K_2=0$（对平板支座可取 $K_2=0.1$）；当柱与基础刚接时，取 $K_2=10$。

3. 当横梁与柱刚接连接时横梁所受轴心压力 N_b 较大时，横梁线刚度应乘以折减系数 α_N：

4. 当梁远端为铰接时，应将横梁线刚度乘以0.5；当梁远端为嵌固时，则应乘以 2/3。

横梁远端与柱刚接时：$\alpha_N = 1 - N_b/(4N_{Eb})$
横梁远端铰支时：$\alpha_N = 1 - N_b/N_{Eb}$
横梁远端嵌固时：$\alpha_N = 1 - N_b/(2N_{Eb})$
式中，$N_{Eb} = \pi^2 EI_b/l^2$，I_b 为横梁截面惯性矩，l 为横梁长度。

附表 5-2 无侧移框架柱的计算长度系数 μ

K_1 / K_2	0	0.05	0.1	0.2	0.3	0.4	0.5	1	2	3	4	5	≥10
0	1.000	0.990	0.981	0.964	0.949	0.935	0.922	0.875	0.820	0.791	0.773	0.760	0.732
0.05	0.990	0.981	0.971	0.955	0.940	0.926	0.914	0.867	0.814	0.784	0.766	0.754	0.726
0.1	0.981	0.971	0.962	0.946	0.931	0.918	0.906	0.860	0.807	0.778	0.760	0.748	0.721
0.2	0.964	0.955	0.946	0.930	0.916	0.903	0.891	0.846	0.795	0.767	0.749	0.737	0.711
0.3	0.949	0.940	0.931	0.916	0.902	0.889	0.878	0.834	0.784	0.756	0.739	0.728	0.701
0.4	0.935	0.926	0.918	0.903	0.889	0.877	0.866	0.823	0.774	0.747	0.730	0.719	0.693
0.5	0.922	0.914	0.906	0.891	0.878	0.866	0.855	0.813	0.765	0.738	0.721	0.710	0.685
1	0.875	0.867	0.860	0.846	0.834	0.823	0.813	0.774	0.729	0.704	0.688	0.677	0.654
2	0.820	0.814	0.807	0.795	0.784	0.774	0.765	0.729	0.686	0.663	0.648	0.638	0.615
3	0.791	0.784	0.778	0.767	0.756	0.747	0.738	0.704	0.663	0.640	0.625	0.616	0.593
4	0.773	0.766	0.760	0.749	0.739	0.730	0.721	0.688	0.648	0.625	0.611	0.601	0.580
5	0.760	0.754	0.748	0.737	0.728	0.719	0.710	0.677	0.638	0.616	0.601	0.592	0.570
≥10	0.732	0.726	0.721	0.711	0.701	0.693	0.685	0.654	0.615	0.593	0.580	0.570	0.549

注：1. 表中的计算长度系数 μ 值按下式计算：

$$\left[\left(\frac{\pi}{\mu}\right)^2 + 2(K_1+K_2) - 4K_1K_2\right]\frac{\pi}{\mu}\cdot\sin\frac{\pi}{\mu} - 2\left[(K_1+K_2)\left(\frac{\pi}{\mu}\right)^2 + 4K_1K_2\right]\cos\frac{\pi}{\mu} + 8K_1K_2 = 0$$

式中，K_1，K_2 分别为相交于柱上端、柱下端的横梁线刚度之和与柱线刚度之和与柱线刚度之比值。当横梁远端为铰接时，应将横梁线刚度乘以 1.5；当横梁远端为嵌固时，则将横梁线刚度乘以 2.0。

2. 当横梁与柱铰接时，取横梁线刚度为 0。

3. 对底层框架柱：当柱与基础铰接时，取 $K_2 = 0$（对平板支座可取 $K_2 = 0.1$）；当柱与基础刚接时，取 $K_2 = 10$。

4. 当与柱刚接连接的横梁所受轴心压力 N_b 较大时，横梁线刚度应乘以折减系数 α_N：
横梁远端与柱刚接时：$\alpha_N = 1 - N_b/(2N_{Eb})$
横梁远端嵌固时：$\alpha_N = 1 - N_b/(2N_{Eb})$
式中，$N_{Eb} = \pi^2 EI_b/l^2$，I_b 为横梁截面惯性矩，l 为横梁长度。

附录 6　疲劳计算的构件和连接分类

附表 6-1　构件和连接分类

项次	简　图	说　明	类别
1		无连接处的主体金属 (1) 轧制型钢 (2) 钢板 a. 两边为轧制边或刨边 b. 两侧为自动、半自动切割边(切割质量标准应符合《钢结构工程施工质量验收规范》(GB 50205)	1 1 2
2		横向对接焊缝附近的主体金属 (1) 符合现行国家标准《钢结构工程施工质量验收规范》(GB 50205)的一级焊缝 (2) 经加工、磨平的一级焊缝	3 2
3		不同厚度(或宽度)横向对接焊缝附近的主体金属，焊缝加工成平滑过渡并符合一级焊缝标准	2
4		纵向对接焊缝附近的主体金属,焊缝符合二级焊缝标准	2
5		翼缘连接焊缝附近的主体金属 (1) 翼缘板与腹板的连接焊缝 a. 自动焊,二级 T 形对接和角接组合焊缝 b. 自动焊,角焊缝,外观质量标准符合二级 c. 手工焊,角焊缝,外观质量标准符合二级 (2) 双层翼缘板之间的连接焊缝 a. 自动焊,角焊缝,外观质量标准符合二级 b. 手工焊,角焊缝,外观质量标准符合二级	 2 3 4 3 4
6		横向加劲肋端部附近的主体金属 (1) 肋端不断弧(采用回焊) (2) 肋端断弧	 4 5
7		梯形节点板用对接焊缝焊于梁翼缘、腹板以及桁架构件处的主体金属,过渡处在焊后铲平、磨光、圆滑过渡,不得有焊接起弧、灭弧缺陷	5

续附表 6-1

项次	简　图	说　明	类别
8		矩形节点板焊接于构件翼缘或腹板处的主体金属，$l>150$ mm	7
9		翼缘板中断处的主体金属(板端有正面焊缝)	7
10		向正面角焊缝过渡处的主体金属	6
11		两侧面角焊缝连接端部的主体金属	8
12		三面围焊的角焊缝端部主体金属	7
13		三面围焊或两侧面角焊缝连接的节点板主体金属(节点板计算宽度按应力扩散角 $\theta=30°$ 考虑)	7
14		K 形坡口 T 形对接与角接组合焊缝处的主体金属，两板轴线偏离小于 $0.15\,t$，焊缝为二级，焊趾角 $\alpha\leqslant45°$	5
15		十字接头角焊缝处的主体金属，两板轴线偏离小于 $0.15\,t$	7
16	角焊缝	按有效截面确定的剪应力幅计算	8

续附表 6-1

项次	简　图	说　明	类别
17		铆钉连接处的主体金属	3
18		连系螺栓和虚孔处的主体金属	3
19		高强度螺栓摩擦型连接处的主体金属	2

注：1. 所有对接焊缝及 T 形对接和角接组合焊缝均需焊透。所有焊缝的外形尺寸均应符合现行国家标准《钢结构焊缝外形尺寸》(JB 7949)的规定。

　　2. 角焊缝应符合现行《钢结构设计规范》(GB 50017—2003)第 8.2.7 条和 8.2.8 条的要求。

　　3. 项次 16 中的剪应力幅 $\Delta\tau = \tau_{max} - \tau_{min}$。其中 τ_{min} 的正负值为：与 τ_{min} 同方向时，取正值；与 τ_{min} 反方向时，取负值。

　　4. 第 17、18 项中的应力应以净截面面积计算，第 19 项应以毛截面面积计算。

附录7　型钢表

符号:h—高度;
b—翼缘宽度;
t_w—腹板厚度;
t—翼缘平均厚度;
I—惯性矩;
W—截面模量。

i—回转半径;
S_x—半截面的静力矩。
长度:
型号10~18,长5~19 m;
型号20~63,长6~19 m。

附表7-1　普通工字钢

型号		尺寸(mm)					截面面积 (cm²)	理论重量 (kg/m)	$x-x$ 轴				$y-y$ 轴		
		h	b	t_w	t	R			I_x (cm⁴)	W_x (cm³)	i_x (cm)	I_x/S_x (cm)	I_y (cm⁴)	W_y (cm³)	i_y (cm)
10		100	68	4.5	7.6	6.5	14.3	11.2	245	49	4.14	8.69	33	9.6	1.51
12.6		126	74	5	8.4	7	18.1	14.2	488	77	5.19	11	47	12.7	1.61
14		140	80	5.5	9.1	7.5	21.5	16.9	712	102	5.75	12.2	64	16.1	1.73
16		160	88	6	9.9	8	26.1	20.5	1 127	141	6.57	13.9	93	21.1	1.89
18		180	94	6.5	10.7	8.5	30.7	24.1	1 699	185	7.37	15.4	123	26.2	2.00
20	a	200	100	7	11.4	9	35.5	27.9	2 369	237	8.16	17.4	158	31.6	2.11
	b	200	102	9	11.4	9	39.5	31.1	2 502	250	7.95	17.1	169	33.1	2.07
22	a	220	110	7.5	12.3	9.5	42.1	33	3 406	310	8.99	19.2	226	41.1	2.32
	b	220	112	9.5	12.3	9.5	46.5	36.5	3 583	326	8.78	18.9	240	42.9	2.27
25	a	250	116	8	13	10	48.5	38.1	5 017	401	10.2	21.7	280	48.4	2.4
	b	250	118	10	13	10	53.5	42	5 278	422	9.93	21.4	297	50.4	2.36

续附表7-1

符号：h—高度；
b—翼缘宽度；
t_w—腹板厚度；
t—翼缘平均厚度；
I—惯性矩；
W—截面模量。

i—回转半径；
S_x—半截面的静力矩。
长度：型号10～18,长5～19 m；
型号20～63,长6～19 m。

$(b-t_w)/4$

型号	尺寸(mm)					截面面积 (cm²)	理论重量 (kg/m)	x-x 轴				y-y 轴		
	h	b	t_w	t	R			I_x (cm⁴)	W_x (cm³)	i_x (cm)	I_x/S_x (cm)	I_y (cm⁴)	W_y (cm³)	i_y (cm)
28 a	280	122	8.5	13.7	10.5	55.4	43.5	7 115	508	11.3	24.3	344	56.4	2.49
28 b	280	124	10.5	13.7	10.5	61	47.9	7 481	534	11.1	24	364	58.7	2.44
32 a	320	130	9.5	15	11.5	67.1	52.7	11 080	692	12.8	27.7	459	70.6	2.62
32 b	320	132	11.5	15	11.5	73.5	57.7	11 626	727	12.6	27.3	484	73.3	2.57
32 c	320	134	13.5	15	11.5	79.9	62.7	12 173	761	12.3	26.9	510	76.1	2.53
36 a	360	136	10	15.8	12	76.4	60	15 796	878	14.4	31	555	81.6	2.69
36 b	360	138	12	15.8	12	83.6	65.6	16 574	921	14.1	30.6	584	84.6	2.64
36 c	360	140	14	15.8	12	90.8	71.3	17 351	964	13.8	30.2	614	87.7	2.6
40 a	400	142	10.5	16.5	12.5	86.1	67.6	21 714	1 086	15.9	34.4	660	92.9	2.77
40 b	400	144	12.5	16.5	12.5	94.1	73.8	22 781	1 139	15.6	33.9	693	96.2	2.71
40 c	400	146	14.5	16.5	12.5	102	80.1	23 847	1 192	15.3	33.5	727	99.7	2.67
45 a	450	150	11.5	18	13.5	102	80.4	32 241	1 433	17.7	38.5	855	114	2.89
45 b	450	152	13.5	18	13.5	111	87.4	33 759	1 500	17.4	38.1	895	118	2.84
45 c	450	154	15.5	18	13.5	120	94.5	35 278	1 568	17.1	37.6	938	122	2.79
50 a	500	158	12	20	14	119	93.6	46 472	1 859	19.7	42.9	1 122	142	3.07
50 b	500	160	14	20	14	129	101	48 556	1 942	19.4	42.3	1 171	146	3.01
50 c	500	162	16	20	14	139	109	50 639	2 026	19.1	41.9	1 224	151	2.96

续附表 7-1

符号：h—高度；
b—翼缘宽度；
t_w—腹板厚度；
t—翼缘平均厚度；
I—惯性矩；
W—截面模量。

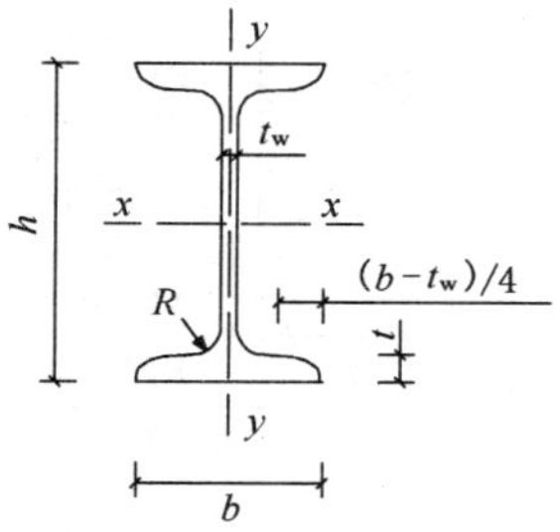

i—回转半径；
S_x—半截面的静力矩。
长度：
型号 10~18，长 5~19 m；
型号 20~63，长 6~19 m。

型号		尺寸(mm)					截面面积 (cm²)	理论重量 (kg/m)	x-x 轴				y-y 轴		
		h	b	t_w	t	R			I_x (cm⁴)	W_x (cm³)	i_x (cm)	I_x/S_x (cm)	I_y (cm⁴)	W_y (cm³)	i_y (cm)
56	a	560	166	12.5	21	14.5	135	106	65 576	2 342	22	47.9	1 366	165	3.18
	b		168	14.5			147	115	68 503	2 447	21.6	47.3	1 424	170	3.12
	c		170	16.5			158	124	71 430	2 551	21.3	46.8	1 485	175	3.07
63	a	630	176	13	22	15	155	122	94 004	2 984	24.7	53.8	1 702	194	3.32
	b		178	15			167	131	98 171	3 117	24.2	53.2	1 771	199	3.25
	c		180	17			180	141	102 339	3 249	23.9	52.6	1 842	205	3.2

附表 7-2 热轧 H 型钢

符号:H—截面高度;
B—翼缘宽度;
t_1—腹板厚度;
t_2—翼缘厚度;
I—惯性矩;
W—截面模量。

C_x—重心;
r—圆角半径;
HW—宽翼缘 H 型钢;
HM—中翼缘 H 型钢;
HN—窄翼缘 H 型钢;
HT—薄壁 H 型钢。

类别	型号(高度×宽度)	截面尺寸(mm)					截面面积(cm²)	理论重量(kg/m)	惯性矩(cm⁴)		惯性半径(cm)		截面模数(cm³)	
		H	B	t_1	t_2	r			I_x	I_y	i_x	i_y	W_x	W_y
HW	100×100	100	100	6	8	8	21.58	16.9	378	134	4.18	2.48	75.6	26.7
	125×125	125	125	6.5	9	8	30	23.6	839	293	5.28	3.12	134	46.9
	150×150	150	150	7	10	8	39.64	31.1	1 620	563	6.39	3.76	216	75.1
	175×175	175	175	7.5	11	13	51.42	40.4	2 900	984	7.5	4.37	331	112
	200×200	200	200	8	12	13	63.53	49.9	4 720	1 600	8.61	5.02	472	160
		*200	204	12	12	13	71.53	56.2	4 980	1 700	8.34	4.87	498	167
	250×250	*244	252	11	11	13	81.31	63.8	8 700	2 940	10.3	6.01	713	233
		250	250	9	14	13	91.43	71.8	10 700	3 650	10.8	6.31	860	292
		*250	255	14	14	13	103.9	81.6	11 400	3 880	10.5	6.1	912	304
	300×300	*294	302	12	12	13	106.3	83.5	16 600	5 510	12.5	7.2	1 130	365
		300	300	10	15	13	118.5	93	20 200	6 750	13.1	7.55	1 350	450
		*300	305	15	15	13	133.5	105	21 300	7 100	12.6	7.29	1 420	466
	350×350	*338	351	13	13	13	133.3	105	27 700	9 380	14.4	8.38	1 640	534
		*344	348	10	16	13	144	113	32 800	11 200	15.1	8.83	1 910	646
		*344	354	16	16	13	164.7	129	34 900	11 800	14.6	8.48	2 030	669
	350×350	350	350	12	19	13	171.9	135	39 800	13 600	15.2	8.88	2 280	776
		*350	357	19	19	13	196.4	154	42 300	14 400	14.7	8.57	2 420	808

续附表 7-2

符号：H—截面高度；
B—翼缘宽度；
t₁—腹板厚度；
t₂—翼缘厚度；
I—惯性矩；
W—截面模量。

C_x—重心；
r—圆角半径；
HW—宽翼缘 H 型钢；
HM—中翼缘 H 型钢；
HN—窄翼缘 H 型钢；
HT—薄壁 H 型钢。

类别	型号(高度×宽度)	截面尺寸(mm)					截面面积 (cm²)	理论重量 (kg/m)	惯性矩 (cm⁴)		惯性半径 (cm)		截面模数 (cm³)	
		H	B	t_1	t_2	r			I_x	I_y	i_x	i_y	W_x	W_y
HW	400×400	*388	402	15	15	22	178.5	140	49 000	16 300	16.6	9.54	2 520	809
		*394	398	11	18	22	186.8	147	56 100	18 900	17.3	10.1	2 850	951
		*394	405	18	18	22	214.4	168	59 700	20 000	16.7	9.64	3 030	985
		400	400	13	21	22	218.7	172	66 600	22 400	17.5	10.1	3 330	1 120
		*400	408	21	21	22	250.7	197	70 900	23 800	16.8	9.74	3 540	1 170
		*414	405	18	28	22	295.4	232	92 800	31 000	17.7	10.2	4 480	1 530
		*428	407	20	35	22	360.7	283	119 000	39 400	18.2	10.4	5 570	1 930
		*458	417	30	50	22	528.6	415	187 000	60 500	18.8	10.7	8 170	2 900
		*498	432	45	70	22	770.1	604	298 000	94 400	19.7	11.1	12 000	4 370
	500×500	*492	465	15	20	22	258	202	117 000	33 500	21.3	11.4	4 770	1 440
		*502	465	15	25	22	304.5	239	146 000	41 900	21.9	11.7	5 810	1 800
		*502	470	20	25	22	329.6	259	151 000	43 300	21.4	11.5	6 020	1 840
HM	150×100	148	100	6	9	8	26.34	20.7	1 000	150	6.16	2.38	135	30.1
	200×150	194	150	6	9	8	38.1	29.9	2 630	507	8.3	3.64	271	67.6
	250×175	244	175	7	11	13	55.49	43.6	6 040	984	10.4	4.21	495	112
	300×200	294	200	8	12	13	71.05	55.8	11 100	1 600	12.5	4.74	756	160
		*298	201	9	14	13	82.03	64.4	13 100	1 900	12.6	4.8	878	189
	350×250	340	250	9	14	13	99.53	78.1	21 200	3 650	14.6	6.05	1 250	292

续附表 7-2

符号：H—截面高度；
B—翼缘宽度；
t_1—腹板厚度；
t_2—翼缘厚度；
I—惯性矩；
W—截面模量。

C_x—重心；
r—圆角半径；
HW—宽翼缘H型钢；
HM—中翼缘H型钢；
HN—窄翼缘H型钢；
HT—薄壁H型钢。

类别	型号（高度×宽度）	截面尺寸(mm)					截面面积(cm²)	理论重量(kg/m)	惯性矩(cm⁴)		惯性半径(cm)		截面模数(cm³)	
		H	B	t_1	t_2	r			I_x	I_y	i_x	i_y	W_x	W_y
HM	400×300	390	300	10	16	13	133.3	105	37 900	7 200	16.9	7.35	1 940	480
	450×300	440	300	11	18	13	153.9	121	54 700	8 110	18.9	7.25	2 490	540
	500×300	*482	300	11	15	13	141.2	111	58 300	6 760	20.3	6.91	2 420	450
	500×300	488	300	11	18	13	159.2	125	68 900	8 110	20.8	7.13	2 820	540
	550×300	*544	300	11	15	13	148	116	76 400	6 760	22.7	6.75	2 810	450
	550×300	550	300	11	18	13	166	130	89 800	8 110	23.3	6.98	3 270	540
	600×300	*582	300	12	17	13	169.2	133	98 900	7 660	24.2	6.72	3 400	511
	600×300	588	300	12	20	13	187.2	147	114 000	9 010	24.7	6.93	3 890	601
	600×300	*594	302	14	23	13	217.1	170	134 000	10 600	24.8	6.97	4 500	700
HN	*100×50	100	50	5	7	8	11.84	9.3	187	14.8	3.97	1.11	37.5	5.91
	*125×60	125	60	6	8	8	16.68	13.1	409	29.1	4.95	1.32	65.4	9.71
	150×75	150	75	5	7	8	17.84	14	666	49.5	6.1	1.66	88.8	13.2
	175×90	175	90	5	8	8	22.89	18	1 210	97.5	7.25	2.06	138	21.7
	200×100	*198	99	4.5	7	8	22.68	17.8	1 540	113	8.24	2.23	156	22.9
	200×100	200	100	5.5	8	8	26.66	20.9	1 810	134	8.22	2.23	181	26.7
	250×125	*248	124	5	8	8	31.98	25.1	3 450	255	10.4	2.82	278	41.1
	250×125	250	125	6	9	8	36.96	29	3 960	294	10.4	2.81	317	47

续附表 7-2

符号:H—截面高度;
B—翼缘宽度;
t_1—腹板厚度;
t_2—翼缘厚度;
I—惯性矩;
W—截面模量。

C_x—重心;
r—圆角半径;
HW—宽翼缘 H 型钢;
HM—中翼缘 H 型钢;
HN—窄翼缘 H 型钢;
HT—薄壁 H 型钢。

类别	型号 (高度×宽度)	截面尺寸 (mm) H	B	t_1	t_2	r	截面面积 (cm²)	理论重量 (kg/m)	惯性矩 (cm⁴) I_x	I_y	惯性半径 (cm) i_x	i_y	截面模数 (cm³) W_x	W_y
HN	300×150	*298	149	5.5	8	13	40.8	32	6 320	442	12.4	3.29	424	59.3
		300	150	6.5	9	13	46.78	36.7	7 210	508	12.4	3.29	481	67.7
	350×175	*346	174	6	9	13	52.45	41.2	11 000	791	14.5	3.88	638	91
		350	175	7	11	13	62.91	49.4	13 500	984	14.6	3.95	771	112
	400×150	400	150	8	13	13	70.37	55.2	18 600	734	16.3	3.22	929	97.8
	400×200	*396	199	7	11	13	71.41	56.1	19 800	1 450	16.6	4.5	999	145
		400	200	8	13	13	83.37	65.4	23 500	1 740	16.8	4.56	1 170	174
	450×150	*446	150	7	12	13	66.99	52.6	22 000	677	18.1	3.17	985	90.3
		*450	151	8	14	13	77.49	60.8	25 700	806	18.2	3.22	1 140	107
	450×200	446	199	8	12	13	82.97	65.1	28 100	1 580	18.4	4.36	1 260	159
		450	200	9	14	13	95.43	74.9	32 900	1 870	18.6	4.42	1 460	187
	475×150	*470	150	7	13	13	71.53	56.2	26 200	733	19.1	3.2	1 110	97.8
		*475	151.5	8.5	15.5	13	86.15	67.6	31 700	901	19.2	3.23	1 330	119
		482	153.5	10.5	19	13	106.4	83.5	39 600	1 150	19.3	3.28	1 640	150
	500×150	*492	150	7	12	13	70.21	55.1	27 500	677	19.8	3.1	1 120	90.3
		*500	152	9	16	13	92.21	72.4	37 000	940	20	3.19	1 480	124
		504	153	10	18	13	103.3	81.1	41 900	1 080	20.1	3.23	1 660	141

续附表 7-2

符号：H—截面高度；
B—翼缘宽度；
t_1—腹板厚度；
t_2—翼缘厚度；
I—惯性矩；
W—截面模数。

C_x—重心；
r—圆角半径；
HW—宽翼缘 H 型钢；
HM—中翼缘 H 型钢；
HN—窄翼缘 H 型钢；
HT—薄壁 H 型钢。

类别	型号（高度×宽度）	截面尺寸(mm)					截面面积 (cm²)	理论重量 (kg/m)	惯性矩 (cm⁴)		惯性半径 (cm)		截面模数 (cm³)	
		H	B	t_1	t_2	r			I_x	I_y	i_x	i_y	W_x	W_y
HN	500×200	*496	199	9	14	13	99.29	77.9	40 800	1 840	20.3	4.3	1 650	185
		500	200	10	16	13	112.3	88.1	46 800	2 140	20.4	4.36	1 870	214
		*506	201	11	19	13	129.3	102	55 500	2 580	20.7	4.46	2 190	257
	550×200	*546	199	9	14	13	103.8	81.5	50 800	1 840	22.1	4.21	1 860	185
		550	200	10	16	13	117.3	92	58 200	2 140	22.3	4.27	2 120	214
	600×200	*596	199	10	15	13	117.8	92.4	66 600	1 980	23.8	4.09	2 240	199
		600	200	11	17	13	131.7	103	75 600	2 270	24	4.15	2 520	227
		*606	201	12	20	13	149.8	118	88 300	2 720	24.3	4.25	2 910	270
	625×200	*625	198.5	11.5	17.5	13	138.8	109	85 000	2 290	24.8	4.06	2 720	231
		630	200	13	20	13	158.2	124	97 900	2 680	24.9	4.11	3 110	268
		*638	202	15	24	13	186.9	147	118 000	3 320	25.2	4.21	3 710	328
	650×300	*646	299	10	15	13	152.8	120	110 000	6 690	26.9	6.61	3 410	447
		*650	300	11	17	13	171.2	134	125 000	7 660	27	6.68	3 850	511
		*656	301	12	20	13	195.8	154	147 000	9 100	27.4	6.81	4 470	605
	700×300	*692	300	13	20	18	207.5	163	168 000	9 020	28.5	6.59	4 870	601
		700	300	13	24	18	231.5	182	197 000	10 800	29.2	6.83	5 640	721
	750×300	*734	299	12	16	18	182.7	143	161 000	7 140	29.7	6.25	4 390	478
		*742	300	13	20	18	214	168	197 000	9 020	30.4	6.49	5 320	601
		*750	300	13	24	18	238	187	231 000	10 800	31.1	6.74	6 150	721
		*758	303	16	28	18	284.8	224	276 000	13 000	31.1	6.75	7 270	859
	800×300	*792	300	14	22	18	239.5	188	248 000	9 920	32.2	6.43	6 270	661
		800	300	14	26	18	263.5	207	286 000	11 700	33	6.66	7 160	781

续附表 7-2

符号：H—截面高度；
B—翼缘宽度；
t₁—腹板厚度；
t₂—翼缘厚度；
I—惯性矩；
W—截面模量。

C_x—重心；
r—圆角半径；
HW—宽翼缘 H 型钢；
HM—中翼缘 H 型钢；
HN—窄翼缘 H 型钢；
HT—薄壁 H 型钢。

类别	型号 (高度×宽度)	截面尺寸(mm)					截面面积 (cm²)	理论重量 (kg/m)	惯性矩 (cm⁴)		惯性半径 (cm)		截面模数 (cm³)	
		H	B	t_1	t_2	r			I_x	I_y	i_x	i_y	W_x	W_y
HN	850×300	*834	298	14	19	18	227.5	179	251 000	8 400	33.2	6.07	6 020	564
		*842	299	15	23	18	259.7	204	298 000	10 300	33.9	6.28	7 080	687
		*850	300	16	27	18	292.1	229	346 000	12 200	34.4	6.45	8 140	812
		*858	301	17	31	18	324.7	255	395 000	14 100	34.9	6.59	9 210	939
	900×300	*890	299	15	23	18	266.9	210	339 000	10 300	35.6	6.2	7 610	687
		900	300	16	28	18	305.8	240	404 000	12 600	36.4	6.42	8 990	842
		*912	302	18	34	18	360.1	283	491 000	15 700	36.9	6.59	10 800	1 040
	1 000×300	*970	297	16	21	18	276	217	393 000	9 210	37.8	5.77	8 110	620
		*980	298	17	26	18	315.5	248	472 000	11 500	38.7	6.04	9 630	772
		*990	298	17	31	18	345.3	271	544 000	13 700	39.7	6.3	11 000	921
		*1 000	300	19	36	18	395.1	310	634 000	16 300	40.1	6.41	12 700	1 080
		*1 008	302	21	40	18	439.3	345	712 000	18 400	40.3	6.47	14 100	1 220
HT	100×50	95	48	3.2	4.5	8	7.62	5.98	115	8.39	3.88	1.04	24.2	3.49
		97	49	4	5.5	8	9.37	7.36	143	10.9	3.91	1.07	29.6	4.45
	100×100	96	99	4.5	6	8	16.2	12.7	272	97.2	4.09	2.44	56.7	19.6
	125×60	118	58	3.2	4.5	8	9.25	7.26	218	14.7	4.85	1.26	37	5.08
		120	59	4	5.5	8	11.39	8.94	271	19	4.87	1.29	45.2	6.43
	125×125	119	123	4.5	6	8	20.12	15.8	532	186	5.14	3.04	89.5	30.3

符号：H—截面高度；
B—翼缘宽度；
t_1—腹板厚度；
t_2—翼缘厚度；
I—惯性矩；
W—截面模量。

C_x—重心；
r—圆角半径；
HW—宽翼缘 H 型钢；
HM—中翼缘 H 型钢；
HN—窄翼缘 H 型钢；
HT—薄壁 H 型钢。

续附表 7-2

类别	型号(高度×宽度)	截面尺寸(mm)					截面面积(cm²)	理论重量(kg/m)	惯性矩(cm⁴)		惯性半径(cm)		截面模数(cm³)	
		H	B	t_1	t_2	r			I_x	I_y	i_x	i_y	W_x	W_y
HT	150×75	145	73	3.2	4.5	8	11.47	9	416	29.3	6.01	1.59	57.3	8.02
	150×75	147	74	4	5.5	8	14.12	11.1	516	37.3	6.04	1.62	70.2	10.1
	150×100	139	97	3.2	4.5	8	13.43	10.6	476	68.6	5.94	2.25	68.4	14.1
	150×100	142	99	4.5	6	8	18.27	14.3	654	97.2	5.98	2.3	92.1	19.6
	150×150	144	148	5	7	8	27.76	21.8	1 090	378	6.25	3.69	151	51.1
	150×150	147	149	6	8.5	8	33.67	26.4	1 350	469	6.32	3.73	183	63
	175×90	168	88	3.2	4.5	8	13.55	10.6	670	51.2	7.02	1.94	79.7	11.6
	175×90	171	89	4	6	8	17.58	13.8	894	70.7	7.13	2	105	15.9
	175×175	167	173	5	7	13	33.32	26.2	1 780	605	7.3	4.26	213	69.9
	175×175	172	175	6.5	9.5	13	44.64	35	2 470	850	7.43	4.36	287	97.1
	200×100	193	98	3.2	4.5	8	15.25	12	994	70.7	8.07	2.15	103	14.4
	200×100	196	99	4	6	8	19.78	15.5	1 320	97.2	8.18	2.21	135	19.6
	200×150	188	149	4.5	6	8	26.34	20.7	1 730	331	8.09	3.54	184	44.4
	200×200	192	198	6	8	13	43.69	34.3	3 060	1 040	8.37	4.86	319	105
	250×125	244	124	4.5	6	8	25.86	20.3	2 650	191	10.1	2.71	217	30.8
	250×175	238	173	4.5	8	13	39.12	30.7	4 240	691	10.4	4.2	356	79.9
	300×150	294	148	4.5	6	13	31.9	25	4 800	325	12.3	3.19	327	43.9
	300×200	286	198	6	8	13	49.33	38.7	7 360	1 040	12.2	4.58	515	105
	350×175	340	173	4.5	6	13	36.97	29	7 490	518	14.2	3.74	441	59.9
	400×150	390	148	6	8	13	47.57	37.3	11 700	434	15.7	3.01	602	58.6
	400×200	390	198	6	8	13	55.57	43.6	14 700	1 040	16.2	4.31	752	105

注：1. 同一型号的产品，其内侧尺寸高度一致。
2. 截面面积计算公式：$t_1(H-2t_2)+2Bt_2+0.858r^2$。
3. "*"所示规格表示国内暂不生产。

符号：h—高度；
B—宽度；
t_1—腹板厚度；
t_2—翼缘厚度；
I—惯性矩；
W—截面模量。

C_x—重心；
i—回转半径；
r—圆角半径；
TW—宽翼缘剖分 T 型钢；
TM—中翼缘剖分 T 型钢；
TN—窄翼缘剖分 T 型钢。

附表 7-3　部分 T 型钢

类别	型号（高度×宽度）	截面尺寸（mm）					截面面积（cm²）	理论重量（kg/m）	惯性矩（cm⁴）		惯性半径（cm）		截面模数（cm³）		重心（cm）	对应 H 型钢系列型号
		h	B	t_1	t_2	r			I_x	I_y	i_x	i_y	W_x	W_y	C_x	
TW	50×100	50	100	6	8	8	10.79	8.47	16.1	66.8	1.22	2.48	4.02	13.4	1	100×100
	62.5×125	62.5	125	6.5	9	8	15	11.8	35	147	1.52	3.12	6.91	23.5	1.19	125×125
	75×150	75	150	7	10	8	19.82	15.6	66.4	282	1.82	3.76	10.8	37.5	1.37	150×150
	87.5×175	87.5	175	7.5	11	13	25.71	20.2	115	492	2.11	4.37	15.9	56.2	1.55	175×175
	100×200	100	200	8	12	13	31.76	24.9	184	801	2.4	5.02	22.3	80.1	1.73	200×200
		100	204	12	12	13	35.76	28.1	256	851	2.67	4.87	32.4	83.4	2.09	
	125×250	125	250	9	14	13	45.71	35.9	412	1820	3	6.31	39.5	146	2.08	250×250
		125	255	14	14	13	51.96	40.8	589	1940	3.36	6.1	59.4	152	2.58	
	150×300	147	302	12	12	13	53.16	41.7	857	2760	4.01	7.2	72.3	183	2.85	300×300
	150×300	150	300	10	15	13	59.22	46.5	798	3380	3.67	7.55	63.7	225	2.47	300×300
		150	305	15	15	13	66.72	52.4	1110	3550	4.07	7.29	92.5	233	3.04	
	175×350	172	348	10	16	13	72	56.5	1230	5620	4.13	8.83	84.7	323	2.67	350×350
		175	350	12	19	13	85.94	67.5	1520	6790	4.2	8.88	104	388	2.87	
	200×400	194	402	15	15	22	89.22	70	2480	8130	5.27	9.54	158	404	3.7	400×400
		197	398	11	18	22	93.4	73.3	2050	9460	4.67	10.1	123	475	3.01	
		200	400	13	21	22	109.3	85.8	2480	11200	4.75	10.1	147	560	3.21	
		200	408	21	21	22	125.3	98.4	3650	11900	5.39	9.74	229	584	4.07	
		207	405	18	28	22	147.7	116	3620	15500	4.95	10.2	213	766	3.68	
		214	407	20	35	22	180.3	142	4380	19700	4.92	10.4	250	967	3.9	

续附表7-3

符号：h—高度；
B—宽度；
t_1—腹板厚度；
t_2—翼缘厚度；
I—惯性矩；
W—截面模量。

C_x—重心；
i—回转半径；
r—圆角半径；
TW—宽翼缘剖分T型钢；
TM—中翼缘剖分T型钢；
TN—窄翼缘剖分T型钢。

类别	型号 (高度×宽度)	截面尺寸 (mm)					截面面积 (cm²)	理论重量 (kg/m)	惯性矩 (cm⁴)		惯性半径 (cm)		截面模数 (cm³)		重心 (cm)	对应 H型钢系列型号
		h	B	t_1	t_2	r			I_x	I_y	i_x	i_y	W_x	W_y	C_x	
TM	75×100	74	100	6	9	8	13.17	10.3	51.7	75.2	1.98	2.38	8.84	15	1.56	150×100
	100×150	97	150	6	9	8	19.05	15	124	253	2.55	3.64	15.8	33.8	1.8	200×150
	125×175	122	175	7	11	13	27.74	21.8	288	492	3.22	4.21	29.1	56.2	2.28	250×175
	150×200	147	200	8	12	13	35.52	27.9	571	801	4	4.74	48.2	80.1	2.85	300×200
		149	201	9	14	13	41.01	32.2	661	949	4.01	4.8	55.2	94.4	2.92	
	175×250	170	250	9	14	13	49.76	39.1	1 020	1 820	4.51	6.05	73.2	146	3.11	350×250
	200×300	195	300	10	16	13	66.62	52.3	1 730	3 600	5.09	7.35	108	240	3.43	400×300
	220×300	220	300	11	18	13	76.94	60.4	2 680	4 050	5.89	7.25	150	270	4.09	450×300
	250×300	241	300	11	15	13	70.58	55.4	3 400	3 380	6.93	6.91	178	225	5	500×300
		244	300	11	18	13	79.58	62.5	3 610	4 050	6.73	7.13	184	270	4.72	
	275×300	272	300	11	15	13	73.99	58.1	4 790	3 380	8.04	6.75	225	225	5.96	550×300
		275	300	11	18	13	82.99	65.2	5 090	4 050	7.82	6.98	232	270	5.59	
	300×300	291	300	12	17	13	84.6	66.4	6 320	3 830	8.64	6.72	280	255	6.51	600×300
		294	300	12	20	13	93.6	73.5	6 680	4 500	8.44	6.93	288	300	6.17	
		297	302	14	23	13	108.5	85.2	7 890	5 290	8.52	6.97	339	350	6.41	
TN	50×50	50	50	5	7	8	5.92	4.65	11.8	7.39	1.41	1.11	3.18	2.95	1.28	100×50
	62.5×60	62.5	60	6	8	8	8.34	6.55	27.5	14.6	1.81	1.32	5.96	4.85	1.64	125×60

续附表 7-3

符号:h—高度;
B—宽度;
t_1—腹板厚度;
t_2—翼缘厚度;
I—惯性矩;
W—截面模量。

类别	型号 (高度×宽度)	截面尺寸 (mm)					截面面积 (cm²)	理论重量 (kg/m)	惯性矩 (cm⁴)		惯性半径 (cm)		截面模数 (cm³)		重心 (cm)	对应H型钢系列钢型号
		h	B	t_1	t_2	r			I_x	I_y	i_x	i_y	W_x	W_y	C_x	
TN	75×75	75	75	5	7	8	8.92	7	42.6	24.7	2.18	1.66	7.46	6.59	1.79	150×75
	87.5×90	85.5	89	4	6	8	8.79	6.9	53.7	35.3	2.47	2	8.02	7.94	1.86	175×90
		87.5	90	5	8	8	11.44	8.98	70.6	48.7	2.48	2.06	10.4	10.8	1.93	
	100×100	99	99	4.5	7	8	11.34	8.9	93.5	56.7	2.87	2.23	12.1	11.5	2.17	200×100
		100	100	5.5	8	8	13.33	10.5	114	66.9	2.92	2.23	14.8	13.4	2.31	
	125×125	124	124	5	8	8	15.99	12.6	207	127	3.59	2.82	21.3	20.5	2.66	250×125
		125	125	6	9	8	18.48	14.5	248	147	3.66	2.81	25.6	23.5	2.81	
	150×150	149	149	5.5	8	13	20.4	16	393	221	4.39	3.29	33.8	29.7	3.26	300×150
		150	150	6.5	9	13	23.39	18.4	464	254	4.45	3.29	40	33.8	3.41	
	175×175	173	174	6	9	13	26.22	20.6	679	396	5.08	3.88	50	45.5	3.72	350×175
		175	175	7	11	13	31.45	24.7	814	492	5.08	3.95	59.3	56.2	3.76	
	200×200	198	199	7	11	13	35.7	28	1 190	723	5.77	4.5	76.4	72.7	4.2	400×200
		200	200	8	13	13	41.68	32.7	1 390	868	5.78	4.56	88.6	86.8	4.26	
	225×150	223	150	7	12	13	33.49	26.3	1 570	338	6.84	3.17	93.7	45.1	5.54	50×150
		225	151	8	14	13	38.74	30.4	1 830	403	6.87	3.22	108	53.4	5.62	
	225×200	223	199	8	12	13	41.48	32.6	1 870	789	6.71	4.36	109	79.3	5.15	450×200
		225	200	9	14	13	47.71	37.5	2 150	935	6.71	4.42	124	93.5	5.19	

续附表 7-3

符号：h—高度；
B—宽度；
t_1—腹板厚度；
t_2—翼缘厚度；
I—惯性矩；
W—截面模数。

C_x—重心；
i—回转半径；
r—圆角半径；
TW—宽翼缘剖分 T 型钢；
TM—中翼缘剖分 T 型钢；
TN—窄翼缘剖分 T 型钢。

类别	型号 (高度×宽度)	截面尺寸 (mm)					截面面积 (cm²)	理论重量 (kg/m)	惯性矩 (cm⁴)		惯性半径 (cm)		截面模数 (cm³)		重心 (cm)	对应 H 型钢系列型号
		h	B	t_1	t_2	r			I_x	I_y	i_x	i_y	W_x	W_y	C_x	
TN	237.5×150	235	150	7	13	13	35.76	28.1	1 850	367	7.18	3.2	104	48.9	7.5	475×150
	237.5×150	237.5	151.5	8.5	15.5	13	43.07	33.8	2 270	451	7.25	3.23	128	59.5	7.57	475×150
		241	153.5	10.5	19	13	53.2	41.8	2 860	575	7.33	3.28	160	75	7.67	
	250×150	246	150	7	12	13	35.1	27.6	2 060	339	7.66	3.1	113	45.1	6.36	500×150
		250	152	9	16	13	46.1	36.2	2 750	470	7.71	3.19	149	61.9	6.53	
		252	153	10	18	13	51.66	40.6	3 100	540	7.74	3.23	167	70.5	6.62	
	250×200	248	199	9	14	13	49.64	39	2 820	921	7.54	4.3	150	92.6	5.97	500×200
		250	200	10	16	13	56.12	44.1	3 200	1 070	7.54	4.36	169	107	6.03	
		253	201	11	19	13	64.65	50.8	3 660	1 290	7.52	4.46	189	128	6	
	275×200	273	199	9	14	13	51.89	40.7	3 690	921	8.43	4.21	180	92.6	6.85	550×200
		275	200	10	16	13	58.62	46	4 180	1 070	8.44	4.27	203	107	6.89	
	300×200	298	199	10	15	13	58.87	46.2	5 150	988	9.35	4.09	235	99.3	7.92	600×200
		300	200	11	17	13	65.85	51.7	5 770	1 140	9.35	4.15	262	114	7.95	
		303	201	12	20	13	74.88	58.8	6 530	1 360	9.33	4.25	291	135	7.88	
	312.5×200	312.5	198.5	11.5	17.5	13	69.38	54.5	6 690	1 140	9.81	4.06	294	115	9.92	625×200
		315	200	13	20	13	79.07	62.1	7 680	1 340	9.85	4.11	336	134	10	
		319	202	15	24	13	93.45	73.6	9 140	1 660	9.89	4.21	395	164	10.1	

续附表 7-3

符号:h—高度;
B—宽度;
t_1—腹板厚度;
t_2—翼缘厚度;
I—惯性矩;
W—截面模数。

C_x—重心;
i—回转半径;
r—圆角半径;
TW—宽翼缘剖分T型钢;
TM—中翼缘剖分T型钢;
TN—窄翼缘剖分T型钢。

类别	型号(高度×宽度)	截面尺寸(mm)					截面面积(cm²)	理论重量(kg/m)	惯性矩(cm⁴)		惯性半径(cm)		截面模数(cm³)		重心(cm)	对应H型钢系列型号
		h	B	t_1	t_2	r			I_x	I_y	i_x	i_y	W_x	W_y	C_x	
TN	325×300	323	299	10	15	12	76.26	59.9	7 220	3 340	9.73	6.62	289	224	7.28	650×300
		325	300	11	17	13	85.6	67.2	8 090	3 830	9.71	6.68	321	255	7.29	
		328	301	12	20	13	97.88	76.8	9 120	4 550	9.65	6.81	356	302	7.2	
	350×300	346	300	13	20	13	103.1	80.9	11 200	4 510	10.4	6.61	424	300	8.12	700×300
		350	300	13	24	13	115.1	90.4	12 000	5 410	10.2	6.85	438	360	7.65	
	400×300	396	300	14	22	18	119.8	94	17 600	4 960	12.1	6.43	592	331	9.77	800×300
		400	300	14	26	18	131.8	103	18 700	5 860	11.9	6.66	610	391	9.27	
	450×300	445	299	15	23	18	133.5	105	25 900	5 140	13.9	6.2	789	344	11.7	900×300
		450	300	16	28	18	152.9	120	29 100	6 320	13.8	6.42	865	421	11.4	
		456	302	18	34	18	180	141	34 100	7 830	13.8	6.59	997	518	11.3	

附表 7-4　普通槽钢

符号:同普通工字钢,但 W_y 为对应于翼缘肢尖的截面模量。

长度:型号 5~8,长 5~12 m;
型号 10~18,长 5~19 m;
型号 20~20,长 6~19 m。

型号	h	b	t_w	t	R	截面面积 (cm²)	理论重量 (kg/m)	I_x (cm⁴)	W_x (cm³)	i_x (cm)	I_y (cm⁴)	W_y (cm³)	i_y (cm)	I_{y1} (cm⁴)	Z_0 (cm)
5	50	37	4.5	7	7	6.92	5.44	26	10.4	1.94	8.3	3.5	1.1	20.9	1.35
6.3	63	40	4.8	7.5	7.5	8.45	6.63	51	16.3	2.46	11.9	4.6	1.19	28.3	1.39
8	80	43	5	8	8	10.24	8.04	101	25.3	3.14	16.6	5.8	1.27	37.4	1.42
10	100	48	5.3	8.5	8.5	12.74	10	198	39.7	3.94	25.6	7.8	1.42	54.9	1.52
12.6	126	53	5.5	9	9	15.69	12.31	389	61.7	4.98	38	10.3	1.56	77.8	1.59
14a	140	58	6	9.5	9.5	18.51	14.53	564	80.5	5.52	53.2	13	1.7	107.2	1.71
14b		60	8	9.5	9.5	21.31	16.73	609	87.1	5.35	61.2	14.1	1.69	120.6	1.67
16a	160	63	6.5	10	10	21.95	17.23	866	108.3	6.28	73.4	16.3	1.83	144.1	1.79
16b		65	8.5	10	10	25.15	19.75	935	116.8	6.1	83.4	17.6	1.82	160.8	1.75
18a	180	68	7	10.5	10.5	25.69	20.17	1273	141.4	7.04	98.6	20	1.96	189.7	1.88
18b		70	9	10.5	10.5	29.29	22.99	1370	152.2	6.84	111	21.5	1.95	210.1	1.84
20a	200	73	7	11	11	28.83	22.63	1780	178	7.86	128	24.2	2.11	244	2.01
20b		75	9	11	11	32.83	25.77	1914	191.4	7.64	143.6	25.9	2.09	268.4	1.95
22a	220	77	7	11.5	11.5	31.84	24.99	2394	217.6	8.67	157.8	28.2	2.23	298.2	2.1
22b		79	9	11.5	11.5	36.24	28.45	2571	233.8	8.42	176.5	30.1	2.21	326.3	2.03

续附表 7-4

符号:同普通工字钢,但 W_y 为对应于翼缘肢尖的截面模量。

长度:型号 5~8,长 5~12 m;
型号 10~18,长 5~19 m;
型号 20~20,长 6~19 m。

型号		尺寸(mm)					截面面积 (cm²)	理论重量 (kg/m)	x-x 轴			y-y 轴			y-y1 轴	Z0
		h	b	t_w	t	R			I_x (cm⁴)	W_x (cm³)	i_x (cm)	I_y (cm⁴)	W_y (cm³)	i_y (cm)	I_{y1} (cm⁴)	(cm)
25	a	250	78	7	12	12	34.91	27.4	3 359	268.7	9.81	175.9	30.7	2.24	324.8	2.07
	b		80	9	12	12	39.91	31.33	3 619	289.6	9.52	196.4	32.7	2.22	355.1	1.99
	c		82	11	12	12	44.91	35.25	3 880	310.4	9.3	215.9	34.6	2.19	388.6	1.96
28	a	280	82	7.5	12.5	12.5	40.02	31.42	4 753	339.5	10.9	217.9	35.7	2.33	393.3	2.09
	b		84	9.5	12.5	12.5	45.62	35.81	5 118	365.6	10.59	241.5	37.9	2.3	428.5	2.02
	c		86	11.5	12.5	12.5	51.22	40.21	5 484	391.7	10.35	264.1	40	2.27	467.3	1.99
32	a	320	88	8	14	14	48.5	38.07	7 511	469.4	12.44	304.7	46.4	2.51	547.5	2.24
	b		90	10	14	14	54.9	43.1	8 057	503.5	12.11	335.6	49.1	2.47	592.9	2.16
	c		92	12	14	14	61.3	48.12	8 603	537.7	11.85	365	51.6	2.44	642.7	2.13
36	a	360	96	9	16	16	60.89	47.8	11 874	659.7	13.96	455	63.6	2.73	818.5	2.44
	b		98	11	16	16	68.09	53.45	12 652	702.9	13.63	496.7	66.9	2.7	880.5	2.37
	c		100	13	16	16	75.29	59.1	13 429	746.1	13.36	536.6	70	2.67	948	2.34
40	a	400	100	10.5	18	18	75.04	58.91	17 578	878.9	15.3	592	78.8	2.81	1 057.9	2.49
	b		102	12.5	18	18	83.04	65.19	18 644	932.2	14.98	640.6	82.6	2.78	1 135.8	2.44
	c		104	14.5	18	18	91.04	71.47	19 711	985.6	14.71	687.8	86.2	2.75	1 220.3	2.42

附表 7-5　等边角钢

角钢型号		圆角 R (mm)	重心矩 Z₀ (mm)	截面积 A (cm²)	质量 (kg/m)	惯性矩 I_x (cm⁴)	截面模量 W_x^{max} (cm³)	截面模量 W_x^{min} (cm³)	回转半径 i_x (cm)	回转半径 i_{x0} (cm)	回转半径 i_{y0} (cm)	双角钢 i_y,当a为下列数值 6 mm (cm)	8 mm	10 mm	12 mm	14 mm
∟20×	3	3.5	6	1.13	0.89	0.40	0.66	0.29	0.59	0.75	0.39	1.08	1.17	1.25	1.34	1.43
	4		6.4	1.46	1.15	0.50	0.78	0.36	0.58	0.73	0.38	1.11	1.19	1.28	1.37	1.46
∟25×	3	3.5	7.3	1.43	1.12	0.82	1.12	0.46	0.76	0.95	0.49	1.27	1.36	1.44	1.53	1.61
	4		7.6	1.86	1.46	1.03	1.34	0.59	0.74	0.93	0.48	1.30	1.38	1.47	1.55	1.64
∟30×	3	4.5	8.5	1.75	1.37	1.46	1.72	0.68	0.91	1.15	0.59	1.47	1.55	1.63	1.71	1.8
	4		8.9	2.28	1.79	1.84	2.08	0.87	0.90	1.13	0.58	1.49	1.57	1.65	1.74	1.82
∟36×	3	4.5	10	2.11	1.66	2.58	2.59	0.99	1.11	1.39	0.71	1.70	1.78	1.86	1.94	2.03
	4		10.4	2.76	2.16	3.29	3.18	1.28	1.09	1.38	0.70	1.73	1.8	1.89	1.97	2.05
	5		10.7	2.38	2.65	3.95	3.68	1.56	1.08	1.36	0.70	1.75	1.83	1.91	1.99	2.08
∟40×	3	5	10.9	2.36	1.85	3.59	3.28	1.23	1.23	1.55	0.79	1.86	1.94	2.01	2.09	2.18
	4		11.3	3.09	2.42	4.60	4.05	1.60	1.22	1.54	0.79	1.88	1.96	2.04	2.12	2.2
	5		11.7	3.79	2.98	5.53	4.72	1.96	1.21	1.52	0.78	1.90	1.98	2.06	2.14	2.23
∟45×	3	5	12.2	2.66	2.09	5.17	4.25	1.58	1.39	1.76	0.90	2.06	2.14	2.21	2.29	2.37
	4		12.6	3.49	2.74	6.65	5.29	2.05	1.38	1.74	0.89	2.08	2.16	2.24	2.32	2.4
	5		13	4.29	3.37	8.04	6.20	2.51	1.37	1.72	0.88	2.10	2.18	2.26	2.34	2.42
	6		13.3	5.08	3.99	9.33	6.99	2.95	1.36	1.71	0.88	2.12	2.2	2.28	2.36	2.44
∟50×	3	5.5	13.4	2.97	2.33	7.18	5.36	1.96	1.55	1.96	1.00	2.26	2.33	2.41	2.48	2.56
	4		13.8	3.90	3.06	9.26	6.70	2.56	1.54	1.94	0.99	2.28	2.36	2.43	2.51	2.59
	5		14.2	4.80	3.77	11.21	7.90	3.13	1.53	1.92	0.98	2.30	2.38	2.45	2.53	2.61
	6		14.6	5.69	4.46	13.05	8.95	3.68	1.51	1.91	0.98	2.32	2.4	2.48	2.56	2.64

单角钢　双角钢

续附表 7-5

角钢型号	圆角 R (mm)	重心矩 Z₀ (mm)	截面积 A (cm²)	质量 (kg/m)	惯性矩 I_x (cm⁴)	截面模量 W_x^{max} (cm³)	截面模量 W_x^{min} (cm³)	i_x	i_{z0}	i_{y0} (cm)	6 mm	8 mm	10 mm	12 mm	14 mm
L 56×3	6	14.8	3.34	2.62	10.19	6.86	2.48	1.75	2.2	1.13	2.50	2.57	2.64	2.72	2.8
4		15.3	4.39	3.45	13.18	8.63	3.24	1.73	2.18	1.11	2.52	2.59	2.67	2.74	2.82
5		15.7	5.42	4.25	16.02	10.22	3.97	1.72	2.17	1.10	2.54	2.61	2.69	2.77	2.85
8		16.8	8.37	6.57	23.63	14.06	6.03	1.68	2.11	1.09	2.60	2.67	2.75	2.83	2.91
L 63×4	7	17	4.98	3.91	19.03	11.22	4.13	1.96	2.46	1.26	2.79	2.87	2.94	3.02	3.09
5		17.4	6.14	4.82	23.17	13.33	5.08	1.94	2.45	1.25	2.82	2.89	2.96	3.04	3.12
6		17.8	7.29	5.72	27.12	15.26	6.00	1.93	2.43	1.24	2.83	2.91	2.98	3.06	3.14
8		18.5	9.51	7.47	34.45	18.59	7.75	1.90	2.39	1.23	2.87	2.95	3.03	3.1	3.18
10		19.3	11.66	9.15	41.09	21.34	9.39	1.88	2.36	1.22	2.91	2.99	3.07	3.15	3.23
L 70×4	8	18.6	5.57	4.37	26.39	14.16	5.14	2.18	2.74	1.4	3.07	3.14	3.21	3.29	3.36
5		19.1	6.88	5.40	32.21	16.89	6.32	2.16	2.73	1.39	3.09	3.16	3.24	3.31	3.39
6		19.5	8.16	6.41	37.77	19.39	7.48	2.15	2.71	1.38	3.11	3.18	3.26	3.33	3.41
7		19.9	9.42	7.40	43.09	21.68	8.59	2.14	2.69	1.38	3.13	3.2	3.28	3.36	3.43
8		20.3	10.67	8.37	48.17	23.79	9.68	2.13	2.68	1.37	3.15	3.22	3.30	3.38	3.46
L 75×5	9	20.3	7.41	5.82	39.96	19.73	7.30	2.32	2.92	1.5	3.29	3.36	3.43	3.5	3.58
6		20.7	8.80	6.91	46.91	22.69	8.63	2.31	2.91	1.49	3.31	3.38	3.45	3.53	3.6
7		21.1	10.16	7.98	53.57	25.42	9.93	2.30	2.89	1.48	3.33	3.4	3.47	3.55	3.63
8		21.5	11.50	9.03	59.96	27.93	11.2	2.28	2.87	1.47	3.35	3.42	3.50	3.57	3.65
10		22.2	14.13	11.09	71.98	32.40	13.64	2.26	2.84	1.46	3.38	3.46	3.54	3.61	3.69

单角钢回转半径 (cm)

双角钢 i_y，当 a 为下列数值 (cm)

续附表 7-5

角钢型号	圆角 R (mm)	重心矩 Z_0 (mm)	截面积 A (cm²)	质量 (kg/m)	惯性矩 I_x (cm⁴)	截面模量 W_x^{max} (cm³)	截面模量 W_x^{min} (cm³)	单角钢 回转半径 i_x (cm)	i_{x0} (cm)	i_{y0} (cm)	双角钢 i_y，当 a 为下列数值 6 mm (cm)	8 mm	10 mm	12 mm	14 mm
L80×5	9	21.5	7.91	6.21	48.79	22.70	8.34	2.48	3.13	1.6	3.49	3.56	3.63	3.71	3.78
6		21.9	9.40	7.38	57.35	26.16	9.87	2.47	3.11	1.59	3.51	3.58	3.65	3.73	3.8
7		22.3	10.86	8.53	65.58	29.38	11.37	2.46	3.1	1.58	3.53	3.60	3.67	3.75	3.83
8		22.7	12.30	9.66	73.50	32.36	12.83	2.44	3.08	1.57	3.55	3.62	3.70	3.77	3.85
10		23.5	15.13	11.87	88.43	37.68	15.64	2.42	3.04	1.56	3.58	3.66	3.74	3.81	3.89
L90×6	10	24.4	10.64	8.35	82.77	33.99	12.61	2.79	3.51	1.8	3.91	3.98	4.05	4.12	4.2
7		24.8	12.3	9.66	94.83	38.28	14.54	2.78	3.5	1.78	3.93	4	4.07	4.14	4.22
8		25.2	13.94	10.95	106.5	42.3	16.42	2.76	3.48	1.78	3.95	4.02	4.09	4.17	4.24
10		25.9	17.17	13.48	128.6	49.57	20.07	2.74	3.45	1.76	3.98	4.06	4.13	4.21	4.28
12		26.7	20.31	15.94	149.2	55.93	23.57	2.71	3.41	1.75	4.02	4.09	4.17	4.25	4.32
L100×6	12	26.7	11.93	9.37	115	43.04	15.68	3.1	3.91	2	4.3	4.37	4.44	4.51	4.58
7		27.1	13.8	10.83	131.9	48.57	18.1	3.09	3.89	1.99	4.32	4.39	4.46	4.53	4.61
8		27.6	15.64	12.28	148.2	53.78	20.47	3.08	3.88	1.98	4.34	4.41	4.48	4.55	4.63
10		28.4	19.26	15.12	179.5	63.29	25.06	3.05	3.84	1.96	4.38	4.45	4.52	4.6	4.67
12		29.1	22.8	17.9	208.9	71.72	29.47	3.03	3.81	1.95	4.41	4.49	4.56	4.64	4.71
14		29.9	26.26	20.61	236.5	79.19	33.73	3	3.77	1.94	4.45	4.53	4.6	4.68	4.75
16		30.6	29.63	23.26	262.5	85.81	37.82	2.98	3.74	1.93	4.49	4.56	4.64	4.72	4.8
L110×7	12	29.6	15.2	11.93	177.2	59.78	22.05	3.41	4.3	2.2	4.72	4.79	4.86	4.94	5.01
8		30.1	17.24	13.53	199.5	66.36	24.95	3.4	4.28	2.19	4.74	4.81	4.88	4.96	5.03
10		30.9	21.26	16.69	242.2	78.48	30.6	3.38	4.25	2.17	4.78	4.85	4.92	5	5.07
12		31.6	25.2	19.78	282.6	89.34	36.05	3.35	4.22	2.15	4.82	4.89	4.96	5.04	5.11
14		32.4	29.06	22.81	320.7	99.07	41.31	3.32	4.18	2.14	4.85	4.93	5	5.08	5.15

续附表 7-5

角钢型号	圆角 R (mm)	重心矩 Z₀ (mm)	截面积 A (cm²)	质量 (kg/m)	惯性矩 I_x (cm⁴)	截面模量 W_x^{max} (cm³)	W_x^{min} (cm³)	单角钢 回转半径 i_x (cm)	i_{x0} (cm)	i_{y0} (cm)	双角钢 i_y，当 a 为下列数值 (cm) 6 mm	8 mm	10 mm	12 mm	14 mm
∟125× 8	14	33.7	19.75	15.5	297	88.2	32.52	3.88	4.88	2.5	5.34	5.41	5.48	5.55	5.62
10		34.5	24.37	19.13	361.7	104.8	39.97	3.85	4.85	2.48	5.38	5.45	5.52	5.59	5.66
12		35.3	28.91	22.7	423.2	119.9	47.17	3.83	4.82	2.46	5.41	5.48	5.56	5.63	5.7
14		36.1	33.37	26.19	481.7	133.6	54.16	3.8	4.78	2.45	5.45	5.52	5.59	5.67	5.74
∟140× 10	14	38.2	27.37	21.49	514.7	134.6	50.58	4.34	5.46	2.78	5.98	6.05	6.12	6.2	6.27
12		39	32.51	25.52	603.7	154.6	59.8	4.31	5.43	2.77	6.02	6.09	6.16	6.23	6.31
14		39.8	37.57	29.49	688.8	173	68.75	4.28	5.4	2.75	6.06	6.13	6.2	6.27	6.34
16		40.6	42.54	33.39	770.2	189.9	77.46	4.26	5.36	2.74	6.09	6.16	6.23	6.31	6.38
∟160× 10	16	43.1	31.5	24.73	779.5	180.8	66.7	4.97	6.27	3.2	6.78	6.85	6.92	6.99	7.06
12		43.9	37.44	29.39	916.6	208.6	78.98	4.95	6.24	3.18	6.82	6.89	6.96	7.03	7.1
14		44.7	43.3	33.99	1 048	234.4	90.95	4.92	6.2	3.16	6.86	6.93	7	7.07	7.14
16		45.5	49.07	38.52	1 175	258.3	102.6	4.89	6.17	3.14	6.89	6.96	7.03	7.1	7.18
∟180× 12	16	48.9	42.24	33.16	1 321	270	100.8	5.59	7.05	3.58	7.63	7.7	7.77	7.84	7.91
14		49.7	48.9	38.38	1 514	304.6	116.3	5.57	7.02	3.57	7.67	7.74	7.81	7.88	7.95
16		50.5	55.47	43.54	1 701	336.9	131.4	5.54	6.98	3.55	7.7	7.77	7.84	7.91	7.98
18		51.3	61.95	48.63	1 881	367.1	146.1	5.51	6.94	3.53	7.73	7.8	7.87	7.95	8.02
∟200× 14	18	54.6	54.64	42.89	2 104	385.1	144.7	6.2	7.82	3.98	8.47	8.54	8.61	8.67	8.75
16		55.4	62.01	48.68	2 366	427	163.7	6.18	7.79	3.96	8.5	8.57	8.64	8.71	8.78
18		56.2	69.3	54.4	2 621	466.5	182.2	6.15	7.75	3.94	8.53	8.6	8.67	8.75	8.82
20		56.9	76.5	60.06	2 867	503.6	200.4	6.12	7.72	3.93	8.57	8.64	8.71	8.78	8.85
24		58.4	90.66	71.17	3 338	571.5	235.8	6.07	7.64	3.9	8.63	8.71	8.78	8.85	8.92

附表 7-6 不等边角钢

角钢型号 B×b×t	圆角 R	重心矩 Z_x (mm)	重心矩 Z_y (mm)	截面积 A (cm²)	质量 (kg/m)	i_x (cm)	i_y (cm)	i_{y0}	i_{y1},当a为下列数值 (cm) 6 mm	8 mm	10 mm	12 mm	i_{y2},当a为下列数值 (cm) 6 mm	8 mm	10 mm	12 mm
∟25×16×3	3.5	4.2	8.6	1.16	0.91	0.44	0.78	0.34	0.84	0.93	1.02	1.11	1.4	1.48	1.57	1.66
4		4.6	9.0	1.50	1.18	0.43	0.77	0.34	0.87	0.96	1.05	1.14	1.42	1.51	1.6	1.68
∟32×20×3	3.5	4.9	10.8	1.49	1.17	0.55	1.01	0.43	0.97	1.05	1.14	1.23	1.71	1.79	1.88	1.96
4		5.3	11.2	1.94	1.52	0.54	1	0.43	0.99	1.08	1.16	1.25	1.74	1.82	1.9	1.99
∟40×25×3	4	5.9	13.2	1.89	1.48	0.7	1.28	0.54	1.13	1.21	1.3	1.38	2.07	2.14	2.23	2.31
4		6.3	13.7	2.47	1.94	0.69	1.26	0.54	1.16	1.24	1.32	1.41	2.09	2.17	2.25	2.34
∟45×28×3	5	6.4	14.7	2.15	1.69	0.79	1.44	0.61	1.23	1.31	1.39	1.47	2.28	2.36	2.44	2.52
4		6.8	15.1	2.81	2.2	0.78	1.43	0.6	1.25	1.33	1.41	1.5	2.31	2.39	2.47	2.55
∟50×32×3	5.5	7.3	16	2.43	1.91	0.91	1.6	0.7	1.38	1.45	1.53	1.61	2.49	2.56	2.64	2.72
4		7.7	16.5	3.18	2.49	0.9	1.59	0.69	1.4	1.47	1.55	1.64	2.51	2.59	2.67	2.75
∟56×36×3	6	8.0	17.8	2.74	2.15	1.03	1.8	0.79	1.51	1.59	1.66	1.74	2.75	2.82	2.9	2.98
4		8.5	18.2	3.59	2.82	1.02	1.79	0.78	1.53	1.61	1.69	1.77	2.77	2.85	2.93	3.01
5		8.8	18.7	4.42	3.47	1.01	1.77	0.78	1.56	1.63	1.71	1.79	2.8	2.88	2.96	3.04
∟63×40×4	7	9.2	20.4	4.06	3.19	1.14	2.02	0.88	1.66	1.74	1.81	1.89	3.09	3.16	3.24	3.32
5		9.5	20.8	4.99	3.92	1.12	2	0.87	1.68	1.76	1.84	1.92	3.11	3.19	3.27	3.35
6		9.9	21.2	5.91	4.64	1.11	1.99	0.86	1.71	1.78	1.86	1.94	3.13	3.21	3.29	3.37
7		10.3	21.6	6.8	5.34	1.1	1.97	0.86	1.73	1.81	1.89	1.97	3.16	3.24	3.32	3.40

单角钢　双角钢

续附表 7-6

角钢型号 $B \times b \times t$		圆角 R	重心矩 Z_x (mm)	重心矩 Z_y (mm)	截面积 A (cm²)	质量 (kg/m)	i_x (cm)	i_y (cm)	i_{y0}	i_{y1}, 当 a 为下列数值 (cm)				i_{y2}, 当 a 为下列数值 (cm)			
										6 mm	8 mm	10 mm	12 mm	6 mm	8 mm	10 mm	12 mm
∟70×45×	4	7.5	10.2	22.3	4.55	3.57	1.29	2.25	0.99	1.84	1.91	1.99	2.07	3.39	3.46	3.54	3.62
	5		10.6	22.8	5.61	4.4	1.28	2.23	0.98	1.86	1.94	2.01	2.09	3.41	3.49	3.57	3.64
	6		11.0	23.2	6.64	5.22	1.26	2.22	0.97	1.88	1.96	2.04	2.11	3.44	3.51	3.59	3.67
	7		11.3	23.6	7.66	6.01	1.25	2.2	0.97	1.9	1.98	2.06	2.14	3.46	3.54	3.61	3.69
∟75×50×	5	8	11.7	24.0	6.13	4.81	1.43	2.39	1.09	2.06	2.13	2.2	2.28	3.6	3.68	3.76	3.83
	6		12.1	24.4	7.26	5.7	1.42	2.38	1.08	2.08	2.15	2.23	2.3	3.63	3.7	3.78	3.86
	8		12.9	25.2	9.47	7.43	1.4	2.35	1.07	2.12	2.19	2.27	2.4	3.67	3.75	3.83	3.91
	10		13.6	26.0	11.6	9.1	1.38	2.33	1.06	2.16	2.24	2.31	2.4	3.71	3.79	3.87	3.96
∟80×50×	5	8	11.4	26.0	6.38	5	1.42	2.57	1.1	2.02	2.09	2.17	2.24	3.88	3.95	4.03	4.1
	6		11.8	26.5	7.56	5.93	1.41	2.55	1.09	2.04	2.11	2.19	2.27	3.9	3.98	4.05	4.13
	7		12.1	26.9	8.72	6.85	1.39	2.54	1.08	2.06	2.13	2.21	2.29	3.92	4	4.08	4.16
	8		12.5	27.3	9.87	7.75	1.38	2.52	1.07	2.08	2.15	2.23	2.31	3.94	4.02	4.1	4.18
∟90×56×	5	9	12.5	29.1	7.21	5.66	1.59	2.9	1.23	2.22	2.29	2.36	2.44	4.32	4.39	4.47	4.55
	6		12.9	29.5	8.56	6.72	1.58	2.88	1.22	2.24	2.31	2.39	2.46	4.34	4.42	4.5	4.57
	7		13.3	30.0	9.88	7.76	1.57	2.87	1.22	2.26	2.33	2.41	2.49	4.37	4.44	4.52	4.6
	8		13.6	30.4	11.2	8.78	1.56	2.85	1.21	2.28	2.35	2.43	2.51	4.39	4.47	4.54	4.62

单角钢　双角钢

续附表 7-6

角钢型号 B×b×t		圆角 R	重心矩 Z_x (mm)	重心矩 Z_y (mm)	截面积 A (cm²)	质量 (kg/m)	i_x	i_y (cm)	i_{y0}	双角钢 i_{y1} 当 a 为下列数值 (cm) 6 mm	8 mm	10 mm	12 mm	双角钢 i_{y2} 当 a 为下列数值 (cm) 6 mm	8 mm	10 mm	12 mm
L100×63×	6	10	14.3	32.4	9.62	7.55	1.79	3.21	1.38	2.49	2.56	2.63	2.71	4.77	4.85	4.92	5
	7		14.7	32.8	11.1	8.72	1.78	3.2	1.37	2.51	2.58	2.65	2.73	4.8	4.87	4.95	5.03
	8		15	33.2	12.6	9.88	1.77	3.18	1.37	2.53	2.6	2.67	2.75	4.82	4.9	4.97	5.05
	10		15.8	34	15.5	12.1	1.75	3.15	1.35	2.57	2.64	2.72	2.79	4.86	4.94	5.02	5.1
L100×80×	6	10	19.7	29.5	10.6	8.35	2.4	3.17	1.73	3.31	3.38	3.45	3.52	4.54	4.62	4.69	4.76
	7		20.1	30	12.3	9.66	2.39	3.16	1.71	3.32	3.39	3.47	3.54	4.57	4.64	4.71	4.79
	8		20.5	30.4	13.9	10.9	2.37	3.15	1.71	3.34	3.41	3.49	3.56	4.59	4.66	4.73	4.81
	10		21.3	31.2	17.2	13.5	2.35	3.12	1.69	3.38	3.45	3.53	3.6	4.63	4.7	4.78	4.85
L110×70×	6	10	15.7	35.3	10.6	8.35	2.01	3.54	1.54	2.74	2.81	2.88	2.96	5.21	5.29	5.36	5.44
	7		16.1	35.7	12.3	9.66	2	3.53	1.53	2.76	2.83	2.9	2.98	5.24	5.31	5.39	5.46
	8		16.5	36.2	13.9	10.9	1.98	3.51	1.53	2.78	2.85	2.92	3	5.26	5.34	5.41	5.49
	10		17.2	37	17.2	13.5	1.96	3.48	1.51	2.82	2.89	2.96	3.04	5.3	5.38	5.46	5.53
L125×80×	7	11	18	40.1	14.1	11.1	2.3	4.02	1.76	3.11	3.18	3.25	3.33	5.9	5.97	6.04	6.12
	8		18.4	40.6	16	12.6	2.29	4.01	1.75	3.13	3.2	3.27	3.35	5.92	5.99	6.07	6.14
	10		19.2	41.4	19.7	15.5	2.26	3.98	1.74	3.17	3.24	3.31	3.39	5.96	6.04	6.11	6.19
	12		20	42.2	23.4	18.3	2.24	3.95	1.72	3.2	3.28	3.35	3.43	6	6.08	6.16	6.23

续附表 7-6

角钢型号 B×b×t	圆角 R (mm)	重心距 Z_x (mm)	重心距 Z_y (mm)	截面积 A (cm²)	质量 (kg/m)	回转半径 i_x (cm)	回转半径 i_y (cm)	回转半径 i_{y0} (cm)	i_{y1} 6 mm (cm)	i_{y1} 8 mm	i_{y1} 10 mm	i_{y1} 12 mm	i_{y2} 6 mm (cm)	i_{y2} 8 mm	i_{y2} 10 mm	i_{y2} 12 mm
∟140×90×8	12	20.4	45	18	14.2	2.59	4.5	1.98	3.49	3.56	3.63	3.7	6.58	6.65	6.73	6.8
∟140×90×10	12	21.2	45.8	22.3	17.5	2.56	4.47	1.96	3.52	3.59	3.66	3.73	6.62	6.7	6.77	6.85
∟140×90×12	12	21.9	46.6	26.4	20.7	2.54	4.44	1.95	3.56	3.63	3.7	3.77	6.66	6.74	6.81	6.89
∟140×90×14	12	22.7	47.4	30.5	23.9	2.51	4.42	1.94	3.59	3.66	3.74	3.81	6.7	6.78	6.86	6.93
∟160×100×10	13	22.8	52.4	25.3	19.9	2.85	5.14	2.19	3.84	3.91	3.98	4.05	7.55	7.63	7.7	7.78
∟160×100×12	13	23.6	53.2	30.1	23.6	2.82	5.11	2.18	3.87	3.94	4.01	4.09	7.6	7.67	7.75	7.82
∟160×100×14	13	24.3	54	34.7	27.2	2.8	5.08	2.16	3.91	3.98	4.05	4.12	7.64	7.71	7.79	7.86
∟160×100×16	13	25.1	54.8	39.3	30.8	2.77	5.05	2.15	3.94	4.02	4.09	4.16	7.68	7.75	7.83	7.9
∟180×110×10	14	24.4	58.9	28.4	22.3	3.13	5.81	2.42	4.16	4.23	4.30	4.36	8.49	8.56	8.63	8.71
∟180×110×12	14	25.2	59.8	33.7	26.5	3.1	5.78	2.40	4.19	4.26	4.33	4.40	8.53	8.60	8.68	8.75
∟180×110×14	14	25.9	60.6	39.0	30.6	3.08	5.75	2.39	4.23	4.30	4.37	4.44	8.57	8.64	8.72	8.79
∟180×110×16	14	26.7	61.4	44.1	34.6	3.05	5.72	2.37	4.26	4.33	4.40	4.47	8.61	8.68	8.76	8.84
∟200×125×12	14	28.3	65.4	37.9	29.8	3.57	6.44	2.75	4.75	4.82	4.88	4.95	9.39	9.47	9.54	9.62
∟200×125×14	14	29.1	66.2	43.9	34.4	3.54	6.41	2.73	4.78	4.85	4.92	4.99	9.43	9.51	9.58	9.66
∟200×125×16	14	29.9	67.0	49.7	39	3.52	6.38	2.71	4.81	4.88	4.95	5.02	9.47	9.55	9.62	9.7
∟200×125×18	14	30.6	67.8	55.5	43.6	3.49	6.35	2.7	4.85	4.92	4.99	5.06	9.51	9.59	9.66	9.74

注：一个角钢的惯性矩 $I_x = Ai_x^2$，$I_y = Ai_y^2$；一个角钢的截面模量 $W_x^{max} = I_x/Z_x$，$W_x^{min} = I_x/(b-Z_x)$，$W_y^{max} = I_y/Z_y$，$W_y^{min} = I_y/(b-Z_y)$。

附录 8　螺栓和锚栓规格

附表 8-1　螺栓螺纹处的有效截面积

公称直径	12	14	16	18	20	22	24	27	30
螺栓有效截面积 A_e（cm²）	0.84	1.15	1.57	1.92	2.45	3.03	3.53	4.59	5.61
公称直径	33	36	39	42	45	48	52	56	60
螺栓有效截面积 A_e（cm²）	6.94	8.17	9.76	11.2	13.1	14.7	17.6	20.3	23.6
公称直径	64	68	72	76	80	85	90	95	100
螺栓有效截面积 A_e（cm²）	26.8	30.6	34.6	38.9	43.4	49.5	55.9	62.7	70.0

附表 8-2　锚栓规格

型式	Ⅰ				Ⅱ				Ⅲ		
锚栓直径 d(mm)	20	24	30	36	42	48	56	64	72	80	90
锚栓有效截面积（cm²）	2.45	3.53	5.61	8.17	11.2	14.7	20.3	26.8	34.6	43.4	55.9
锚栓设计拉力（kN）（Q235 钢）	34.3	49.4	78.5	114.1	156.9	206.2	284.2	375.2	484.4	608.2	782.7
Ⅲ型锚栓　锚板宽度 c(mm)					140	200	200	240	280	350	400
Ⅲ型锚栓　锚板厚度 t(mm)					20	20	20	25	30	40	40

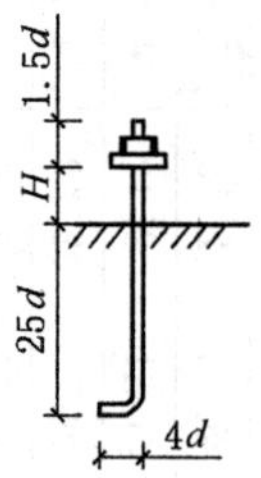

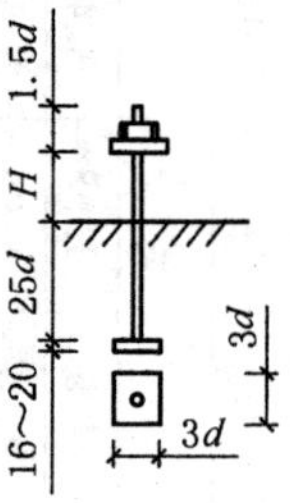

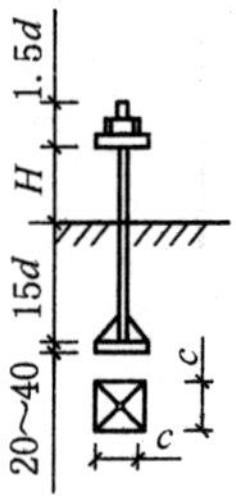

附录 9　截面塑性发展系数

附表 9-1　截面塑性发展系数 γ_x、γ_y 值

截面形式	γ_x	γ_y	截面形式	γ_x	γ_y
	1.05	1.2		1.2	1.2
		1.05		1.15	1.15
	$\gamma_{x1}=1.05$ $\gamma_{x2}=1.2$	1.2		1.0	1.05
		1.05			1.0

参 考 文 献

［1］中华人民共和国建设部. 钢结构设计规范（GB 50017—2003）. 北京：中国计划出版社，2003

［2］中华人民共和国建设部. 建筑结构可靠度设计统一标准（GB 50068—2001）. 北京：中国建筑工业出版社，2001

［3］中华人民共和国住房和城乡建设部. 建筑结构荷载规范（GB 50009—2012）. 北京：中国建筑工业出版社，2012

［4］中华人民共和国住房和城乡建设部. 建筑抗震设计规范（GB 50011—2010）. 北京：中国建筑工业出版社，2010

［5］中华人民共和国建设部. 钢结构工程施工质量验收规范（GB 50205—2001）. 北京：中国计划出版社，2001

［6］中华人民共和国建设部. 冷弯薄壁型钢结构技术规范（GB 50018—2002）. 北京：中国计划出版社，2002

［7］中华人民共和国建设部. 铝合金结构设计规范（GB 50429—2007）. 北京：中国计划出版社，2007

［8］中国国家标准化管理委员会. 金属材料拉伸试验（GB/T 228.1—2010）. 北京：中国标准出版社，2010

［9］中国国家标准化管理委员会. 金属材料弯曲试验方法（GB/T 232—2010）. 北京：中国标准出版社，2010

［10］中国国家标准化管理委员会. 金属材料夏比摆锤冲击试验方法（GB/T 229—2007）. 北京：中国标准出版社，2007

［11］中国国家标准化管理委员会. 碳素结构钢（GB/T 700—2006）. 北京：中国标准出版社，2006

［12］中国国家标准化管理委员会. 低合金高强度结构钢（GB/T 1591—2008）. 北京：中国标准出版社，2008

［13］中国国家标准化管理委员会. 耐候结构钢（GB/T 4171—2008）. 北京：中国标准出版社，2008

［14］中国国家标准化管理委员会. 不锈钢和耐热钢牌号及化学成分（GB/T 20878—2007）. 北京：中国标准出版社，2007

［15］中国工程建设标准化协会（CECS 410：2015）. 不锈钢结构技术规范. 北京：中国计划出版社，2015

[16] 中国国家标准化管理委员会. 钢分类(GB/T 13304.1—2008). 北京:中国标准出版社,2008

[17] 中华人民共和国黑色冶金行业标准:高层建筑结构用钢板(YB 4104—2000). 北京:中国标准出版社,2000.

[18] 中国国家标准化管理委员会. 焊缝符号表示法(GB/T 324—2008). 北京:中国标准出版社,2008

[19] 中国国家标准化管理委员会. 埋弧焊用碳钢焊丝和焊剂(GB/T 5293—1999). 北京:中国标准出版社,1999

[20] 中国国家标准化管理委员会. 埋弧焊用低合金钢焊丝和焊剂(GB/T 12470—2003). 北京:中国标准出版社,2003

[21] 陈绍蕃. 钢结构设计原理[M]. 第三版. 北京:科学出版社,2005

[22] 范崇仁. 水工钢结构[M]. 第四版. 北京:中国水利水电出版社,2008

[23] 戴国欣. 钢结构[M]. 第四版. 武汉:武汉理工大学出版社,2012

[24] 郭耀杰. 钢结构稳定设计[M]. 武汉:武汉大学出版社,2003

[25] 康煜平. 金属固态相变及应用[M]. 北京:化学工业出版社,2007

[26] 沈祖炎等. 钢结构基本原理[M]. 第二版. 北京:中国建筑工业出版社,2005

[27] 石建军,姜袤. 钢结构设计原理[M]. 北京:北京大学出版社,2007

[28] 刘智敏. 钢结构设计原理[M]. 北京:北京交通大学出版社,2012

[29] 吴建有. 钢结构设计原理[M]. 北京:中国建筑工业出版社,2000

[30] 赵建波. 钢结构设计[M]. 北京:中国电力出版社,2011